Herausforderung Zukunft

Michael F. Jischa

Herausforderung Zukunft

Technischer Fortschritt und Globalisierung

2. Auflage

Prof. (em.) Dr.-Ing. Michael F. Jischa
TU Clausthal
Institut für Technische Mechanik
Adolph-Roemer-Str. 2a
D-38678 Clausthal-Zellerfeld
www.itm.tu-clausthal.de

ISBN 978-3-642-41885-3 ISBN 978-3-642-41886-0 (eBook)
DOI 10.1007/978-3-642-41886-0

Die Deutsche Nationalbibliothek verzeichnet diese Publikation in der Deutschen Nationalbibliografie; detaillierte bibliografische Daten sind im Internet über http://dnb.d-nb.de abrufbar.

Springer Spektrum

Gedruckt auf säurefreiem und chlorfrei gebleichtem Papier

Springer Spektrum ist eine Marke von Springer DE.
Springer DE ist Teil der Fachverlagsgruppe Springer Science+Business Media.
www.springer-spektrum.de

Inhaltsverzeichnis

Vorwort

Für Piet, Hannes und Torge

„Wenn dein Kind dich morgen fragt“ (5. Mose 6,20), so lautet das Motto des 30. Deutschen Evangelischen Kirchentages, der im Mai 2005 in Hannover stattfindet. Für die erste Auflage dieses Buches hatte ich ein ähnliches Motto gewählt: „Für unsere Kinder, die uns fragen werden: Ihr habt es gewusst. Warum habt ihr nichts getan?“ Stellvertretend für alle Kinder widme ich diese zweite Auflage meinen zwischenzeitlich geborenen Enkeln.

Die erste Auflage des Buches ist von der UN-Konferenz für Umwelt und Entwicklung geprägt worden, die im Juni 1992 in Rio de Janeiro stattgefunden hat. In jener Zeit stand die ökologische Säule des Leitbildes Nachhaltigkeit im Zentrum der Aufmerksamkeit. Die Bevölkerung in unserem Land war in Umweltdingen hoch sensibilisiert. Themen wie Treibhauseffekt, Ozonloch und Waldsterben wurden intensiv diskutiert. Demzufolge trug die erste Auflage des Buches den Untertitel „Technischer Fortschritt und ökologische Perspektiven“.

Zwischenzeitlich haben die Industrieländer beachtliche Erfolge durch technische Maßnahmen zum Umweltschutz erreicht, begleitet von umweltrelevanten Gesetzen und Verordnungen. Auch haben zahlreiche internationale Abkommen dazu beigetragen, den Eindruck entstehen zu lassen, dass viel erreicht sei. Dieser Eindruck ist zweifellos richtig, nur im internationalen Maßstab sind die oben genannten Themen nach wie vor von zentraler Bedeutung. Zwischenzeitlich sind weitere Probleme hinzugekommen. Aus Sicht der Industrieländer gehören dazu die offenkundig hohe Dauerarbeitslosigkeit, das ebenso offenkundige Versagen der derzeitigen Sozial- und Gesundheitssysteme sowie Fragen der inneren und äußeren Sicherheit in Zusammenhang mit dem international agierenden Terrorismus. Die genannten Problemfelder sind in der einen oder anderen Weise mittelbar oder unmittelbar mit dem Phänomen Globalisierung verknüpft. Aus diesem Grund trägt die zweite Auflage den Untertitel „Technischer Fortschritt und Globalisierung“.

Die Ursachen jener Phänomene, die mit dem Begriff Globalisierung bezeichnet werden, liegen in der unvorstellbaren Dynamik des technischen Wandels begründet. Die digitale Revolution hat zu einem Epochenwechsel von der Industriegesellschaft in eine Gesellschaft neuen Typs geführt. Wie diese neue Gesellschaft aussehen wird und welcher Begriff diese neue Gesellschaft am besten charakterisiert, wird die Zukunft zeigen. Der Begriff Globalisierung ist überaus schillernd. Für die einen wird die Globalisierung alle Probleme lösen, für die anderen ist sie an allen Problemen schuld. In *einer* Analyse scheint Einmütigkeit zu bestehen. Die globale Gesellschaft wird eine Informationsgesellschaft sein, was zu einer neuen „digitalen Spaltung“ zwischen den Industrie- und den Entwicklungsländern und damit zu neuen Problemen führen wird.

Ich teile nicht die Auffassung, dass die Umweltthemen an Bedeutung verloren haben. Zumal sie eng mit der Frage verbunden sind, wie wir unsere zukünftige Energieversorgung sicher und nachhaltig gestalten wollen und werden. Das Umweltthema kommt stets dann wieder auf die Tagesordnung, wenn wir (wie gehabt) mehr Überschwemmungen, heißere Sommer sowie häufigere und intensivere Stürme erleben. Nach den Szenarien der Klimaforscher hängen diese Phänomene ursächlich mit dem anthropogenen Treibhauseffekt zusammen.

Aus diesem Grund nehmen die Umweltthemen einschließlich der Energiefrage einen großen Teil des Buches ein. Die Kapitel 1 bis 7 entsprechen in etwa den Inhalten der alten Kapitel 1 bis 8, in Abschnitt 8.3 ist die Gliederung der ersten Auflage wiedergegeben. Die alten Kapitel 9 bis 11 sind teilweise in die neuen Kapitel 8 bis 12 eingeflossen. Der erste Teil des Buches ist (bis Kapitel 7) eher von diagnostischer Art, wobei therapeutische Vorschläge schon genannt werden. Im zweiten Teil des Buches nimmt die Therapie einen größeren Raum ein. Denn es kann nicht nur um eine Schilderung dessen gehen, was ist, sondern es muss verstärkt um die Frage gehen, was sein soll und was sein kann.

Die erste Auflage ist aus einer Vorlesung im Rahmen des Studium Generale an der TU Clausthal hervorgegangen. Daraus sind weitere Vorlesungen, ebenfalls im Studium Generale, entstanden. Das sind „Technikbewertung“ (mit B. Ludwig) sowie „Dynamische Systeme in Natur, Technik und Gesellschaft“. Diese drei Vorlesungen sind zwischenzeitlich Pflichtveranstaltungen in verschiedenen Studiengängen der TU Clausthal geworden, siehe Abschnitt 8.3. Sie werden seit einiger Zeit (nicht zuletzt wegen meiner Emeritierung 2002) von drei ehemaligen Mitarbeitern gelesen, den Privatdozenten Björn Ludwig und Ildiko Tulbure sowie dem Lehrbeauftragten Christian Berg (Aufzählung in der zeitlichen Abfolge der Übernahme).

Parallel dazu haben wir Forschungsarbeiten zu dem Thema „Operationalisierung von Nachhaltigkeit durch Technikbewertung“ behandelt. Auf Arbeiten der drei genannten ehemaligen Mitarbeiter gehe ich in den Kapiteln 8 und 10 ein, zu weiteren Arbeiten siehe unsere Homepage www.itm.tu-clausthal.de. Erkenntnisse daraus sind in das Studienbuch „Ingenieurwissenschaften“ eingeflossen, das 2004 bei Springer in der Reihe „Studium der Umweltwissenschaften“ erschienen ist. Das Buch hat die vorliegende Neuauflage beeinflusst.

Den Text habe ich mit der Spracherkennungssoftware Dragon NaturallySpeaking direkt in das Notebook diktiert. Für die druckfertige Gestaltung und das Zeichnen etlicher Bilder danke ich der Clausthaler Studentin Stephanie Borggreve. Christian Berg und Jan Braun gilt mein Dank für das Korrekturlesen. Gleichwohl gehen alle Unzulänglichkeiten auf mein Konto. Meiner Frau Heidrun danke ich herzlich für das Verständnis, das sie meiner Leidenschaft für das Lesen und Schreiben entgegenbringt. Wie stets freue ich mich über Anregungen und Kritik und wünsche mir eine ähnlich freundliche Aufnahme wie bei der ersten Auflage.

Clausthal-Zellerfeld, März 2005 Michael F. Jischa

Vorwort zur ersten Auflage

Nichts hat die modernen Industriegesellschaften stärker geprägt als technische Innovationen. Nichts verändert Gesellschaften radikaler als der immer rascher fortschreitende technische Wandel. Seit einigen Jahrzehnten wissen wir, dass bestimmte technische Entwicklungen schwerwiegende und zum Teil irreversible Folgen haben, die zukünftigen Generationen nicht zu verantwortende Hypotheken aufladen. Der Begriff „Risikogesellschaft" weist auf den veränderten gesellschaftlichen Stellenwert des Technikproblems hin.

Das alles wissen wir nicht erst seit heute. Spätestens seit der industriellen Revolution ist die Technik eine der bestimmenden Größen moderner Gesellschaften. Die technische Entwicklung kann nicht isoliert betrachtet werden. Sie ist in politische, ökonomische, ökologische, gesellschaftliche und kulturelle Bereiche eingebunden und mit ihnen vernetzt.

Es wird nicht mehr bestritten, dass die Einführung (und auch Fortführung) bestimmter Technologien nicht mehr allein nach den Kriterien technischer Machbarkeit und wirtschaftlicher Effizienz zu beurteilen ist. Die Fragen nach der *Umwelt-*, der *Human-*, der *Sozial-* und der *Zukunftsverträglichkeit* neuer Techniken erhalten einen immer größeren Stellenwert. Vieles spricht dafür, dass im Vergleich hierzu die ökonomischen und technischen Fragen in Kürze zweitrangig sein werden. Die Probleme, die wir durch Technik geschaffen haben und nur mit der Technik lösen wollen, werden uns irgendwann einholen und uns letzten Endes überholen. Tatsache ist, dass der technische Fortschritt von heute zunehmend dazu beitragen muss, die unerwünschten Folge- und Nebenwirkungen des technischen Fortschritts von gestern zu beseitigen oder zu mildern.

Was können, was müssen wir tun, um uns und unseren Kindern eine lebenswerte Zukunft zu ermöglichen? Welche Technologien sind in der Lage, eine *dauerhafte* und *nachhaltige Entwicklung* (*sustainable development*) der Menschheit zu gewährleisten? Zunächst kommt es darauf an, die richtigen Fragen zu stellen. Hierzu ist ein Basiswissen um die „Weltprobleme" erforderlich. Dieses Basiswissen zu vermitteln ist mein Anliegen. Die zunehmende Spezialisierung der Wissenschaften erfordert die Arbeit eines „Übersetzers", um interessierte Laien in die Problematik einzuführen.

Das Buch ist aus einer Vorlesung entstanden, die ich im Wintersemester 1991/92 an der Technischen Universität Clausthal gehalten habe. Hierbei sind viele Erfahrungen aus meinen früheren Tätigkeiten an den Universitäten Karlsruhe, Berlin (TU), Bochum, Essen und Haifa (Technion) sowie aus meiner nebenamtlichen Tätigkeit als Geschäftsführer der Deutschen Technischen Akademie Helmstedt GmbH eingeflossen. Das Buch ist ein Sachbuch für den interessierten Laien und kein wissenschaftliches Werk. Der Text wird durch Bilder, Tabellen und Formeln unterstützt. Denjenigen Lesern, die im Umgang mit Formeln ungeübt sind, empfehle ich, sich auf die Erläuterungen im Text zu beschränken.

Jedes Kapitel stellt eine Einführung in die jeweilige Thematik dar. Obwohl sie aufeinander aufbauen, können die einzelnen Kapitel auch unabhängig voneinander gelesen werden. Das erste Kapitel ist der Frage gewidmet, wie und warum es zu den Weltproblemen gekommen ist. Die Kapitel drei bis sieben sind sachbezogen; sie behandeln die Problemfelder Bevölkerungsentwicklung, Energie, Klima, Umwelt und Ressourcen. Sie werden durch Kapitel mit Querschnittscharakter ergänzt. Das zweite Kapitel dient einleitend dem Verständnis von Wachstum, Rückkopplung und Vernetzung. Es ist von grundlegender Bedeutung für alle weiteren Kapitel. Das achte Kapitel ist den historisch bedingten Besonderheiten und Problemen der Dritten Welt gewidmet, an denen wir ein gerütteltes Maß an Schuld tragen. Das neunte Kapitel behandelt ethische, religiöse und moralische Kategorien und leitet damit zu dem eigentlichen Thema Zukunft über. Das zehnte Kapitel befasst sich mit der Möglichkeit, die Zukunft (oder Teilaspekte davon) mit Hilfe von Modellvorstellungen prognostizieren zu können. Im elften Kapitel wird der Versuch einer Zusammenfassung und Diskussion von Lösungsvorschlägen gemacht.

Zu jedem Kapitel wird von mir verwendete und geschätzte (Sekundär-)Literatur angegeben, um das vertiefende Weiterstudium anzuregen und zu erleichtern. Es ist mein Ziel, einen möglichst großen Leserkreis erreichen. Denn: *Es genügt nicht, viel zu wissen; wichtiger ist, dass es viele wissen.*

Dank schulde ich einer großen Zahl von Freunden und Kollegen für zahlreiche Anregungen und informative Diskussionen. Namentlich danken möchte ich meinem auf tragische Weise frühzeitig verstorbenen Kollegen Norbert Müller; ebenso Robert Pestel, Klaus Wachlin, meinem Mitarbeiter Björn Ludwig sowie Petra Kensy für die Schreib- und Setzarbeiten. Jens Bevendorf und Michael Wehrmann danke ich für das engagierte Korrekturlesen und nicht zuletzt meiner Frau Heidrun für ihr Interesse und ihr Verständnis. Dem Lektor Rolf Henkel und Susanne Tochtermann aus dem Verlagshaus danke ich für die sehr angenehme Zusammenarbeit.

Über Anregungen und Kritik würde ich mich freuen. Ich hoffe auf Ihr Mitdenken und mit Mithandeln.

Clausthal-Zellerfeld, September 1992 Michael F. Jischa

1. Menschheitsgeschichte und Umwelt

oder **Wie weit haben wir es gebracht?**

Wir sind die erste Generation, die sich keinen Fehler mehr leisten darf.
(O. Palme)

Versuchen wir, uns in die Gedankenwelt unserer im Mittelalter lebenden Vorfahren hineinzuversetzen. Wir leben auf dem Lande, eingebettet in eine Großfamilie und in eine Dorfgemeinschaft. Unser Tagesablauf ist durch die Arbeit auf den Feldern oder in den Ställen bestimmt, durch weitere lebensnotwendige Tätigkeiten wie Kochen, Tischlern, Weben usw. unterbrochen. Alle Arbeiten müssen durch menschliche und teilweise tierische Kraft – wie beim Pflügen – verrichtet werden. Als zusätzliche Energie (der Begriff ist noch unbekannt) steht uns nur das Feuer zur Verfügung. Wir wissen von Wasser- und Windmühlen, deren Energie jedoch nur vor Ort zum Mahlen von Getreide und Ähnlichem zur Verfügung steht.

Das Leben erscheint uns statisch und gleichförmig. Unsere Vorfahren haben auf die gleiche Weise gelebt und unsere Nachkommen wird ein ähnliches Schicksal erwarten. Unser Leben in Mitteleuropa unterscheidet sich kaum von dem eines Chinesen oder eines Ägypters vor etwa 4000 Jahren. Von beiden wissen wir freilich nichts und wir sind des Schreibens und Lesens unkundig. Das geistige Leben spielt sich bei uns nur in den Klöstern und teilweise bei Hofe ab. Das Interesse der Mönche gilt vorwiegend der Heiligen Schrift und der Beschäftigung mit dem Jenseits, aber auch der Weiterentwicklung wichtiger Kulturtechniken wie Dreifelderwirtschaft und Weinbau. Unser Landesherr ist weit entfernt und er wechselt mitunter nach kriegerischen Auseinandersetzungen. Wir sind in jedem Falle tributpflichtig und müssen jährlich einen Anteil unserer Ernte und Viehbestände abliefern.

Abwechslungen in unserem vorbestimmten Lebenslauf sind meist unerfreulich. Natürliche Katastrophen wie Unwetter, Überschwemmungen oder Dürre erschweren unser Leben. Kriege und als Folge davon Plünderungen, Hungersnöte und schreckliche Seuchen wie Pest und Cholera bedrohen unser Leben. Von einer dynamischen oder revolutionären Vorwärtsentwicklung erleben wir nichts. Sie erscheint uns wohl auch undenkbar.

Wie anders ist dagegen das Leben meiner Großeltern, deren Geburtsdaten wir (bezogen auf mein Lebensalter) mit 1890 annehmen wollen, verlaufen. Geradezu unglaubliche technische Neuerungen fallen in ihren Lebensabschnitt. Sie erleben den Übergang von der Kutsche zum Kraftfahrzeug, von der durch Pferde gezogenen zur elektrischen Straßenbahn und vom Segel- zum Dampfschiff. Sie sind dabei, als das erste motorgetriebene Flugzeug und später die erste Rakete fliegen, als

Telefon, Radio und Kinofilm die Welt erobern und das Fernsehen entwickelt wird. Derartige Innovationsschübe und technische Umwälzungen hatte es nie zuvor gegeben.

Wie ist es dazu gekommen, dass heute ein kleiner Teil der Menschheit in unvorstellbarem Wohlstand, hoher sozialer Sicherheit, Bequemlichkeit und Annehmlichkeiten lebt? In welcher Weise sind Umweltzerstörungen, Raubbau an Ressourcen und großtechnische Katastrophen auf unseren technischen, medizinischen und sozialen Fortschritt zurückzuführen? Um der Beantwortung dieser Fragen näher zu kommen, beschäftigen wir uns in dem ersten Kapitel mit der Menschheitsgeschichte sowie den Folgen für die Umwelt.

1.1 Zivilisationsdynamik: Wie alles begann

Warum, wohin und wodurch entwickelt sich die Menschheit? Welches sind die Kräfte der Veränderung, welche die der Beharrung? Wie lassen sich unterschiedliche Entwicklungsgeschwindigkeiten erklären? Wie kann Entwicklung (gleich Fortschritt?) beschrieben werden? Warum gibt es arme und reiche Gesellschaften? Hierzu beginnen wir mit fünf Thesen:

1. Die Geschichte der Menschheit ist ein evolutionärer Prozess, nennen wir ihn Zivilisationsdynamik.
2. Nur der Mensch kann seine eigene Evolution durch selbst geschaffene Innovationen beschleunigen: durch die Sprache seit 500.000 Jahren, die Schrift seit 5000 Jahren, den Buchdruck seit 500 Jahren und die Informationstechnologien seit etwa 50 Jahren.
3. Die Menschheitsgeschichte ist die Geschichte eines sich durch Technik ständig beschleunigenden Einflusses auf immer größere Räume und immer fernere Zeiten.
4. Sind die Kräfte der Veränderung größer als die Kräfte der Beharrung, so tritt ein Strukturbruch ein. Wir sprechen von einer Verzweigung, einer „Revolution“. Die neolithische Revolution setzte vor etwa 10.000 Jahren ein. Die von Europa ausgegangene wissenschaftliche und industrielle Revolution ist gut 300 bzw. gut 200 Jahre alt. Die digitale Revolution hat soeben begonnen.
5. Jede strukturelle Veränderung beruht auf einer Ausweitung von Handlungsräumen.

Die letzte These soll mit Bild 1.1 verdeutlicht werden. Handlungsräume entstehen, sie werden erweitert oder verengt. Dabei sind drei Faktoren dominierend:

- Ressourcen, natürliche wie künstliche, eröffnen Möglichkeitsräume. Ob daraus Handlungsräume werden, hängt von den beiden anderen Faktoren ab.
- Leitbilder prägen Gesellschaften in hohem Maße: Von den Göttern zu dem einen Gott und später zur Wissenschaft als der neuen Religion, das war der entscheidende Wandel abendländischer Leitbilder.

- Institutionen: Damit sind formelle wie auch informelle Strukturen gemeint, Rahmenbedingungen und Rechtssetzung sowie Infrastruktur.

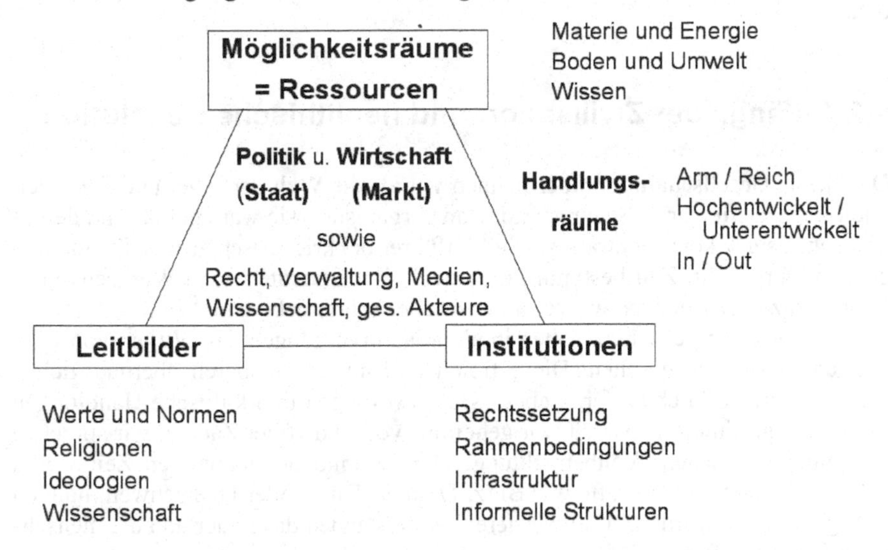

1.1 Handlungsräume (Jischa 2003, 2004)

Zwischen diesen drei Faktoren gibt es zahlreiche Wechselwirkungen mit positiven und negativen Rückkopplungen. Warum (oder warum nicht) Gesellschaften erfolgreich und innovativ sind, hängt von deren Wechselspiel ab. Damit lässt sich der überaus unterschiedliche Verlauf einer Geschichte der Regionen erklären. Es handelt sich hierbei um die klassische Frage, ob technischer und ökonomischer Wandel den kulturellen und politischen Wandel verursachen oder umgekehrt. Karl Marx vertrat einen ökonomischen Determinismus. Er war der Auffassung, das technologische Niveau einer Gesellschaft präge ihr ökonomisches System, das wiederum ihre kulturellen und politischen Merkmale determiniert. Auf der anderen Seite vertrat Max Weber einen kulturellen Determinismus. Nach ihm hat die protestantische Ethik die Entstehung des Kapitalismus erst ermöglicht, somit maßgeblich zur industriellen und demokratischen Revolution beigetragen. Für beide Auffassungen lassen sich Belege aus der Geschichte finden. Im Folgenden werde ich in einem Schnelldurchgang durch die Menschheitsgeschichte das Wechselspiel zwischen den drei Faktoren Ressourcen, Leitbilder und Institutionen skizzieren. Dabei wird insbesondere die Rolle der Technik thematisiert werden.

Als Ressource wird beispielhaft die Energie betrachtet, deren Bereitstellung ganz maßgeblich die technische Entwicklung beeinflusst hat. Aus dem Geschichtsunterricht sind wir es gewohnt, die Epochen der Menschheitsgeschichte an Materialien festzumachen wie Steinzeit, Bronzezeit oder Eisenzeit. Ich halte die Energie für die interessantere Ressource, um das Wechselspiel zwischen technischer und gesellschaftlicher Entwicklung zu beschreiben. Generell ist die Bedeutung physischer Ressourcen, ob mineralische Rohstoffe oder Energierohstoffe, in der Regel überschätzt worden. Die Bedeutung der Leitbilder, der Werte und Normen einer Gesellschaft, die zumeist einen direkten Einfluss auf Institutionen wie etwa Rahmenbedingungen und Rechtssetzung haben, ist häufig unterschätzt worden.

1.2 Anfänge der Zivilisation und neolithische Revolution

Die älteste Gesellschaftsform bezeichnen wir als die Welt der Jäger und Sammler. Die Gesellschaft war in Stämme und Clans organisiert, sie war egalitär und demokratisch. Es gab keine zentrale Macht, Anführer bei kriegerischen Auseinandersetzungen wurden auf Zeit bestimmt. Erste technische Geräte waren Werkzeuge aus Stein, Holz oder Knochen wie etwa Faustkeile, Wurfspieße und Äxte.

Die Menschen der Urzeit haben in allen Naturvorgängen das Wirken von Göttern und Dämonen gesehen. Diese freien und unberechenbaren übernatürlichen Mächte wurden durch Opfer, Gebete, Beschwörungen und kultische Handlungen freundlich gestimmt. Die Welt war geheimnisvoll und voller Zauber, wir sprechen von einer magischen Weltbetrachtung. Das Leitbild der damaligen Zeit waren Götter, die durch Naturkräfte wie Blitz, Donner, Dürre oder Überschwemmungen wahrgenommen wurden. Als Energieressource standen das Feuer und die menschliche Arbeitskraft zur Verfügung.

Vor etwa 10.000 Jahren setzte eine erste durch Technik induzierte strukturelle Veränderung der Gesellschaft ein, die zu einer starken Ausweitung von Handlungsräumen führte, die *neolithische Revolution*. Sie kennzeichnet den Übergang von der Welt der Jäger und Sammler zu den Ackerbauern und Viehzüchtern. Pflanzen wurden angebaut und Tiere domestiziert, die Menschen begannen sesshaft zu werden. Die Agrargesellschaft entstand. Aus der Erschließung des Schwemmlandes an Euphrat und Tigris entwickelte sich die erste, die sumerische Zivilisation. Das Sumpfdickicht war fruchtbares Schwemmland und fruchtbringendes Wasser zugleich. Die Unterwerfung der Natur durch Be- und Entwässerungsanlagen sowie durch Dammbau war die erste große technische und soziale Leistung der Menschheit. Die systematische Zusammenarbeit vieler Menschen war hierzu erforderlich. Ein derartiges organisatorisches Problem konnte nicht von relativ kleinen und überschaubaren Stämmen gelöst werden. Es entwickelte sich eine erste regionale Zivilisation neuer Art.

Anlage und Wartung von Bewässerungssystemen waren Grundbedingung für das Leben der Gemeinschaft. Anführer wurden erforderlich, mündliche Anweisungen wurden ineffizient und mussten durch neue Medien wie Schrift und Zahlen ersetzt werden. Die Sumerer entwickelten vor etwa 5500 Jahren die erste Schrift, eine Bilderschrift aus Piktogrammen und Lautzeichen. Zahlen und Maße entstanden als Erfordernis der Praxis. Denn die Sumerer waren die erste Gemeinschaft, die einen Mehrertrag erwirtschaftete. Und dieser musste erfasst werden.

Damit standen die Sumerer vor einem neuen Problem, das bis heute die gesellschaftliche und politische Diskussion beherrscht: Wie soll dieser Mehrertrag verteilt werden? Die Antwort der Sumerer war folgenschwer. Sie entschieden sich für eine ungleichmäßige Verteilung und schufen damit eine privilegierte Minderheit.

Die Mehrheit akzeptierte dies offenkundig. Damit war die ökonomische Basis der Klassendifferenzierung gelegt.

Entscheidende Veränderungen lagen im Wandel des Charakters und der Funktion der Götter. Früher wurden die Götter durch Naturkräfte verkörpert. Die erste große gemeinschaftliche menschliche Aktion der Unterwerfung der Natur, die Erschließung des Schwemmlandes, verschob das Kräfteverhältnis zwischen Mensch und Natur. Die Menschen begannen, die eigene Kraft und insbesondere die der Herrscher zu verehren neben den nichtmenschlichen Kräften. Die weltliche Macht der Herrschenden wurde zunehmend durch religiöse Funktionen gestützt. Die Herrschenden wurden zu Mittlern zwischen den Göttern und der Gemeinschaft. In der ägyptischen Zivilisation, der zweiten Zivilisation in der Menschheitsgeschichte, wurde dies auf die Spitze getrieben: Der Pharao wurde zu einem Menschengott.

In der Agrargesellschaft kam eine neue Energiequelle hinzu. Neben dem Feuer und der menschlichen Arbeitskraft wurde zunehmend tierische Arbeitskraft eingesetzt. Domestizierte Tiere wie etwa Rinder konnten Wagen oder Pflüge ziehen. Auch das gesellschaftliche Leitbild wandelte sich. Während in den vorzivilisatorischen Gesellschaften Gottheiten in den Naturkräften erfahren wurden, wurden nunmehr Natur- und Menschenmacht gleichzeitig vergöttert. Der Gegenstand der Verehrung hatte gewechselt, aber weiterhin wurde die Macht vergöttert und angebetet.

1.3 Die physikalische Weltbetrachtung als Beginn des wissenschaftlichen Denkens

Ab etwa 600 v. Chr. findet der für die menschliche Entwicklung so bedeutsame Übergang von der magischen zur physikalischen Weltbetrachtung statt. Die Natur wird entzaubert, ihr wird das Geheimnisvolle genommen. Die umgebende Welt wird von Naturgesetzen beherrscht gesehen, welche den Ablauf der Erscheinungen eindeutig beschreiben und die Vorhersage kommender Ereignisse gestatten. So erkannten die Griechen, dass die Nilfluten durch saisonale Regenfälle im Inneren Afrikas verursacht werden.

Eine zentrale Rolle bei der Erklärung von Naturvorgängen spielte die Mechanik. Das Wort bedeutet im Griechischen so viel wie Werkzeug oder Werkzeugkunde. Die Entwicklung der Mechanik wurde maßgeblich von der Einstellung des Altertums zur Technik geprägt. Die körperliche Arbeit galt als niedrig und unfein. Der freie Mann widmete sich den Staatsgeschäften, der Kunst und der Philosophie. So lesen wir in einem der Dialoge Platons: „Aber du verachtest ihn (den Techniker) und seine Kunst und würdest ihn fast zum Spott Maschinenbauer nennen, und seinem Sohn würdest du deine Tochter nicht geben, noch die seinige für deinen Sohn freien wollen." Bei Aristoteles lesen wir: „Ist denn nicht der Mechaniker ein Betrüger, der Wasser durch Pumpwerke zwingt, sich entgegen dem natürlichen Verhalten bergaufwärts zu bewegen?"

Die antike Technik beschränkte sich zumeist auf mechanische Spielereien. So gab es einen Automaten, der nach dem Einwurf eines Geldstücks Weihwasser spendete, oder eine Einrichtung zum automatischen Nachfüllen von Öl für Lampen. Ein Meister seines Faches war damals Heron von Alexandria, von dem der häufig zitierte pneumatische Tempeltüröffner stammt, Bild 1.2.

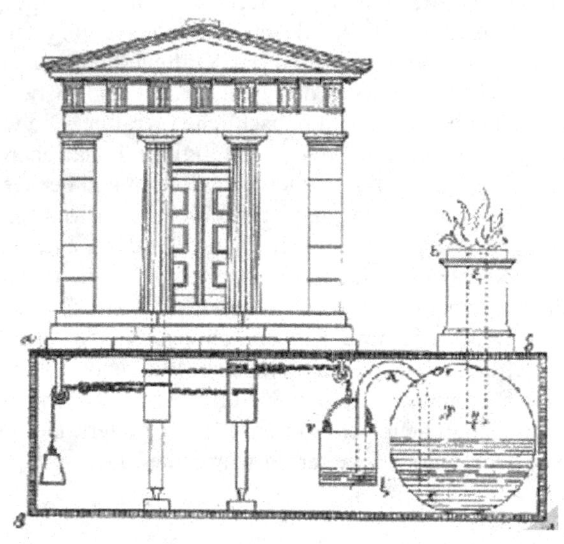

1.2 Pneumatischer Tempeltüröffner des Heron von Alexandria. Aus: Schmid, W. (1899) Herons von Alexandria Druckwerke und Automatentheater. Universitätsbibliothek Leipzig

Dessen Wirkungsweise sei kurz skizziert. Wird über einem unterirdisch angebrachten Wasserbehälter ein Opferfeuer entzündet, so nimmt der Druck der Luft wegen der Erwärmung und der damit verbundenen Ausdehnung über der Wasseroberfläche zu. Dadurch wird das Wasser über eine Rohrleitung in einen daneben liegenden beweglichen Behälter gedrückt, der schwerer wird als ein entsprechendes Gegengewicht. Wasserbehälter und Gegengewicht treiben über Seile oder Kettenzüge die Tempeltüren an. Die Türen werden so lange geöffnet gehalten, wie das Feuer für die Aufrechterhaltung des hohen Druckes sorgt. Wird das Feuer gelöscht, so nimmt der Druck wegen der Abkühlung ab und der Wasserstand in dem festen Behälter steigt wieder an. Dadurch wird der bewegliche Wasserbehälter leichter und das Gegengewicht kann die Türen wieder schließen. Dies wird auf die Gläubigen der damaligen Zeit einen nachhaltigen Eindruck gemacht haben. Hier wurde Technik ausgenutzt, um durch Herrschaftswissen Macht über die Gesellschaft auszuüben.

Die Römer haben nicht an einer Weiterentwicklung des griechischen Weltbildes gearbeitet. Es entstanden jedoch grandiose Ingenieursleistungen, insbesondere auf dem Gebiet der Bautechnik. Hier sind die Wasserversorgungsanlagen zu nennen, wofür das uns erhaltene Aquädukt von Nimes ein schönes Beispiel ist. Es gab offene Wasserleitungen und unterirdische Druckleitungen, die um 100 n. Chr. in Rom eine Gesamtlänge von ungefähr 400 km erreicht hatten.

Die Götterwelt der Römer war durch wenig Tiefsinn und durch Toleranz bis hin zur Beliebigkeit charakterisiert. Die pragmatische Integration von Göttern aus besetzten Regionen führte dazu, dass es Gottheiten und Halbgötter für alles und für jeden gab. Der Polytheismus der Römer war quasi ausgereizt. Mit dem Judentum gab es um die Zeitenwende zwar schon eine gut 1000 Jahre alte monotheistische Religion. Diese war jedoch in hohem Maße exklusiv, eine Missionierung fand nicht statt. Mit dem Aufstieg des Christentums entwickelte sich eine zweite monotheistische Religion, die einen ausgesprochen inklusiven Charakter aufwies. Sie wurde zur Staatsreligion im Römischen Reich und damit zur beherrschenden Religion der westlichen, der späteren industrialisierten Welt.

In dem 1000 Jahre währenden Mittelalter wurde kaum eigenständige Naturforschung betrieben. Römische Technik wie der Bau von Straßen, von Brücken, Wasserleitungen und Wasserpumpen wurde kaum weiterentwickelt. Die kulturelle Prägung erfolgte durch die Kirche, das geistige Leben war auf die Klöster beschränkt. Fragen nach der Struktur der sichtbaren Welt lagen einer auf das Jenseits gerichteten Metaphysik des Christentums völlig fern.

1.4 Das Wunder Europa: Aufklärung, Säkularisierung und Wissenschaft

Vor gut 500 Jahren begann jenes große europäische Projekt, das mit den Begriffen Aufklärung und Säkularisierung beschrieben wird. Es beruhte auf vier Bewegungen: der Renaissance, dem Humanismus, der Reformation und dem Heliozentrismus. „Das Wunder Europa" (Jones 1991) führte zur Verwandlung und zur Beherrschung der Welt durch Wissenschaft und Technik.

Im 15. Jahrhundert tauchten neue Akteure auf: Künstleringenieure, Experimentatoren und Naturphilosophen. Die neue Wissenschaft entstand durch heftige Auseinandersetzung mit dem tradierten Wissen. Leonardo da Vinci hat die Einheit von Theorie und Praxis klar erkannt und dies sehr plastisch formuliert: „Wer sich ohne Wissenschaft in die Praxis verliebt, gleicht einem Steuermann, der ein Schiff ohne Ruder oder Kompass steuert und der niemals weiß, wohin er getrieben wird ... Meine Absicht ist es, erst die Erfahrung anzuführen und sodann mit Vernunft zu beweisen, warum diese Erfahrung auf solche Weise wirken muss ... Die Weisheit ist eine Tochter der Erfahrung: die Theorie ist der Hauptmann, die Praxis sind die Soldaten ... Die Mechanik ist das Paradies der mathematischen Wissenschaften, weil man mit ihr zur schönsten Frucht der mathematischen Erkenntnis gelangt."

Die Bedeutung des Experiments war der antiken und der mittelalterlichen Kultur gänzlich unbekannt. Aristoteles hatte die handwerklichen Arbeiter aus der Klasse der Bürger ausgeschlossen. Die Verachtung für die Sklaven erstreckte sich auch auf deren Tätigkeiten. Das griechische Wort *banausia* bedeutet ursprünglich handwerkliche Arbeit. Aristoteles hatte geglaubt, ohne Rückgriff auf die Beobachtung durch reines Denken beweisen zu können, dass ein großer Stein schneller als ein kleiner zur Erde fallen müsse. Umso schlimmer für die Realität, so lautete die typische Antwort in der Antike auf Widersprüche zwischen dem Resultat des Denkens und der Beobachtung.

Die christliche Religion war *das* zentrale Leitbild des Mittelalters. Sie ging aus den nun folgenden Auseinandersetzungen, die den Übergang vom Mittelalter zur Moderne charakterisierten, geschwächt, diskreditiert und teilweise gelähmt hervor. Dieser Übergang hatte gesellschaftliche und politische Gründe, wobei auch hier die Technik eine zentrale Rolle spielte. Durch die Entstehung einer mächtigen Klasse der Kaufleute wurde die feudale Struktur des Mittelalters aufgelockert. Wachsendes Selbstbewusstsein und Macht der sich neu formierenden Bürgergesellschaft lässt sich nirgendwo plastischer erleben als in der Architektur jener Zeit in den oberitalienischen Städten wie etwa Florenz. Politisch verlor der Adel an Autorität, weil effizientere Angriffswaffen seine Burgen bedrohten. An die Stelle von Pfeilen und Bogen, von Lanzen und Schwertern traten Kanonen und Schießpulver, also technische Innovationen.

Die vier großen Bewegungen, die „das Wunder Europa“ einleiteten, seien kurz skizziert. Die italienische Renaissance des 14. und 15. Jahrhunderts markierte die Wiedergeburt der Vertiefung in die weltliche Kultur der Antike sowohl in der Kunst als auch in der Wissenschaft. Dies führte zu einem Bruch mit der klerikalen Tradition des Mittelalters. Die zunehmende Beschäftigung mit dem Menschen und dem Diesseits statt der mittelalterlichen Versenkung in Gott und Vorbereitung auf das Jenseits nennen wir Humanismus. Die dritte große Bewegung, die Reformation, basierte auf offenkundigen Missständen in der Kirche wie Ablasshandel und Lebenswandel der Päpste. Ohne Technik hätte die Reformation diese enorme Durchschlagskraft wohl nicht erreicht, denn Luthers Flugschriften waren durch den kurz zuvor erfundenen Buchdruck mit beweglichen Lettern, der „Gutenberg-Revolution“, die ersten Massendrucksachen in der Geschichte gewesen. Hinzu kam die Entdeckung des heliozentrischen Weltbildes durch Kopernikus, Galilei und Kepler.

Diese vier europäischen Bewegungen bildeten die Grundlage für die *wissenschaftliche Revolution* des 17. und die sich anschließende *industrielle Revolution* des 18. Jahrhunderts. Die zunehmende Durchdringung von Wissenschaft und Technik, basierend auf der Einheit von Theorie und Praxis, dem Experiment, führte zu niemals zuvor da gewesenen Veränderungen in der Gesellschaft.

Die klassischen Naturwissenschaften begannen mit Galilei. Die ersten bedeutenden Leistungen im Sinne unserer heutigen Mechanik, jener grundlegenden Disziplin zur Erklärung der Welt, sind von Galilei im Jahr 1638 in seinen berühmten „*Discorsi*“ niedergelegt worden. Es seien hier die Gesetze des freien Falles und des schiefen Wurfes sowie seine theoretischen Untersuchungen über die Tragfähigkeit eines Balkens erwähnt, die den Beginn der Festigkeitslehre darstellten. Bei Letzterem handelt es sich um die wohl älteste Formulierung eines nichtlinearen Zusammenhangs, dass nämlich die Festigkeit eines belasteten Balkens von seiner Breite linear, aber von seiner Höhe quadratisch abhängt, Bild 1.3.

Galilei hat seine Überlegungen in einer damals üblichen Dialogform dargestellt. Darin diskutieren Simplicio, ein Anhänger der Lehren des Aristoteles, Sagredo, ein fortschrittlich gesinnter und gebildeter Laie und Salviati, ein die Lehren Galileis verfechtender Wissenschaftler, miteinander. Galilei nahm an, dass der

Balken beim Zerbrechen an der unteren Kante des eingemauerten Endes dreht und an allen Stellen des Querschnittes dem Zerreißen den gleichen Widerstand entgegensetzt. Die Resultierende der Widerstandskraft $\sigma \cdot b \cdot h$, wobei σ die Spannung, b die Breite und h die Höhe des Balkens darstellen, greift im Schwerpunkt des Querschnittes an der eingemauerten Stelle an. Das Momentengleichgewicht um die untere Kante liefert die dargestellte Beziehung. Dabei ist l die Länge des Balkens und F die senkrecht nach unten wirkende Kraft. Wir wissen heute, dass Galileis Annahme von den gleichen Spannungen in dem Querschnitt falsch ist. Sein Resultat jedoch, dass die Bruchfestigkeit der Breite und dem Quadrat der Höhe direkt und der Länge umgekehrt proportional ist, ist qualitativ richtig. Eine Verdopplung der Balkenbreite b wird demnach die Bruchfestigkeit verdoppeln, eine Verdopplung der Höhe h wird diese jedoch vervierfachen. Galilei lässt Sagredo in seinen *Discorsi* sagen: „Von der Wahrheit der Sache bin ich überzeugt ..., warum bei verhältnisgleicher Vergrößerung aller Teile nicht im selben Maße auch der Widerstand zunimmt". Schon vor Galilei haben die Zimmerleute aus Erfahrung die längere Kante eines Balkens stets senkrecht gelegt, um die Tragfähigkeit eines Balkens zu erhöhen.

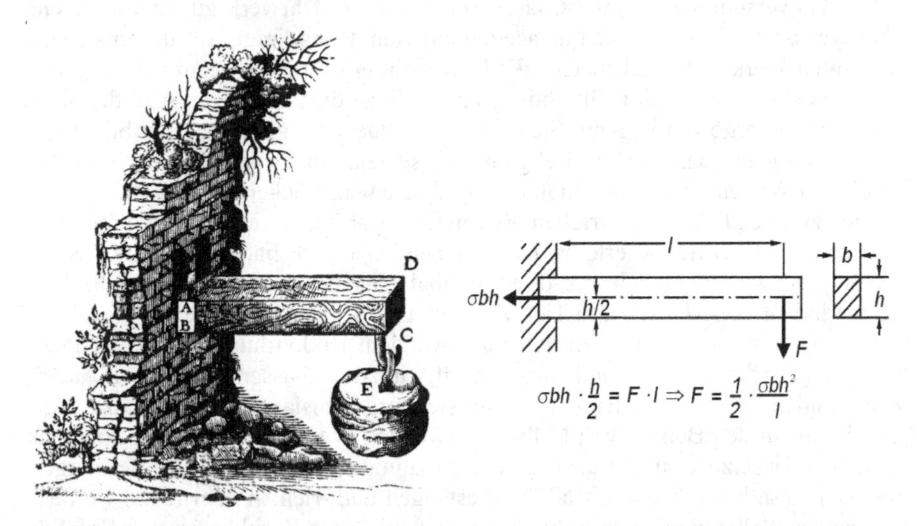

1.3 Balkentheorie nach Galilei, linkes Bild aus: Szabo, I. (1979) Geschichte der mechanischen Prinzipien. Birkhäuser, Basel

Ständig stoßen wir auf nichtlineare Zusammenhänge. Ein Mensch ist in der Lage, seine eigene Körpergröße zu überspringen. In dieser Beziehung übertrifft ihn jedoch der Floh bei weitem, während noch nicht beobachtet wurde, dass der sehr viel kräftigere Elefant einen Artgenossen zu überspringen vermag. Die Mechanik lehrt uns, warum man bei bloßer geometrischer Vergrößerung oder Verkleinerung keine gigantischen Mücken oder winzige Elefanten „konstruieren" kann oder warum Bäume nicht in den Himmel wachsen.

Das Streben galt zunehmend dem Verständnis und der Erforschung der Gesetze, nach denen die Naturvorgänge ablaufen. Gelingt dies, so wird die Natur wie ein offenes Buch in allen Bereichen vollständig erfasst und berechenbar sein. Sie wird damit vorausberechenbar, das ist die zentrale Vorstellung des mechanistischen Weltbildes.

Newton war der geniale Vollender der Grundlegung der klassischen Mechanik. Seine größte Leistung war, zu erkennen, dass für die irdischen Körper und die Himmelskörper dasselbe allgemeine Gravitationsgesetz gilt. Mit seinem dynamischen Grundgesetz: „Die zeitliche Änderung des Impulses ist gleich der Summe aller von außen angreifenden Kräfte“ schuf er *die* zentrale Beziehung der klassischen Mechanik.

Das mechanistische Weltbild der klassischen Physik ist von großer Überzeugungskraft und Einheitlichkeit. Es hat gewaltige Erfolge bewirkt. Nunmehr konnten die drei Kepler'schen Gesetze über die Bewegungen der Planeten um die Sonne bewiesen werden. Alsdann wurden die Planeten Neptun und Pluto auf Grund von Vorausberechnungen und nachfolgender gezielter Suche entdeckt. Weitere Triumphe kamen hinzu. Die thermodynamischen Zustandsgrößen Druck und Temperatur wurden auf mechanische Größen, den Impuls und die kinetische Energie der Moleküle, zurückgeführt.

Das Universum schien im 18. Jahrhundert wie ein Uhrwerk zu funktionieren. Aber wer ist der Uhrmacher? Laplace hat auf Napoleons Frage, warum in seinem berühmten Werk „Himmelsmechanik“ Gott nicht erwähnt sei, geantwortet: „Sire, diese Hypothese habe ich nicht nötig gehabt.“ Es ist die Zeit, in der man die Wissenschaft zu vergötzen begann. Sie wurde zur neuen Religion. Das Leitbild Wissenschaft begann, das Leitbild Religion zu ersetzen. Gott wurde nur noch für die jeweiligen Wissenslücken benötigt, er wurde zu einem Lückenbüßer-Gott.

Am Vorabend der industriellen Revolution war die Energieversorgung vergleichbar mit jener des Altertums. Die Truppen Napoleons hatten noch die gleiche Marschgeschwindigkeit wie die des Hannibal oder des Caesar. Es war die Geschwindigkeit von Mensch und Tier. Zur Nutzung des Feuers sowie der menschlichen und tierischen Arbeitskraft traten ab etwa dem 10. Jahrhundert eine verstärkte Nutzung der Wind- und Wasserkraft hinzu. Wassermühlen wie auch Windmühlen waren schon lange bekannt; sie wurden bislang, wie der Name sagt, jedoch nur für den Betrieb von Mühlen verwendet. Wasserräder wurden nunmehr universell einsetzbar, ihre Leistung konnte zumindest über kurze Entfernungen mittels Transmissionswellen, -rädern, -gestängen und -riemen übertragen werden. Sie trieben Walkereien, Hammerwerke, Pochwerke zum Zerkleinern von Erz, Sägewerke, Stampfwerke für Papierbrei, Quetschwerke für Oliven und Senfkörner sowie Blasebälge an.

Im 15. Jahrhundert begann eine weitere durch Technik induzierte Innovationswelle mit dem Aufschwung des Erzbergbaus. Dieser wurde zwar schon zu früheren Zeiten betrieben, so etwa im Altertum im vorderen Orient und ab dem 10. Jahrhundert im Harz. Vor allem Deutschland wurde das Zentrum berg- und hüttenmännischer Technik; deutsche Bergleute wirkten vielfach als Lehrmeister im Ausland. Mit immer tiefer werdenden Schächten wurde das Beherrschen des Grubenwassers zu einem zentralen Problem. Auch hier wurde mit großem Erfolg die Wasserkraft eingesetzt: für Pumpen zum Entwässern der Bergwerke, für Winden zum Betrieb der Förderkörbe und für Maschinen zur Bewetterung der Stollen.

Es ist bemerkenswert, dass man mit Feldgestängen die Energie der Wasserräder über beträchtliche Entfernung vom Tal in die Höhe leiten konnte. Dies war sozusagen ein Vorgriff auf die elektrischen Überlandleitungen unserer heutigen Zeit, freilich mit bescheidenerem Wirkungsgrad.

Der bevorzugte Baustoff und Energieträger war nach wie vor das Holz. Der ständig steigende Bedarf an Bauholz, Brennholz und Holzkohle zur Verhüttung der Erze führte zu gewaltigen Abholzungen. Da in den Mittelmeerregionen die Waldgebiete durch Abholzungen in der antiken Zeit drastisch dezimiert worden waren, verlagerte sich der Schwerpunkt der Güterproduktion zwangsläufig in das waldreichere Mittel- und Nordeuropa. Als Konsequenz nahmen auch dort durch Holzeinschlag und Rodung die Waldflächen deutlich ab, denn die wachsende Bevölkerung erzwang eine Vermehrung von Anbauflächen.

England hatte seine Waldregionen im 17. Jahrhundert weitgehend abgeholzt. Für den Bau der englischen Schiffsflotte musste schon vor dieser Zeit auf Importholz, vorwiegend aus Nordeuropa, zurückgegriffen werden. Dadurch entstand insbesondere in England ein gewaltiger Innovationsdruck, die entscheidende Triebfeder für die industrielle Revolution.

1.5 Die industrielle Revolution

Kernelemente der von England im 18. Jahrhundert ausgegangenen industriellen Revolution waren die Mechanisierung der Arbeit, die Dampfmaschine als neue Energiewandlungsmaschine sowie die Erkenntnis, aus verschwelter Steinkohle Steinkohlenkoks herzustellen, womit die Verhüttung von Erzen sehr viel effizienter erfolgen konnte als zuvor mit Holzkohle. Kohle und Stahl standen am Anfang der industriellen Revolution; Bergbau und Metallurgie waren die technischen Disziplinen, die es zu fördern galt.

Gewaltige Verdrängungen fanden in außerordentlich kurzen Zeiträumen statt: Kohle ersetzte Holz als Energieträger, Eisen verdrängte Holz als Baustoff, die Dampfmaschine ersetzte das Wasserrad. Obwohl auch jetzt noch Energietransport nur über geringe Distanzen möglich war, kam es zu einer in der bisherigen Geschichte der Menschheit beispiellosen Zunahme der Produktion von Gütern.

Im 19. Jahrhunderts wurde das Transportwesen einschneidend umgestaltet. Die Eisenbahn ersetzte die Pferdekutsche, das stählerne Dampfschiff verdrängte das hölzerne Segelschiff. Europa erlebte durch die gewaltige Zunahme der Produktivkräfte sowie durch hygienische wie medizinische Fortschritte eine dramatische Bevölkerungsexplosion. In der zweiten Hälfte des 19. Jahrhunderts wurde das Erdöl neben der Kohle zum zweiten bedeutenden primären Energieträger; Mitte des 20. Jahrhunderts kam das Erdgas hinzu. Ende des 19. Jahrhunderts gelang Werner von Siemens die direkte Kopplung von Dampfmaschine und Generator zur Stromerzeugung. Der elektrische Strom erlaubte den Energietransport über große Distanzen und damit eine dezentrale Energieentnahme.

In Bild 1.4 ist die Energiegeschichte der Menschheit skizziert. Bis zur industriellen Revolution lebte die Menschheit in einer ersten solaren Zivilisation. Als

Energie standen die menschliche und die tierische Arbeitskraft, das Feuer durch Verbrennen von Holz und Biomasse sowie Wind- und Wasserkraft zur Verfügung.

In großtechnischem Maßstab wird Kohle erst seit Beginn der industriellen Revolution, also seit gut 200 Jahren, genutzt. Mit dem zweiten großen fossilen Primärenergieträger, dem Erdöl, begann vor gut 100 Jahren der Aufstieg zweier Industriezweige, die maßgeblich an unserem heutigen Wohlstand beteiligt sind, der Automobilindustrie und der Großchemie. Erdgas trägt als dritter fossiler Primärenergieträger erst seit gut 50 Jahren, zeitgleich mit der Nutzung der Kernenergie, zu dem Energieangebot bei. Auf die drei genannten fossilen Primärenergieträger entfallen derzeit knapp 90 % und auf die Kernenergie gut 5 % der Weltenergieversorgung. Die restlichen 5 % werden im Wesentlichen durch Wasserkraft gedeckt. Wind- und Sonnenenergie spielen heute noch eine untergeordnete Rolle.

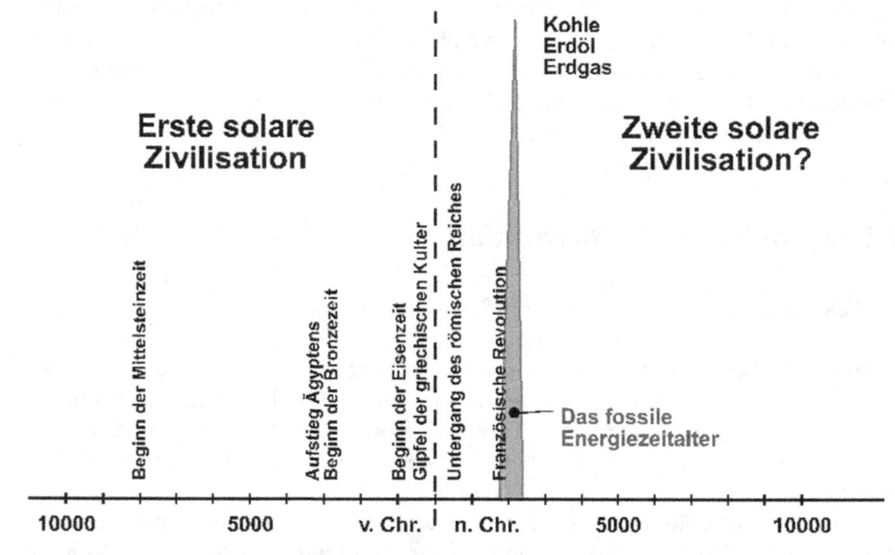

1.4 Energiegeschichte der Menschheit (Jischa 2004), in Anlehnung an Hubbert, siehe Winter, C.-J. (1993) Die Energie der Zukunft heißt Sonnenenergie. Droemer Knaur, München

Seit Beginn der industriellen Revolution verhalten wir uns nicht so wie ein seriöser Kaufmann, der von den Zinsen seines Kapitals selbst lebt. In geologischen Zeiträumen hat die Erde Sonnenenergie in Form von Kohle, Erdöl und Erdgas akkumuliert. Die Menschheit wird zum Verfeuern der gesamten Vorräte nur wenige Jahrhunderte oder gar Jahrzehnte benötigen.

Ohne an dieser Stelle auf genaue Definitionen von Ressourcen, wahrscheinlichen und sicheren Reserven einerseits sowie auf statische und dynamische Reichweiten andererseits einzugehen (hierzu sei auf die Kapitel 4 und 6 verwiesen), sei kurz gesagt: Kohle, Erdöl und Erdgas stehen uns nur noch für einen Zeitraum zur Verfügung, der etwa der bisherigen Nutzungsdauer entspricht. Es ist daher berechtigt, das erst gut 200 Jahre währende fossile Zeitalter als Wimpernschlag in der Erdgeschichte zu bezeichnen. Die Frage wird sein, ob die Menschheit nach der langen ersten solaren Zivilisation, unterbrochen durch eine sich dem Ende zuneigende fossile Energiephase, in eine zweite intelligente solare Zivilisation einsteigen wird, oder ob sie einen massiven Ausbau der Kernenergie, die eine Brütertechnologie sein müsste, betreiben wird. Das Kapitel 4 wird dieser Frage gewidmet sein.

Die Verknappung von Ressourcen war und ist ein typischer Auslöser für Innovationen. Neben der Erzverhüttung durch Steinkohlenkoks an Stelle von Holzkohle nenne ich zwei entscheidende technische Entwicklungen des 20. Jahrhunderts: die Entwicklung der Kernreaktoren zur Stromerzeugung sowie die Entwicklung von Glasfaserkabeln in der Informationstechnologie. Ohne letztere Substitutionsmaßnahme hätten die Informationstechnologien nicht diesen Aufschwung nehmen können, denn Sande als Ausgangsstoff für Glasfasern kommen ungleich häufiger vor als Metalle wie Kupfer oder Aluminium. Die Kupfervorräte der Welt würden nicht ausreichen, Netze heutigen Zuschnitts zu realisieren.

Nach diesem Abstecher in die Energiegeschichte der Menschheit zurück zum Thema dieses Abschnitts, der Zivilisationsdynamik. Der zentrale Treiber der Industriegesellschaft war die Technik. Das in der späten Agrargesellschaft durch Handel akkumulierte Kapital wurde zunehmend in Produktionsunternehmen, den Kapitalgesellschaften neuen Typs, investiert. Geprägt durch Mechanisierung und Fabrikarbeit entstand die Massengesellschaft. Techniker und Ingenieure begannen, die Zukunft zu gestalten.

1.6 Technik im Wandel der Zeit

Der Begriff Ingenieur tauchte erstmalig im 16. Jahrhundert auf. Er wurde anfangs in der italienischen und später in der französischen Form verwendet. Zunächst als Ersatzwort für den Zeugmeister bezeichnete man mit Ingenieur bis in das 18. Jahrhundert hinein ausschließlich den Kriegsbaumeister. Der zu Grunde liegende lateinische Begriff *ingenium* meint so viel wie angeborene natürliche Begabung, Scharfsinn und Erfindungsgeist. Das Wort Technik ist wesentlich älter, es geht auf den griechischen Begriff *techne* zurück und meint so viel wie Handwerk oder Kunstfertigkeit.

Die Technik diente dem Menschen von Beginn an als Mittel zur Beherrschung der Natur. Mit Hilfe technischer Verfahren gelang es den Menschen nach und nach, sich von den natürlichen Gegebenheiten zu emanzipieren. Der Bergmann und der Schmied waren erste frühe Ingenieure. Schon in der Antike wurden Metalle gefunden und bearbeitet. Auch die ersten Baumeister waren nach unserem heutigen Verständnis Ingenieure. Sie entwarfen und bauten Gebäude und Festungsanlagen, Straßen und Brücken, Schiffe und Fuhrwerke, Dämme und Deiche sowie Be- und Entwässerungsanlagen.

Die Ingenieure der Frühzeit waren Bastler und Tüftler, sie waren Handwerker und Künstler zugleich. Ihre Vorgehensweise war durch Versuch und Irrtum gekennzeichnet, empirisch erworbenes Wissen wurde vom Meister auf den Schüler übertragen.

Die erste systematische Zusammenfassung technischer Anleitungen stammt aus dem frühen 16. Jahrhundert. Sie wurde von Georg Agricola (1494–1555) in seinem berühmten Werk „*De re metallica*“ vorgenommen, dem ersten Lehrbuch über den Bergbau und das Hüttenwesen. Dieses war über Jahrhunderte in Gebrauch. Die Erläuterungen wurden in dem Werk durch zahlreiche Zeichnungen anschaulich ergänzt. Bild 1.5 zeigt daraus ein Beispiel.

Die ersten europäischen Universitäten wurden bereits im frühen Mittelalter gegründet. Vergleichbare Ausbildungsstätten für Ingenieure sind wesentlich jüngeren Datums. Erste Einrichtungen dieser Art entstanden in der zweiten Hälfte des 18. Jahrhunderts, dem Beginn der industriellen Revolution. Diese basiert auf Kohle und Stahl. Als Folge davon wurde zwischen 1770 und 1780 in Mitteleuropa Ausbildungsstätten für Bergbau und Hüttenwesen eingerichtet. In Deutschland waren diese in Berlin, Clausthal und Freiberg sowie in Leoben und Schemnitz in Österreich-Ungarn.

1.5 Illustration zur Grubenbewetterung (= Belüftung), aus: Agricola, G. (1994) De re metallica. dtv Reprint der vollständigen Ausgabe nach dem lateinischen Original von 1556, München

Eine systematische Förderung der Naturwissenschaften und Technik wurden erstmalig durch Napoleon vorgenommen. Wie so oft war auch hier der Krieg der Vater aller Dinge. Napoleon erkannte, dass seine Truppen denen seiner Gegner überlegen sein würden, wenn sie möglichst viel von Technik verstünden. Die Infanteristen sollten rasch und effizient Hilfsbrücken und Straßen bauen können und die Artilleristen sollten viel von Ballistik verstehen. Deshalb baute Napoleon die in Ansätzen schon existierenden Écoles Polytechniques aus, die neben den Bergakademien als Vorläufer heutiger Technischer Universitäten gelten.

Eine vergleichbare Förderung der Naturwissenschaften und Technik ist in Deutschland erst etwa 100 Jahre später durch Kaiser Wilhelm II. erfolgt. Er gründete entsprechende Forschungsinstitute, die Kaiser-Wilhelm-Institute, aus denen die heutigen Max-Planck-Institute hervorgegangen sind. Daneben stellte er die im späten 18. und im 19. Jahrhundert entstandenen Technischen Hochschulen den Universitäten statusrechtlich gleich. Äußeres Zeichen dieser Gleichstellung waren das Promotions- und Habilitationsrecht sowie die Rektoratsverfassung.

Mit Beginn der industriellen Revolution kam zum Bergbau und dem Hüttenwesen der Maschinenbau hinzu. Die rasch aufsteigenden Industriezweige machten die Konstruktion und den Bau von Maschinen und Anlagen erforderlich. Aus Manufakturen entstanden Industriebetriebe. Das Maschinenzeitalter begann: Dampfmaschinen lieferten mechanische Energie für den Antrieb, Förder- und Transportbänder wurden erforderlich, die Textilindustrie benötigte Webstühle.

1.7 Die Folgen

Das 19. Jahrhundert war von einer unglaublichen Fortschrittsgläubigkeit gekennzeichnet: Wissenschaft und Technik verhießen geradezu paradiesische Zustände für die Gesellschaft. Schon im 18. Jahrhundert wurde das Leitbild Wissenschaft verkürzt zu Rationalismus und Determinismus. Mit der französischen Revolution entstand als politisches Leitbild der Nationalismus, begleitet von einem zunehmenden Patriotismus bis hin zum Chauvinismus. Eine im 19. Jahrhundert kaum für möglich gehaltene Pervertierung erlebte das 20. Jahrhundert: Totalitäre kommunistische und faschistische Systeme übten eine totale Macht über die Gesellschaft durch Technik aus. Man stelle sich einmal vor, derartige Systeme hätten über die heutigen technischen Überwachungsmöglichkeiten verfügt!

Wie stellt sich die Situation heute dar? Der Übergang von der Agrar- zur Industriegesellschaft war gekennzeichnet durch eine starke Abnahme der Beschäftigten in der Landwirtschaft und eine entsprechend große Zunahme in der industriellen Fertigung. Etwa seit den siebziger Jahren ist bei uns und in vergleichbaren Ländern der Anteil der in der Industrie Beschäftigten deutlich gesunken, während deren Anteil im Dienstleistungsbereich stark zugenommen hat. Wir befinden uns offenbar im Übergang von der Industriegesellschaft hin zu einer Gesellschaft neuen Typs. Welcher Begriff sich hierfür einbürgern wird, scheint derzeit noch offen zu sein. Die Bezeichnungen Informations-, Dienstleistungs-, nachindustrielle oder postmoderne Gesellschaft werden vorschlagen.

Entscheidend ist, dass Informations- und Kommunikationstechnologien globaler Natur sind. Sie erfordern Systeme großer Art, Standardisierung und internationale Kooperation. Dies ist im Prinzip nicht neu, denn auch Stromnetze und Eisenbahnnetze machten eine Standardisierung erforderlich. Sich durch die Wahl einer anderen Spurweite beim Eisenbahnnetz vor einer Invasion schützen zu wollen, wie Russland es getan hatte, wäre im Zeitalter der Informationsnetze vollends eine ruinöse Strategie. Die durch Technik erzwungene internationale Kooperation und Standardisierung führt zwangsläufig zu einer Erosion nationaler Macht und zu einer erhöhten Mobilität der Gesellschaft. „Der flexible Mensch" wird gebraucht, wie Richard Sennett es formuliert hat. Globalisierung scheint derzeit das zentrale

Leitbild in der Wirtschaft zu sein, Liberalisierung und Deregulierung werden als Erfolgsrezepte propagiert. Die uralte Frage, wie viel Markt bzw. wie viel Staat wir uns leisten wollen oder können, ist aktueller denn je. Hervorzuheben ist, dass auch hier wiederum die Technik, mit den Stichworten Digitalisierung, Computer und Netze, der entscheidende Treiber ist. Diese Fragen werden uns in Kapitel 10 beschäftigen.

Was für ein Leitbild hat unsere Gesellschaft für die Entwicklung und Gestaltung von Technik? Haben wir dafür überhaupt ein Leitbild? Vor gut 200 Jahren sagte Napoleon zu Goethe: „Politik ist unser Schicksal". „Wirtschaft ist unser Schicksal", so der Unternehmer (und Gründer der AEG) Rathenau vor knapp 100 Jahren. Heute sollten wir sagen: „Technik ist unser Schicksal". Nach welchem Leitbild wir Technik gestalten und entwickeln wollen, sollte mit hoher Priorität im politischen und gesellschaftlichen Raum diskutiert werden.

Eines ist heute deutlicher denn je. Technischer Fortschritt beeinflusst mit beschleunigter Dynamik nicht nur unsere Arbeitswelt, sondern zunehmend auch unsere Lebenswelt. Somit betrifft er alle Mitglieder unserer Gesellschaft, auch diejenigen, die sich mit den rasant entwickelnden Informationstechnologien nicht auseinander setzen wollen oder können. In der Vergangenheit ist der technische Fortschritt offenbar ein sich selbst steuernder dynamischer Prozess gewesen, den niemand verantwortet hat. Ob dies in Zukunft so bleiben muss, oder ob wir uns hierzu Alternativen vorstellen können, soll und muss nach meiner Auffassung thematisiert werden. Natürlich ist Technik schon immer bewertet worden, nämlich von jenen, die Technik produziert und vermarktet haben. Als bisherige Bewertungskriterien reichten technische Kriterien wie Funktionalität und Sicherheit sowie jene betriebswirtschaftlicher Art aus.

Das Leitbild Nachhaltigkeit, das in Politik und Gesellschaft etabliert zu sein scheint, verlangt mehr: Technik muss zusätzlich umwelt-, human- und sozialverträglich seien. Kurz, Technik muss zukunftsverträglich sein. Hierzu benötigen wir eine Disziplin, die mit Technikbewertung oder Technikfolgenabschätzung bezeichnet wird. Deren Etablierung in Lehre und Forschung sowie Institutionalisierung durch geeignete Einrichtungen, in denen Experten der Natur- und Ingenieurwissenschaften mit jenen der Geistes- und Gesellschaftswissenschaften zusammenarbeiten, tut Not. Andernfalls wäre unsere Gesellschaft offenkundig bereit zu akzeptieren, dass wie in der Vergangenheit „Technik einfach geschieht". Auf das Leitbild Nachhaltigkeit, und auch auf Technikbewertung, werden wir in Kapitel 8 eingehen.

1.8 Ziel und Aufbau des Buches

Schädigungen der Umwelt blieben in der ersten Phase der industriellen Revolution auf Europa beschränkt. Erst in der zweiten Phase wurde durch den Strom der Auswanderer unsere gesamte Welt nach und nach davon betroffen, die industrielle Revolution wurde „exportiert". Europa einschließlich Russland, Nordamerika und später Japan begannen, die Naturschätze der Erde massiv zu erschließen. Dies ging über die Suche nach Gold, Silber und den Handel mit exotischen Gewürzen, Luxusartikeln wie Seide, Porzellan usw. der frühen Kolonialzeit weit hinaus. Der Welthandel entwickelte sich nach den Vorstellungen der westlichen, der Ersten Welt. Dies hatte dramatische Auswirkungen für die so genannte Dritte Welt zur Folge.

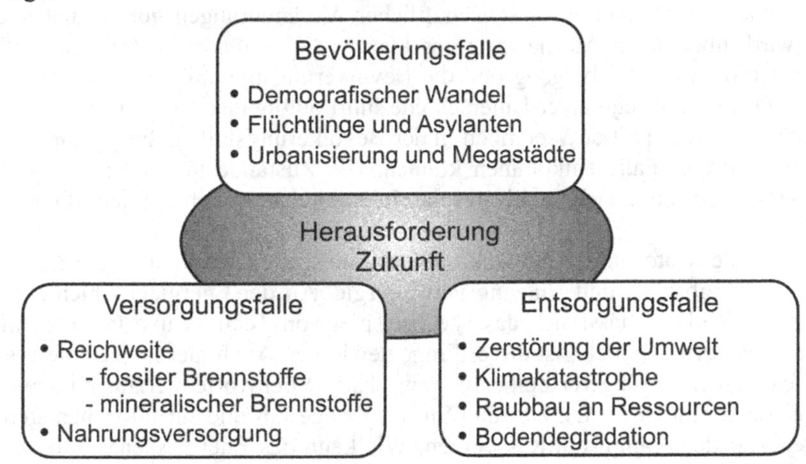

1.6 Zentrale Faktoren der *Herausforderung Zukunft*

Bild 1.6 zeigt die drei zentralen Elemente der *Herausforderung Zukunft.* Durch die industrielle Revolution wurden die Produktivkräfte in zuvor ungeahnter Weise gesteigert. Aus Handwerksbetrieben und Manufakturen wurden Industriebetriebe. Die Landwirtschaft wurde mechanisiert und industrialisiert. Damit war die Basis für eine starke Bevölkerungszunahme gelegt. Diese war zunächst auf Europa beschränkt, sie wurde jedoch rasch in die überseeischen Kolonien „exportiert". Industrialisierung und Bevölkerungsexplosion führten zu einem wachsenden Energieverbrauch der Welt, der bis heute anhält. Daraus resultieren Klimaveränderungen und Schädigungen der Umwelt, von Entwaldung über Bodenerosion und Wüstenbildung bis hin zum Artensterben.

Der Begriff Falle wurde gewählt, um die Dramatik der Entwicklung zu verdeutlichen. Entwicklung war und ist gleich Wachstum. Deshalb beschäftigen wir uns einleitend in Kapitel 2 mit der Frage, wie Wachstum beschrieben werden kann und welche unterschiedlichen Wachstumsformen wir kennen. Das Kapitel 2 wird einige wenige Formeln enthalten, an die ich die Leser langsam heranführen möchte. Formeln sind für den Kundigen eine komprimierte Form der Darstellung. Sie sind jedoch keine Voraussetzung für das Verstehen des Textes und können daher getrost übergangen werden. Daneben werden wir Begriffe wie Linearität und Nichtlinearität, Rückkopplung und Regelkreise behandeln. Sie sind grundlegend für das Verständnis vernetzter Systeme. Gerade dieses Systemverständnis bereitet uns große Schwierigkeiten. Warum dies so ist, werden wir diskutieren. Insbesondere bei Handlungsträgern, seien sie in Politik oder Wirtschaft verortet, führt mangelndes Systemverständnis nicht selten zu katastrophalen Entscheidungen. Wir leben nun einmal in einer komplexen Welt, wo vieles von vielem abhängt.

Die wesentlichen Abhängigkeiten und Rückkopplungen bei politischen und unternehmerischen Entscheidungen zu erkennen und zu berücksichtigen, das ist die hohe Kunst, über die Manager verfügen müssen.

Kapitel 3 ist der Bevölkerungsdynamik gewidmet. In jüngerer Zeit hat das Interesse daran enorm zugenommen, da der demografische Wandel in reifen Gesellschaften wie der unsrigen zu gesellschaftlichen Veränderungen geführt hat und führen wird, über deren Ausmaß wir uns klar werden sollten. Zentrale Begriffe wie der demografische Übergang und die Bevölkerungspyramide werden behandelt. Die Diskussion regionaler Unterschiede führt automatisch zu der Frage, warum große Teile der Dritten Welt noch in der Bevölkerungsfalle gefangen sind, ob und wie sie dieser Falle entkommen können. Die Zustände in der Dritten Welt sind nach wie vor unzureichend bis desolat. In Kapitel 7 werden wir darauf eingehen.

Der zentrale Motor in der Entwicklung der Menschheit war und ist die Bereitstellung, Verfügbarkeit und Nutzung von Energie. An der Energiegeschichte der Menschheit, Bild 1.4, lässt sich das Wechselspiel von Technik und Gesellschaft plastisch erläutern. Kapitel 4 ist dieser Frage gewidmet. Auch hier ist das Interesse der Öffentlichkeit in jüngerer Zeit stark gewachsen. Stichworte hierzu sind deutliche Preissteigerungen für Öl, Gas und Strom. Kriege um und für Öl stehen stellvertretend für den Kampf um Ressourcen. Wie kann das Energieszenario der gar nicht so fernen Zukunft aussehen?

In Kapitel 5 behandeln wie die Folgen für die Umwelt, hervorgerufen durch die starke Zunahme des Verbrauchs an Energie und an mineralischen Rohstoffen. Diese Folgen betreffen alle Bestandteile des Ökosystems Erde, insbesondere Luft, Wasser und Boden. In der Öffentlichkeit, der Politik und der Wirtschaft ist die Diskussion um den Treibhauseffekt ebenso dominierend wie kontrovers, beispielhaft seien das Kyoto-Protokoll sowie Zertifikate und Emissionshandel genannt.

Der Begriff Ressource ist schillernd und unscharf, was von vielen Akteuren für Vernebelungsstrategien genutzt wird. Kapitel 6 soll Klarheit verschaffen: Was unterscheidet mineralische Rohstoffe von Energierohstoffen? Welche Ressourcen sind erneuerbar und welche nicht? Wie steht es um die Lebensdauer (= Reichweite) der verschiedenen Ressourcen? Was versteht man unter der statischen und der dynamischen Reichweite? Was weiß man darüber? Wie viele Menschen kann die Erde ernähren und wie steht es um den Erhalt der Artenvielfalt?

In Kapitel 7 behandeln wir die speziellen und drängenden Probleme der Entwicklungsländer. Probleme, die die Länder der so genannten Dritten Welt ohne uns, die Erste Welt, gar nicht hätten. Damit endet der *erste Teil* des Buches, der diagnostische Teil, mit der Darstellung der *Fakten.* Diese sind weitgehend unstrittig, was zahlreiche Analysen belegen. Der *zweite Teil* behandelt die ungleich schwierigere Frage nach möglichen *Therapien.* Auch im zweiten Teil werden mehr Fragen gestellt als Antworten formuliert.

In Kapitel 8 behandeln wir als Einleitung in den zweiten Teil das Konzept Nachhaltigkeit, das seit der Rio-Konferenz für Umwelt und Entwicklung 1992 zum zentralen Leitbild für politisches und wirtschaftliches Handeln geworden ist. Schwierigkeiten entstehen bei der Frage, wie das Leitbild Nachhaltigkeit umzusetzen ist. Hierbei ergeben sich stets Zielkonflikte, die im politischen und gesellschaftlichen Raum diskutiert und gelöst werden müssen. Das Instrument Technikbewertung kann maßgeblich zum Management von Nachhaltigkeit beitragen.

Kapitel 9 ist der Dynamik des technischen Fortschritts gewidmet. Der sich ständig beschleunigende technische Wandel dominiert nicht nur unsere Arbeits-, sondern zunehmend auch unsere Lebenswelt. Die Beschleunigungsfalle ist nur eine von mehreren Zivilisationsfallen. Das wirft Fragen auf: Warum die Technik ein Gegenstand für die Ethik ist, warum der Dialog zwischen Experten und Laien so schwierig ist und warum die Welt der Experten in zwei Kulturen zerfällt.

In Kapitel 10 wird der Weg von der Industrie- in die Informationsgesellschaft beschrieben. Die digitale Revolution hat zu derart massiven gesellschaftlichen Umwälzungen geführt, dass die Vorstellung einer Dritten Revolution in der Zivilisationsgeschichte (nach der neolithischen und der wissenschaftlich/industriellen Revolution) nahe liegt. Wissen wird zur neuen und entscheidenden Ressource, die zu den klassischen Ressourcen Kapital, Arbeit und Boden (einschließlich der Rohstoffe) der Industriegesellschaft hinzukommt. Jedes neue Wissen erzeugt neues Nichtwissen. Der Begriff Wissensmanagement suggeriert, es würde vorwiegend um das Management des vorhandenen Wissens gehen. Natürlich geht es auch darum. Aber angesichts der unglaublichen Dynamik des technischen Wandels ist es in Entscheidungsprozessen viel wichtiger, unsicheres, unscharfes oder Nichtwissen zu managen.

Die neuen digitalen Informations- und Kommunikationstechnologien haben zu einer Verdichtung von Raum und Zeit geführt. Sie haben das weltweite Netzwerk Internet hervorgebracht, das Geschäftsprozesse, Entscheidungen und Handlungen an verschiedenen Orten zeitgleich ermöglicht. Die Vernetzung ist geradezu zu einem Syndrom der Informationsgesellschaft geworden, in der Computer allgegenwärtig und zunehmend unsichtbar geworden sind.

Erst durch den Eintritt in die Informationsgesellschaft ist ein neues Phänomen möglich geworden, das mit dem Begriff Globalisierung beschrieben wird, Kapitel 11. Globalisierung ist zum Kennzeichen einer neuen Epoche geworden, an dem sich die Geister scheiden. Für die einen wird die Globalisierung alle Probleme lösen, für die anderen ist sie an allen Problemen schuld. Die Fakten zur Globalisierung sind unstrittig. Überaus kontrovers wird dagegen die Frage behandelt, ob und wie Globalisierung angesichts neuer vorwiegend sozialer Probleme gestaltet werden kann.

Neben den seit einigen Jahrzehnten „klassischen“ Problemen der „Herausforderung Zukunft“, der Bevölkerungs-, der Versorgungs- und der Entsorgungsfalle, sind neue Probleme entstanden. Das sind die digitale Spaltung der Welt und eine neue soziale Kluft durch die Globalisierung. Zu der ökologischen Krise der Industriegesellschaft ist die Krise des sozialen Wohlfahrtsstaates hinzugekommen. Welche Strategien auf nationaler und internationaler Ebene diskutiert werden, um den Herausforderungen des 21. Jahrhunderts zu begegnen, soll im abschließenden Kapitel 12 behandelt werden. Dabei wird es um die Frage gehen, welche Wege aus der Krise herausführen können.

Literatur

Die Abschnitte 1.2 bis 1.7 sind in ähnlicher Form bereits an anderer Stelle erschienen (Jischa 2003, 2004). Sie beruhen auf einer Zusammenfassung meiner Vorlesung „Zivilisationsdynamik" aus dem Wintersemester 2001/2002 an der TU Clausthal. Hier nenne ich einige Bücher, die hinreichend große Bereiche dieser Thematik abdecken:

Crone, P. (1992) *Die vorindustrielle Gesellschaft.* dtv, München
Demandt, A. (2003) *Kleine Weltgeschichte.* Beck, München
Diamond, J. (1998) *Arm und Reich.* Fischer, Frankfurt am Main
Jones, E. L. (1991) *Das Wunder Europa.* Mohr, Tübingen
Kennedy, P. (1989) *Aufstieg und Fall der großen Mächte.* Fischer, Frankfurt am Main
Landes, D. (1998) *Wohlstand und Armut der Nationen.* Siedler, Berlin
Mitterauer, M. (2003) *Warum Europa?* Beck, München
Olson, M. (1991) *Aufstieg und Niedergang von Nationen.* Mohr, 2. Auflage, Tübingen
Rossi, P. (1997) *Die Geburt der modernen Wissenschaft in Europa.* Beck, München
Thomas, H. (1987) *Geschichte der Welt.* dtv, München
Toynbee, A. (1998) *Menschheit und Mutter Erde.* Ullstein, Berlin

Eigene Arbeiten sind in Kapitel 1 eingeflossen:

Jischa, M. F. (2003) *Technikgestaltung gestern und heute.* In: Grunwald, A. (Hrsg.) Technikgestaltung zwischen Wunsch und Wirklichkeit. Springer, Berlin, S. 105–115
Jischa, M. F. (2004) *Ingenieurwissenschaften.* Erschienen in der Reihe Studium der Umweltwissenschaften. Springer, Berlin

2. Wachstum, Rückkopplung und Vernetzung

oder **Wir leben in einer komplexen Welt**

Das Fundament der Wahrheit liegt in der Verknüpfung.
(G. W. Leibniz)

Ein indischer König soll von einem Schachspiel, das ein weiser Brahmane bei ihm eingeführt hatte, so begeistert gewesen sein, dass er dem Brahmanen die Erfüllung eines Wunsches zusagte. Dieser erbat sich ein Weizenkorn für das erste, zwei für das zweite, vier für das dritte Feld des Schachbrettes. Kurz: Jedes folgende Feld sollte mit doppelt so vielen Körnern wie das vorangegangene Feld belegt werden. Dem König erschien diese Bitte in Unkenntnis von Wachstumsgesetzen fast bescheiden und er sagte deren Erfüllung zu. Bild 2.1 zeigt die Unerfüllbarkeit dieses Wunsches.

1	2	4	8	16	32	64	128
256	512	...					2^{15}
							2^{23}
							2^{31}
							2^{39}
							2^{47}
							2^{55}
						...	2^{63}

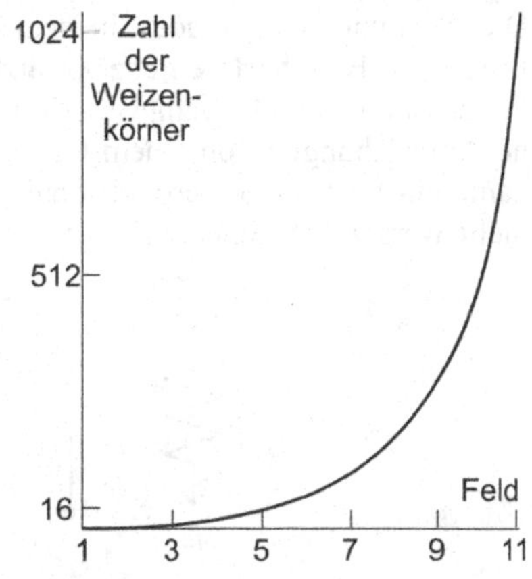

2.1 Das indische Schachbrettmärchen. Im 64. Feld liegen $2^{63} = 9{,}223 \cdot 10^{18} = 9{,}223$ Billiarden Körner. Im Jahr 2003 lag die Weizenernte bei 590 Mio. t. Die gesamte Weltgetreideproduktion betrug etwas über 2 Mrd. t, davon entfielen jeweils etwa 30 % auf Mais, Reis und Weizen. Ein Weizenkorn hat die Masse von 0,4 mg. Somit enthält das 64. Feld 37 Mrd. t Weizen, das 63fache der derzeitigen Weltjahresproduktion.

Ähnliche Wachstumsgesetze finden wir sehr häufig. Stellen wir uns vor, eine Seerose würde so rasch wachsen, dass sich ihre Fläche täglich verdoppele. Frage: Wann bedecken die Seerosen den Teich vollständig, wenn es bis zur halben Abdeckung 30 Tage gedauert hat? Antwort: Am 31. und nicht am 60. Tag! Trotz unserer mehr oder weniger intensiven mathematischen Vorbildung haben wir große Probleme, uns derartige Wachstumsprozesse vorzustellen. Der Grund liegt darin, dass wir gedanklich stets linearisieren. Aus diesem Grunde werden wir uns zu Beginn dieses Kapitels den Phänomenen *Linearität* und *Nichtlinearität* zuwenden und anschließend typische Wachstumsgesetze diskutieren. Dabei werden wir viele Überraschungen erleben und erkennen, dass das Verständnis von Wachstumsgesetzen ein entscheidender Schlüssel für die weiteren Kapitel darstellt. Dies wird schon in dem folgenden Kapitel Bevölkerungsdynamik deutlich werden.

2.1 Linearität und Nichtlinearität

Mitunter sieht man auf Wochenmärkten auch heute noch Federwaagen, mit denen Händler das Gewicht ihrer Waren bestimmen. Die Auslenkung der Federwaage ist dabei ein Maß für das angebrachte Gewicht. Wird das Gewicht verdoppelt, so verdoppelt sich auch die Auslenkung. Einen derartigen Zusammenhang nennt man linear und wir erkennen daran das Wesen der Linerarität: Eine Verdopplung der Ursache verdoppelt deren Wirkung.

Bild 2.2 zeigt als Beispiel eine Schraubenfeder, die durch eine Kraft F belastet wird. Die Auslenkung x der Feder wächst in gleicher Weise wie die Federkraft F; F und x sind einander direkt proportional (das Zeichen ~ bedeutet proportional). Die Steigung der Geraden in dem Diagramm wird durch die Federkonstante c festgelegt. Eine härtere Feder besitzt eine steilere Kennlinie; bei einer weicheren Feder ist die Gerade weniger steil. Lineares Verhalten ist charakteristisch für kleine Abweichungen von einem Gleichgewichtszustand, Ursache und Wirkung sind dann einander direkt proportional. Je größer die Abweichungen werden, umso mehr werden nichtlineare Effekte bedeutsam.

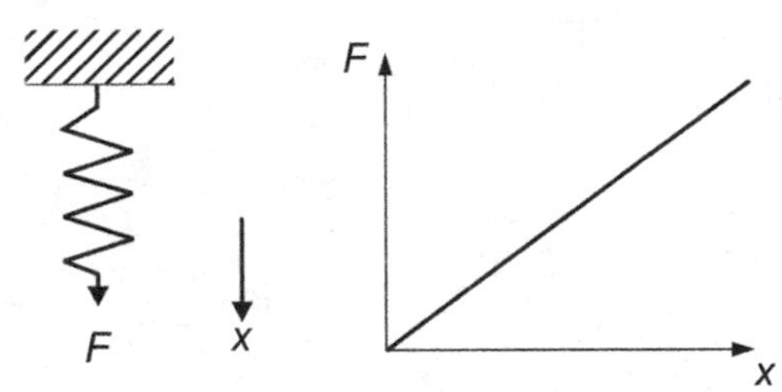

2.2 Die Auslenkung einer Feder als lineares Beispiel. Die Kraft F ist gleich dem Produkt aus Federkonstante c und Auslenkung x; d. h. $F = c \cdot x \sim x$.

Der vermutlich historisch älteste Hinweis auf einen nichtlinearen Zusammenhang stammt von Galilei anlässlich seiner Untersuchungen über die Tragfähigkeit eines Balkens, siehe hierzu Bild 1.3 und die dortigen Erläuterungen. Mit den Beispielen in Bild 2.3 soll verdeutlicht werden, warum man bei bloßer geometrischer Vergrößerung oder Verkleinerung keine gigantischen Mücken oder winzige Elefanten „konstruieren" kann oder warum Bäume nicht in den Himmel wachsen.

1. Beispiel: Flächenpressung eines Würfels

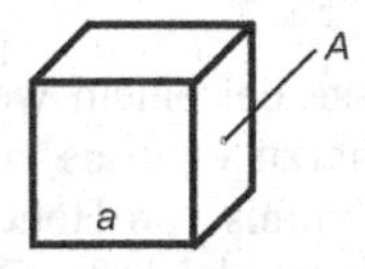

$$p = \frac{G}{A} = \frac{m \cdot g}{a^2} = \frac{\rho \cdot a^3 \cdot g}{a^2}$$
$$= \rho \cdot a \cdot g \sim a$$

2. Beispiel: Flächenpressung eines „Baumes"

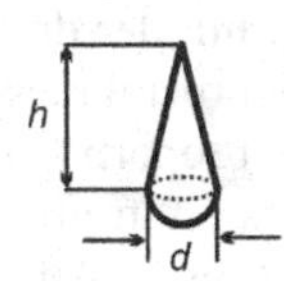

Mit $V = \frac{1}{3} A \cdot h = \frac{c}{3} A \cdot d$ und $c = \frac{h}{d}$ folgt

$$p = \frac{G}{A} = \frac{\rho \cdot V \cdot g}{A} = \frac{1}{3} \rho \cdot g \cdot h = \frac{c}{3} \rho \cdot g \cdot d \sim h \sim d$$

3. Beispiel: Wärmehaushalt einer „Maus"

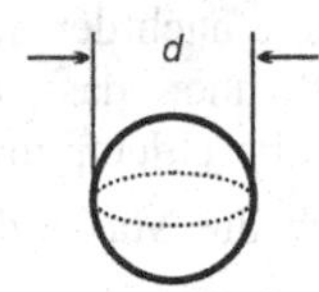

$$\text{Wärmeproduktion} \sim V \sim d^3$$
$$\text{Wärmeabgabe} \sim A \sim d^2$$
$$\frac{\text{Wärmeabgabe}}{\text{Wärmeproduktion}} \sim \frac{1}{d}$$

4. Beispiel: Rohrströmung, Blutkreislauf

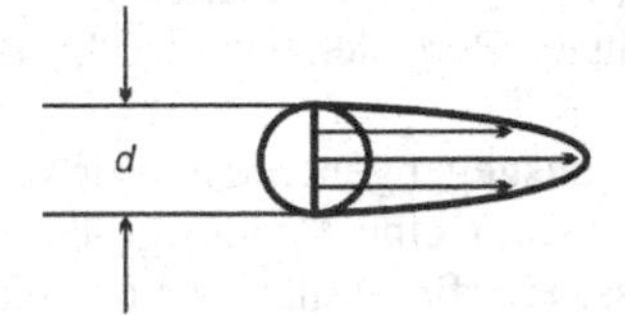

	„Verkalkung"			„Sport"	
d	0,5	0,9	1	1,1	1,5
$\dot{V}$	0,06	0,66	1	1,46	5,06

5. Beispiel: Fahrgeschwindigkeit eines PKW

$$F \sim v^2$$
$$P = F \cdot v \sim v^3$$
$$\text{oder } v \sim \sqrt[3]{P}$$

P	1	2	3	8
v	1	1,26	1,44	2

2.3 Beispiele zur Erläuterung nichtlinearer Zusammenhänge

Betrachten wir einen Würfel mit der Kantenlänge a, der mit seinem Gesicht G die Unterlage belastet, auf der er ruht. Wir fragen nach dem Druck p, der zwischen dem Würfel und der Unterlage herrscht. Dieser Druck wird Flächenpressung genannt, er ist gleich dem Gewicht G dividiert durch die Auflagefläche A. Das Gewicht G ist gleich der Masse m multipliziert mit der Erdbeschleunigung g, die Masse m ist das Produkt aus der Dichte ρ und dem Volumen V. Daraus folgt, dass die Flächenpressung p proportional der Kantelänge a ist und somit unbeschränkt mit a anwächst. Ein sehr großer Würfel würde durch sein Eigengewicht zerbrechen, wenn die Flächenpressung die materialabhängige maximale Druckfestigkeit übersteigt.

Man mag einwenden, dass die geschilderten Verhältnisse bei einem weniger einfachen Körper als dem Würfel anders sein könnten. Hierzu wird als zweites Beispiel ein Baum durch einen Kegel mit konstantem Verhältnis von Höhe h zu Durchmesser d am Fußpunkt dargestellt. Das Kegelvolumen ist gleich der Grundfläche A mal der Höhe h dividiert durch 3. Damit folgt analog zum ersten Beispiel die Aussage, dass die Flächenpressung p der Höhe h oder dem Durchmesser d proportional ist. Beiden Beispielen ist gemeinsam, dass das Gewicht mit der dritten Potenz, aber die Bezugsfläche nur mit der zweiten Potenz der Körperabmessung wächst. Der Quotient aus beiden, die Flächenpressung, ist somit proportional zur Körperabmessung und wächst mit dieser unbeschränkt an. Das ist freilich nicht der einzige Grund dafür, warum Bäume nicht in den Himmel wachsen. Auch die Fähigkeit, mit Hilfe der Kapillarwirkung hoch gelegene Äste aus dem Boden mit Nährstoffen zu versorgen, nimmt mit wachsender Baumhöhe ab.

Die Aussage der ersten beiden Beispiele lässt sich auf die Frage nach der maximalen Berghöhe auf verschiedenen Planeten anwenden. Wir erkennen, dass der Basisdruck (die Flächenpressung) am Fuße eines Berges der Erdbeschleunigung $g = 9{,}81\,\mathrm{m/s^2}$ proportional ist. Die Erdbeschleunigung ist durch die Masse der Erde und deren Durchmesser eindeutig festgelegt. Andere Planeten wie etwa der Mars haben ihre eigene spezifische „Marsbeschleunigung“, diese liegt bei 37 % der Erdbeschleunigung. Also erlaubt der Mars höhere Berge als die Erde. Die höchste Erhebung auf dem Mars ist der Olympus Mons, ein erloschener Vulkan, mit etwa 26 km Höhe; der Mount Everest als höchster Berg der Erde ist 8,8 km hoch.

Das dritte Beispiel stellt eine Umkehrung der vorausgegangenen dar. Wir wollen damit die Frage beantworten, warum es in der Natur eine Mindestgröße für Warmblüter wie Säugetiere oder Vögel geben muss. Hierfür stellen wir uns eine Maus vereinfacht als Kugel mit dem Durchmesser d vor. Um eine bestimmte Körpertemperatur aufrechtzuerhalten, muss der Körper für das Verbrennen aufgenommener Nahrung sorgen. Dieser Vorgang der Umwandlung von Energie aus der Nahrung in Wärmeenergie ist dem Körpervolumen V und damit der dritten Potenz der Körperabmessung d proportional. Die Abgabe der Körperwärme nach außen erfolgt über die Kugeloberfläche A, diese ist dem Quadrat von d proportional. Damit wird das Verhältnis von Wärmeabgabe zu Energieumwandlung im Inneren proportional zu dem Kehrwert der Körperabmessung d und folglich mit kleiner werdendem Körper immer ungünstiger. Es hat also energetische Gründe, warum es in der Natur keine sehr kleinen Warmblüter gibt. Bei sehr großen Tieren gibt es das umgekehrte Problem des Wärmestaus. So dienen die großflächigen Ohren des Elefanten der Wärmeabgabe.

Das vierte Beispiel hat mit dem menschlichen Körper zu tun. Es ist ein bekanntes Beispiel aus der Strömungsmechanik, dass bei einer (laminaren) Strömung durch ein Rohr die durchfließende Menge, ausgedrückt durch den Volumenstrom $\dot{V}$ (= Volumen pro Zeit, der Punkt auf dem Symbol $\dot{V}$ bedeutet pro Zeiteinheit), der vierten Potenz des Rohrdurchmessers d proportional ist. Das bedeutet, dass schon geringe Veränderungen des Durchmessers zu drastischen Veränderungen des Volumenstromes führen. Eine Zunahme des Durchmessers von 10 (bzw. 50) % führt zu einer Zunahme des Volumenstromes um 46 (bzw. 406) %! Dieser Effekt wird vom menschlichen Körper bei einer starken körperlichen Anstrengung ausgenutzt. Die Adern weiten sich und erhöhen damit den Blutdurchsatz. Das Gegenteil, nämlich eine Verringerung des Durchmessers, tritt bei der Arterienverkalkung auf. Eine Verringerung des Durchmessers auf 90 (bzw. 50) % des ursprünglichen Wertes führt zu einem Volumenstrom, der nur noch 66 (bzw. 6) % des ursprünglichen Wertes beträgt!

Im letzten Beispiel wird ein PKW betrachtet, dessen Fahrgeschwindigkeit v variiert werden soll. Der Fahrwiderstand F setzt sich aus dem bei schneller Fahrt dominierenden Luftwiderstand und dem Rollwiderstand zusammen und er ist näherungsweise proportional dem Quadrat der Geschwindigkeit v. Die zur Überwindung des Fahrwiderstandes notwendige Leistung P ist gleich dem Produkt aus F und v und somit proportional zur dritten Potenz der Geschwindigkeit. Das bedeutet: Eine Verdopplung der Motorleistung erhöht die Geschwindigkeit und 26 %, eine Verdreifachung um 44 % und erst eine Vervierfachung der Leistung würde zu einer Verdopplung der Geschwindigkeit führen. Dies sei an einem konkreten Fall verdeutlicht. Ein PKW erreiche mit einem 45-kW-Motor eine Geschwindigkeit von 160 km/h. Eine Verdopplung der Leistung auf 90 kW würde die Endgeschwindigkeit nur um 26 % erhöhen, also auf etwa 200 km/h. Eine Verdopplung der Geschwindigkeit von 160 auf 320 km/h würde eine achtfache Leistung, somit 360 kW erfordern!

2.2 Wachstumsgesetze

Wenn man Entwicklungen analysieren und beeinflussen will, muss man wissen, wie sich Größen zeitlich verhalten. Manche sind gutmütig, andere nicht. Es ist wichtig, sich klar zu machen, dass das dynamische Verhalten von Wachstumsgrößen qualitativ verschieden sein kann, und dass sich daraus drastische Konsequenzen ergeben. Die zeitliche Veränderung dynamischer Größen setzt sich aus einem Wachstums- und einem Abnahmeanteil zusammen. So wird etwa die Entwicklung der Weltbevölkerung von der Geburten- und der Sterberate bestimmt.

Wir beschränken uns zunächst auf das Wachstum und wollen uns unter der Menge x ein verzinsliches Kapital, die Weltbevölkerung, das Bruttosozialprodukt eines Landes, dessen Energieverbrauch, die Zahl der Verkehrsunfälle pro Jahr oder die Verschuldung eines Entwicklungslandes vorstellen. Bei abnehmenden Mengen x können wir an nicht nachwachsende Rohstoffe, an Primärenergieträger wie Kohle, Erdöl und Erdgas, an Siedlungsraum oder an landwirtschaftlich nutzbare Flächen denken. Mit dieser Aufzählung wird der Bezug zur *Herausforderung Zukunft* deutlich. Das Verständnis von *Wachstum* (und *Abnahme*) ist von zentraler Bedeutung. Man kann Wachstum auf zweierlei Arten beschreiben und darstellen:

– Durch die Änderung der Menge x in Abhängigkeit von der Zeit t. Wir sagen, die Menge x ist eine Funktion der Zeit t, schreiben kurz $x = f(t)$ und bezeichnen dies als *Wachstumsgesetz*.
– Durch die Änderung der Wachstumsgeschwindigkeit dx/dt (der zeitlichen Änderung von x, genannt Rate) in Abhängigkeit von der Menge x. Wir schreiben kurz $dx/dt = F(x)$ und bezeichnen dies als *Ratenansatz*.

Der mathematisch Kundige erkennt sofort, dass beide Beschreibungen über die Operationen Integration bzw. Differenziation miteinander verknüpft sind. Aus dem Ratenansatz folgt durch Integration das Wachstumsgesetz (die integrale Zunahme der Menge). Aus dem Wachstumsgesetz folgt durch Differenziation der Ratenansatz (die differenzielle zeitliche Änderung der Menge). Anhand der folgenden Darstellungen werde ich versuchen, diese Verknüpfungen zu veranschaulichen. In den Bildern ist jeweils links der Ratenansatz und rechts das Wachstumsgesetz dargestellt. Dabei wollen wir typische Fälle unterscheiden und beginnen mit dem *linearen Wachstum*, Bild 2.4.

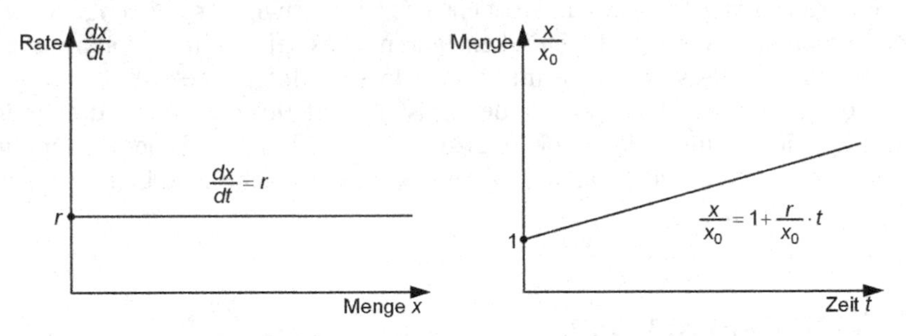

2.4 Lineares Wachstum. Die Rate $dx/dt = r$ ist konstant. Nach Integration folgt $\int dx = r \int dt + C$ oder $x = r \cdot t + C$. Die Integrationskonstante C wird mit $x(t = 0) = x_0$ zu $C = x_0$, dabei ist x_0 die Anfangsmenge zur Zeit $t = 0$. Es folgt ein lineares Wachstumsgesetz $\frac{x}{x_0} = 1 + \frac{r}{x_0} t$.

Bei konstanter Rate ist die Zunahme der Menge x unabhängig von der Menge selbst. Das führt zu einer linearen Zunahme der Menge, welche der Zeit t proportional ist. In gleichen Zeitabständen Δt wächst die Menge x um gleiche Beträge Δx an. Bei Vergrößerung der Wachstumsrate r würde die Gerade $x(t)$ steiler verlaufen, bei Verkleinerung flacher. In der Natur kommt lineares Wachstum selten vor. Beispiele sind näherungsweise das Anwachsen einer Oxidschicht oder Eisschicht.

Im zweiten Fall behandeln wir das *exponentielle Wachstum*. Das führt uns zu dem wichtigsten Wachstumsgesetz überhaupt, Bild 2.5.

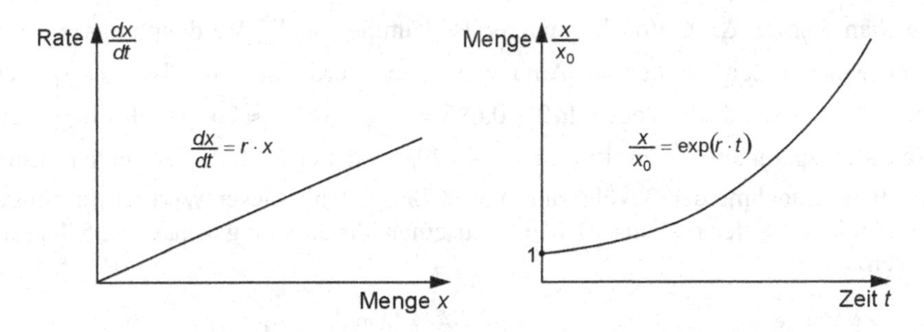

2.5 Exponentielles Wachstum. Die Rate wächst linear mit der Menge an. Aus dem Ansatz $dx/dt = r \cdot x$ folgt nach Integration $\int dx/x = r \cdot \int dt + C$ oder $\ln x = r \cdot t + C$. Die Integrationskonstante C wird wegen $x(t=0) = x_0$ zu $C = \ln x_0$ und wir erhalten $\ln x - \ln x_0 = \ln \frac{x}{x_0} = r \cdot t$. Nach Endlogarithmierung folgt das exponentielle Wachstumsgesetz $\frac{x}{x_0} = \exp(r \cdot t)$.

Wachstumsgesetze dieser Art treten sehr häufig auf: Die Zunahme der Bevölkerung ist der Bevölkerungsmenge direkt proportional, der Zuwachs des Kapitals infolge Verzinsung ist dem eingesetzten Kapital proportional. Letztere Aussage würde nur bei kontinuierlicher Verzinsung zutreffen, tatsächlich verzinsen die Geldinstitute jedoch diskontinuierlich.

Exponentielles Wachstum bedeutet, dass die Rate linear mit der Menge x anwächst. Je mehr Menschen x vorhanden sind, umso mehr werden geboren und umso mehr sterben in einer Zeiteinheit. In der Regel werden die Geburtenrate b (von birth) und die Sterberate d (von death) auf ein Jahr bezogen, ebenso wie die Wachstumsrate $r = b - d$. Im Vorgriff auf Kapitel 3 seien zur Anschauung typische Werte angegeben. Die meisten Industrieländer haben Wachstumsraten unter 1 % (pro Jahr), Deutschland hat derzeit ein negatives Wachstum, also eine Abnahme der Bevölkerung. Etliche Entwicklungsländer haben Wachstumsraten von etwa 2 bis teilweise 3 %.

Der Vergleich beider Fälle verdeutlicht anschaulich den mathematischen Zusammenhang zwischen den Darstellungen Ratenansatz und Wachstumsgesetz. Der Ratenansatz stellt die Geschwindigkeit dar, mit der sich die Menge x zeitlich ändert. Ist die Änderung konstant, so muss der Anstieg (mathematisch die erste Ableitung) der Kurve $x = f(t)$ konstant sein, erster Fall. Im zweiten Fall nimmt die Geschwindigkeit, mit der sich die Menge x zeitlich ändert, mit der Menge selbst zu. Damit muss der Anstieg der Kurve $x = f(t)$ mit wachsender Menge und mit zunehmender Zeit selbst anwachsen. Die Wachstumskurve $x = f(t)$ wird immer steiler.

Da das exponentielle Wachstum eine herausragende Rolle spielt, wollen wir die Diskussion darüber mit Bild 2.6 noch ein wenig vertiefen. Es ist $x_1/x_0 = x_2/x_1 = x_3/x_2$ usw., somit wächst die Menge x in gleichen Zeitabständen Δt um den gleichen Faktor an (beim linearen Wachstum dagegen um den gleichen Betrag Δx). Von besonderer Bedeutung ist die Verdopplungszeit t_v: Nach welcher Zeit hat sich ein Anfangswert x_0 verdoppelt, ist also aus x_0 der Wert $2x_0$ geworden? Wegen $\ln 2 = 0{,}693 = r \cdot t_v$ gilt $t_v \approx 70$ geteilt durch den Wachstumsparameter r in Prozent: $t_v \approx 70/r$, dabei r in % einsetzen. Eine konstante Zunahme der Bevölkerung von 2 % pro Jahr (dieser Wert ist für einige Entwicklungsländer realistisch) würde zu einer Verdopplungszeit von 35 Jahren führen.

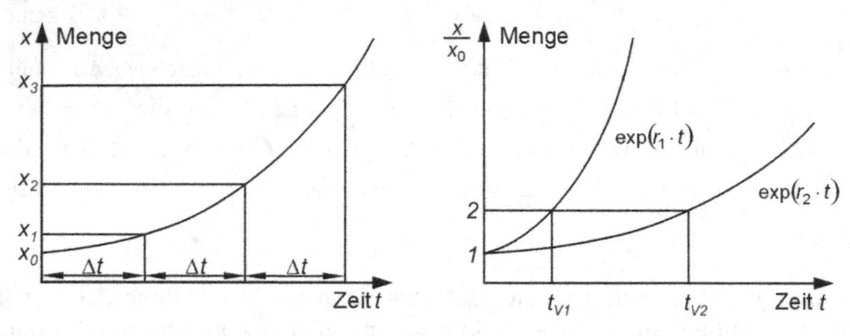

2.6 Erläuterung des exponentiellen Wachstums

Bei dem in Bild 2.1 dargestellten indischen Schachbrettmärchen liegt exponentielles Wachstum vor. An die Stelle der Zeit tritt jedoch dort das Vorwärtsschreiten von Feld zu Feld. Bei jedem Schritt findet eine Verdopplung statt. In Tabelle 2.1 ist ein analoges Beispiel dargestellt, das nach dem gleichen Wachstumsgesetz abläuft. Frage: Welche Dicke erhält man, wenn ein Blatt Papier der Stärke $s = 0{,}1$ mm fünfzigmal gefaltet wird? Die Antwort ist überraschend! Aus diesem Grund werden wir später mit Bild 2.11 erneut auf unsere fehlende Sensibilität für exponentielles Wachstum eingehen.

Tabelle 2.1: Dickenwachstum beim Papierfalten als Beispiel für exponentielles Wachstum. Das Wachstumsgesetz lautet $x_{N+1} = 2 \cdot x_N$. Nach 50 Faltungen und einer Papierstärke von 0,1 mm erhält man eine Dicke von etwa 10^{14} mm = 10^8 km. Das entspricht dem 10.000fachen des Erddurchmessers.

Gefaltet	Dicke/Stärke
1×	$2^1 = 2$
10×	$2^{10} = 1{,}024 \cdot 10^3$
20×	$2^{20} = 1{,}049 \cdot 10^6$
30×	$2^{30} = 1{,}074 \cdot 10^9$
40×	$2^{40} = 1{,}100 \cdot 10^{12}$
50×	$2^{50} = 1{,}126 \cdot 10^{15}$

Im dritten Fall untersuchen wir das *hyperbolische Wachstum*, Bild 2.7. Bei exponentiellem Wachstum strebt die Menge x erst nach unendlich langer Zeit gegen unendlich. Bei dem hyperbolischen Wachstum tritt die Katastrophe schon nach endlicher Zeit ein. So nennt man ein Wachstumsgesetz, bei dem die Rate stärker als bei dem linearen Ratenansatz im zweiten Fall anwächst. Wir nehmen hier eine quadratische Zunahme der Zuwachsrate mit der Menge an. Man bezeichnet dieses Anwachsen als hyperbolisch, teilweise auch als überexponentiell oder superexponentiell. Die Zeitspannen, in denen sich die Menge verdoppelt, werden immer kürzer. Hyperbolisches Wachstum führt in biologischen Systemen beim Überschreiten einer Grenze zwangsläufig zu einer Katastrophe.

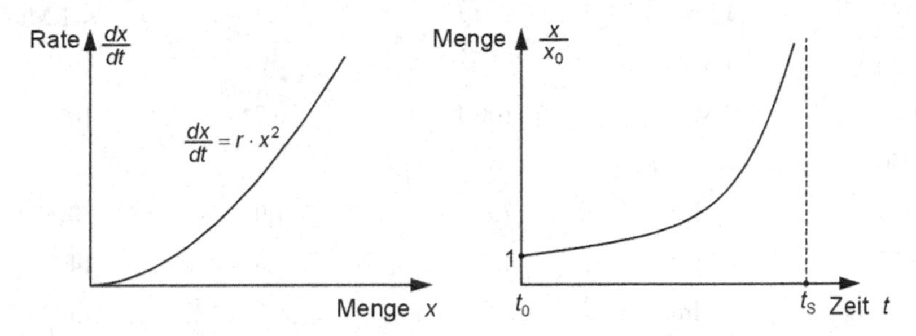

2.7 Hyperbolisches Wachstum. Die Rate soll quadratisch mit der Menge anwachsen. Die Integration ergibt $\int \frac{dx}{x^2} = r \int dt + C$, damit $-\frac{1}{x} = r\,t + C$. Die Integrationskonstante C wird wegen $x(t = t_0) = x_0$ zu $C = -\left(r\,t_0 + 1/x_0\right)$ und es folgt $\frac{x}{x_0} = \frac{1}{1 - rx_0(t - t_0)}$. Dieser Ausdruck geht für $rx_0(t - t_0) = 1$ gegen unendlich, die dazugehörige Zeit nennen wir t_S (S = Singularität): $t_S = t_0 + \frac{1}{rx_0}$.

Die im Bild dargestellte hyperbolische Funktion strebt schon für endliche Zeiten gegen unendlich große Werte. Man nennt die Stelle, an der die Funktion im Unendlichen verschwindet, eine Singularität. Der Index S soll auf die Singularität hindeuten. Der hier angenommene Ratenansatz $\frac{dx}{dt} = r \cdot x^2$ spielt in der Ökosystemforschung eine Rolle. So haben Sardinen und ähnliche Fischarten es schwer, sich bei kleiner Populationsdichte x zu vermehren. Ihre Fortpflanzungschancen werden mit steigender Dichte immer besser bis zu einem Niveau, auf dem die Überbevölkerung ihre Fortpflanzung wieder hemmt. Aus diesem Grund werden bei niedrigen Populationsdichten Wachstumsgesetze dieser Art beobachtet.

Je größer der Wachstumsparameter r ist, desto früher wird die Singularität erreicht. Bei hyperbolischem Wachstum wird die Verdopplungszeit ständig kleiner. Ein derartiges Wachstum kann die Natur bestenfalls über einen bestimmten Zeitraum aufrechterhalten. Irgendwann müssen andere Wachstumsgesetze greifen, siehe Bild 2.10.

Beispielhaft zeigt Tabelle 2.2 im Vorgriff auf Kapitel 3 die Entwicklung der Weltbevölkerung. Wir sehen, dass die Verdopplungszeit durch entsprechende Wachstumsschübe zunächst drastisch abgenommen hat (was hyperbolisches Wachstum bedeutet) und erst in jüngerer Zeit wieder langsam ansteigt. Aus der Verdopplungszeit lässt sich eine mittlere Wachstumsrate ermitteln, wenn man exponentielles Wachstum unterstellen würde.

Tabelle 2.2: Entwicklung der Weltbevölkerung

	Weltbevölkerung	Verdopplungszeit	Wachstumsrate	+ 1 Mrd. nach
8000 v. Chr.	5 Mio.			
Chr. Geburt	250 Mio.			
1600	500 Mio.	1600 J.	0,04 %	
1830	1 Mrd.	230 J.	0,3 %	≈ 1 Mio.
1890	1,5 Mrd.			
1930	2 Mrd.	100 J.	0,7 %	100
1950	2,5 Mrd.			
1960	3 Mrd.	70 J.	1,0 %	30
1974	4 Mrd.	44 J.	1,6 %	14
1987	5 Mrd.	37 J.	1,9 %	13
1999	6 Mrd.	39 J.	1,8 %	12 Jahren

Die Aussagen der Tabelle 2.2 sollen mit Bild 2.8 verdeutlicht werden. Dieses zeigt die Entwicklung der Weltbevölkerung und des Weltenergieverbrauchs seit der industriellen Revolution. Während die Weltbevölkerung von 1900 bis 2000 „nur" um das gut 3,5fache (von 1,65 auf gut 6 Mrd.) angewachsen ist, so ist der Primärenergieverbrauch in dem gleichen Zeitraum um das 13fache gewachsen! Er betrug 1900 etwa 1 Mrd. t SKE, im Jahr 2000 lag er bei 13 Mrd. t SKE. SKE heißt Steinkohleneinheit, auf die die anderen Primärenergieträger wie Braunkohle, Erdöl, Erdgas zu Vergleichszwecken umgerechnet werden. Darauf werden wir in Kapitel 4 gesondert eingehen.

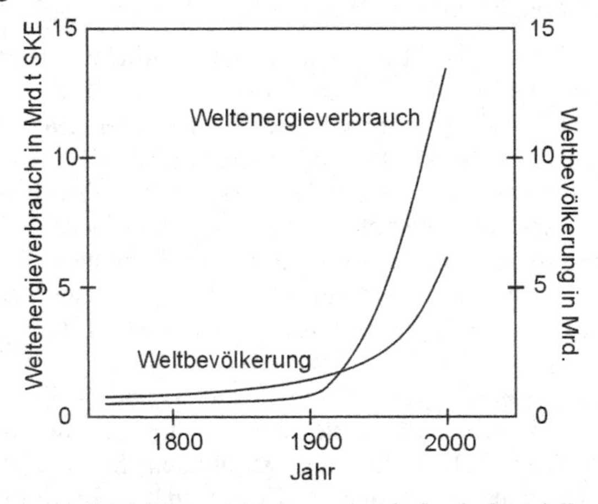

2.8 Weltbevölkerung und Weltenergieverbrauch seit der industriellen Revolution

Die drei geschilderten Wachstumsgesetze sind Spezialfälle einer allgemeinen Wachstumsbeziehung $dx/dt = r \cdot x^n$, wobei der Exponent n der Menge x verschiedene Werte annehmen kann. Es sei erwähnt, dass chemische Reaktionen nach ähnlichen Gesetzmäßigkeiten ablaufen; mit dem Exponenten n bezeichnet man dann die Ordnung einer Reaktion. Die Größe r in dem verallgemeinerten Ratenansatz wird Reaktionsgeschwindigkeitskonstante genannt; in ihr ist die Reaktionskinetik (wie rasch läuft eine Reaktion ab?) verborgen. Der Exponent n muss nicht notwendigerweise ganzzahlig sein. Je größer der Exponent n ist, umso rascher wächst die Menge x mit der Zeit t an. Für alle Exponenten n größer Eins liegt überexponentielles Wachstum vor; die Menge x wächst dann schon für endliche Zeiten über alle Grenzen.

Bisher war immer nur das Anwachsen der Menge x dargestellt, das Wachstum. Im Gegensatz dazu ist Abnahme „negatives" Wachstum. Der einzige Unterschied liegt darin, dass die Konstante r in dem Ratenansatz nunmehr negativ ist. In der Realität gibt es immer ein Nebeneinander von Wachstum und Abnahme. Ein Wachstum der Bevölkerung besagt, dass die Geburtenrate größer ist als die Sterberate. Liegt wie derzeit in Deutschland (auch in Italien und Spanien) die Sterberate über der Geburtenrate, so schrumpft die Bevölkerung.

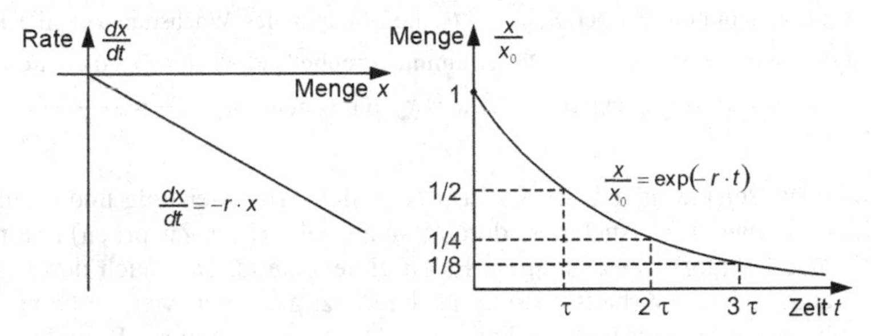

2.9 Exponentielle Abnahme

Bild 2.9 zeigt die *exponentielle Abnahme.* In dem exponentiellen Wachstumsgesetz nach Bild 2.5 muss lediglich die Konstante r durch $-r$ ersetzt werden. Zur Charakterisierung der Abnahme wird, analog zur Verdopplungszeit beim Wachstum, die Halbwertszeit τ eingeführt. Das ist diejenige Zeit, nach der von der Ausgangsmenge gerade noch die Hälfte übrig ist. Ein Beispiel ist der radioaktive Zerfall.

Wir kehren nun zu den Wachstumsgesetzen zurück, um die Frage zu behandeln, wie Wachstum mit Begrenzung beschrieben werden kann. Denn in der Natur ist Wachstum stets begrenzt. Die Kapazität K eines Systems, etwa das Nahrungsangebot, begrenzt das Wachstum einer Spezies. Dies führt uns zu dem *logistischen Wachstum*, Bild 2.10.

Für große Zeiten t strebt x gegen die Kapazitätsgrenze K. Die auf Verhulst (1838) zurückgehende Beziehung spielt in der Ökosystemforschung eine wichtige Rolle. Sie ist jedoch auch in vielen anderen Bereichen von Bedeutung. Beispielhaft stellen wir uns eine Insel vor, auf der Kaninchen ausgesetzt werden. Diese werden sich anfangs exponentiell vermehren. Das endliche Nahrungsangebot der

Insel wird das Wachstum jedoch begrenzen und die Wachstumskurve wird in einen Endwert einmünden. Wir sprechen auch von einem organischen oder biologischen Wachstum, das Wort logistisch weist auf die Logistik hin. Die Wachstumskurve steigt immer steiler an, um dann nach einem Wendepunkt immer langsamer ansteigend asymptotisch in den Endwert einzumünden. Maximaler Anstieg der Wachstumskurve bedeutet größtes Wachstum.

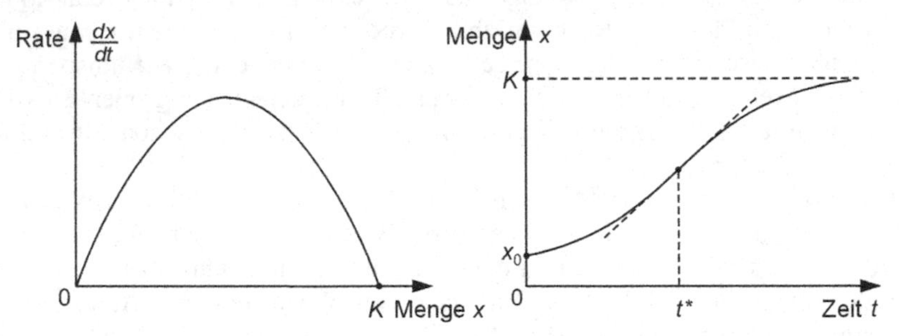

2.10 Logistisches Wachstum. Der Ansatz $\frac{dx}{dt} = \dot{x} = rx\left(1 - \frac{x}{K}\right)$ besagt, dass für Werte $x << K$ die Größe x zunächst exponentiell wächst und das Wachstum mit steigenden x-Werten ständig abnimmt. Zu der Zeit $t = t^*$ liegt maximales Wachstum vor, die Kurve $x(t)$ hat dort den steilsten Anstieg. Dieser nimmt anschließend wieder ab. Auch dieser Ansatz lässt sich geschlossen integrieren. Mit $x = x_0$ für $t_0 = 0$ folgt: $\frac{x}{x_0} = \frac{K/x_0}{1 + \left(\frac{K}{x_0} - 1\right)\exp(-rt)}$.

Ein ähnliches Beispiel hierzu ist die Erhöhung der Arbeitsleistung und damit der Produktivität eines Arbeitsnehmers durch immaterielle (Lob, Zuspruch) und materielle (Lohnerhöhung) Zuwendungen. Es ist einleuchtend, dass auch durch große Geldzuwendungen die Arbeitsleistung nur begrenzt gesteigert werden kann. Weiterhin gibt es Sättigungsgrenzen bei dem Absatz von Waren, Produkten und Dienstleistungen, wobei die Aufgabe der Werbung primär darin besteht, die Sättigungsgrenzen nach oben zu verschieben und weiteren „Bedarf" zu wecken.

Daneben gibt es eine zweite Art von Begrenzung, ein Wachstum mit Grenz- oder Schwellenwert. Ein Gummiband wird sich bei Belastung zunächst ausdehnen und bei weiter steigender Belastung reißen. Ein Fahrzeug wird bei zu hoher Kurvengeschwindigkeit von der Straße abkommen, ein Schiff mit zu großer Beladung wird sinken. Ein Ökosystem, etwa ein See, kann bei Überdüngung kippen oder Überfischung kann den Bestand ruinieren.

Wir wollen die Beschreibung der Wachstumsgesetze mit der Beantwortung der eingangs formulierten Frage beenden: Warum haben wir kein Empfinden, keinen Sensor, für die katastrophale Dynamik des exponentiellen oder gar des hyperbolischen Wachstums? Antwort: Weil wir es in der Natur und in unserem täglichen Leben meist mit kleinen Wachstumsraten, wie etwa niedrige Verzinsung, zu tun haben, und weil wir letztlich immer in kurzen Zeiträumen denken. Dazu wollen wir uns den Fall des exponentiellen Wachstums nach Bild 2.5 für zwei unterschiedliche Zeiträume ansehen und insbesondere die oft bedenkenlos durchgeführte lineare Fortschreibung beleuchten, Bild 2.11.

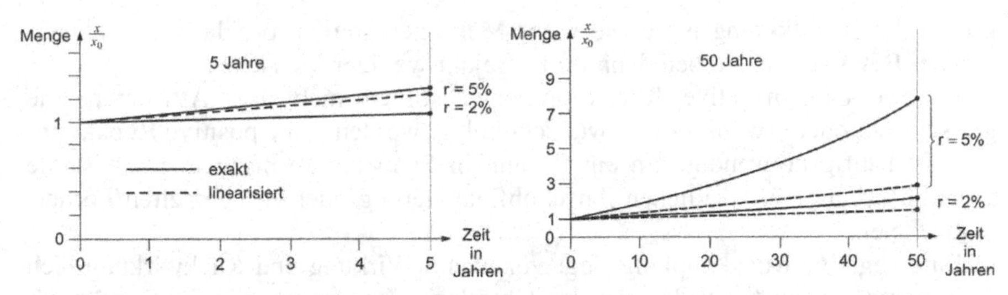

2.11 Zeiteinfluss bei exponentiellem Wachstum. Die Funktion $x/x_0 = \exp(r \cdot t)$ lässt sich in eine Reihe entwickeln: $x/x_0 = 1 + r \cdot t/1! + (r \cdot t)^2/2! + (r \cdot t)^3/3! + \ldots$, wobei z. B. $3! = 1 \cdot 2 \cdot 3$ bedeutet. Brechen wir die Reihentwicklung nach dem linearen Ausdruck ab, so erhalten wir die linearisierte Aussage $x/x_0 = 1 + r \cdot t$. Die beiden Darstellungen zeigen den Verlauf der Exponentialfunktion verglichen mit der linearisierten Form für zwei Wachstumsraten $(r = 2\,\%\ \text{und}\ 5\,\%)$ sowie zwei Zeiträume (5 und 50 Jahre). Abweichungen zwischen den beiden Wachstumsverläufen werden erst später sichtbar.

Wir erkennen daran, dass bei kleinen Zeiträumen und kleinen Wachstumsraten durchaus linear extrapoliert werden darf. Mit zunehmenden Zeiträumen und auch mit zunehmenden Wachstumsraten werden die Abweichungen zwischen dem tatsächlichen und dem linearisierten Verlauf aber immer größer.

2.3 Rückkopplung und Regelkreise

Bei der Diskussion der Wachstumsgesetze hatten wir gesehen, dass ungehemmtes Wachstum, insbesondere bei exponentiellem oder überexponentiellem Verlauf, zu einer Katastrophe führen muss. Dies ist bei dem Phänomen Bevölkerungswachstum ebenso der Fall wie bei der Überfischung eines Sees oder der Überweidung einer Grasfläche. Offenbar existieren Mechanismen der Selbstregulierung von Systemen. Es ist der Kunstgriff der negativen Rückkopplung, mit dem sich natürliche Systeme am Leben erhalten.

Was versteht man unter Rückkopplung, gleichgültig ob negativ oder positiv? Sie beschreibt den Zusammenhang zwischen Ursache, Wirkung und Rückwirkung in einem System. Ursache und Wirkung können sich umkehren. Steigen die Löhne, weil die Preise steigen (Sicht der Gewerkschaften)? Oder steigen die Preise, weil die Löhne steigen (Sicht der Unternehmer)? Am Beispiel der Lohn-Preis-Spirale sehen wir, dass wir besser von Wirkung und Rückwirkung in einem System sprechen sollten. Wir nennen eine Rückkopplung *positiv*, wenn Wirkung und Rückwirkung sich gegenseitig verstärken, also gleichgerichtet sind.

Positive Rückkopplung verursacht Wachstum. Je größer etwa die Bevölkerung ist, desto mehr Kinder werden geboren. Die Kinder werden erwachsen und es werden noch mehr Kinder geboren; die Bevölkerung wächst ständig. Dies wird durch eine *negative* Rückkopplung, ausgedrückt durch die Sterberate, begrenzt. Je größer die Bevölkerung ist, umso mehr Menschen sterben pro Jahr. Bei abnehmender Bevölkerung sterben dann im Folgejahr weniger Menschen.

Positive oder negative Rückkopplungen sollten nicht mit Attributen wie gut/schlecht oder erwünscht/unerwünscht belegt werden. Eine positive Rückkopplung ist häufig notwendig, um ein System in Schwung zu bringen. Dies ist die Grundidee bei einer staatlichen Anschubfinanzierung oder von gezielten Fördermaßnahmen.

Eine negative Rückkopplung liegt vor, wenn Wirkung und Rückwirkung sich gegenseitig abschwächen. Das ist das Grundprinzip aller Regelkreise, wofür wir mit Bild 2.12 ein anschauliches Beispiel zeigen. Nur durch negative Rückkopplungen können Systeme stabil gehalten werden. Beispiele dafür erleben wir ständig, denn der Mensch stellt einen Regelkreis, also ein System mit diversen negativen Rückkopplungsmechanismen dar: Essen macht satt (und nicht hungrig); schlafen macht wach (und nicht müde). Durch negative Rückkopplungen wird ein Gleichgewichtszustand erreicht. Gleichgewichtszustände können statischer Natur sein, bei periodischen Schwankungen um einen Gleichgewichtszustand sprechen wir von einem dynamischen Gleichgewicht.

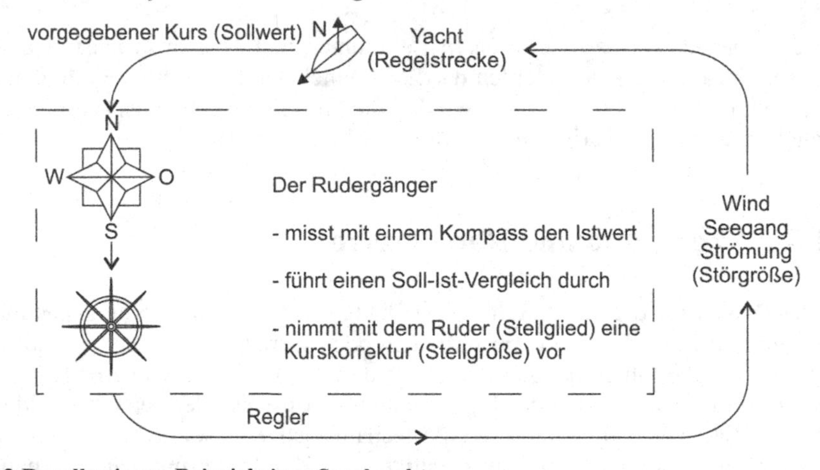

2.12 Regelkreis am Beispiel einer Segelyacht

Ein Regelkreis ist ein Informationskreislauf. Er stellt ein System dar, das sich durch negative Rückkopplungen selbsttätig regelt. Ein Regelkreis beinhaltet zwei wesentliche Faktoren: Die zu regelnde Größe (Kurs eines Schiffes), die Regelgröße genannt wird, und zum anderen den Regler (Rudergänger), der die Regelgröße verändern kann.

Wir wollen weitere Begriffe der Regelungstechnik an dem Beispiel einer Segelyacht anschaulich machen. Die Aufgabe lautet, mit der Yacht einen vorgegebenen Kurs (Sollwert) einzuhalten. Störende Einflüsse wie Wind, Seegang, Strömungen usw. werden zu Abweichungen von dem Sollwert führen; wir sprechen deshalb von Störgrößen. Zur Einhaltung unseres Sollwertes müssen wir unsere Regelgröße laufend messen; wir nennen das den Istwert der Regelgröße. Zur Messung brauchen wir einen Messfühler oder Sensor. In unserem Beispiel ist das der

Rudergänger, der den aktuellen Kurs auf dem Kompass abliest. Der Rudergänger (Regler) macht einen Soll-Ist-Vergleich und wird je nach Ergebnis des Vergleiches die Ruderanlage (Stellglied) in geeigneter Weise betätigen, um die Yacht auf den gewünschten Kurs zu bringen und zu halten.

Es leuchtet ein, dass das dynamische Verhalten der Yacht (der Regelstrecke in der Sprache der Regelungstechniker), ob Dickschiff oder Jolle, maßgebend für die Auswahl eines geeigneten Reglers ist. Im Falle der Yacht ist der Regler ein lernfähiger Rudergänger; bei technischen Anlagen wird der Mensch meist nicht als Regler tätig. In diesem Fall muss dann eine Maschine die Operationen „Istwert messen" sowie „Soll-Ist-Vergleich" durchführen und mit dem Stellglied eingreifen. Der Regler muss optimal an eine vorgegebene Regelstrecke angepasst werden. Dazu muss man das dynamische Verhalten der Regelstrecke kennen; man nennt das die Identifikation einer Regelstrecke.

Ein Regelkreis ist zwar ein geschlossener Kreislauf von Informationen, er ist jedoch nach außen offen, denn die Störgrößen Wind, Seegang und Strömungsverhältnisse ändern sich. An dem Beispiel wird sehr schön der 1948 von Norbert Wiener geprägte Begriff Kybernetik (von griechisch *kybernetes* = Steuermann) deutlich. Mit Kybernetik meinen wir das Erkennen, Steuern und selbsttätige Regeln vernetzter Abläufe. Die Regelungstheorie ist ein Teil der Kybernetik. Ein anderer Begriff mit ähnlichem Inhalt ist die Systemtheorie, mit der die Dynamik von Systemen (technischer, biologischer, ökonomischer, ökologischer, kultureller, sozialer Art usw.) untersucht wird.

In Bild 2.13 ist das Beispiel Segelyacht in Form eines in der Regelungstechnik üblichen Blockschaltbildes abstrahiert dargestellt, wobei die Begriffe aus der Regelungstechnik schon in Bild 2.12 aufgeführt wurden. Man erkennt den Kreislauf von Informationen. Der Istwert ist die Ausgangsgröße der Regelstrecke. Er wird kontinuierlich oder auch in bestimmter Zeitfolge mit dem vorgegebenen Sollwert verglichen. Die Regelabweichung als Differenz zwischen Ist- und Sollwert wirkt als Eingangsgröße auf den Regler, dessen Ausgangsgröße die Stellgröße ist. Diese wirkt zusammen mit der Störgröße auf die Regelstrecke ein und der Kreislauf an Informationen ist geschlossen.

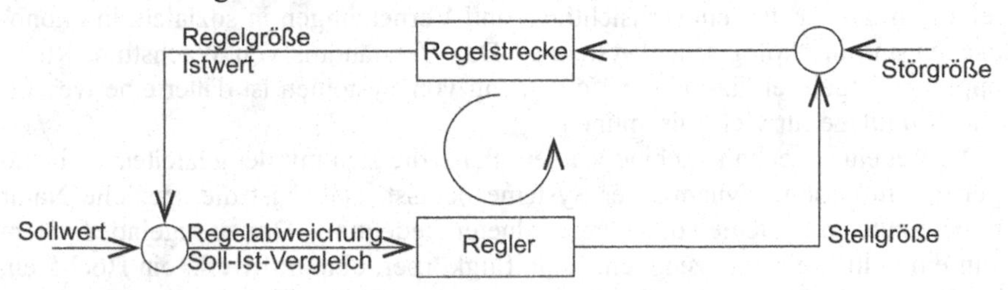

2.13 Blockschaltbild eines Regelkreises

Es gibt Regelstrecken, die erst nach einer zeitlichen Verzögerung, der Totzeit, auf ein Eingangssignal ansprechen. Das Ausbrechen einer Krankheit nach einer Ansteckung (Inkubationszeit) und die Wirkung von Tabletten auf den Organismus sind Beispiele hierfür. Auch bei einer Anlage wie einem Hochofen wird eine veränderte Beschickung erst nach einer Totzeit auf die Zusammensetzung der

Schmelze einwirken. Investitionen oder Rationalisierungsmaßnahmen werden sich nicht sofort auf den Produktivitätszuwachs eines Unternehmens auswirken. Steuersenkungen werden nicht unmittelbar (außer über eine rasche Verhaltensänderung) in der Entwicklung einer Volkswirtschaft abzulesen sein.

Die genannten Beispiele machen deutlich, dass das Verständnis der Funktionsweise der Regelungstechnik auch auf anderen Gebieten von Interesse ist. Auch der Wirtschaft, der Gesellschaft und dem Wählerverhalten liegen Regelkreismechanismen zu Grunde, wobei es sich meist um das Zusammenwirken mehrerer ineinander vernetzter Regelkreise handelt. Denn ein Regelkreis existiert selten allein. Oder: Alles hängt von allem ab. In diesen beiden Aussagen sind die Begriffe System und Vernetzung verborgen.

Wir sprechen von einem System, wenn seine einzelnen Bestandteile in einer bestimmten Weise aufeinander einwirken und sich eine sinnvolle Systemgrenze ziehen lässt. Der besprochene Regelkreis Schiff ist ein solches System. Ein Hochofen, eine Werkshalle oder ein ganzes Unternehmen sind ebenso Systeme wie ein Atom, ein Molekül, ein Körperorgan, der Mensch, die Familie, die Gemeinde, der Landkreis, das heimatliche Bundesland, Deutschland, die Europäische Gemeinschaft und die Vereinten Nationen. Es gibt natürliche, technische, soziale, ökonomische, ökologische sowie militärische Systeme.

Abgeschlossene Systeme gibt es nur in der Theorie. Jedes System ist für sich allein dynamischen zeitlichen Veränderungen unterworfen und es steht in Wechselwirkung mit anderen Systemen. Diese Wechselbeziehungen nennen wir Vernetzung. Das System Unternehmen besteht aus vernetzten Teilsystemen. Wenn wir an produzierende Unternehmen denken, so können wir die Bereiche Planung, Forschung und Entwicklung, Produktion, Marketing und Vertrieb sowie Kundendienst unterscheiden. Alle Teilsysteme sind hochgradig miteinander vernetzt und stellen einzelne Regelkreise dar. Die Ausgangsgröße der Konstruktion ist die Eingangsgröße für die Fertigung. Das fertige Produkt (z.B. ein Kühlschrank) ist Ausgangsgröße des Regelkreises Produktion und gleichzeitig Eingangsgröße des Regelkreises Vertrieb. Bei einem Produktionsbetrieb handelt es sich um überschaubare und nachvollziehbare Vernetzungen von Teilsystemen. Um wie viel komplizierter und undurchsichtiger sind Vernetzungen in sozialen, in ökonomischen und in ökologischen Systemen! Das Verständnis von Wachstum, Rückkopplung, Regelkreisen und der Vernetzung von Systemen ist daher eine wesentliche Grundlage für viele Disziplinen.

Die Regelungstechnik ist eine Wissenschaft, die sich mit der gezielten, selbsttätigen Beeinflussung dynamischer Systeme befasst. Dabei ist die spezielle Natur der betrachteten Systeme von untergeordneter Bedeutung. Das zu regelnde System kann ein Schiff, ein Flugzeug, ein Raumflugkörper, ein Kraftwerk, ein Hochofen, eine Walzstraße, ein chemischer Reaktor oder ein Produktionsprozess sein. Somit ist die Regelungstechnik ein stark methodisch orientiertes Fachgebiet. Sie hat einen fachübergreifenden Charakter, denn der Einsatz regelungstechnischer Methoden ist weitgehend unabhängig vom jeweiligen Anwendungsfall. Die Regelungstechnik ist somit eine Systemwissenschaft.

Der zentrale Begriff der Regelungstechnik ist das *dynamische* System. Dieses ist in allgemeiner Formulierung eine Funktionseinheit zur Verarbeitung und Übertragung zeitabhängiger Größen in Form von Information, Materie oder Energie. Bei dem hier gezeigten Beispiel einer Segelyacht wird die Information Kurs übertragen und verarbeitet. Daran können wir uns anschaulich klarmachen, dass die Beschreibung des dynamischen Systems Segelyacht von zentraler Bedeutung ist.

Hierzu stellen wir uns vor, ein ungeübter Rudergänger würde dann Gegenruder geben, wenn der am Kompass abgelesene Istwert des Kurses mit dem Sollwert übereinstimmt. Das Ergebnis wäre eine Schlangenlinie. Er muss also vor Erreichen des Sollwertes Gegenruder geben, wobei die Frage wann und wie viel von dem dynamischen System Yacht abhängt. Ein erfahrener Rudergänger kann intuitiv integrieren, das heißt, er kann Kursänderungen aufsummieren. Er kann ebenso intuitiv differenzieren, denn auch die Geschwindigkeit der Kursänderung muss er beim Legen des Gegenruders berücksichtigen. Somit erfordert die Analyse und die Synthese einer Regelung ein quantitatives Modell des zu regelnden dynamischen Systems.

2.4 Vernetzte Systeme

Zum Abschluss dieses Kapitels wollen wir einige Beispiele für vernetzte Systeme behandeln, wofür auch der Begriff Netzwerke gebräuchlich ist. Dabei beginnen wir mit dem viel zitierten Netzwerk Sahel-Zone, Bild 2.14. Dieses ist geradezu ein Prototyp dafür, dass eine lineare Denkweise zu einem Desaster führen kann.

Das Bild zeigt, wie eine größere Zahl ineinander verschachtelter Rückkopplungen mit entsprechenden Zeitverzögerungen letztlich in die Katastrophe führte. Das begrüßenswerte entwicklungspolitische Ziel bestand darin, den Viehbestand in der Sahel-Zone durch Bekämpfung der Tsetsefliege zu erhöhen. Ausgangspunkt der verschachtelten Rückkopplungen war das Anlegen von Tiefwasserbrunnen durch technische Entwicklungshilfe, die rasche Zunahme der Bevölkerung durch medizinische Entwicklungshilfe und die Abnahme der Rinderschlafkrankheit durch Bekämpfung der Tsetsefliege. Das Bild zeigt die Rückwirkungen dieser Maßnahmen auf Viehbestand, Ackerbau und davon abhängige Größen. Wir erkennen stabile Regelkreise: So führt beispielsweise die Zunahme des Viehbestandes zu Überweidung und diese wiederum zu einer Abnahme des Viehbestandes. Hier liegt eine negative Rückkopplung vor. Problematisch sind positive Rückkopplungen, die letztlich in eine Katastrophe führen können. Der rasche Aufschwung in der Nomadenwirtschaft führte zu starker Überweidung, zur Bevölkerungszunahme und zur Konzentration der Rinderherden entlang der angelegten Tiefwasserbrunnen. Dadurch brach die Wasserversorgung für Menschen, Tiere und Pflanzen mit absinkendem Grundwasserspiegel schließlich ganz zusammen, was durch die Vegetationsschäden zusätzlich zu einer ungünstigen Beeinflussung des Klimas führte.

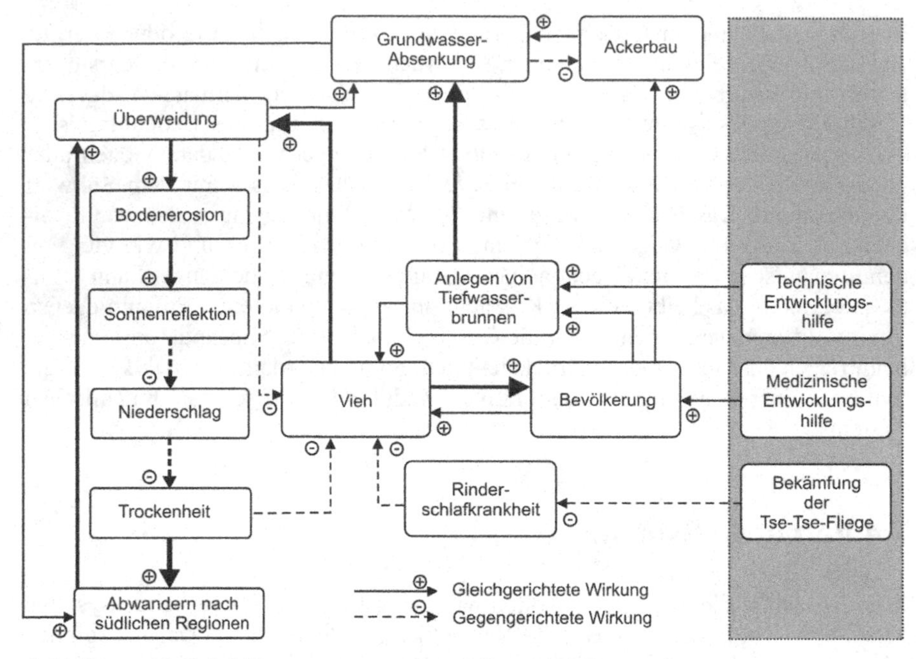

2.14 Netzwerk Sahel-Zone, entnommen aus (Vester 1991)

Von Vester ist ein Simulationsspiel, genannt Ökolopoly, entwickelt worden, mit dem in spielerischer Weise nichtlineare und rückgekoppelte Zusammenhänge zwischen den Variablen eines Systems in einem überschaubaren Wirkungsgefüge „erfahren" werden können. Dieses Spiel ist aus dem Thema Ökologie in Ballungsräumen entstanden, daher sind die acht gewählten Systemelemente, die Variablen, nach den dort herrschenden Lebensbereichen benannt. Bild 2.15 zeigt das Wirkungsgefüge.

Die durchgezogenen Pfeile markieren Verknüpfungen zwischen den Variablen, die über Tabellenfunktionen (die von den Spielern verändert werden können) bereitgestellt werden. Diese Verknüpfungen sollen die realen Wirkungsverläufe möglichst gut wiedergeben, und sie sollen derart miteinander vernetzt sein, dass sich genügend Rückkopplungen und Zeitverzögerungen gegeben. Vier der acht Variablen sind mit sich selbst rückgekoppelt. Dies sei am Beispiel der Produktion erläutert. Eine Zunahme der Produktion wird zunächst eine weitere Zunahme der Produktion stimulieren. Zu hohe Produktion führt jedoch zu Überkapazitäten und Absatzproblemen, die Produktion wird einbrechen.

Die gestrichelten Pfeile bedeuten Eingriffsmöglichkeiten der Akteure. Diese Eingriffsmöglichkeiten erfolgen über Aktionspunkte wie politisches Kapital, Handlungsspielraum und Entscheidungspotenzial. Diese bedeuten Einfluss und Vertrauen, Geld, Arbeit, Energie, Rohstoffe und gesicherte Nahrungsversorgung. Nicht vergebene Aktionspunkte werden auf die nächste Runde des Spiels (das nächste Haushaltsjahr) übertragen. Schulden können nicht gemacht werden, der Akteur muss mit den vorhandenen Aktionspunkten auskommen. Die Kunst des

Regierens besteht darin, diese Aktionspunkte weise zu verteilen. Ziel des Spiels ist es, eine gewisse Stabilität im Verhältnis der Systemteile zueinander zu erzeugen, ein Gleichgewicht herzustellen.

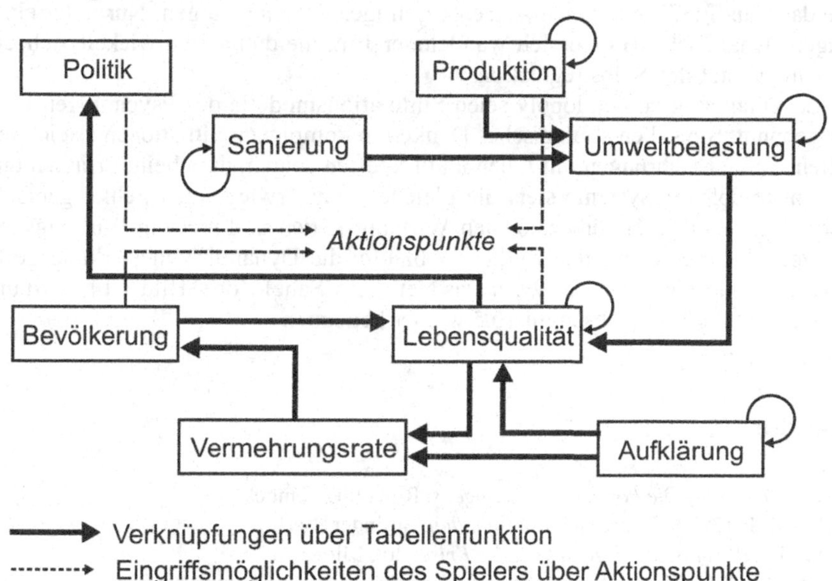

2.15 Wirkungsgefüge des Simulationsspiels Ökolopoly bzw. Ecopolicy, nach (Vester 1994, 1997)

Ökolopoly enthält als Computerspiel fünf Varianten, das sind fünf fiktive Länder, die unterschiedlich weit entwickelt sind und sich durch unterschiedliche Verknüpfungsrelationen unterscheiden. Die fünf Varianten lauten Zukunftsland, Industriestaat, Schwellenland, Entwicklungsland und Urwaldvolk. Parallel zu dem Computerspiel ist ein Brettspiel mit zwei Varianten entwickelt worden, das leider nicht mehr verfügbar ist. Das Computerspiel ist in einer Neuauflage als Ecopolicy erschienen.

Was aus dem Simulationsspiel gelernt werden kann, sei in Anlehnung an Vester zusammengefasst: Kein Eingriff in ein vernetztes System bleibt ohne Folgen. In vielen Fällen wirkt ein Eingriff an einer Stelle mit Verzögerungen in teilweise überraschender Weise wieder auf diese Stelle zurück. Dadurch können sich zunächst positiv erscheinende Änderungen über entsprechende Zwischenglieder ins Gegenteil verkehren. Durch nichtlineare Wechselwirkungen können sich Prozesse derart beschleunigen, dass sie nicht mehr zu kompensieren sind (Bevölkerungswachstum, Umweltbelastung). Vorbeugende Maßnahmen ziehen zwar zunächst einen Teil des begrenzten Aktionskapitals ab, bringen jedoch, je früher man damit anfängt, umso größeren Profit beim Durchlaufen des Regelkreises. Als besonders kritisch erweisen sich Stellen mit positiver Rückkopplung, deren Kontrolle auch den stärksten Einsatz rechtfertigt. Eine Berücksichtigung großer Zeiträume und vorbeugendes Denken erspart kostspielige Gegensteuerungen (und Übersteuerungen) des Systems, es ist effizienter und führt schneller zum Ziel als jedes isolierte Behandeln inzwischen eingetretener Symptome. Einen Nachteil lediglich als einen solchen zu korrigieren, führt ebenso wenig zu einem Gleichgewichtszustand wie das ständige Wiederholen zunächst richtiger Entscheidungen. Nur unter einer klugen dynamischen Folge sich wandelnder Entscheidungen entwickelt sich ein System zur stabilen Selbstregulation.

Als Ergänzung zu Ökolopoly seien Simulationsmodelle des Psychologen Dörner genannt. Sie sollen strategisches Denken in komplexen Situationen erleichtern helfen. Seine Erfahrungen mit Laien und Experten zeigen, dass beim Erfassen und Planen komplexer Systeme stets die gleichen schwerwiegenden Fehler gemacht werden. Es wird in eindimensionalen Wirkungsketten und nicht in Wirkungsnetzen gedacht. Und es werden zeitliche Abläufe, die Dynamik von Wirkungsgefügen, vernachlässigt (Dörner 1993). Das Netzwerk Sahel-Zone, Bild 2.14, wird uns als Sahel-Syndrom in Abschnitt 10.5 wieder begegnen.

Literatur

Dörner, D. (1993) *Die Logik des Misslingens.* Rowohlt, Reinbek

Jischa, M. F. (2004) *Ingenieurwissenschaften.* Springer, Berlin

Vester, F. (1991) *Ballungsgebiete in der Krise.* dtv, München

Vester, F. (1994) *Ökolopoly,* Software und Handbuch. Studiengruppe für Biologie und Umwelt GmbH, München

Vester, F. (1997) *Ecopolicy* (CD-ROM). Rombach, Freiburg

Vester, F. (1999) *Die Kunst vernetzt zu denken.* DVA, Stuttgart

Für eine Vertiefung der Abschnitte 2.1 bis 2.3 sei auf Jischa (2004) verwiesen. Nicht von ungefähr erscheint der Name Vester in der Liste mehrfach. Der Biochemiker Frederic Vester hat das vernetzte Denken seit mehr als drei Jahrzehnten gelehrt, angemahnt und eingefordert. Dabei ging es ihm in zahlreichen Buchpublikationen ganz besonders darum, Laien in die Kunst des vernetzten Denkens einzuführen. Das von ihm entwickelte kybernetische Umweltspiel Ökolopoly und dessen Weiterentwicklung Ecopolicy sind eine didaktisch sehr gelungene Ergänzung zu seinen Veröffentlichungen. Sein letztes Buch erschien 1999, er verstarb 2003. Der Psychologe Dörner ging von der Fragestellung aus, wie man das Denken und Entscheiden in realen komplexen Situationen untersuchen könne. Er entwickelte Computerspiele zur Simulation komplizierter Realitäten. Diese Computerspiele bieten in der Psychologie die Möglichkeit, Prozesse experimentell zu studieren, die bislang nur in Einzelfällen beobachtbar waren (Dörner 1993).

3. Bevölkerungsdynamik

oder Die demografische Falle

Die wirkliche Katastrophe ist, dass alles einfach weitergeht.
(W. Benjamin)

Im ersten Buch Mose lesen wir: „Und Gott segnete sie und sprach zu ihnen: Seid fruchtbar und mehret euch und füllet die Erde und machet sie euch untertan und herrschet über die Fische im Meer und über die Vögel unter dem Himmel und über alles Getier, das auf Erden kriecht.“ Wir wissen nicht genau, wann diese Worte zum ersten Mal formuliert wurden und wie groß die Bevölkerung damals war. Man darf annehmen, dass der Ursprung des Bibelzitats in die Zeit zwischen 2000 v. Chr. (der Zeit Moses, dessen Wirken von einigen Historikern abweichend davon in das 16. Jahrhundert v. Chr. gelegt wird) und Christi Geburt fällt. Über die vorgeschichtliche Zeit wissen wir sehr wenig. Es wird angenommen, dass vor 100.000 Jahren, während der letzten Eiszeit, etwa 100.000 Menschen lebten. Sie lebten als Jäger und Sammler in einer unwirtlichen Natur und mussten zur Nahrungssuche immer wieder auf die Wanderschaft gehen. Zu der Zeit Christi Geburt lebten etwa 250 Mio. Menschen auf der Erde, also weniger als derzeit in den USA mit knapp 300 Mio. Heute (2004) leben auf der Erde mit 6,4 Mrd. Menschen etwa 25-mal so viel wie zu jener Zeit.

Gleich zu Beginn dieses Kapitels seien einige Daten aus dem Weltbevölkerungsberichts 2004 genannt (UNFPA 2004). Die Weltbevölkerung wird von heute 6,4 Mrd. bis 2050 auf 8,9 Mrd. ansteigen. So lautet die „mittlere“ Prognose, siehe Bild 3.7 in Abschnitt 3.6. Der jährliche Zuwachs ist auf 76 Mio. zurückgegangen. Er lag bei gut 90 Mio. Mitte der 80er Ende des vergangenen Jahrhunderts und bei 82 Mio. Mitte der 90er Jahre. Dieser Rückgang des jährlichen Zuwachses ist ein erfreuliches Signal. Aber auch das ist noch eine beachtliche Zahl, wenn man an die damit verbundenen Probleme denkt. Sehr problematisch ist jedoch, dass der Anteil der Reichen an der Weltbevölkerung abnehmen und der Anteil der Armen wachsen wird. Für 2050 wird die Bevölkerung in den 50 ärmsten Ländern der Welt bei 1,7 Mrd. liegen, somit dreimal so viel wie heute. Und 2050 werden 2,8 Mrd. Menschen weniger als zwei Dollar pro Tag zum Überleben haben, so lauten die Prognosen.

Europa hat in den etwa 250 Jahren seit Beginn der industriellen Revolution seinen unterentwickelten Zustand *und* seine Bevölkerungsexplosion bewältigt. Kann (oder soll) die europäische Entwicklung ein Beispiel für die Dritte Welt sein? Dieser Frage werden wir in Kapitel 7 nachgehen. Hier wollen wir uns vorbereitend mit folgenden Themen beschäftigen:

- Die Bevölkerungsentwicklung in Europa zeigt einen charakteristischen Verlauf von hohen Geburten- und Sterberaten hin zu niedrigeren Raten. Dieser Verlauf wird als demografischer Übergang bezeichnet.
- Der demografische Übergang ist offenbar zwangsläufig durch die Modernisierung der Gesellschaft erfolgt, die ihrerseits eng mit der wissenschaftlichen und industriellen Revolution verzahnt gewesen ist.
- Es wird angenommen, dass der demografische Übergang prototypisch auch für die Bevölkerungsentwicklung in Ländern mit einer stark nachholenden Entwicklung ist. Die Problematik dieser Annahme werden wir in Kapitel 7 behandeln.

3.1 Entwicklung der Weltbevölkerung

Vorbereitend werden zunächst einige Daten aus der geschichtlichen Entwicklung der Weltbevölkerung angegeben und interpretiert. Zur Verdeutlichung von Wachstumsgesetzen hatten wir bereits in Kapitel 2 Zahlen für die Entwicklung der Weltbevölkerung angegeben, Tabelle 2.2 in Abschnitt 2.2. Natürlich sind die Zahlen umso ungenauer, je weiter wir in die Vergangenheit zurückgehen. Bild 3.1 zeigt die Entwicklung der letzten 10.000 Jahre.

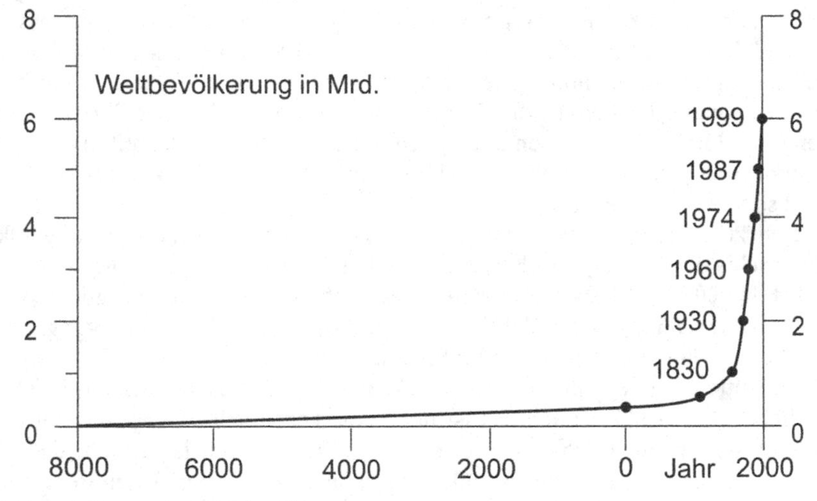

3.1 Entwicklung der Weltbevölkerung

Zusammen mit den Zahlen in Tabelle 2.2 entnehmen wir Bild 3.1, dass die Weltbevölkerung zunächst sehr langsam gewachsen ist. Schätzungen ergeben für die Zeit um 10.000 v. Chr. etwa 5 Mio. Menschen. Von Christi Geburt ausgehend dauerte es 1600 Jahre, bis die Bevölkerung von 250 auf 500 Mio. zunahm, sich also verdoppelte. In der Folgezeit nahm die Verdopplungszeit drastisch ab, um erst in jüngster Zeit langsam anzusteigen. Die in Tabelle 2.2 gleichfalls angegebenen Wachstumsraten bedürfen einer Erläuterung. Hierzu greifen wir auf Bild 2.6 zurück, die Erläuterung des exponentiellen Wachstums. Dort hatten wir gesehen, dass die Verdopplungszeit t_v und die Wachstumsrate r über die Beziehung $t_v = 70/r$ zusammenhängen, wobei die Wachstumsrate in Prozent einzusetzen ist. Die in Tabelle 2.2 angegebenen Wachstumsraten sind daher nur näherungsweise gültig, da sie exponentielles Wachstum unterstellen. Exponentielles Wachstum ist jedoch gleichbedeutend mit einer konstanten Verdopplungszeit, eine abnehmende Verdopplungszeit wie in der Tabelle 2.2 bedeutet hyperbolisches Wachstum. Somit müssen wir präzisieren: Wenn die Bevölkerung von 1830 bis 1930 exponentiell zugenommen hätte, dann hätte das durchschnittliche Wachstum in diesen 100 Jahren 0,7 % betragen.

Wir wollen uns den derzeitigen jährlichen Zuwachs von 76 Mio. anschaulich verdeutlichen (die Türkei hat 72,3 Mio. Einwohner). Pro Monat kommen also 6,3 Mio. hinzu (Hessen hat 6,1 Mio.), pro Woche 1,5 Mio. (Hamburg hat 1,7 Mio.), pro Tag sind das 210.000 (Lübeck hat 217.000), pro Stunde kommen 8650 Menschen hinzu (es dauert zwei Stunden, bis die Einwohnerzahl von Clausthal-Zellerfeld erreicht ist), pro Minute sind es 144 und in jeder Sekunde kommen 24 Menschen hinzu, das entspricht einer Schulklasse.

Die in Bild 3.1 dargestellte lineare Auftragung der Weltbevölkerung, in der durch Kriege und Seuchen bedingte Einbrüche weggelassen wurden, erweckt den Eindruck einer kontinuierlichen, wenngleich in jüngerer Zeit außerordentlich raschen Zunahme der Weltbevölkerung. Es ist eine Kunst, empirische Daten geeignet aufzutragen, um neue Sachverhalte zu erkennen. In Bild 3.2 ist gleichfalls die Entwicklung der Weltbevölkerung über der Zeitachse aufgetragen, jedoch sind zwei entscheidende Modifikationen vorgenommen worden.

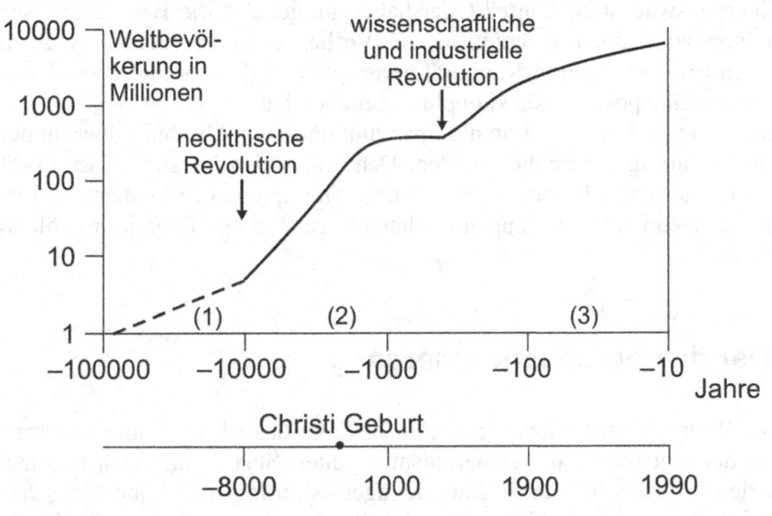

3.2 Entwicklung der Weltbevölkerung in anderer Auftragung, nach Deevey jr. (1960) The Human Population; Scientific American 203

Auf der vertikalen Achse ist für die Weltbevölkerung eine logarithmische Skala gewählt. Gleiche Abstände auf der logarithmischen Skala bedeuten eine Zunahme um den gleichen Faktor 10 (und nicht um gleiche Beträge wie bei linearer Auftragung). Auch die Zeitachse ist eine logarithmische Skala, jedoch mit einer weiteren Besonderheit. Wir stellen uns vor, wir seien im Jahr 2000, und wir zählen rückwärts: Was war vor 10 Jahren (also 1990)? Was vor 100 Jahren (also 1900)? Was vor 1000 Jahren (also 1000 n. Chr.)? Was vor 10.000 Jahren (also 8000 v. Chr.)? Und was war vor 100.000 Jahren? Mit diesem Trick erreichen wir eine Dehnung der jüngeren Vergangenheit und eine Stauchung der Urzeit. An dieser geeignet gewählten Auftragung erkennen wir, dass es in der bisherigen Entwicklungsgeschichte der Menschheit zwei signifikante „revolutionäre" Veränderungen gegeben hat, in deren Folge die Weltbevölkerung einen deutlichen Anstieg verzeichnete. Dies waren die neolithische Revolution vor etwa 10.000 Jahren und die industrielle Revolution, die vor etwa 250 Jahren einsetzte. Hierzu sei auf die Erläuterungen in Kapitel 1 verwiesen.

Wir erkennen deutlich drei Phasen in der bisherigen Geschichte der Menschheit. Das Zeitalter der Jäger und Sammler (Phase 1) ging nach der neolithischen Revolution über in das Zeitalter der Ackerbauern und Viehzüchter (Phase 2), wir sprechen vom Übergang in die Agrargesellschaft. Die industrielle Revolution markiert den Übergang in die Industriegesellschaft (Phase 3). Die Übergänge zwischen den Phasen sind durch eine deutliche Steigerung der Produktivität gekennzeichnet. Neue Techniken und verbesserte Produktionsverfahren ermöglichten die Ernährung und Versorgung einer wachsenden Bevölkerung. Dabei ist die Frage müßig, wie der Wirkungszusammenhang zwischen der Produktivitätssteigerung und dem Bevölkerungswachstum zu begründen ist. Ermöglichten die verbesserten Produktionsverfahren die Ernährung größerer Menschenmengen, was zu einem Bevölkerungswachstum führte? Oder haben umgekehrt die Bevölkerungsmassen einen Innovationsdruck erzeugt, der zur Verbesserung der Produktivität führte? Nach den Erläuterungen in Kapitel 2 erkennen wir, dass es zwischen diesen beiden Größen eine positive Rückkopplung gegeben hat.

Diese Fragestellung leitet unmittelbar zum nächsten Abschnitt über, in dem wir uns um Erklärungen bemühen wollen. Denn ohne den Versuch einer Erklärung, einer diagnostischen Theorie, wird es keine Therapie geben können. Und wir benötigen dringend eine überzeugende Therapie zur Bekämpfung der Bevölkerungsexplosion.

3.2 Der demografische Übergang

Seit der Bildung von Nationalstaaten im Zeitalter des Absolutismus und insbesondere in der Hochphase des Imperialismus galten Staaten als reich und mächtig, wenn sie über viele Rohstoffe, Energieträger, Nahrungsmittel und Menschen verfügten. Volksreichtum schien neben den Ressourcen der Garant für Macht und Einfluss zu sein. Nach den damaligen Kriterien wären China, Indien und die ehemalige Sowjetunion reiche und mächtige Länder. Macht setzen wir heute weitgehend mit wirtschaftlicher Macht gleich. Größe allein ist kein Garant mehr für Macht, sondern kann auch Ballast sein. Kleine Länder wie Dänemark, die Niederlande und die Schweiz sowie mittlere Länder wie Deutschland, Frankreich oder Japan beziehen ihre wirtschaftliche Macht nicht primär aus physischen Ressourcen, aus Rohstoffen und Energieträgern, sondern aus dem Bildungsstand, der Leistungsfähigkeit, Kreativität und Motivation ihrer Bewohner.

Mit dem Beginn der Industrialisierung setzte das Interesse an der Bevölkerungsentwicklung ein. Dies führte zur Begründung einer eigenen wissenschaftlichen Disziplin, der Demografie. Die ersten Demografen waren unterschiedlicher Herkunft. Wir nennen hier neben dem preußischen Theologen Johann P. Süßmilch (1707–1767) und dem britischen Ökonomen William Petty (1623–1687) auch Mathematiker wie Nikolaus Bernoulli (1687–1759) und Leonhard Euler (1707–1783) aus der Schweiz sowie Abraham de Moivre (1667–1754) aus Frankreich. Am nachhaltigsten hat sich der britische Ökonom und Sozialphilosoph Thomas R. Malthus (1766–1834) in der Literatur verewigt.

Malthus veröffentlichte 1798 sein „*Essay on the Principle of Population*", das als beginnende wissenschaftliche Demografie angesehen werden kann. Auch wenn es dem Autor nicht primär um die Bevölkerungsfrage ging, sondern um die künftige Vervollkommnung der Gesellschaft. Nach Malthus führt die natürliche Vermehrung der Menschen zu einem Zuwachs in geometrischer Reihe, sofern keine Hemmnisse auftreten. Die Menge der Nahrungsmittel kann laut Malthus nur in arithmetische Reihe wachsen, da mit zunehmendem Ertrag pro Fläche der Ertragszuwachs abnehmen wird. Malthus' These einer Vermehrung der Bevölkerung in geometrischer Reihe und der Nahrungsmittel in arithmetischer Reihe bedeutet in Zahlen:

Bevölkerung	1	2	4	8	16	32	64	128	256	512	1024
Nahrungsmittel	1	2	3	4	5	6	7	8	9	10	11

Wenn wir eine Generationsfolge mit 25 Jahren annehmen, so wäre das Verhältnis von Bevölkerung zu Nahrungsangebot nach 100 Jahren 16 zu 5, nach 200 Jahren 256 zu 9 und nach 300 Jahren 4096 zu 13. Ein derart ungleiches Wachstum sei, so Malthus, unmöglich.

Die Schwäche in Malthus' Konzept liegt in der Unterschätzung der landwirtschaftlichen Produktivitätssteigerung. Denn starkes Bevölkerungswachstum wurde stets von revolutionären Verbesserungen in der Produktivität begleitet. Die Stärke in seinem Konzept liegt hingegen in der Erkenntnis, dass es einen engen Zusammenhang zwischen der Entwicklung der Bevölkerung und der Nahrungsmittelversorgung gibt. Erwähnt sei, dass seine Ideen auch den Ökonomen Karl Marx und Charles Darwin, den Begründer der Evolutionstheorie, beeinflusst haben.

Kern der Diskussion des demografischen Übergangs ist der zeitliche Verlauf der Größen Geburtenrate, Sterberate und Wachstumsrate. Die Wachstumsrate ist die Differenz zwischen der Geburten- und der Sterberate. Anstatt Rate wird teilweise auch der Begriff Ziffer verwendet. Zahlenangaben erfolgen in der Regel in Prozent oder Promille pro Jahr.

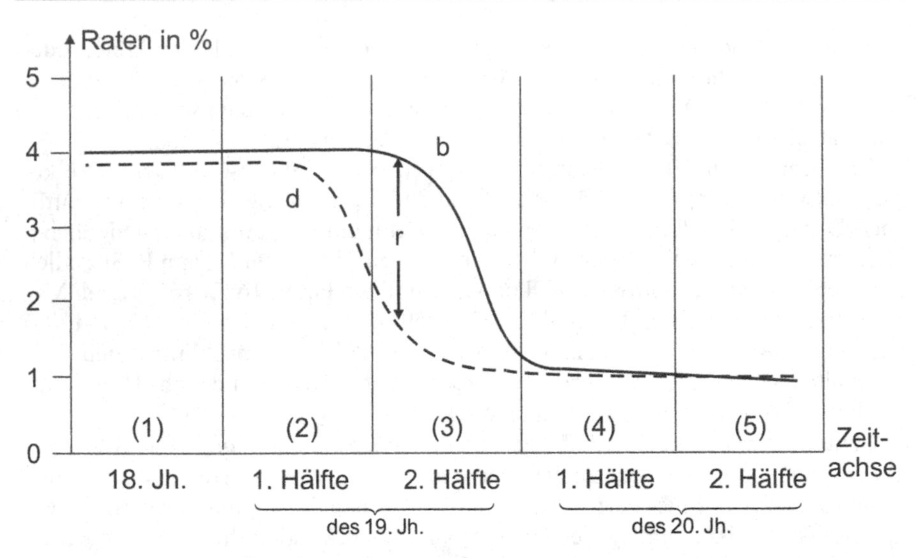

3.3 Demografischer Übergang. Schematisch dargestellt am Beispiel des Industrialisierungsprozesses in Europa. Gezeigt sind die Geburtenrate b und die Sterberate d in zeitlicher Abfolge, damit auch deren Differenz, die Wachstumsrate $r = b - d$.

Bild 3.3 zeigt schematisch die verschiedenen Phasen der Entwicklung von Geburten- und Sterberate am klassischen Beispiel des Industrialisierungsprozesses in Europa. Damit die Leser ein Gefühl für die Größenordnung bekommen, sind fiktive, jedoch realitätsnahe Zahlenangaben für die Raten angegeben. Die Demografen teilen die Entwicklung in fünf Phasen ein. Die Agrargesellschaft des 18. Jahrhunderts (1) hatte eine nahezu stationäre oder schwach wachsende Bevölkerung. Die Geburten- und Sterberaten lagen bei 3 bis 4 %. Die frühe Industriegesellschaft (2) erlebte in der ersten Hälfte des 19. Jahrhunderts ein beschleunigtes Wachstum. In der zweiten Hälfte des 19. Jahrhunderts erfolgte der Übergang (3) in die fortgeschrittene Industriegesellschaft, begleitet von einem starken bis explosiven Wachstum der Bevölkerung. Starke Auswanderungswellen waren die Folge. Die erste Hälfte des 20. Jahrhunderts wurde durch die Ausformung der Industriegesellschaft (4) geprägt, begleitet von abnehmenden Wachstumsraten der Bevölkerung. In der zweiten Hälfte des 20. Jahrhunderts erfolgte nach und nach der Übergang von der Industriegesellschaft in eine Gesellschaft neuen Typs mit stationärer und teilweise schwach abnehmender Bevölkerung. Für diesen Übergang, den wir in unserer Arbeits- und Lebenswelt täglich erleben, gibt es noch keinen etablierten Begriff. Vorgeschlagen werden Bezeichnungen wie postindustrielle, nachindustrielle, postmoderne, Dienstleistungs-, Service- oder Informationsgesellschaft; darauf werden wir in den abschließenden Kapiteln 10 bis 12 eingehen.

Welches sind die Ursachen für den Prozess des demografischen Übergangs? Eine pauschale Erklärung lautet Modernisierung, auch als Entwicklung oder sozialer Wandel beschrieben. In der Literatur werden etliche Faktoren aufgeführt, die in ihrer Summe die Modernisierung ausmachen. Was führte im Einzelnen zu einer Abnahme der Sterberate? Dies waren Wandel und Verbesserungen in Hygiene und

Medizin, in der Agrar- und Produktionstechnik, im Wohnungs- und Transportwesen sowie in den sozialen Organisationen (Beispiel Sozial- und Krankenversicherungen). Welches waren die Gründe dafür, dass (mit zeitlicher Verzögerung) die Geburtenraten abgenommen haben? Hier ist in erster Linie die veränderte Rolle der Frau in Gesellschaft und Beruf zu nennen, begleitet von einer verbesserten Erziehung und Bildung aller Bevölkerungsschichten. Hinzu kommen zunehmende Verstädterung und Mobilität, wachsende Kosten für die Kindererziehung und nicht zuletzt die Verlagerung der Komponente soziale Sicherheit von der Familie auf den Staat.

Alle diese Faktoren haben in Europa dazu geführt, dass zunächst die Sterberaten drastisch abgenommen haben. Eine Abnahme der Geburtenraten erfolgte mit einer deutlichen zeitlichen Verzögerung. In diesem Übergangsprozess, genannt demografischer Übergang, stieg die Wachstumsrate, die Differenz zwischen Geburten- und Sterberate, zunächst rasch an, was zu seiner starken Bevölkerungszunahme führte. Dieser Anstieg ließ erst nach, als sich die Geburtenraten auf dem niedrigeren Niveau der Sterberaten einpendelten. Bild 3.4 zeigt das Wirkungsgefüge der Modernisierung als vernetztes System. Entscheidend für den Übergangsprozess ist die zeitliche Verzögerung zwischen der Abnahme der Sterbe- und der Geburtenrate. Das Minuszeichen bedeutet negative und das Pluszeichen positive Rückkopplungen.

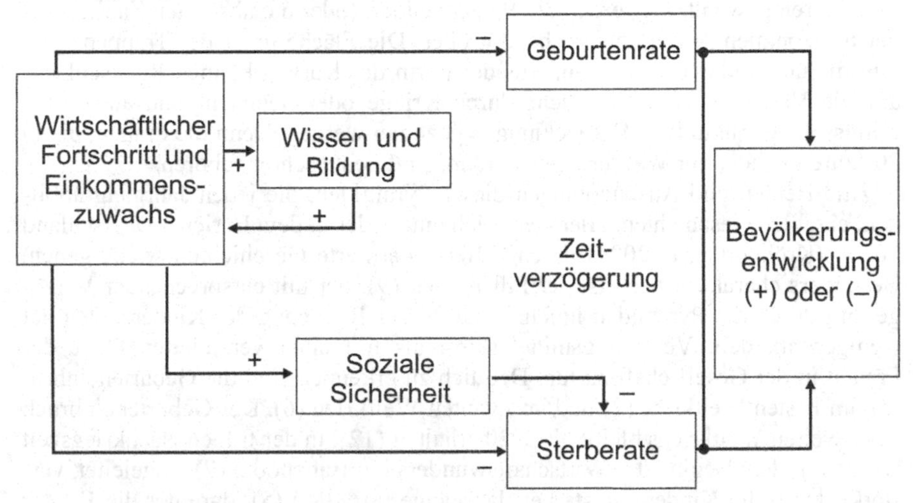

3.4 Wirkgefüge der Modernisierung, nach Fritsch (1993)

Die Theorie des demografischen Übergangs wird mitunter kritisiert, da sie lediglich ex post (rückblickend) die historische Entwicklung in Europa beschreibt. Die Erklärungsmodelle sind überzeugend und nachvollziehbar. Die entscheidende Frage lautet jedoch, ob daraus ein allgemein gültiges Gesetz formuliert werden kann, das auf die Länder der Dritten Welt übertragbar ist. Das ist sicherlich problematisch, weil deren Entwicklung in völlig anderer Weise verlaufen ist, als dies bei uns der Fall war. Darauf werden wir in Kapitel 7, speziell in Abschnitt 7.5, eingehen. Die Theorie des demografischen Übergangs macht keine Aussage über die Dauer der Übergangsphase und auch nicht darüber, ob dies ein einmaliges Phänomen ist oder sich wiederholen kann. Was geschieht, wenn die Übergangsphase zu lange dauert? Wenn einer niedrigen Sterberate über lange Zeiträume eine hohe Geburtenrate gegenübersteht? Diese Situation erleben wir derzeit in vielen Ländern der Dritten Welt, was zu dem explosiven Wachstum der Weltbevölkerung geführt hat. Diese Länder sind in der Falle hoher Wachstumsraten gefangen, man spricht von der demografischen Falle. Die Industrieländer sind dieser Falle längst entronnen, nicht zuletzt auch durch das Ventil der Auswanderung im 19. Jahrhundert. Taugt diese Theorie als Prognosemodell dazu, den in der Übergangsphase befindlichen Ländern der Dritten Welt als eine Art Blaupause für Maßnahmen zur Reduzierung des Bevölkerungswachstums zu dienen?

Wir wollen ein weiteres wichtiges Hilfsmittel der Demografen kennen lernen, die Bevölkerungspyramide. Sie stellt die grafische Darstellung des momentanen Altersaufbaus der Bevölkerung einer bestimmten Region dar, wobei üblicherweise links der männliche und rechts der weibliche Anteil dargestellt werden. Exemplarisch zeigt Bild 3.5 den Altersaufbau der Bevölkerung in Deutschland 1980 und 2000 sowie die Prognose für 2020. Die Bevölkerungspyramide gibt an, wie viele Männer und Frauen sich im Alter von 0 bis 1, von 1 bis 2, von 2 bis 3 Jahren usw. befanden. Wird anstelle einer Unterteilung von einem Jahr eine gröbere von z.B. fünf Jahren gewählt, so werden die Prozentzahlen (oder die absoluten Zahlen) auf der horizontalen Achse entsprechend größer. Die Fläche unter der Treppenkurve gibt die Gesamtbevölkerung an. Aus der Form der Kurven können Rückschlüsse auf die Vergangenheit (Einbrüche durch Kriege oder Seuchen) und auch Aufschlüsse über zukünftige Entwicklungen gezogen werden. Denn die Frauen, die in 20 Jahren Kinder zur Welt bringen werden, sind heute schon geboren.

Alle Beulen und Ausbuchtungen dieser Pyramiden, die jeden Jahrgang abbilden, erzählen Geschichten. Hier werde ich einige der in dem Bericht „Deutschland 2020“ (Kröhnert u. a. 2004) durch Ziffern markierte Geschichten wiedergeben. Besonders charakteristisch ist der Pillenknick (9), der mit entsprechender Verzögerung durch die Pyramiden hindurch läuft. Der Rückgang der Kinderzahlen hat weniger mit dem Verhütungsmittel selbst als mit einer veränderten Rolle der Frauen in der Gesellschaft zu tun. Deutlich zu erkennen sind die Geburteneinbrüche im Ersten Weltkrieg (2) und im Zweiten Weltkrieg (6). Der Geburteneinbruch des Zweiten Weltkriegs bleibt bis 2020 erhalten (12). In der frühen Nachkriegszeit wurde mit dem Beginn des Wirtschaftswunders ein Babyboom (7) eingeleitet, verstärkt durch die Kinder der starken Jahrgänge um 1940 (5), darunter die Kinder der ersten Gastarbeiter (8). Angesichts niedriger Geburtenraten und fehlender potenzieller Eltern wird klar, dass es zu einem weiteren, massiven Bevölkerungsverlust kommen wird (14). Ein Blick über 2020 hinaus zeigt, dass die wirklichen Probleme der Alterssicherung dann entstehen, wenn die stärksten Jahrgänge der Pyramide im Jahr 2030 in Rente gehen werden (15).

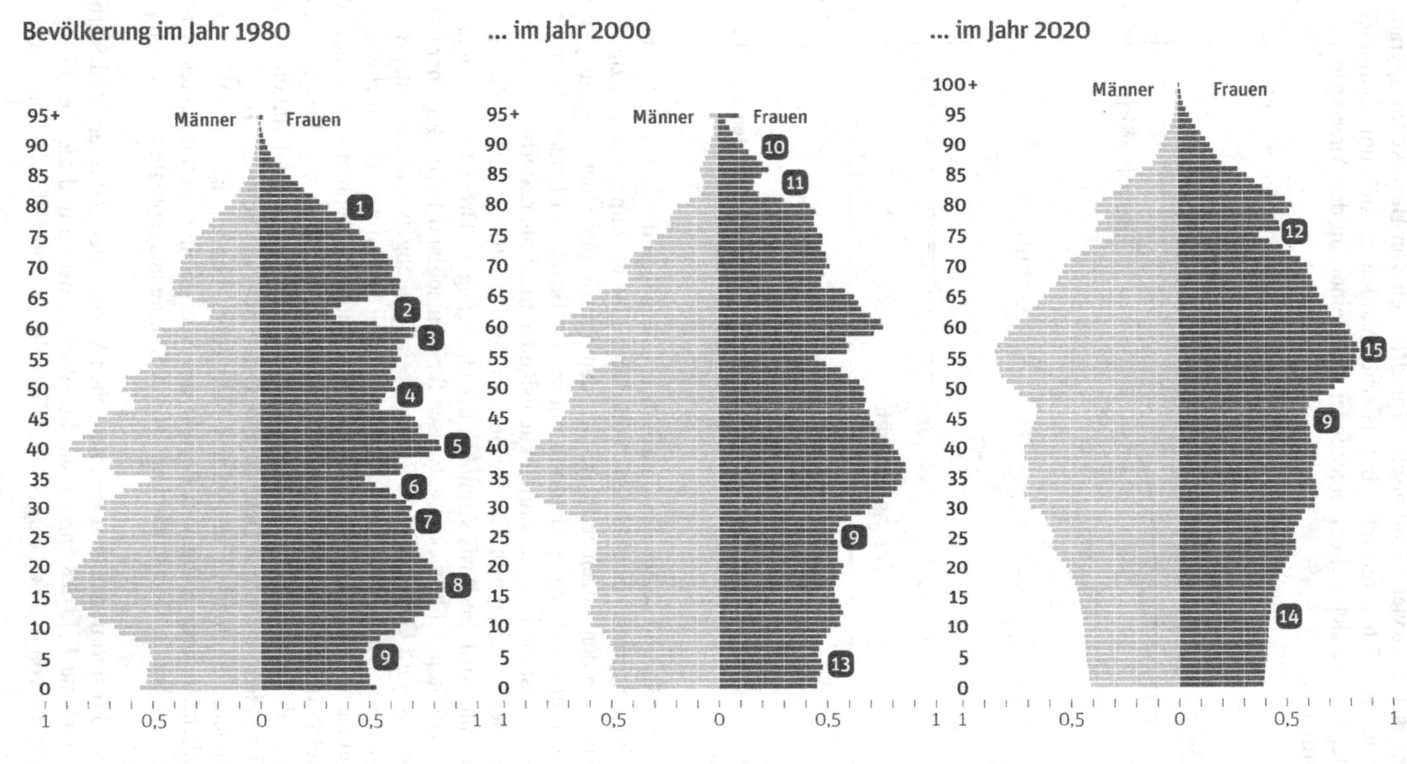

3.5 Bevölkerungspyramide am Beispiel Deutschlands für 1980 und 2000 sowie die Prognose für 2020; aus www.berlin-institut.org

Man unterscheidet vier idealtypische Grundformen von Bevölkerungspyramiden, wie sie in Bild 3.6 dargestellt sind. Hierbei handelt es sich um kontinuierliche Verläufe, wie sie sich bei entsprechender Verkleinerung der Altersspannen ergeben würden.

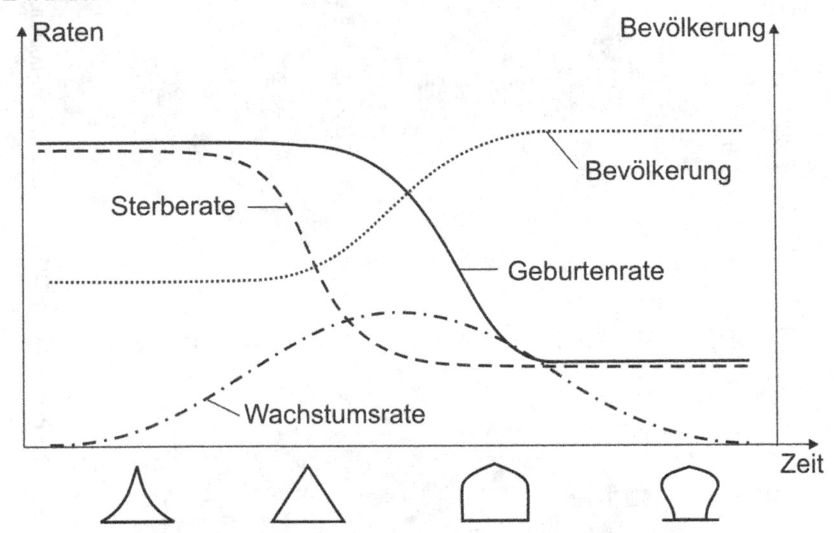

3.6 Zusammenhang zwischen dem demografischen Übergang und den Bevölkerungspyramiden

Europa hat während seines demografischen Übergangs die in Bild 3.6 dargestellten Pyramidenformen durchlaufen. Von daher gibt es zumindest prinzipiell eine Zuordnung von den einzelnen Phasen des demografischen Übergangs zu typischen Pyramidenformen. Die Pagodenform mit breiter Basis und konkav durchgebogenen Flanken ist typisch für Entwicklungsländer mit hoher Sterblichkeit im Kindesalter und sie war typisch für Europa vor der Industrialisierung. Mit sinkender Geburtenrate wird die Basis schmaler, der Übergang zu Dreiecksform signalisiert eine fortschreitende Entwicklung, typisch für Deutschland 1910. Bei einer stabilen Bevölkerung sind Geburten- und Sterberate im Gleichgewicht, das entspricht der Glockenkurve. Diese Situation haben wir derzeit in Europa. Zahlreiche europäische Länder wie auch Japan weisen eine Wachstumsrate von etwa null auf. Wird die Wachstumsrate negativ, so stellt sich eine Urnenform ein. Das trifft heute schon auf einige ost- und südosteuropäische Länder zu und auf Italien. In naher Zukunft werden vermutlich Deutschland, Österreich, die Schweiz, Belgien, Portugal, Spanien, Dänemark, Finnland und Schweden ebenfalls negative Wachstumsraten haben. In dem erwähnten Bericht des Statistischen Bundesamtes wird für den Altersaufbau in Deutschland im Jahr 2050 eine ausgeprägte Urnenform prognostiziert.

In Bild 3.6 sind neben dem schematischen Verlauf der Geburten- und Sterberate, entsprechend Bild 3.3, zusätzlich die Wachstumsrate und die Bevölkerung in Abhängigkeit von der Zeit dargestellt. Wir wollen dieses Bild ein wenig erläutern, um einen Zusammenhang zu den Wachstumsgesetzen in Kapitel 2 herzustellen. Die Wachstumsrate ist die Differenz zwischen der Geburten- und der Sterberate. Sie steigt an, erreicht ein Maximum und fällt wieder ab. In Kapitel 2 hatten wir diskutiert, dass es einen eindeutigen mathematischen Zusammenhang zwischen der Wachstumsrate einer Menge und der Menge selbst gibt. Die Menge ist in Bild 3.6 die Bevölkerung. Ist die Wachstumsrate null, so bleibt die Bevölkerung konstant. Je größer die Wachstumsrate wird, umso rascher wird die Bevölkerung ansteigen. Im Maximum der Wachstumsrate hat der Kurvenverlauf der Bevölkerung seinen steilsten Anstieg. Mit abnehmender Wachstumsrate wird der Anstieg immer kleiner. Geht die Wachstumsrate auf null zurück, so wird die Bevölkerung wieder konstant sein, allerdings auf einem deutlich höheren Niveau als zu Beginn des demografischen Übergangs. Es sei an dieser Stelle auf Bild 2.10 in Abschnitt 2.2 verwiesen, wo wir das logistische Wachstum dargestellt und diskutiert haben. Nach der Theorie des demografischen Übergangs wächst die Bevölkerung gleichfalls in logistischer Weise.

3.3 Regionale Unterschiede

Anhand konkreter Daten aus dem Weltbevölkerungsbericht 2004 (UNFPA 2004) wollen wir in diesem Abschnitt regionale Unterschiede deutlich machen. Diese können uns Hinweise darauf geben, wie weit einzelne Länder oder Ländergruppen in dem Entwicklungsprozess vorangeschritten sind. Dazu werden in Tabelle 3.1 dargestellt: Die Bevölkerung 2004 sowie 2050 (mittlere Prognose, siehe hierzu auch Abschnitt 3.5) in Millionen, sowie die für den Zeitraum 2000 bis 2005 prognostizierten Wachstumsraten r und Geburtenraten b in Prozent. Nach den Zahlen wird die Weltbevölkerung von etwa 6,4 (im Jahr 2004) bis 2050 auf etwa 8,9 Mrd. anwachsen, also um 40 %. In dem Zeitraum von 2000 bis 2005 wird die durchschnittliche Wachstumsrate der Weltbevölkerung bei 1,2 % liegen, die durchschnittliche Geburtenrate wird 2,69 % betragen.

In der oberen Hälfte der Tabelle ist die Weltbevölkerung in zwei Regionen unterteilt. Die „*More Developed Regions*“ (MDR) können wir als Industrieländer (IL) und die „*Less Developed Regions*“ (LDR) als Entwicklungsländer (EL) bezeichnen. Danach wird in den nächsten knapp 50 Jahren der Anteil der Bevölkerung der Industrieländer von 18,9 auf 13,7 % abnehmen und korrespondierend dazu der Anteil der Bevölkerung der Entwicklungsländer von 81,1 auf 86,3 % zunehmen. Gehen wir in der Geschichte weiter zurück, so lag dieses Verhältnis 1990 bei 23 zu 77, es betrug 1970 etwa 30 zu 70, es lag 1900 bei 35 zu 65 und 1750 bei 25 zu 75. In diesen Zahlen spiegelt sich der besprochene Modernisierungsprozess wider, der im 19. Jahrhundert zu dem außerordentlich starken Bevölkerungszuwachs in den heutigen Industrieländern geführt hat. Während schon seit einigen Jahren die Bevölkerung in den Industrieländern stagniert, findet der Bevölkerungszuwachs der Welt nunmehr ausschließlich in den Ländern der Dritten Welt statt.

Tabelle 3.1: Demografische Indikatoren 2004 und 2050 (mittlere Prognose), Quelle: UNFPA 2004

	Bev. 2004 in Mio.	Bev. 2050 in Mio.	*r* in % 2000–2005	*b* in % 2000–2005
Welt total	6378	8919	1,2	2,69
MDR	1206 (18,9 %)	1220 (13,7 %)	0,2	1,56
LDR	5172 (81,1 %)	7699 (86,3 %)	1,5	2,92
LLDR	736 (11,5 %)	1675 (18,7 %)	2,4	5,13
Europa	726 (11,4 %)	632 (7,1 %)	–0,1	1,38
Amerika	551 (8,6 %)	768 (8,6 %)	1,3	2,55
Afrika	869 (13,6 %)	1803 (20 %)	2,2	4,91
Asien	3871 (60,7 %)	5222 (58,5 %)	1,4	2,53

Eine Unterteilung der Entwicklungsländer wurde 1971 von den Vereinten Nationen vorgenommen. Aus der Gruppe der Länder der Dritten Welt (LDR) wurden die ärmsten Länder abgegrenzt, die teilweise auch als Vierte Welt bezeichnet werden. Wir werden auf die (problematischen und teilweise unscharfen) Begriffe und deren Abgrenzungen in Kapitel 7 eingehen. Hier sei nur kurz gesagt, dass sich diese Abgrenzung auf drei Indikatoren stützt: das Bruttoinlandsprodukt pro Kopf, den Anteil der industriellen Produktion am Bruttoinlandsprodukt und die Alphabetisierungsrate. Diese Ländergruppe ist in Tabelle 3.1 mit „*Least Developed Regions*“ (LLDR) gemeint. Wir sehen, dass deren Anteil an der Weltbevölkerung von 11,5 auf 18,7 % bis 2050 ansteigen wird.

In der unteren Hälfte der Tabelle sind uns vertraute Regionen aufgeführt. Europa ist derjenige Erdteil, dessen Bevölkerung in absoluten Zahlen in den nächsten 50 Jahren deutlich abnehmen wird, der relative Anteil an der Weltbevölkerung geht von 11,4 auf 7,1 % zurück. Der relative Anteil Amerikas wird mit 8,6 % gleich bleiben und derjenige Asiens geringfügig zurückgehen, von 60,7 auf 58,5 %. Afrika wird derjenige Kontinent sein, dessen Anteil an der Weltbevölkerung deutlich zunehmen wird, von 13,6 auf 20 %. Auf die Brisanz, die sich hinter diesen Zahlen verbirgt, wollen wir später eingehen (in Kapitel 7 und insbesondere in Kapitel 11). Auch die folgende Tabelle 3.2, in der die 15 bevölkerungsreichsten Länder der Welt 2004 und 2050 dargestellt sind, soll den geschilderten Trend verdeutlichen.

Werfen wir einen Blick auf die absoluten Zahlen und die relativen Veränderungen. Dabei beginnen wir mit den „Verlierern“. Russland schrumpft nach der Prognose um 29 und Deutschland „nur“ um 4 %, beide Länder fallen aus der Liste heraus. Japan rutscht mit einem Minus von 14 % auf den letzten Platz. Alle anderen Länder auf der Liste wachsen mehr oder weniger deutlich. Den geringsten Zuwachs weist China mit etwa 6 % auf, zwischen etwa 30 und 40 % Zunahme liegen Indien, USA, Indonesien, Brasilien, Mexiko und Vietnam. Zwischen 55 und 75 % liegen Bangladesch, die Philippinen und Ägypten. Über 100 % Zuwachs werden Pakistan, Nigeria, Äthiopien und Kongo (Dem. Rep.) aufweisen.

Tabelle 3.2: Die 15 bevölkerungsreichsten Länder der Welt, 2004 und 2050 (mittlere Prognose); Quelle: UNFPA 2004

		Mitte 2004 in Mio.		Prognose 2050 in Mio.
1	China	1313	Indien	1531
2	Indien	1081	China	1395
3	USA	297	USA	409
4	Indonesien	223	Pakistan	349
5	Brasilien	181	Indonesien	294
6	Pakistan	157	Nigeria	259
7	Bangladesch	150	Bangladesch	255
8	Russland	142	Brasilien	233
9	Japan	128	Äthiopien	171
10	Nigeria	127	Kongo DR	152
11	Mexiko	105	Mexiko	140
12	Deutschland	83	Philippinen	127
13	Vietnam	83	Ägypten	127
14	Philippinen	81	Vietnam	118
15	Ägypten	73	Japan	110

Für die zukünftige Entwicklung in den Ländern der Dritten Welt und damit für uns alle wird die entscheidende Frage lauten: Wird es den Ländern der Dritten Welt gelingen, den demografischen Übergangsprozess zu durchlaufen? Wenn ja, in welchem Zeitraum? Alle Prognosen, auf die wir in Abschnitt 3.7 eingehen werden, hängen von der Beantwortung dieser Frage ab. In Kapitel 7 werden wir zentrale Probleme der Dritten Welt behandeln. Das sind Probleme, die sie ohne die Erste Welt gar nicht hätten. In den beiden folgenden Abschnitten wollen wir zwei Problemkreise kurz behandeln, die untrennbar mit der Bevölkerungsexplosion verbunden sind. Das sind die offenbar irreversibel fortschreitende Verstädterung der Weltbevölkerung, das Wachsen (eher Wuchern) von Mega-Städten und das Weltflüchtlingsproblem. Auch diese Trends geben keinen Anlass zur Beruhigung.

3.4 Urbanisierung und Mega-Städte

Die Entwicklung von Städten aus Siedlungsschwerpunkten war ein Resultat der neolithischen Revolution. Klassische Städte des Altertums wie Babylon, Theben, Alexandria, Athen, Karthago und Rom haben Weltgeschichte gemacht. Sie waren Zentren des Handels, Herrschafts- und Kultstädte, aber kaum Wohnstätten für nennenswerte Teile der Bevölkerung. Das Volk lebte als Ackerbauern und Viehzüchter mehrheitlich auf dem Lande. Die Städte wurden auf dem Wasserweg mittels Lastkähnen oder auf dem Landweg mittels Karren, Wagen und Lasttieren versorgt. Diese infrastrukturellen Randbedingungen begrenzten die Bevölkerung der alten Weltstädte. Die Versorgung heutigen Millionenstädte mit Nahrungsmitteln wäre auf diese Weise undenkbar. Gemessen an heutigen Größenordnungen sind die Weltstädte der Antike eher klein zu nennen.

Dies änderte sich in der industriellen Revolution ganz entscheidend. Die enorme Zunahme der Produktivität, die Arbeitsteilung, die Kapitalbildung und die Verfügbarkeit von Energie, verbunden mit einer unglaublichen Verbesserung der Transportmöglichkeiten durch Dampfschiffe, Eisenbahnen und Kraftwagen, ermöglichten ein zuvor nie da gewesenes Wachstum der Städte. Die Anzahl der Millionenstädte explodierte förmlich. In Tabelle 3.3 sind die 20 größten Städte der Welt aufgelistet.

Tabelle 3.3: Die 20 größten Städte der Welt in Millionen, Quelle: UN, siehe Fischer Weltalmanach 2005

		Prognose 2015	2003	1975
1	Tokio	36,2	35,0	26,6
2	Mexiko-Stadt	20,6	18,7	10,7
3	New York	19,7	18,3	15,9
4	Sao Paulo	20,0	17,9	9,6
5	Bombay	22,6	17,4	7,3
6	Neu-Delhi	20,9	14,1	4,4
7	Kalkutta	16,8	13,8	7,9
8	Buenos Aires	14,6	13,0	9,1
9	Shanghai	12,7	12,8	11,4
10	Jakarta	17,5	12,3	4,8
11	Los Angeles	12,9	12,0	8,9
12	Dhaka	17,9	11,6	2,2
13	Osaka-Kobe	11,4	11,2	9,8
14	Rio de Janeiro	12,4	11,2	7,6
15	Karatschi	16,2	11,1	4,0
16	Peking	11,1	10,8	8,5
17	Kairo	13,1	10,8	6,4
18	Moskau	10,9	10,5	7,6
19	Manila	12,6	10,4	5,0
20	Lagos	17,0	10,1	1,9

Die Rangfolge orientiert sich an den letzten verfügbaren Zahlen für 2003. Wäre die Prognose für 2015 als Basis gewählt worden, so hätten Bombay und Neu-Delhi die Plätze 2 und 3 belegt. Was entnehmen wir der Liste? Zunächst einmal, dass es derzeit auf der Welt 20 Städte mit mehr als 10 Millionen Einwohnern gibt, wir nennen sie Mega-Städte (alle Städte mit mehr als 5 Millionen Einwohnern werden so genannt). Die Zahl der Millionenstädte liegt derzeit bei deutlich über 300. Weiter sehen wir, dass nur 4 der 20 derzeit größten Städte in entwickelten Industrieländern liegen, New York und Los Angeles in den USA sowie Tokio und Osaka-Kobe in Japan. 1900 lagen die 10 größten Städte in den Industrieländern, eine Liste wäre von London, New York, Paris, Berlin und Chicago angeführt worden. Noch 1950 enthielt die Liste der 10 größten Städte „nur" 3 in der Dritten Welt: Shanghai, Buenos Aires und Kalkutta. Somit stellen wir eine eindeutige Verschiebung hin zur Dritten Welt fest. Nicht wenige Städte sind in den letzten 28 Jahren förmlich explodiert. Verglichen mit 1975 sind die Städte Mexiko-Stadt, Sao Paulo, Bombay, Neu-Delhi, Jakarta, Karatschi und Manila um das Zwei- bis

Dreifache gewachsen, Dhaka und Lagos gar um das Fünffache. Das hat mit einer geordneten Stadtentwicklung absolut nichts zu tun. Die typischen Urbanisierungsformen in der Dritten Welt sind seit den 50er Jahren Spontansiedlungen und Slums, deren Anteil bezogen auf die jeweilige Stadtbevölkerung Größenordnungen von 50 % und mehr ausmachen. Eine Stadt wie Bombay hat mit etwa 17 Millionen Menschen, von denen etwa die Hälfte in Slums leben, mehr Einwohner als Nordrhein-Westfalen. Dagegen erscheint die Existenz sozialer Randgruppen in unseren Großstädten wie Berlin, Hamburg, Köln oder München fast pittoresk.

Die in den Mega-Städten der Dritten Welt wie in einem Brennglas fokussierten Probleme treten ansatzweise auch in den Großstädten der Industrieländer auf. Die Bewohner von New York, Los Angeles, Tokio, London oder Paris registrieren neben den Vorzügen (Bildungs-, Kultur-, Dienstleistungs- und Transportangebot) zunehmend auch die Schattenseiten wie Ghettobildung, Vereinsamung, Gewaltkriminalität, Vandalismus sowie Gestank und Lärm. Ehemals intakte Städte entwickeln sich hin zu einem unregierbaren urbanen Brei. Dennoch scheint es so zu sein, als ob die ständig wachsende Stadt ein untrennbarer Bestandteil der Länder in der Dritten Welt ist. Auf deren spezielle Probleme werden wir in Kapitel 7 eingehen.

In ähnlicher Weise nahm der Urbanisierungsgrad zu, der um 1800 noch bei 3 % lag. Diese Größe gibt den Anteil der in Städten lebenden Bevölkerung an, wobei die jeweiligen nationalen Kriterien hierfür teilweise unterschiedlich sind. Im Weltmittel stieg dieser Wert bis 1900 auf etwa 14 %, er lag 1950 bei 29 % und er hat 2000 die 50%-Marke überschritten. Der Weltbevölkerungsbericht 2004 (Stand 2003) gibt für Afrika und Asien jeweils 39 %, für Europa 73 % und für Amerika 77 % an. Daneben weist der Bericht Steigerungsraten des Urbanisierungsgrades für den Zeitraum 2000 bis 2005 aus. Die Werte reichen von 0,1 für Europa über 1,94 für Amerika und 2,7 für Asien bis 3,6 % für Afrika. Auch diese Botschaft ist eindeutig.

3.5 Das Weltflüchtlingsproblem

Es war eine Hungersnot, die Abraham, den Erzvater Israels, von Palästina aus mit seiner Sippe nach Ägypten ziehen ließ. Zuvor hatte Abraham, geboren in Ur in Chaldäa, schon das zerfallende und von Unruhen heimgesuchte Babylonische Weltreich verlassen und sich kurzfristig in Palästina niedergelassen. Die Bibel berichtet weiter, dass das Volk der Israeliten einige hundert Jahre in der Fremde Ägyptens verbrachte, bis Moses es in das gelobte Land führte. Das Alte Testament ist die älteste schriftliche Quelle, aus der wir etwas über Flüchtlingstrecks erfahren.

Ernteausfälle, Hungersnöte, Kriege und Seuchen haben im Laufe der Menschheitsgeschichte stets Flüchtlingsströme in Bewegung gesetzt. Es war nicht nur Neugierde, die die Bewohner Asiens veranlasste, über die Beringstraße hinweg Alaska durchquerend Nordamerika zu besiedeln. Ähnliches galt für die Millionen Europäer, die in die Neue Welt auswanderten. Neben der Abenteuerlust war es meist blanke materielle Not, die die Menschen in die Ferne trieb. Nur durch die Auswanderung nach Amerika entgingen mehr als eine Million Iren im 19. Jahrhundert dem Hungertod, etwa die gleiche Anzahl verhungerte im eigenen Land.

Für die Diskussion der sich verschärfenden Problematik der Elends- und Umweltflüchtlinge, die aus den Ländern der Dritten Welt und seit dem Zerfall der kommunistischen Herrschaftssysteme aus den Ländern der ehemaligen Sowjetunion und aus Osteuropa nach Europa und Nordamerika drängen, muss auf die geschichtliche Entwicklung des vergangenen Jahrhunderts eingegangen werden, das auch als das Jahrhundert der Flüchtlinge bezeichnet wird. Da ist zunächst der Zerfall des Osmanischen Reiches in den Nachfolgestaat Türkei und kleinere Nationalstaaten, der zur Vertreibung und Vernichtung der Armenier geführt hat, zu den Balkankriegen Anfang des 20. Jahrhunderts, zu dem Kurdenproblem (die verteilt auf Iran, Irak, Türkei und Syrien leben) und den Palästinaflüchtlingen. Die Rivalität der europäischen Nationalstaaten führte zu Flüchtlingsbewegungen durch den Ersten Weltkrieg, durch die russische Oktoberrevolution sowie Deportationen durch Stalin. Der Aufstieg des Faschismus und Nationalsozialismus löste Fluchtbewegungen aus und als Folge des Zweiten Weltkrieges wurden 40 bis 50 Millionen Flüchtlinge geschätzt. Der sich daran anschließende Aufstieg der beiden neuen Supermächte USA und UdSSR führte zu dem Ost-West-Konflikt, verbunden mit Flüchtlingsbewegungen aus den kommunistischen Herrschaftsbereichen. Der Zerfall der europäischen Kolonialreiche (siehe Kapitel 7) führte zur Gründung neuer Staaten in den ehemaligen Kolonien. Das Bemühen der neuen Staaten der Dritten Welt um politische und wirtschaftliche Konsolidierung führte zu Flüchtlingsbewegungen durch Bürgerkriege in den neu entstandenen Staaten, durch Konflikte zwischen ihnen und durch die Flucht weißer Siedler aus den ehemaligen Kolonien. Schließlich hat der Zusammenbruch der kommunistischen Herrschaftssysteme in der UdSSR und Osteuropa zu Flüchtlingsbewegungen geführt, die bis heute anhalten.

Die Fluchtursachen sind meist vielfältig und eng miteinander verzahnt. Terror, Armut und Umweltzerstörungen gehen oft Hand in Hand. Von daher sind statistische Aussagen mit vielen Unsicherheiten behaftet, genaue Zahlen sind schwer zu ermitteln. Experten unterteilen die Flüchtlingsbewegungen in zwei Migrationstypen. Dabei ist die interne Wanderung, auch Binnenmigration genannt, die dominierende Form der Bevölkerungswanderung. Etwa 80 % aller Flüchtlinge bleiben innerhalb ihres Heimatlandes. Nur etwa 20 % fliehen über die Staatsgrenzen, man spricht von externer Wanderung.

Warum verlassen Menschen ihre Heimat? Dafür gibt es im Wesentlichen zwei Gründe, genannt Push- und Pull-Effekte. Zu den Ersteren gehören Bürgerkriege, Terror, Unruhen, Rassismus, Armut, Hunger und Naturkatastrophen. Wohin die Menschen gehen, hängt von den Pull-Effekten ab: von der Hoffnung auf ein besseres Leben, ein Leben in Freiheit ohne Diskriminierung und ohne Unterdrückung an einem neuen Ort. Während Migration früher kontrollierter ablief, so handelt es sich heute mehr und mehr um unkontrollierte und illegale Prozesse.

Nicht zuletzt durch die Flüchtlingsströme aus den Ländern der Dritten Welt trifft der klassische Flüchtlingsbegriff der Genfer Konvention die Realität kaum noch. Die 1945 gegründeten Vereinten Nationen haben mit Blick auf die Aktualität der Flüchtlingsproblematik den Artikel 14 der Allgemeinen Erklärung der Menschenrechte von 1948 wie folgt definiert: „Jeder Mensch hat das Recht, in anderen Ländern vor Verfolgung Asyl zu suchen und zu genießen". Die Genfer Flüchtlingskonvention erkennt nur jene Menschen als Flüchtlinge an, die die Grenzen eines Staates „aus begründeter Furcht vor Verfolgung wegen ihrer Rasse, Religion, Nationalität, Zugehörigkeit zu einer besonderen ethnischen Gruppe oder wegen ihrer politischen Überzeugung" überschritten haben. In Artikel 16 unseres Grundgesetzes heißt es: „Politisch Verfolgte genießen Asylrecht". Damit hat das Asylrecht Verfassungsrang, wobei es sich jedoch auf „politisch Verfolgte" beschränkt. Diese Beschreibung trifft nur noch auf die wenigsten Flüchtlinge zu. Die meisten von ihnen sind in erster Linie Elends- oder Umweltflüchtlinge. Der englische Film „Der Marsch", der im Fernsehen mehrfach wiederholt wurde, schildert den fiktiven Aufbruch afrikanischer Massen in Richtung Europa in beklemmender Weise. Es ist zu befürchten, dass die Vision dieses Filmes rascher Wirklichkeit werden kann, als wir uns vorstellen.

3.6 Prognosen und Bevölkerungspolitik

Der Weltbevölkerungsfonds der Vereinten Nationen veröffentlicht jährlich einen Bericht über den Status quo. Darin werden weiterhin Prognosen über das zukünftige Bevölkerungswachstum gemacht. Wegen der großen Unsicherheiten solcher Aussagen werden stets drei Varianten angegeben: für niedrige, für mittlere und für hohe Wachstumsraten, wobei die mittlere Prognose als die wahrscheinlichste bezeichnet wird und entsprechend in den Medien kommuniziert wird. Seit einiger Zeit wird zu Vergleichszwecken eine vierte Variante „konstantes Wachstum" angegeben. Sie gibt an, was passieren würde, wenn das derzeitige Wachstum bestehen bliebe. Bild 3.7 zeigt die Prognose bis 2050. Nach der mittleren Variante werden 8,9 Mrd. im Jahr 2050 erwartet. Die Prognosen sind in den letzten Jahren leicht nach unten korrigiert worden. In dem Weltbevölkerungsbericht von 1991 wurden 8,5 Mrd. für 2025 prognostiziert, und es wurde angenommen, dass die 10-Mrd.-Grenze bereits im Jahr 2050 erreicht sein dürfte. Die letzten Prognosen der UN vom Februar 2005 gehen von 9,1 statt 8,9 Mrd. für 2050 aus.

Seit Gründung der Bevölkerungskommission der Vereinten Nationen im Jahr 1946 lassen sich in den Debatten um die richtige Bevölkerungspolitik zwei Fraktionen unterscheiden, die entgegengesetzte Standpunkte vertreten. Die eine Gruppe, genannt „Neo-Malthusianer", behauptet, die Bevölkerungsexplosion durch Maßnahmen wie Familienplanung und Geburtenkontrolle eindämmen zu können. Das Bevölkerungswachstum sei den wirtschaftlichen Möglichkeiten anzupassen. In Kurzform: Die Pille ist die beste Entwicklung. Die andere Gruppe, genannt „Anti-Neo-Malthusianer", behauptet, die Bevölkerungsexplosion vornehmlich durch Wohlstandsvermehrung in den Elendsgebieten abwenden zu können. Die Entwicklung der Produktivkräfte sei dem Bevölkerungswachstum anzupassen. In Kurzform: Entwicklung ist die beste Pille.

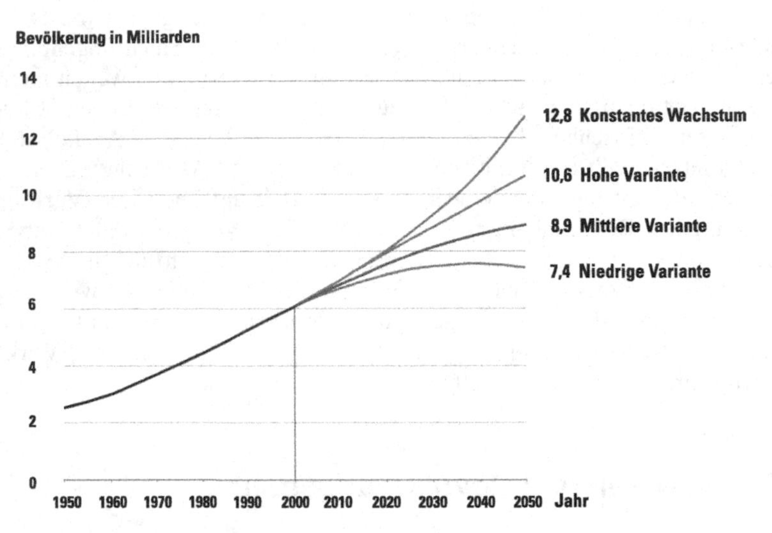

3.7 Prognose des Bevölkerungswachstum bis 2050, siehe Deutsche Stiftung Weltbevölkerung (www.weltbevoelkerung.de)

Diese Vorstellung war lange Zeit durch den Ost-West-Konflikt geprägt. Die westlichen Länder vertraten mehrheitlich die erste, die sozialistischen Länder die zweite Auffassung, der sich die Entwicklungsländer anschlossen. Schon Karl Marx hatte vor über hundert Jahren Malthus vorgeworfen, anstatt der Armut an sich die Armen abschaffen zu wollen. Die Fronten verliefen und verlaufen jedoch nicht eindeutig, auch Anhänger des westlichen Wirtschaftsliberalismus wie auch der Vatikan (freilich aus anderen Gründen) unterstützten die zweite Auffassung.

Die Diskussionen um eine geeignete Strategie beherrschten die von den Vereinten Nationen bisher einberufenen Weltbevölkerungskonferenzen, 1974 in Bukarest, 1984 in Mexiko-Stadt und 1994 in Kairo. Trotz der kontroversen Standpunkte wurde in Bukarest ein Weltbevölkerungsaktionsplan mit folgenden Hauptpunkten angenommen: Senkung der Geburtenrate von 3,8 auf 3,0 %, Schaffung einer UN-Beobachtungsstelle für die Entwicklung der Weltbevölkerung, Vorsorge und Hilfe bei der Familienplanung sowie Gleichheit von Mann und Frau bei der Verantwortung für die Familie. Die Konferenz in Mexiko 1984 wurde auf Antrag der Entwicklungsländer einberufen, die bereits Erfahrungen mit eigenen bevölkerungspolitischen Programmen hatten. Die gegensätzlichen Standpunkte wurden nicht mehr so kontrovers diskutiert, zumal die wirtschaftliche Entwicklung („die beste Pille") in den meisten Entwicklungsländern viel langsamer verlaufen ist als erhofft.

Der Weltbevölkerungsbericht 2004 trägt den Untertitel „*The Cairo Consensus at Ten: Population, Reproductive Health and the Global Effort to End Poverty*", herausgegeben vom *United Nations Fund for Population Activities* (UNFPA 2004). Der Untertitel stellt einen Bezug zu der im September 1994 in Kairo stattgefundenen Internationalen Konferenz über Bevölkerung und Entwicklung (ICPD = *International Conference on Population and Development*) her. Auf dieser Konferenz wurde erneut ein (auf 20 Jahre angelegter) Aktionsplan verabschiedet, auf den sich alle 179 teilnehmenden Staaten verständigt haben. Kernelemente dieses Aktionsplans liegen auf dem Gebiet der „reproduktiven Gesundheit" (rund um Schwangerschaft und Geburt) mit den Hauptpunkten: Zugang zu Familienplanung und Verhütungsmitteln, Schulausbildung und Chancengleichheit in der Bildung für beide Geschlechter, Reduktion der Mütter- und Kindersterblichkeit sowie Steigerung der Lebenserwartung.

Was ist seit 1974, 1984 und 1994 real geschehen? Als Erfolgsmodelle gelten Taiwan, Südkorea, Singapur und Hongkong (die „vier kleinen Tiger"). Sie haben gezeigt, dass Wirtschaftswachstum dann einen die Geburten senkenden Effekt hat, wenn alle Einwohner an dem Wirtschaftswachstum beteiligt sind. In den meisten Ländern der Dritten Welt ist die Masse der Bevölkerung jedoch nach wie vor von dem Entwicklungsprozess nahezu ausgeschlossen, von ihm profitieren nur die nationalen Eliten. Das macht eine wirksame Familienplanung praktisch unmöglich. Bemerkenswert ist, dass China sein Bevölkerungswachstum nahezu eindämmen konnte. In Kapitel 7 werden wir speziell auf die gravierenden Probleme eingehen, denen sich die meisten Länder der Dritten Welt nach wie vor gegenübersehen.

Literatur

Birg, H. (1996) *Die Weltbevölkerung*. Beck, München

Der Fischer Weltalmanach 2005 (2004) Fischer, Frankfurt am Main

Fritsch, B. (1993) *Mensch-Umwelt-Wissen*. 3. Aufl. Teubner, Stuttgart

Hauser, J. A. (1990) *Bevölkerungs- und Umweltprobleme der Dritten Welt*. Band 1, UTB 1568, Bern

Klingholz, R. (1994) *Wahnsinn Wachstum. Wieviel Mensch erträgt die Erde?* GEO, Hamburg

Klüver, R. (Hrsg.) (1993) *Zeitbombe Mensch. Überbevölkerung und Überlebenschance*. dtv, München

Kröhnert, S., Nienke, O. van, Klingholz, R. (2004) *Deutschland 2020, die demografische Zukunft der Nation*. Berlin-Institut für Weltbevölkerung und globale Entwicklung, Berlin

Opitz, P. J. (1988) *Das Weltflüchtlingsproblem*. Beck, München

Opitz, P. J. (Hrsg.) (1995) *Weltprobleme*. Bundeszentrale für politische Bildung, Bonn

Opitz, P. J. (Hrsg.) (1997) *Der globale Marsch. Flucht und Migration als Weltprobleme*. Beck, München

UNFPA (2004) *State of World Population 2004*. New York

Wöhlke, M. (1992) *Umweltflüchtlinge. Ursache und Folgen*. Beck, München

Zur Einführung in die Demografie seien die akademisch geprägten, gleichwohl sehr anschaulichen Darstellungen von Birg und von Schmid (in Opitz 1995) empfohlen. Die Ausführungen von Klingholz sowie Klüver sind populärwissenschaftlich gehalten. Klingholz ist Direktor des Berlin-Instituts für Weltbevölkerung und globale Entwicklung. Diese Einrichtung hat 2004 einen außerordentlich interessanten und informativen Bericht veröffentlicht, der eine detaillierte und auch regionale Aufschlüsselung der Daten beinhaltet. Die Beiträge von Hauser sowie Opitz umspannen einen größeren Rahmen; wir werden uns auch in Kapitel 7 darauf beziehen. Statistisches Material ist über das Internet in vielfältiger Weise verfügbar. Unter www.unfpa.org ist der Weltbevölkerungsbericht 2004 erhältlich. Die Deutsche Stiftung Weltbevölkerung (DSW), eine international tätige Entwicklungshilfeorganisation, gibt als deutsche Partnerin des UNFPA jährlich die deutsche Ausgabe des Weltbevölkerungsberichts heraus, siehe www.weltbevoelkerung.de. Vielfältiges statistisches Material und Analysen des Statistischen Bundesamtes in Wiesbaden findet man unter www.destatis.de, jene des Statistischen Amtes der EU (Eurostat) unter www.eu-datashop.de. Als Folge der Zusammenarbeit beider Einrichtungen ist das Statistische Bundesamt seit dem 1. Oktober 2004 zu erreichen unter www.eds-destatis.de.

4. Energie, Sinnbild des Fortschritts

oder **Energiesysteme im Übergang**

Als wir unser Ziel aus den Augen verloren hatten,
verdoppelten wir unsere Anstrengungen.
(M. Twain)

Die Geschichte der Menschheit ist untrennbar mit der Bereitstellung, Verfügbarkeit und Nutzung von Energie verbunden. Aus diesem Grund haben wir in Kapitel 1 den Zusammenhang von Zivilisationsdynamik und technischer Entwicklung am Beispiel der Energiegeschichte behandelt, siehe Bild 1.4 in Abschnitt 1.5. Bis etwa 1750 hat die Menschheit in einer ersten solaren Zivilisation gelebt. Erste Energiequellen waren das Feuer und die menschliche Arbeit. Mit der neolithischen Revolution wurde eine weitere Energiequelle erschlossen, die Nutzung tierischer Arbeit. Als Brennmaterial standen Holz, Abfälle aus der Landwirtschaft und Dung zur Verfügung; wir sprechen heute von Biomasse. Hinzu kam im Mittelalter die Nutzung von Wind- und Laufwasserenergie durch Mühlen. Alle diese Energiequellen sind erneuerbar, wir nennen sie regenerative Energiequellen. Motor und Antrieb für alle regenerativen Energien ist die Sonne mit ihrem (in menschlichen Maßstäben gemessen) unglaublich großen Energiereservoir.

Das änderte sich mit der industriellen Revolution. Vor 250 Jahren wurde das Zeitalter von Kohle und Stahl eingeläutet. Seit mehr als 100 Jahren wird Erdöl und seit gut 50 Jahren wird Erdgas großtechnisch genutzt. Diese drei fossilen Energieträger (fossil kommt von dem lateinischen „ausgraben") dominieren primärseitig unsere Energieversorgung mit nahezu 90 %. Auch die fossilen Primärenergieträger sind gespeicherte Sonnenenergie, auch sie sind einmal Biomasse gewesen. Der entscheidende Unterschied liegt jedoch in den Zeitkonstanten. Kohle, Erdöl und Erdgas sind in geologisch langen Zeiträumen entstanden, während wir für das Verfeuern nur wenige Generationen benötigen (werden). Das fossile Energiezeitalter wird ein Wimpernschlag in der Energiegeschichte der Menschheit sein.

Dieser Tatbestand wird prinzipiell von niemandem bestritten. Strittig sind eigentlich nur zwei Fragen. Die erste Frage lautet: Wann, wie schnell und mit welchen Instrumenten soll umgesteuert werden? Und zweitens: In welche Richtung soll umgesteuert werden? Verstärkt in Richtung Solarenergie oder verstärkt in Richtung Kernenergie? Es deutet viel daraufhin, dass wir in eine zweite solare Zivilisation hineinlaufen werden. Das Fragezeichen in Bild 1.4 soll auf die (im Moment noch?) kontroversen Diskussionen hinweisen.

In Abschnitt 4.5 werden wir auf die beiden Kernfragen zurückkommen. Es ist jedoch unerlässlich, dass wir für deren Beantwortung zuvor einige physikalische

Begriffe und Zusammenhänge klären und erläutern müssen. Dies soll ohne die Verwendung von Formeln und Gleichungen so anschaulich wie möglich geschehen, denn erfahrungsgemäß halbiert jede Formel in einem Buch die Zahl der Leser.

4.1 Energiesatz, Energieformen und Energieträger

Der Arzt Julius R. Mayer (1814–1878) veröffentlichte 1842 seine Untersuchung über die Äquivalenz von Wärme und Arbeit, die er als allgemeines Prinzip von der Erhaltung der „Kraft" (Energie) in der Natur ansah. Diese Arbeit gilt als Geburtsstunde des Satzes von der Erhaltung der Energie, obwohl Mayer und seine Vorgänger wie Gottfried W. Leibniz (1646–1716) und andere den Begriff Energie noch nicht verwendet hatten. Man sprach von der „lebendigen Kraft", was Anlass zu vielen Verwechslungen gab. Erst ab 1850 wurde der von Thomas Young (1773–1829) vorgeschlagene neue Begriff Energie (griechisch *energeia* = Wirkungsvermögen) verwendet. Seit der Zeit kann sauber zwischen den Begriffen Energie und Kraft unterschieden werden. Der Kraftbegriff ist wesentlich älter. Seine Präzisierung erfolgte durch Isaak Newton (1643–1727) im Jahre 1687 in seinen berühmten „*Philosophiae naturalis principia mathematica*", welche die Entwicklung der modernen Naturwissenschaften einleiteten. Beziehen wir die Energie oder die verrichtete Arbeit auf die Zeit, so sprechen wir von Leistung.

Im Laufe der Geschichte hat es eine große Anzahl von verschiedenen Einheiten für physikalische Größen gegeben. Diese waren meist an Erfordernissen der Praxis ausgerichtet. Beispielhaft seien alte Längenmaße wie Zoll, Fuß oder Elle, Flächenmaße wie Morgen oder Volumenmaße wie Festmeter oder Raummeter genannt. Daneben gibt es auch heute noch starke regionale Unterschiede. Weitergehend wird heute jedoch weltweit das 1960 international vereinbarte SI-System (SI als Abkürzung für „*Systeme International d'Unites*") verwendet. Dieses System verwendet sieben Basisgrößen, von denen wir drei an dieser Stelle benötigen, das sind Länge (in m = Meter), Masse (in kg = Kilogramm) und Zeit (in s = Sekunde). Die Einheit für die Kraft wird nach Newton, dem Begründer des Kraftbegriffs benannt. Dabei ist 1 Newton die Kraft, die einer Masse von 1 kg die Beschleunigung 1 m/s² erteilt, also 1 N = 1 kg m/s². Mit der Einheit für die Wärme, die Energie und die Arbeit wird James P. Joule (1818–1889) geehrt, der als Zeitgenosse Mayers quantitative Messungen zum mechanischen Wärmeäquivalent (der Umrechnung von mechanischer in thermische Energie) vornahm. Dabei ist 1 Joule gleich dem Produkt aus Kraft in N und Weg in m, also 1 J = 1 N m. Die Einheit für die Leistung wird nach James Watt (1736–1819) benannt, dem Vater der funktionsfähigen Dampfmaschine. Dabei ist ein Watt die Leistung einer Maschine, die pro Sekunde ein Joule Arbeit verrichtet, also 1 W = 1 J/s = 1 N m/s. Vorsilben wie Kilo, Mega, Giga usw. bezeichnen Zehnerpotenzen der jeweiligen Einheiten, die wir jeweils bei Bedarf erläutern werden.

Der Energiesatz, korrekt *Energieerhaltungssatz* genannt, besagt in seiner allgemeinen Form: Die Änderung der Energie eines Systems ist gleich der an dem

System geleisteten Arbeit plus der dem System zu- oder abgeführten Wärme. Der Energiesatz verknüpft somit die Begriffe Energie, Wärme und Arbeit miteinander. Dabei ist es gleichgültig, in welcher Weise dem System Arbeit zugeführt wird. Dies kann in reversibler Weise geschehen, indem etwa ein Gas in einem Behälter langsam verdichtet wird, oder in irreversibler Weise, etwa durch einen angetriebenen Rührer. Diese beiden Arten der Energieumwandlung werden wir im nächsten Abschnitt erläutern, siehe Bild 4.1.

Die Energie kann in unterschiedlicher Gestalt auftreten, wir kennen eine Reihe verschiedener Energieformen. Wohl am geläufigsten sind uns mechanische Energien. Hierzu gehören die kinetische Energie der Bewegung, wobei wir jene der Translation (Energie eines fahrenden Autos) von jener der Rotation (Energie einer sich drehenden Scheibe) unterscheiden. Daneben sprechen wir von potenzieller Energie, wenn wir einen Körper anheben oder eine Feder zusammendrücken bzw. in die Länge ziehen. Wenn wir einen Körper erwärmen, so erhöhen wir dessen Temperatur und damit seine thermische Energie. Ein elektrischer Kondensator kann elektrische Energie speichern und eine magnetische Spule besitzt eine magnetische Energie. Schließlich kennen wir die chemische Energie, die beim Verbrennen von Kohle, Öl und Gas in Form der Reaktionsenergie frei wird. Von besonderem Interesse wird die Frage nach der Energieumwandlung sein, die wir im folgenden Abschnitt behandeln wollen. Dabei werden wir sehen, dass es edle und weniger edle Energieformen gibt.

Alle Energie, in welcher Form auch immer, entstammt letztlich einer Energiequelle. Die einzige Energiequelle in unserem Planetensystem ist die Sonne. Deren Energie kann von der Biosphäre (diesen Begriff erläutern wir in Kapitel 5) in unterschiedlicher Weise gespeichert werden. Hierfür verwenden wir den Begriff *Energieträger.* Kohle, Erdöl und Erdgas sind fossile Energieträger. Sie gehören ebenso wie die Kernenergie zu der Gruppe der nichtregenerativen Energieträger, weil ihre prinzipiell vorhandene Regeneration menschliche Zeitmaßstäbe übersteigt. Dagegen gehören Holz und Biomasse zu den regenerativen Energieträgern. Die Sonnenenergie kann auch kurzfristig von anderen Trägern regenerativer Art aufgenommen und gespeichert werden. Hierzu zählen wir die Wind- und Laufwasserenergie sowie die Energie der Gezeiten und der Meereswellen.

Die bisher aufgeführten Energieträger werden Primärenergieträger genannt. Als Sekundärenergieträger bezeichnen wir den elektrischen Strom, Kraftstoffe wie Heizöl, Dieselöl und Benzin sowie Gas und Wasserstoff. Statt Sekundärenergie ist auch der Begriff Endenergie gebräuchlich. Die Sekundärenergieträger werden aus den Primärenergieträgern durch Energieumwandlung gewonnen, um in geeigneter Weise genutzt zu werden. Am Ende der Energiewandlung sprechen wir dann von Nutzenergie, hierzu gehören beispielsweise Licht und Raumwärme. Im Vorgriff auf den nächsten Abschnitt sei hier schon gesagt, dass bei typischen Energiewandlern das Verhältnis von Primärenergie zu Sekundärenergie (oder Endenergie) zu Nutzenergie etwa drei zu zwei zu eins beträgt.

4.2 Energiewandlung, Energiespeicherung und Energietransport

Der Satz von der Erhaltung der Energie sagt nichts darüber aus, ob Energie beliebig von einer Form in eine andere umgewandelt werden kann oder nicht. Dies wollen wir uns mit Bild 4.1 an zwei Beispielen verdeutlichen. Dabei handelt es sich im linken Fall um eine reversible und im rechten Fall um eine irreversible Energieumwandlung.

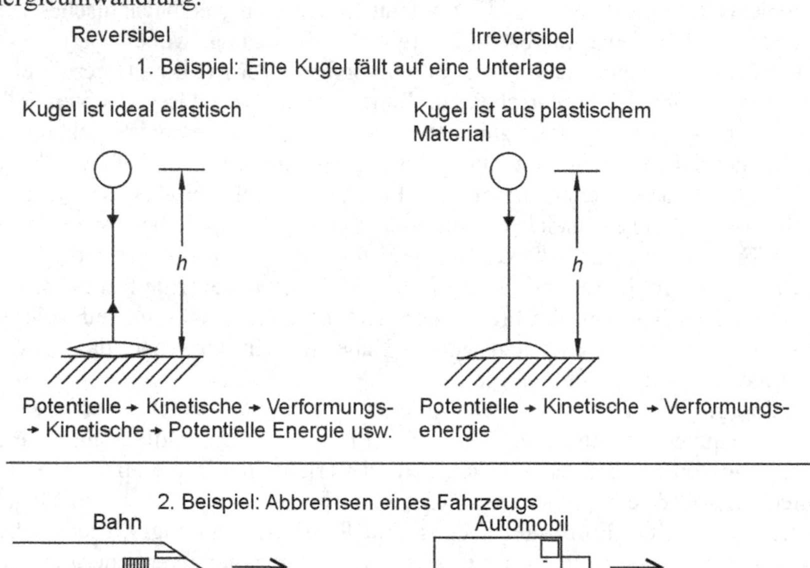

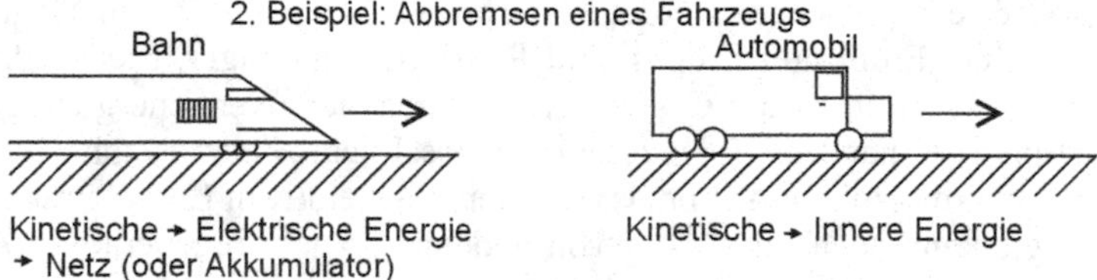

4.1 Reversible und irreversible Energieumwandlung (Jischa 2004)

Im ersten Beispiel fällt eine Kugel aus einer Höhe h auf eine Unterlage. Sind Kugel und Unterlage ideal elastisch, so wird die Kugel (z.B. ein Gummiball) nach dem Loslassen wieder ihre Ausgangshöhe erreichen. Der Prozess der Energieumwandlung verläuft wie folgt: Die potenzielle Energie der Kugel wird in kinetische Energie umgesetzt, welche sich beim Auftreffen der Kugel auf die Unterlage in Verformungsenergie umwandelt. Die Rückwandlung in kinetische Energie lässt die Kugel auf die Ausgangshöhe zurückschnellen. Eine derartige Energieumwandlung heißt *reversibel* (= umkehrbar).

Eine *irreversible* (nicht umkehrbare) Energieumwandlung liegt vor, wenn in dem betrachteten Beispiel die Kugel aus einem plastischen Material gewählt wird. Aus der potenziellen wird kinetische Energie und daraus letztlich Verformungsenergie. Wir haben das Gefühl, hier sei etwas verloren gegangen. Die Energie ist natürlich erhalten geblieben, jedoch hat die Wertigkeit oder die Umwandelbarkeit der Energie gelitten.

Im zweiten Beispiel soll ein Fahrzeug zum Stillstand gebracht werden. Ist dieses Fahrzeug ein Automobil, so ist es heute leider noch üblich, die kinetische Energie über eine Reibungsbremse irreversibel in Wärmeenergie umzuwandeln. Die Bremsscheiben geben ihre Wärmeenergie an die umgebende Luft ab. Es wird uns nicht gelingen, in umgekehrter Weise durch äußere Aufheizung der Bremsscheiben das Automobil in Bewegung zu setzten. Die ursprüngliche kinetische Energie ist nicht mehr nutzbar.

Diese ausgesprochen unintelligente Art der Abbremsung ist nicht zwingend nötig. Es ist technisch möglich, so z.B. bei der Berliner S-Bahn, die Bremsleistung wieder in das Stromnetz einzuleiten. Die Schlüsseltechnologien hierfür sind Mikro- und Leistungselektronik. Mit ihrer Hilfe kann der elektrische Energiefluss in extrem kurzer Zeit gesteuert und umgekehrt werden. Aber auch eine solche Energieumwandlung ist nur in der Theorie reversibel. Bei realen Prozessen treten stets Verluste infolge von Reibung auf. Es ist eine wesentliche Aufgabe der Ingenieure, derartige Verluste zu minimieren.

Die angeführten Beispiele haben verdeutlicht, dass den einzelnen Energieformen eine unterschiedliche Wertigkeit zuzuordnen ist. Der Thermodynamiker sagt, die Energie besteht aus Exergie und Anergie. Die Exergie (= Arbeitsfähigkeit) ist derjenige hochwertige Energieanteil, der beliebig in andere Energieformen überführt werden kann. Bei einer reversiblen Energieumwandlung bleibt der Exergieanteil erhalten. Jede Irreversibilität dagegen reduziert den Exergieanteil zugunsten der Anergie. Bei dem Fall des abgebremsten Autos ist die hochwertige Energie (reine Exergie) irreversibel in minderwertige innere Energie (reine Anergie) umgewandelt worden.

In der Umgangssprache wird häufig fälschlicherweise von Energieverlusten geredet. Man meint damit Exergieverluste, also eine Verringerung der Arbeitsfähigkeit der Energie. Energie selbst kann nicht verloren gehen, sie kann nur von einer Form in eine andere umgewandelt werden. Wir erkennen, dass der Satz von der Energieerhaltung allein nicht ausreicht, um die angeschnittenen Fragen zu beantworten. Dieser Satz sagt lediglich aus, dass bei allen Prozessen der Energieumwandlung die Summe aus Exergie und Anergie, also die Energie, konstant bleibt. Über die Höhe der Exergieverluste sagt der Energieerhaltungssatz nichts aus. Um es anschaulich zu formulieren: Der Satz von der Energieerhaltung würde z. B. gestatten, dass sich ein Wagen durch Aufheizen der Bremsen in Bewegung setzt, dass Wasser von selbst bergauf fließt und dass Wärme von selbst von einem Körper mit niedriger Temperatur auf einen Körper mit hoher Temperatur übergeht. Derartige Prozesse widersprechen unserer Erfahrung. Wir sagen, sie seien unmöglich.

Auf der Suche nach einem Kriterium, welches das offenbar nicht ausreichende Prinzip von der Energieerhaltung ergänzt, haben die Thermodynamiker eine eigenständige neue Zustandsgröße, die Entropie, eingeführt. Dieses geschah bereits 1865 durch Rudolf J. E. Clausius (1822–1888), also nur wenig später als die Formulierung des Satzes von der Energieerhaltung. Damit war neben der Energie der zweite zentrale thermodynamische Begriff Entropie (griechisch *entrepo* = umkehren) geboren. Das Wort Entropie drückt auch Verwandlung aus. Das Entropieprinzip wird als Zweiter Hauptsatz der Thermodynamik bezeichnet, der Satz von der Energieerhaltung wird Erster Hauptsatz genannt.

Die neue Zustandsgröße Entropie hat folgende Eigenschaften: In einem abgeschlossenen System nimmt die Entropie bei realen (also irreversiblen) Zustandsänderungen stets zu; im idealen Fall reversibler Zustandsänderungen bliebe sie konstant. Bei realen Prozessen und Vorgängen ist der Fall der Entropieerhaltung nur als theoretischer hypothetischer Grenzfall anzusehen. Reale Prozesse haben stets eine Entropiezunahme (weil Exergieabnahme) zur Folge. Der Chemiker Wilhelm Ostwald (1873–1940) hat den Zweiten Hauptsatz als das „Gesetz des Geschehens" bezeichnet.

Der Zweite Hauptsatz ist nun die notwendige Ergänzung zum Ersten Hauptsatz. Auch hier eine anschauliche Leseart: Der Erste Hauptsatz spielt die Rolle eines Buchhalters, der Soll und Haben ins Gleichgewicht bringt, jedoch keine strategische Entscheidung über Geschäftsprozesse trifft. Dieses macht der Zweite Hauptsatz, er macht eine Aussage über die Richtung der Prozesse. Prozesse, bei denen die Entropie abnimmt, sind thermodynamisch unmöglich. Bei realen Prozessen wächst die Entropie, bei idealen Prozessen bleibt sie konstant. Damit lässt sich „beweisen", dass Wasser nicht von selbst bergauf fließen und Wärme nicht von selbst von einem Körper niedriger Temperatur zu einem Körper höherer Temperatur fließt.

Die neue Zustandsgröße Entropie spielt bei der Bewertung von Prozessen der Energieumwandlung eine zentrale Rolle. Einer der wichtigsten Energiewandler ist die Wärmekraftmaschine. Wer hat sich dieses Wortungetüm, in dem die Begriffe Wärme und Kraft in unzulässiger Weise verknüpft sind, ausgedacht? Gasturbinen sowie Diesel- und Ottomotoren sind Wärmekraftmaschinen. Sie verrichten Arbeit, wobei bei hoher Temperatur ständig Wärme zu- und bei niedriger Temperatur Wärme abgeführt wird. Dabei werden periodisch gleiche Zustände durchlaufen. Der Prozess verläuft sozusagen im Kreis, man spricht daher von einem Kreisprozess. Entscheidend für den Wirkungsgrad ist, dass nur der Exergieanteil der zugeführten Wärme in mechanische Arbeit umgewandelt werden kann. Der Energieanteil der Wärme geht dabei von einem Zustand hoher Temperatur in einen Zustand niedriger Temperatur (meist Umgebungstemperatur) über. Ein verlustfreier idealer Prozess ist der Carnot'sche Kreisprozess, wie ihn Sadi N. L. Carnot 1824 erstmals beschrieben hat. Der Wirkungsgrad des Carnot'schen Kreisprozesses hängt nur von dem Verhältnis der Temperaturen ab, bei denen die Wärme zu- bzw. abgeführt wird. Der Wirkungsgrad wird umso größer, je höher die Arbeits- und je niedriger die Abgastemperatur ist.

Die mechanische und die elektrische Energie gehören zu den edelsten Energieformen. Sie können theoretisch mit einem Wirkungsgrad von 100 % ineinander umgewandelt werden; ihre Energie besteht aus reiner Exergie. Auf der anderen Seite haben die fossilen Primärenergieträger Kohle, Öl und Gas und die daraus gewonnenen Sekundärenergieträger Benzin, Diesel oder Heizöl einen hohen Anergieanteil. Mit der thermischen Energie des Meerwassers lässt sich kein Schiff antreiben. Die Energiewandlung ist jedoch nur eine Seite der Medaille. Denn daneben sind die Fragen des Transports und der Speicherung von zentraler Bedeutung. Wir werden sogleich sehen, dass die mechanische und die elektrische Energie als die edelsten Energieformen über schlechte Speichermöglichkeiten verfügen. Die (bezüglich der Energieumwandlung) unedle Kohle verfügt dagegen über vorzügliche Speichermöglichkeiten. Ein Sack Steinkohle lässt sich im Keller beliebig lange lagern, ohne dass dessen Energieinhalt (auch Heizwert genannt) abnimmt.

Die Gesamtwirkungsgrade von Energiesystemen, auf die wir im folgenden Abschnitt eingehen werden, hängen nicht nur von den Wirkungsgraden der einzelnen Energiewandler ab. Sie werden ganz entscheidend von den Speicher- und den Transportmöglichkeiten der verschiedenen Energieformen beeinflusst.

Sehen wir uns zunächst einmal die *Speichermöglichkeiten* an. Die elegante und so außerordentlich wichtige elektrische Energie schneidet dabei leider sehr schlecht ab. Sie lässt sich auf direktem Wege großtechnisch praktisch nicht speichern. Daher bleibt nur der Umweg über andere Energieformen. Die elektrochemische Speicherung in Akkumulatoren leidet noch unter der im Vergleich zu den fossilen Brennstoffen geringeren Energiedichte. Und sie ist wegen der Selbstentladung zeitlich begrenzt. Einiges deutet darauf hin, dass die Forschung uns bald bezüglich der Energiedichte deutlich bessere Speicher als den Bleiakkumulator zur Verfügung stellen kann. Die Akkus von Notebooks, von digitalen Fotoapparaten und Camcordern sind im Vergleich zu früheren Zeiten wahre Kraftpakete. Dabei handelt es sich meist um Lithium-Ionen-Akkus. Der Umweg, elektrische Energie über Pumpspeicherwerkc als potenzielle Energie zu speichern, ist eine bei großen Anlagen wirkungsvolle, aber gleichwohl primitive Lösung.

Die großen Erfolge der fossilen Brennstoffe sind nicht zuletzt auf ihre hohe Energiedichte (siehe hierzu Abschnitt 4.3) sowie auf ihre gute Speicher- und Transportfähigkeit zurückzuführen. Kohle lässt sich am leichtesten speichern, für die Lagerung von Benzin, Dieselöl und Heizöl werden Tanks benötigt. Bei der Speicherung von Gasen muss ein höherer Aufwand betrieben werden, denn Gase wie Methan, Propan oder Butan nehmen unter Normalbedingungen ein sehr großes Volumen ein. Dieses Volumen lässt sich drastisch reduzieren, wenn das Gas verflüssigt wird. Hierfür sind entweder hohe Drücke oder niedrige Temperaturen notwendig. Gasflaschen unterschiedlicher Größe werden beim Camping, beim Wassersport und in entlegenen Regionen verwendet.

Mechanische Energiespeicher in großem Stil sind die Pumpspeicherwerke. Da große Kraftwerksblöcke nur sehr begrenzt herauf- oder heruntergefahren werden können, muss überschüssige elektrische Energie zwischengespeichert werden. Große Elektromotoren treiben Wasserpumpen an, die Wasser auf ein höheres Niveau heben. Bei Stromnachfrage wird die potenzielle Energie des Wassers über Wasserturbinen und Generatoren wieder in elektrische Energie verwandelt. Jeder Energiewandlungsprozess ist jedoch mit unvermeidlichen Verlusten behaftet, worauf wir im nächsten Abschnitt eingehen werden. Auch Schwungmassen sind mechanische Energiespeicher. Sie eignen sich nur für eine kurzzeitige Speicherung von Rotationsenergie.

Wärmeenergie ist gleichfalls nur begrenzt speicherfähig, entweder als fühlbare Wärme (wie bei der Thermoskanne) oder als Latentwärme. Im letzteren Fall nutzt man den Effekt, dass eine Substanz bei ausreichender Wärmezufuhr ihren Aggregatzustand ändert und Latentwärme, z.B. als Schmelz- oder Verdampfungswärme, aufnimmt, die beim Kondensieren oder beim Erstarren wieder abgegeben wird. Hoher Platzbedarf und unvermeidliche Wärmeverluste begrenzen deren Einsatz.

Wir müssen uns mit der Erkenntnis abfinden, dass die exergetisch hochwertigen Formen der elektrischen und der mechanischen Energie deutlich schlechter speicherfähig sind als die in Brennstoffen gespeicherte chemische Energie. Diese haben wiederum den entscheidenden Nachteil, dass ihre Energie über Wärmekraftmaschinen aufgeschlossen werden muss, was den Wirkungsgrad zwangsläufig (weil naturgesetzlich) begrenzt.

Wie sieht es mit der *Transportfähigkeit* der einzelnen Energieträger bzw. Energieformen aus? Hier wollen wir typische Entfernungen und Transportmittel von Energieträgern nennen. Denn die wirtschaftlich vertretbaren Entfernungen hängen neben den Investitionen ganz entscheidend von den Übertragungsverlusten ab. Am unteren Ende der Skala liegen die mechanischen Energien. So kann etwa Rotationsenergie mittels Transmissionswellen, Riementrieben oder Zahnrädern (man denke an den Film *Modern Times* von Charlie Chaplin) nur wenige Meter weit transportiert werden. Der Transport von Heißdampf durch Rohrleitungen ist auf einige Kilometer beschränkt, Wärmeverluste und aufwändige Isolationen begrenzen den Einsatz. Der Transport von Braunkohle lohnt sich wegen ihres vergleichsweise niedrigen Heizwertes nur über geringe Distanzen. Deshalb wird Braunkohle dort verstromt, wo sie anfällt. Erst bei Energieträgern mit hohen Heizwerten wie Steinkohle, Erdöl und Erdgas lohnt sich der Transport mit Schiffen oder Pipelines über große Distanzen.

Die Übertragung elektrischer Energie über große Entfernungen wurde erst durch die Entwicklung der Wechselstromgeneratoren und der Transformatoren möglich. Wechselstrom kann durch Transformatoren auf hohe Spannungen und somit auf geringe Stromstärken transformiert werden. Das geschieht deshalb, weil bei Hochspannungsleitungen die Ohm'schen Verluste geringer sind als bei Niederspannungsleitungen mit großen Querschnitten. Mit der Hochspannungsgleichstromübertragung (HGÜ) wird elektrische Energie heute über Entfernungen bis etwa 3000 km transportiert.

4.3 Energiewandlungsketten und Wirkungsgrade

Bei realen Energiesystemen haben wir es stets mit einer Kombination verschiedener Energiewandler zu tun. Die Diskussion darüber wollen wir mit der Frage verbinden, woher die Energie stammt und wofür wir sie brauchen. Zur Beantwortung dieser Frage müssen wir die verschiedenen Energieträger miteinander vergleichen können. Aus historischen Gründen wird bei uns die Steinkohleneinheit (SKE) verwendet. Dabei entspricht 1 kg SKE derjenigen Energiemenge, die beim Verbrennen von 1 kg Steinkohle frei wird. In angelsächsischen Ländern und generell in der Erdölindustrie wird als Vergleichmaß die Rohöleinheit (RÖE) verwendet. Die Tabelle 4.1 zeigt die Heizwerte gängiger Energieträger und die entsprechenden SKE-Äquivalente. Der Wert für den Hausmüll stammt noch aus der Zeit vor der Mülltrennung (er entsprach dem der Rohbraunkohle!), als dieser deutlich energiereicher war als der heutige Restmüll.

Tabelle 4.1: Heizwerte von Energieträgern

Energieträger	kWh/kg	kg SKE
Steinkohle	8,14	1,0
Steinkohlenkoks	7,9	0,97
Rohbraunkohle	2,2	0,27
Braunkohlenbriketts	5,6	0,69
Brennholz	4,1	0,5
Rohöl	11,7	1,44
Heizöl (leicht)	11,9	1,46
Benzin	12,1	1,49
Ölsande	≈ 1,2	0,15
Ölschiefer	≈ 1,6	0,2
Müll	≈ 2,0	0,25
Erdgas	9,0 kWh/m^3	1,1

1 kWh = 3,6 MJ (1 Megajoule = 10^6 J)
1 kg SKE ≙ 8,14 kWh = 29,309 MJ ≙ 0,7 kg RÖE

Es ist zweifellos unschön, dass unterschiedliche Einheiten verwendet werden. Im Jahr 2003 betrug der Weltenergieverbrauch nach ersten Schätzungen etwa 13,5 Mrd. t SKE, das entspricht 9,45 Mrd. t RÖE oder 396 EJ (EJ = 10^{18} Joule). Diese drei Angaben finden wir in der Literatur. Um die Größenordnungen ein wenig anschaulicher zu gestalten, sei ein Beispiel genannt: Mit der gespeicherten Energie von 1 kg Steinkohle (1 SKE), entsprechend etwa 8 kWh, können ein elektrisches Gerät mit einer Leistung von 2 kW (ein Heizofen oder ein Wasserkocher) 4 Stunden betrieben, 1000 l Wasser um 7 Grad erwärmt oder 1000 l Wasser um 3 km angehoben werden.

Wir kommen nun auf unsere Eingangsfrage zu sprechen: Woher stammt die Energie und wofür brauchen wir sie? Bild 4.2 beantwortet mit einigen wenigen abgerundeten Zahlen, woher in unserem Land (Anteile D = Deutschland) die Primärenergie stammt. Pro Jahr verbrauchen wir (mit knapp 1,3 % der Weltbevölkerung) etwa 480 Mio. t SKE, das sind knapp 4 % des Weltenergieverbrauchs. Bezogen auf den Energieinhalt, etwa angegeben in Steinkohleneinheiten SKE, entfallen davon rund 40 % auf das Erdöl, 30 % auf die Kohle (jeweils zur Hälfte Steinkohle SK und Braunkohle BK) und 20 % auf das Erdgas. Das macht zusammen etwa 90 % Primärenergie aus den fossilen (endlichen) Energierohstoffen. Vergleichbare Industrieländer liegen bei 80 bis 90 %. Die restlichen 10 % teilen sich etwa hälftig die Kernenergie und die erneuerbaren Energien. Bei der Weltenergieversorgung sehen die Prozentpunkte ähnlich aus, freilich gibt es mehr oder weniger starke regionale Unterschiede. Aber darauf soll es uns bei dieser einführenden Betrachtung nicht ankommen. In Abschnitt 4.4 werden wir in Tabelle 4.2 genauere Zahlen angeben.

Primärenergie / Nutzenergie	Fossil				Kernenergie	Erneuerbar				
	Kohle		Erdöl	Erdgas		Sonne	Wind	Wasser	Biomasse	Abfälle
	SK	BK								
Anteile D.	15	15	40	20	5	Σ 5%				
Kraftwerkstechnik	x	X	x	X	X	x	X	X	X	X
Prozesswärme	X			x						
Verkehr			X	x						
Haushaltsheizungen	x	(x)	X	X		x			(x)	(x)

4.2 Energie: Woher und wohin?

In Bild 4.2 ist gleichfalls dargestellt, wohin die Energie geht. Hier gibt es im Wesentlichen vier Bereiche. Das sind zum einen die Energie- und Kraftwerkstechnik, die Erzeugung von elektrischem Strom. Zum zweiten haben wir die industrielle Prozesswärme, wofür beispielhaft der Steinkohlenkoks zur Verhüttung von Eisenerz genannt sei. Hinzu kommen die Bereiche Verkehr sowie Haushaltsheizungen. Es sei vermerkt, dass die beiden letzten Bereiche bei uns und in vergleichbaren Ländern relativ stark gewachsen sind (wofür wir Konsumenten verantwortlich sind), sie machen bei uns mehr als 50 % des Primärenergieverbrauchs aus mit steigender Tendenz. Dagegen ist der Verbrauch an Primärenergie in den industriellen Sektoren Kraftwerkstechnik und Prozesswärme durch kontinuierliche Steigerung der Ressourceneffizienz zurückgegangen.

Die großen Kreuze in Bild 4.2 sollen „relativ viel“ und die kleinen Kreuze sollen „relativ wenig“ bedeuten (in Klammern „sehr wenig“). Beginnen wir zur Erläuterung mit dem Bereich Verkehr, auf der Straße, auf der Schiene, in der Luft und im Wasser. Mit Ausnahme elektrisch betriebener Züge (diese fallen unter den Bereich Kraftwerkstechnik) wird der Verkehr nahezu ausschließlich aus Erdölprodukten wie Benzin, Diesel und Kerosin gespeist, daneben gibt es einige wenige Erdgasfahrzeuge. Bei den Haushaltsheizungen dominieren Heizöl und Erdgas, die Kohle ist hier in einem starken Rückgang begriffen. Hinzu kommt Wärmeenergie aus Sonnenkollektoren und ein wenig aus Biomasse und aus Abfällen. Bei der Prozesswärme dominiert die Steinkohle, der Anteil des Erdgases ist gering. Nur die Energie- und Kraftwerkstechnik partizipiert an allen Primärenergieträgern.

Wir wollen Bild 4.2 nunmehr nicht zeilen-, sondern spaltenweise lesen. Dann erkennen wir, dass etliche Primärenergieträger (nahezu) ausschließlich in die Verstromung fließen. Das ist zum einen die Kernenergie, die in unserem Land mit gut 30 % an der Stromerzeugung beteiligt ist. Weltweiter Spitzenreiter ist hier Frankreich mit etwa 70 %. Die Braunkohle geht ebenfalls nahezu vollständig in die Verstromung, ihr Anteil an den Haushaltsheizungen ist marginal. Die Anteile der Steinkohle und des Erdöls an der Verstromung sind geringer, noch geringer sind die Anteile der erneuerbaren Energien. Die großen Kreuze bei Wind, Wasser, Biomasse und Abfällen sollen andeuten, dass diese nahezu ausschließlich in die Verstromung gehen. Bei der Solarenergie habe ich zwei gleichwertige kleine Kreuze angeführt, weil sie sowohl in der Kraftwerkstechnik als auch bei den Haushaltsheizungen (Kollektoren, jedoch zumeist für Brauchwasser) zum Einsatz kommt. In der solaren Kraftwerkstechnik steckt zweifellos ein enormes Entwicklungspotenzial. Dies betrifft zum einen die Fotovoltaik (Solarzellen) und zum anderen die großthermischen Solarkraftwerke. Dies wollen wir mit Bild 4.3 noch ein wenig vertiefen.

Die klassische Stromerzeugung läuft über mehrere Stufen ab. Der primäre Energiewandler ist dabei ein Reaktor. Bei Kohle-, Öl- und Erdgas-Kraftwerken ist dieser Reaktor ein Brennraum, bei Kernkraftwerken sprechen wir von einem Kernreaktor. In beiden Fällen wird die gebundene Energie in dem Reaktor in Wärmeenergie umgewandelt. Bei den Kohle-, Öl- und Erdgas-Kraftwerken ist die Energie chemisch gebunden, bei Kernreaktoren ist sie physikalisch gebunden. Die weiteren Schritte sind bei beiden Kraftwerken identisch. Mit der Wärmeenergie wird über einen Wärmeaustauscher Wasser zu Wasserdampf erhitzt, der in einer Turbine entspannt und in mechanische Energie umgewandelt wird. Die Turbine treibt einen elektrischen Generator an, der den Strom erzeugt. Trotz dieses mehrstufigen Prozesses erreichen Dampfkraftwerke Wirkungsgrade von etwa 40 %. Der Wirkungsgrad wird erheblich angehoben, wenn neben der elektrischen Energie auch ein Teil der Wärmeenergie, die an den Kühlkreislauf des Kraftwerks abgegeben wird, genutzt wird. Man nennt dies Kraft-Wärme-Kopplung und spricht von Blockheizkraftwerken (BHKW), die ein entsprechendes Verteilungsnetz für den Heißwassertransport zum Verbraucher hin und den Kaltwasserrücktransport benötigen.

In der Erprobung laufen bereits großthermische Solarkraftwerke. Hier wird entweder über Parabolrinnen oder über so genannte Heliostaten die Solarenergie gebündelt und über einen Wärmeaustauscher Heißdampf erzeugt. Der weitere Weg ist dann konventionell. Wasser- und Windkraftwerke treiben direkt eine Turbine bzw. einen Rotor an, der über einen Generator Strom erzeugt. Es gibt zwei direkte Wege zur Stromerzeugung, die über nur einen Energiewandler verlaufen. Das sind zum einen die Solarzellen, die die Strahlungsenergie der Sonne direkt in elektrischen Strom verwandeln. Diese werden vermutlich Insellösungen vorbehalten sein.

Der zweite direkte Weg sind die Brennstoffzellen, die chemisch gebundene Energie (vorzugsweise Wasserstoff, aber auch Erdgas oder Methanol) über eine kalte Verbrennung in elektrische Energie umwandeln. Sie erreichen heute schon Wirkungsgrade von über 50 %. An ihrer Weiterentwicklung wird an verschiedenen Stellen intensiv gearbeitet. Zahlreiche Testfahrzeuge laufen bereits. Erhebliche Synergieeffekte sind zukünftig dadurch zu erwarten, dass neben den Fahrzeugantrieben Brennstoffzellen in kleinen dezentralen Blockheizkraftwerken eingesetzt werden können.

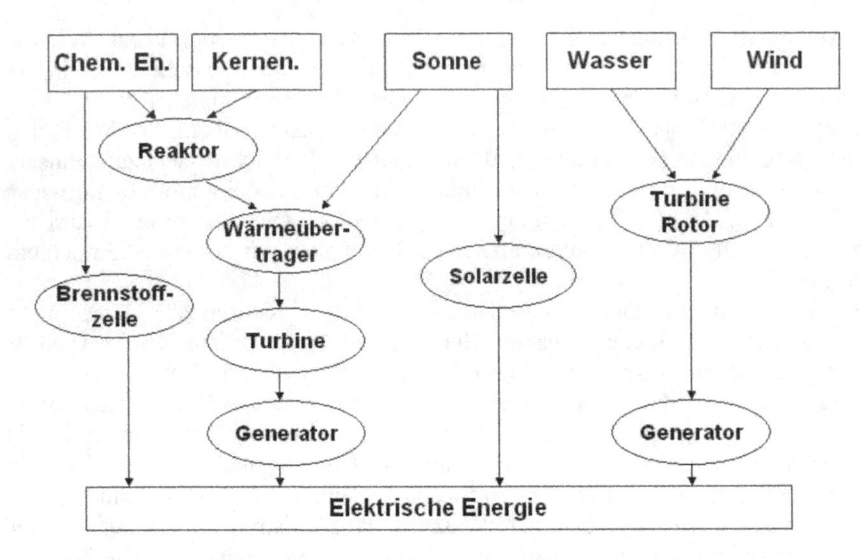

4.3 Umwandlungsketten von der Primärenergie zur elektrischen Energie

Wir erkennen anhand Bild 4.3, dass die Umwandlung von Primärenergie in elektrische Energie über einen oder mehrere Energiewandler verläuft. Jeder dieser Energiewandler erzeugt eine Verlustenergie, was wir durch den Wirkungsgrad ausdrücken. Der Wirkungsgrad ist das Verhältnis von der Energie an der Ausgangsseite zu der Energie an der Eingangsseite eines jeden Energiewandlers. Er ist definitionsgemäß stets kleiner als eins.

Die Spanne der Wirkungsgrade reicht von einigen wenigen Prozent bis nahezu 100 %. Am unteren Ende der Skala liegt die Glühlampe. Sie ist eigentlich eine Heizung, die nur einen geringen Teil der elektrischen Energie in Lichtstrahlung umwandelt. Ihr Wirkungsgrad liegt bei etwa 5 %. Solarzellen liegen bei knapp 20 %. Hierzu ist jedoch anzumerken, dass bei der direkten Umwandlung der Strahlungsenergie der Sonne in elektrische Energie die Frage des Wirkungsgrades nicht die entscheidende Rolle spielt. Denn die Sonne scheint umsonst. Viel wichtiger ist hier die Frage nach dem Erntefaktor. Dieser ist das Verhältnis der aus einer Anlage gewonnenen Endenergie (z.B. elektrische Energie in einem Kraftwerk) zum Aufwand an Primärenergie, die für den Bau, den Unterhalt und die Entsorgung der Anlage benötigt wird. Hier liegen Fotovoltaikanlagen derzeit nur bei 2 bis 3, somit um einen Faktor von etwa 10 niedriger als fossil beheizte Kraftwerke. Der Kehrwert des Erntefaktors wird als energetische Amortisationszeit bezeichnet.

Wärmekraftmaschinen wie der Otto- und der Dieselmotor sowie die Gasturbine unterliegen dem Carnot'schen Wirkungsgrad, sie erreichen nur Wirkungsgrade von etwa 30 bis 40 %. Brennstoffzellen kommen auf 60 %, Öl- und Gasheizungen liegen bei 70 bis 80 %, große Elektromotoren und elektrische Generatoren haben Wirkungsgrade von 90 bis nahe 100 %. Daran erkennen wir wieder den edlen Charakter der elektrischen und der mechanischen Energien, die sich theoretisch zu

100 % ineinander umwandeln lassen. Kleinere Elektromotoren und Generatoren haben geringere Wirkungsgrade, da sie höhere Verluste aufweisen.

In der Energie- und Kraftwerkstechnik geht es stets um ein Miteinander verschiedener Energiewandler, Energiespeicher und den Transport von Energie. Dieses Zusammenspiel muss geeignet gemanagt werden, das ist eine Aufgabe der Energiesystemtechnik. Denn das entscheidende Problem liegt in dem Zusammenwirken der verschiedenen Kraftwerke mit dem elektrischen Netz, den Verbrauchern und Speichern. Exemplarisch möchte ich das Verbundprojekt Energiepark Clausthal nennen. Partner sind dabei die Clausthaler Umwelttechnik-Institut GmbH (CUTEC), Institute der TU Clausthal und die Stadtwerke Clausthal-Zellerfeld GmbH. Welche Ziele verfolgt das Projekt? Es soll die Problematik einer vollständigen Versorgung eines Gebäudekomplexes (hier das CUTEC-Institut) mit elektrischer Energie sowie einer teilweisen Versorgung mit thermischer Energie allein aus regenerativen Energiequellen untersucht werden. Dabei geht es vorrangig darum, die elektrische Erzeugungsleistung des Energieparks Clausthal dynamisch an die elektrische Bedarfsleistung des Gebäudekomplexes anzupassen.

Wir haben hier das grundsätzliche Problem der Kraftwerkstechnik vor uns, dass die Stromerzeugung dem Stromverbrauch folgen muss. Die Forderung nach einer gesicherten elektrischen Versorgung kann nur über eine Kombination verschiedener technischer Lösungen erreicht werden. Dabei sollen beim Energiepark Clausthal möglichst viele marktgängige und erprobte Technologien eingesetzt werden, die miteinander kombinierbar sind. Um die Erzeugungsleistung dem aktuellen Bedarf anpassen zu können, wird neben den zeitlich stark schwankenden Anteilen aus der Windenergie und der Solarstrahlung als direkt umsetzbare Energiepotenziale Biomasse unterschiedlicher Art als speicherfähige Energieform eingesetzt. Letzteres geschieht durch Blockheizkraftwerke (BHKW), die Strom und Wärme bereitstellen.

4.4 Ressourcen, Reserven und Prognosen

Wie weit reichen die fossilen Energieträger Kohle, Erdöl und Erdgas, die primärseitig über 80 % des weltweiten Energiebedarfs abdecken? Hierzu werden wir den Begriff Reichweite, auch Lebensdauer genannt, kennen lernen. Dafür müssen wir uns zunächst mit dem diffusen Begriff der Vorräte beschäftigen. Bei einem Weinkeller sind diese Fragen völlig eindeutig. Man kann die Flaschen zählen, kann diese durch den täglichen durchschnittlichen Weinkonsum dividieren und erhält so die Reichweite des Weinvorrats in Tagen.

So einfach lassen sich die Vorräte der Erde an mineralischen Rohstoffen (Kapitel 6) und an Energierohstoffen nicht angegeben. Zunächst unterscheiden wir bei Vorräten zwischen Ressourcen sowie nachgewiesenen und ausbringbaren Reserven. Die vermuteten Gesamtvorräte werden Ressourcen genannt, Angaben hierzu sind ungenau und streuen stark. Mit nachgewiesenen Reserven meint man denjenigen Anteil der Ressourcen, der bekannt und sorgfältig untersucht ist. Zahlen hierüber sind schon genauer. Die ausbringbaren Reserven sind schließlich derjenige Anteil der nachgewiesenen Reserven, der unter derzeit ökonomisch und technisch vertretbaren Bedingungen gewonnen werden kann. Wenn in der Literatur von Reserven gesprochen wird, dann ist in der Regel diese letzte Kategorie gemeint. Hierüber liegen relativ genaue Zahlen vor, die unstrittig sind.

Um es ganz deutlich zu betonen: Zahlen über den Umfang der aktuellen Reserven sind stets unter der Prämisse „nach dem gegenwärtigen Stand der Technik und zu den gegenwärtigen Preisen wirtschaftlich gewinnbar“ zu sehen. Bei steigenden Preisen nimmt daher regelmäßig auch die Menge der aktuellen Reserven zu, da sich der Abbau vorher vernachlässigter ärmerer Lagerstätten rentiert, weil ein Anreiz zur Erforschung und Erschließung bisher noch nicht wirtschaftlich nutzbarer Ressourcen entsteht und weil Forschung und Entwicklung zur Verbesserung von Abbautechniken stimuliert werden.

Bevor wir Zahlen angeben, wollen wir den Begriff der Reichweite bzw. Lebensdauer erläutern. In Analogie zu dem privaten Weinkeller spricht man von der *statischen* Reichweite, wenn die aktuellen Reserven auf den aktuellen Verbrauch bezogen werden. In den 1970er und 80er Jahren war zu beobachten, dass bei fast allen bergbaulich zu gewinnenden Rohstoffen die statischen Reichweiten auf Grund der steigenden Preise, der verbesserten Abbautechniken und der Erforschung neuer Lagerstätten nicht abnahmen, sondern zunahmen. Diese Situation liegt auch derzeit (September 2004) wieder vor. Der Preis für Rohöl pendelte in den letzten Jahren um 20 bis 30 US-$ pro Barrel (etwa 159 l), er ist im Jahr 2004 über 40 auf zeitweise 50 US-$ geklettert. Der Preis für Importkohle bewegte sich in den letzten Jahren im Bereich von 40 €/t, und er lag Mitte 2004 bei 60 €/t.

Bei der *dynamischen* Reichweite werden die zukünftigen (dann aktuellen) Reserven auf den zukünftigen Verbrauch bezogen. Angaben darüber lassen sich nur in Form von Szenarien angeben. Man kann vereinfacht sagen, dass Optimisten die dynamischen Reichweiten höher einschätzen als die statischen Reichweiten. Denn Geld und Technik lösen alle Probleme, so deren Argumentation. Pessimisten glauben, dass der Nenner (der Verbrauch) in Zukunft stärker wachsen wird als der Zähler (die jeweils aktuellen Reserven), sie schätzen daher die dynamischen Reichweiten kleiner ein als die statischen Reichweiten.

Wir wollen nun einige Zahlen angeben, um die derzeitige Situation zu verdeutlichen. Wir beginnen mit dem Verbrauch und erinnern an Bild 2.8 mit der Darstellung der Weltbevölkerung und des Weltenergieverbrauchs seit der industriellen Revolution und an Tabelle 2.2 mit der Entwicklung der Weltbevölkerung in Abschnitt 2.2. Tabelle 4.2 zeigt die Zunahme des Weltenergieverbrauchs von 1970 bis 2000, aufgeteilt auf die verschiedenen Energieträger. Aus den Tabellen 4.2 und 2.2 können wir den jährlichen Energieverbrauch pro Kopf ermitteln.

Was sagen die Zahlen aus? In den letzten 30 Jahren ist der Weltenergieverbrauch immer noch stärker angestiegen als die Weltbevölkerung. Für das Jahr 2003 liegen die Schätzungen bei 13,5 Mrd. t SKE und 6,4 Mrd. Menschen, das würde einen durchschnittlichen Energieverbrauch pro Kopf (cap = *capita*) und Jahr (a = *anno*) von 2,11 t SKE ergeben, also eine Zunahme von 15 % gegenüber dem Wert 1,83 in 1970. 1900 lag dieser Wert noch bei 0,60. Der Pro-Kopf-Verbrauch an Energie ist ein wesentlicher Indikator für den wirtschaftlichen Entwicklungsstand eines Landes. Demzufolge sind die regionalen Unterschiede außerordentlich groß. Basierend auf den Zahlen für 2000 lagen die höchsten Werte pro Kopf und Jahr bei 11 t SKE (USA, Kanada), zwischen 5 und 6 lagen typische westeuropäische Industrieländer (Deutschland, Frankreich und Großbritannien). Alle Länder der Dritten Welt, die über 80 % der Weltbevölkerung stellen, lagen deutlich unter dem Weltmittel von etwa 2 t SKE. 2002 lagen die Werte bei 1,0 für Brasilien und Ägypten, bei 0,8 für China, 0,6 für die Philippinen, 0,5 für Indien, 0,4 für Pakistan, 0,06 für Tansania, 0,04 für den Kongo (DR) und 0,01 für den Tschad. Man stelle sich einmal vor, China und Indien mit zusammen 2,3 Mrd. Einwohnern würden pro Kopf so viel Energie verbrauchen wie wir in Deutschland (von den USA ganz zu schweigen).

Tabelle 4.2: Weltenergieverbrauch in Mrd. t SKE, Anteile der Energieträger; nach Fischer Weltalmanach 2005 (2004)

	1970		1980		1990		2000	
	Mrd. t SKE	%	Mrd. t SKE	%	Mrd. t SKE	%	Mrd. t SKE	%
Erdöl	3,009	45,3	3,835	44,6	4,011	36,9	4,305	35,5
Kohle	2,184	32,9	2,623	30,5	3,239	29,8	3,220	26,5
Erdgas	1,293	19,5	1,836	21,4	2,563	23,6	3,261	26,9
Kernenergie	0,010	0,1	0,101	1,2	0,738	6,8	0,947	7,8
Sonstige	0,145	2,2	0,198	2,3	0,314	2,9	0,405	3,3
Summe	6,641	100	8,593	100	10,865	100	12,138	100

Wir kommen zu den Aussagen der Tabelle 4.2 zurück und interessieren uns für die Verschiebungen innerhalb der einzelnen Energieträger. Von 1970 bis 2000 ist der Anteil des Erdöls von 45 auf 36 % und jener der Kohle (Stein- und Braunkohle) von 33 auf 27 % heruntergegangen. Entsprechend angestiegen sind in dem Zeitraum die Anteile des Erdgases (einschließlich Stadtgas) von 20 auf 27 sowie der Kernenergie von nahezu null auf 8 %. Mit Sonstige sind die regenerativen Energieträger wie Wasserkraft, Windkraft, Biomasse und Sonnenenergie gemeint, sie sind in dem Zeitraum von 2 auf 3 % angestiegen. Ergänzend dazu zeigt Bild 4.4 die weltweite Nutzung der verschiedenen Energieträger von 1850 bis 2000.

Noch 1850 lag der Anteil des Holzes bei über 80 % und jener der Kohle bei knapp 20 %. Die Wucht der industriellen Revolution wird durch den steilen Anstieg der Kohle bis auf 70 % zu Beginn des 20. Jh. deutlich. Der Anteil des Holzes lag zu dem Zeitpunkt bei 20 %, während sich der Anstieg des Erdöls abzeichnete. Das Erdöl erreichte zwischen 1970 und 1980 mit knapp 50 % seinen höchsten Wert und fällt seitdem leicht ab. Der Abfall des Kohleanteils fiel wesentlich deutlicher aus. Einen stetigen Anstieg verzeichnen das Gas, beginnend in der ersten Hälfte, sowie die Kernenergie, beginnend in der zweiten Hälfte des 20. Jahrhunderts.

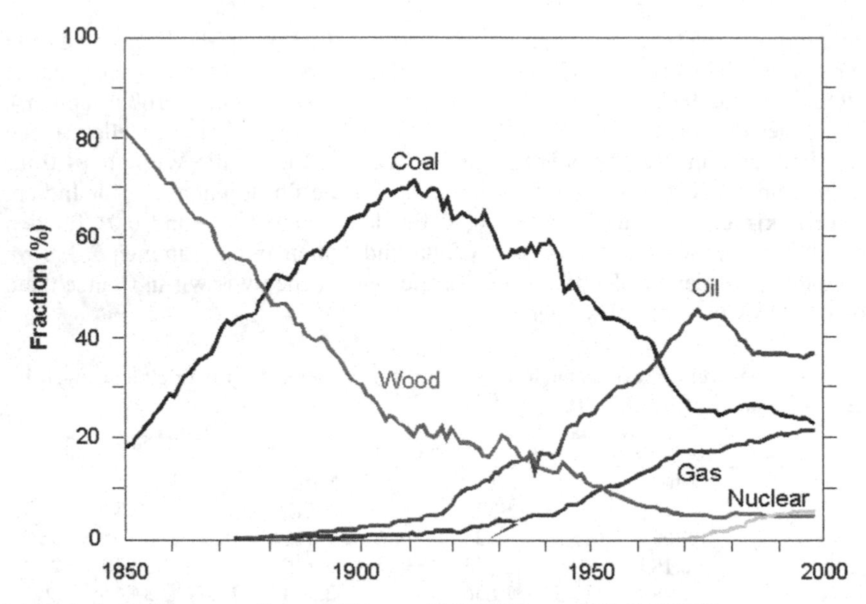

4.4 Globale Nutzung von Energieträgern 1850–2000, aus (WBGU 2003)

Nach einigen Zahlen zum Verlauf des Verbrauchs kommen wir nun zu den Reserven, die wir durch die statischen Reichweiten ausdrücken. Dem Fischer Weltalmanach 2005 (2004) entnehmen wir (Stand 2002/2003):

Braunkohle	230 Jahre
Steinkohle	200 Jahre
Erdgas	75 Jahre
Erdöl	45 Jahre, 120 Jahre einschl. Teersande und Ölschiefer

Wir müssen uns klar machen, dass die Aussagekraft dieser Zahlen begrenzt ist. Sie sagen lediglich aus, dass die derzeit aktuellen Reserven (beim gegenwärtigen Stand der Technik und unter Berücksichtigung der gegenwärtigen Preise, siehe Bemerkungen weiter vorn) im Falle von Erdgas 75 Jahre reichen würden, wenn der Verbrauch von Erdgas konstant bliebe. Bei Erdöl sind zwei Zahlen angegeben, die anschaulich die „Dynamik“ der statischen Reichweite belegen. Bei (früheren) Preisen um 20 US-$ pro Barrel rechnete sich der Abbau von Erdöl aus Sanden und Schiefer nicht. Offenkundig liegt der Erdölpreis nunmehr auf einem Niveau, der den Abbau von Erdöl aus Sanden (aus Schiefer momentan noch nicht) betriebswirtschaftlich lohnt. Technisch ist die Gewinnung von Erdöl aus Sanden ohnehin schon lange möglich. Man kann diese Aussage verallgemeinern: Es dominieren in der Regel wirtschaftliche Überlegungen, denn technisch ist (fast) alles möglich. Die Frage lautet nur, zu welchem Preis und mit welchen Folgen. Aber wir wollen an dieser Stelle noch nicht über Technikfolgenabschätzung sprechen, hierzu verweisen wir auf Abschnitt 8.3.

Gibt es keine Aussagen jenseits der statischen Reichweiten? Man findet kaum welche und selbst Expertenaussagen differieren stark. Es gibt einige Schätzungen über vermutete Vorräte. Sie sollen für die Steinkohle mindestens dreimal und für die Braunkohle mindestens fünfmal so hoch sein wie die sicheren Reserven. Die Zunahme des weltweiten Energieverbrauchs hängt einerseits von der Entwicklung der Weltbevölkerung und andererseits von der wirtschaftlichen Entwicklung und der Energieeffizienz in den einzelnen Ländern ab. Eine Prognose lautet, dass der Weltenergieverbrauch in 20 Jahren bei 20 Mrd. t SKE bzw. knapp 590 EJ liegen wird, also 50 % über dem heutigen Verbrauch von etwa 13,5 Mrd. t SKE bzw. gut 390 EJ. Der „Wissenschaftliche Beirat der Bundesregierung Globale Umweltveränderungen" (WBGU) geht in seinem Jahresgutachten 2003, auf das wir anschließend in Abschnitt 4.5 eingehen werden, von etwa 1100 EJ im Jahr 2050 und etwa 1600 EJ im Jahr 2100 aus.

4.5 Zukünftige Energiesysteme

Die Zahlen des letzten Abschnitts haben deutlich gemacht, dass wir an einem Scheideweg stehen. Dem vermutlich etwa gleich bleibenden oder (so ist zu vermuten) schwach abnehmenden Energiebedarf in den Industrieländern wird eine gewaltige Steigerung des Energiebedarfs in den Ländern der Dritten Welt gegenüberstehen. Die knapper werdenden Reserven an Erdöl und Erdgas werden zu enormen Preissteigerungen führen, die insbesondere für die Länder der Dritten Welt nicht mehr tragbar sein werden. Wir werden uns an Preise für Heizöl, Gas und Benzin zu gewöhnen haben, die uns heute noch astronomisch hoch erscheinen. Die Kohlevorräte werden deutlich länger reichen, aber die Kohle wird zunehmend Erdöl und Erdgas substituieren müssen.

In der Diagnose sind sich alle Experten einig: Die Welt befindet sich in einem Übergang von dem heutigen Energiesystem, basierend auf den fossilen Primärenergieträgern Kohle, Erdöl und Erdgas, hin zu einem neuen Weltenergiesystem. Wie dieses aussehen könnte, das wollen wir in diesem letzten Abschnitt behandeln. Dazu beginnen wir mit einer Darstellung unseres heutigen Energiesystems, Bild 4.5.

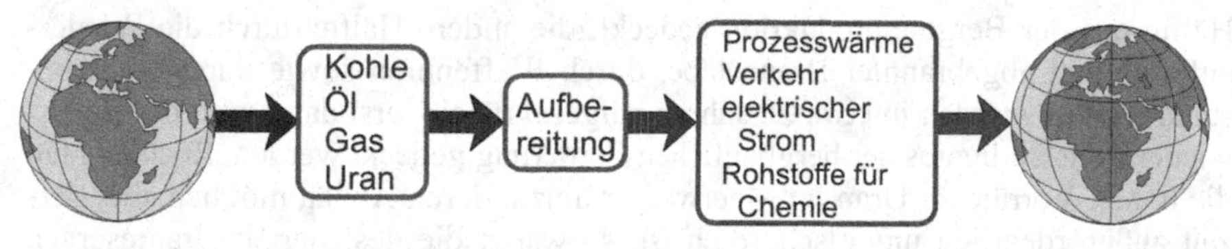

4.5 Heutige Energieversorgung (Jischa 2004)

Bei unserem heutigen Energiesystem gewinnen wir Kohle, Erdöl und Erdgas sowie Uran *aus* der Erde, der Umwelt. Über entsprechende Aufbereitungs- und Wandlungsprozesse wird daraus Sekundärenergie für die verschiedenen Verwendungszwecke. Anschließend werden die Rest- und die Schadstoffe (hierzu zählen

Abwässer, Abluft, Staub, Aschen, Abwärme) nach einer geeigneten Weiterbehandlung wieder *in* die Umwelt (in Boden, Luft und Wasser) abgegeben. Wir haben ein offenes System vor uns, das keine Zukunft haben kann. Wir haben ein *Ver*sorgungsproblem auf der Inputseite und ein *Ent*sorgungsproblem auf der Outputseite. An dieser Stelle erinnern wir an Bild 1.6 in Abschnitt 1.8, wo wir als zentrale Faktoren der *Herausforderung Zukunft* neben der Bevölkerungsfalle die Versorgungsfalle und die Entsorgungsfalle genannt haben. Auf die Entsorgungsseite werden wir in Kapitel 5 (teilweise auch in Kapitel 6) eingehen. Dabei wird deutlich werden, dass unser derzeitiges Energiesystem sowohl aus Versorgungs- als auch aus Entsorgungsgründen nicht zukunftsfähig ist.

Welchen Anforderungen muss ein Energiesystem der Zukunft genügen? Ein Energiepfad der Zukunft muss über eine nahezu unerschöpfliche Energiequelle verfügen, er sollte ökologisch unbedenklich sein sowie wirtschaftlich und sozialverträglich. Außerdem muss dieser Energiepfad den Ländern der Dritten Welt eine ausreichende Energieversorgung ermöglichen, um die immer beängstigender werdenden Unterschiede zwischen Arm und Reich abbauen zu helfen.

Es gibt nur zwei nichtfossile Energiequellen, die nahezu unerschöpflich sind. Das sind die Sonnenenergie und die Kernenergie. Bei der Kernenergienutzung gibt es zwei Alternativen, die Kernverschmelzung (Fusion) und die Kernspaltung (Fission). Beide Reaktionen können in zweierlei Weise ablaufen, entweder abrupt in Form einer Explosion oder kontrollierbar in einem stationären Reaktor. Bei der Fusion ist die abrupte Reaktionsform als Wasserstoffbombe bisher glücklicherweise nur im Test erfolgt, wohingegen der Einsatz der Atombombe bereits traurige Realität geworden ist.

Die kontrollierte Kernspaltung ist seit einigen Jahrzehnten Stand der Technik. Es gibt Kernkraftwerke unterschiedlicher Bauart, wobei der Leichtwasserreaktor bislang die meiste Verbreitung gefunden hat. Wir haben hier jedoch das gleiche Problem vor uns wie bei den fossilen Primärenergieträgern, denn die gängigen Kernreaktoren verbrauchen Uran. Die statische Reichweite des Urans liegt mit 42 Jahren (BMWA 2002) in der gleichen Größenordnung wie die des Erdöls. Dieser Wert ist mit den Reichweiten für fossile Energieträger nicht unmittelbar vergleichbar. Der jährliche Bedarf an Natururan wurde in den letzten Jahren nur zur Hälfte aus der Bergbauproduktion gedeckt, die andere Hälfte durch die Wiederaufarbeitung abgebrannter Brennstäbe, durch Waffenuran sowie durch Lagerbestände. Diese werden in etwa 20 Jahren aufgezehrt sein, erst dann wird der Bedarf wieder vollständig aus der bergbaulichen Förderung gedeckt werden. Rechnet man die hohen Vorräte an Uran im Meerwasser hinzu, deren Abbau möglich aber derzeit außerordentlich unwirtschaftlich ist, so wären die gesicherten Uranreserven sehr hoch. Nahezu unerschöpflich wäre jedoch allein die Brütertechnologie, der schnelle Brüter. Angesichts etlicher Unfälle und vor allem wegen der reichlichen Vorräte an natürlichem Uran ist die weitere Entwicklung des Brutreaktors deutlich erlahmt. Bei dem Fusionsreaktor befindet man sich immer noch im Forschungsstadium. Es ist derzeit noch nicht erkennbar, ob und wann ein Fusionsreaktor kommerziell eingesetzt werden könnte.

Bei der direkten Nutzung der Sonnenenergie gibt es zwei mögliche Pfade, siehe Bild 4.3. Das ist zum einen die Fotovoltaik, bei der die Sonnenstrahlung über Solarzellen direkt in elektrische Energie umgewandelt wird. Solarzellengeneratoren werden zur Energieversorgung von Satelliten, Raumsonden, abgelegenen Funkstationen und Leuchttürmen, schwimmenden Seezeichen, Segelschiffen sowie Taschenrechnern eingesetzt. Nach heutigen Erkenntnissen wird dies jedoch eine Nischen- und Insellösung bleiben. Das liegt an dem ungünstigen Erntefaktor und an den zu hohen Kosten. Der zweite Pfad, die thermischen Solarkraftwerke, erlaubt eine großtechnische Energieversorgung. Das entscheidende Problem der Sonnenstrahlung ist ihre geringe Energiedichte, die eine Konzentration erforderlich macht. Diese kann auf zwei Arten erreicht werden. Bei den Solarfarmanlagen bewirken parabolische Spiegel eine Konzentration der Strahlungsenergie um einen Faktor bis zu etwa 1000. Einen noch höheren Konzentrationseffekt erzielen Solarturmanlagen, bei denen große Spiegelfelder die Reflexion der Sonnenstrahlung auf einen Receiver (Empfänger) bewirken. In beiden Fällen wird ein Wärmeträgeröl auf hohe Temperatur gebracht und damit Wasserdampf erzeugt. Die Stromerzeugung erfolgt anschließend wie bei einem konventionellen Kraftwerk über eine Turbine und einen Generator.

Die Enquete-Kommission „Zukünftige Kernenergiepolitik" des 8. Deutschen Bundestages hat die energiepolitische Verzweigungssituation, an der wir stehen, durch die beiden Referenzfälle K-Pfad und S-Pfad charakterisiert (Enquete-Kommission 1980). Dabei steht K für Kernenergie und S für Sonnenenergie und Sparen. Der K-Pfad bedeutet zentrale großtechnische Anlagen, der S-Pfad ermöglicht zentrale, aber auch dezentrale Lösungen. Die Kommission hat ihre Analyse auf die Kriterien Wirtschaftlichkeit, internationale Verträglichkeit sowie Umwelt- und Sozialverträglichkeit gestützt. Sie zeigt, dass beide Pfade technisch und ökonomisch machbar sind. In den Gesamtkosten unterscheiden sie sich nicht wesentlich voneinander. Bei dem K-Pfad liegen die Kosten entscheidend auf der Seite der Ver- und Entsorgung sowie bei den Sicherheitsanforderungen, bei dem S-Pfad liegen sie verstärkt auf der Herstellungs- und Anwendungsseite.

Der Ausstieg aus der Kernenergie ist möglich, das sagt uns die erwähnte Studie. Auf der Basis thermischer Solarkraftwerke lässt sich ein zukunftsfähiges Energieversorgungssystem in einem geschlossenen Kreislauf realisieren, im Gegensatz zu dem offenen Kreislauf unseres heutigen Systems, siehe Bild 4.5. In einem zukünftigen Energiesystem werden sich die beiden Sekundärenergieträger Strom und Wasserstoff ergänzen. Wasserstoff ist gut, elektrische Energie dagegen schlecht speicherfähig und ihr Transport nur bei Entfernungen bis etwa 3000 km sinnvoll. Über große Distanzen kann Wasserstoff mit bekannten Systemen (Rohrleitungen, Tanker) transportiert werden. Für die Umwandlung von Wasserstoff in elektrischen Strom werden neben konventionellen Kraftwerken (mit Wasserstoff befeuert) die Brennstoffzellen zum Einsatz kommen. Die Brennstoffzellen haben eine große Zukunft vor sich, sowohl als Energiewandler in stationären Blockheizkraftwerken (BHKW) als auch in Kraftfahrzeugen. Entsprechende Versuchsanlagen und Versuchsfahrzeuge laufen bereits. Bild 4.6 zeigt, wie eine Energieversorgung der Zukunft als geschlossenes System aussehen kann.

Elektrolytisch wird Wasser in Wasserstoff und Sauerstoff zerlegt. Der elektrische Strom wird in thermischen Solarkraftwerken, ergänzt durch Wasserkraftwerke und Windparks, gewonnen. Der Wasserstoff wird über Rohrleitungen und

Tanker transportiert, die Speicherung kann gasförmig, flüssig oder gebunden als Metallhydrid erfolgen. Über Verteilsysteme wird der Wasserstoff den Verbrauchern zugeführt. Dies können großtechnische Verbraucher wie Kraftwerke oder Kleinverbraucher sein. Bei der Verbrennung von Wasserstoff entsteht zusammen mit dem Sauerstoff der Luft schließlich wieder Wasser. Der Kreislauf ist geschlossen.

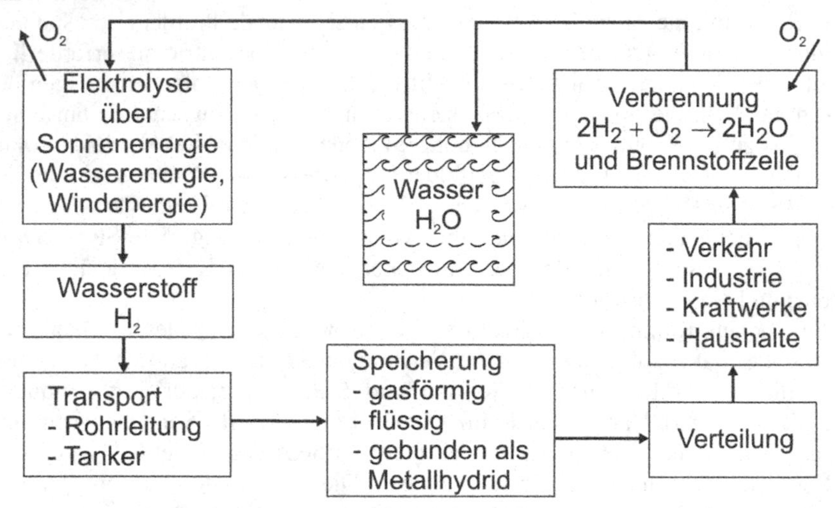

4.6 Energieversorgungssystem der Zukunft

Die Wasserstofftechnologie ist technisch bereits in vielfältiger Weise realisiert. Die chemische Industrie braucht für die Herstellung von Ammoniak gewaltige Mengen von Wasserstoff und die Raketen für die Weltraumfahrt haben Wasserstoff-Sauerstoff-Triebwerke. Wasserstoffantriebe für Flugzeuge sowie Fahrzeuge (für Brennstoffzellen und auch für Kolbenmotoren) sind in der Entwicklung weit fortgeschritten, etliche Versuchsfahrzeuge sind bereits in der Erprobung. Es sei hinzugefügt, dass zusätzlich der Anteil der Biomasse sowie der Wind- und Wasserenergie erhöht werden wird. Diese Energien sind jedoch nicht in der Lage, die fossilen Primärenergieträger vollständig zu ersetzen.

In der Energiegeschichte, Bild 1.4 in Abschnitt 1.5, lebte die Menschheit bis zur industriellen Revolution in einer ersten solaren Zivilisation. Sie lebte von der Energie der Biomasse und der Nutztiere sowie von Wind- und Wasserkraft. Mit der industriellen Revolution kam die großtechnische Nutzung zunächst von Kohle, dann von Erdöl und später von Erdgas (etwa zeitgleich mit der Nutzung der Kernenergie). Das fossile Energiezeitalter befindet sich in seinem Zenit, seine Zeit läuft langsam ab. Es gibt viele Gründe für die Annahme, dass wir in eine zweite (intelligente) solare Zivilisation hineinlaufen.

Hierzu möchte ich abschließend auf einen jüngeren Bericht zurückgreifen, den der „Wissenschaftliche Beirat der Bundesregierung Globale Umweltveränderungen" vorgestellt hat. Er trägt den Titel „Welt im Wandel: Energiewende zur Nachhaltigkeit" (WBGU 2003). Darin zeigt der WBGU, dass eine globale Energiewende aus zwei Gründen unerlässlich ist: Um die natürlichen Lebensgrundlagen der Menschen zu schützen, worauf wir in Kapitel 5 eingehen werden, und um die Energiearmut in den Entwicklungsländern zu beseitigen. Hinzu kommen friedensfördernde Wirkungen, da eine globale Energiewende die Abhängigkeit von den regional konzentrierten Ölreserven senkt. Der exemplarische Pfad des WBGU hat vier zentrale Bestandteile:

1. Starke Minderung der Nutzung fossiler Energieträger
2. Auslaufen der Nutzung nuklearer Energieträger
3. Erheblicher Auf- und Ausbau neuer erneuerbarer Energieträger, insbesondere der Solarenergie
4. Steigerung der Energieproduktivität weit über historische Raten hinaus

Wegen der langen Vorlaufzeiten stellen nach Meinung des WBGU die nächsten 10 bis 20 Jahre das entscheidende Zeitfenster für den Umbau der Energiesysteme dar. Sollte der Umbau erst später eingeleitet werden, ist mit unverhältnismäßig hohen Kosten zu rechnen. Der WBGU formuliert Leitplanken für eine nachhaltige Energiepolitik. Die ökologischen Leitplanken betreffen den Klimaschutz, eine nachhaltige Flächennutzung, den Schutz von Flüssen und ihren Einzugsgebieten, den Schutz der Meeresökosysteme sowie den Schutz der Atmosphäre vor Luftverschmutzung. Die sozioökonomischen Leitplanken beinhalten den Zugang zu moderner Energie für alle Menschen, die Deckung des individuellen Mindestbedarfs an moderner Energie, die Begrenzung des Anteils der Energieausgaben am Einkommen, den gesamtwirtschaftlichen Mindestentwicklungsbedarf, die Risiken sowie die Vermeidung von Erkrankungen durch Energienutzung. Bild 4.7 zeigt die Veränderung des globalen Energiemix im exemplarischen Pfad bis 2050/2100.

Das Bild sagt weiter aus, dass der weltweite Energieverbrauch von heute etwa 400 EJ bis 2050 auf etwa 1100 EJ und bis 2100 auf etwa 1600 EJ ansteigen wird. Gemessen an dem Primärenergieeinsatz wird/soll nach dem Bild der Anteil des Solarstroms (Fotovoltaik und solarthermische Kraftwerke) 2050 über dem der Kohle und des Öls liegen und etwa dem Anteil des Gases entsprechen. Der Anteil der erneuerbaren Energien insgesamt sollte bis 2020 auf 20 % erhöht werden, mit dem langfristigen Ziel, bis 2050 über 50 % zu erreichen.

Als Fazit fordert der WBGU, die politische Gestaltungsaufgabe jetzt wahrzunehmen und schreibt: „Die weltweite Transformation der Energiesysteme wird nur gelingen, wenn sie schrittweise und dynamisch gestaltet wird, denn niemand kann heute die technischen, wirtschaftlichen und sozialen Entwicklungen der nächsten 50 bis 100 Jahre hinreichend genau prognostizieren. Langfristige Energiepolitik ist daher auch ein Suchprozess. Diese Herausforderungen aufzugreifen ist Aufgabe der Politik."

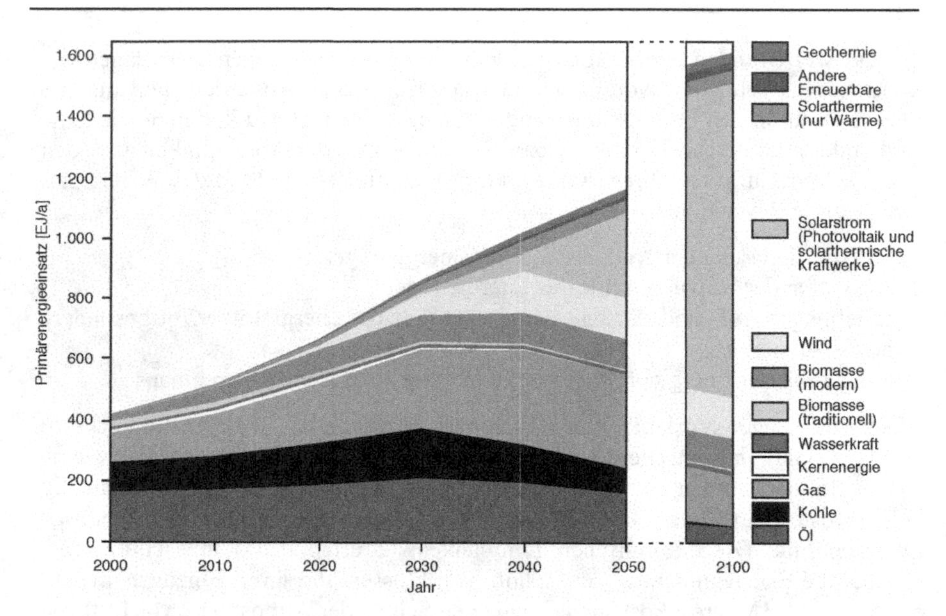

4.7 Die Veränderung des globalen Energiemix im exemplarischen Pfad bis 2050/2100 (WBGU 2003)

Entgegen der Position des WBGU hat der Weltenergierat (WEC = *World Energy Council*) auf dem 19. Weltenergiekongress in Sydney im September 2004 einen Boom der Kernenergie prognostiziert. Er geht ebenso wie der WBGU davon aus, dass die Menschen in den Schwellen- und Entwicklungsländern schneller und effektiver mit moderner Energie versorgt werden müssen, damit auch sie bei steigender Bevölkerungszahl eine Chance auf wirtschaftliche Entwicklung haben. Nach Auffassung des WEC wird der Energiehunger der Welt vor allem durch das Wirtschaftswachstum in Asien in den kommenden 25 Jahren um zwei Drittel zulegen. Daher müsse die Industrie alle Optionen offen halten, um die Nachfrage nach einer preiswerten und zuverlässigen Energieversorgung zu decken. Deshalb werde die Kernenergie eine größere Rolle spielen als bisher.

Diese beiden konträren Positionen verdeutlichen, dass die in Bild 1.4 in Abschnitt 1.5 aufgeworfene Frage nach einem Energiesystem der Zukunft nach wie vor unterschiedlich beantwortet wird. Wird die Menschheit nach einer langen ersten solaren Zivilisation, unterbrochen durch eine sich dem Ende zu neigende fossile Energiephase, in eine zweite intelligente solare Zivilisation einsteigen oder wird sie einen massiven Ausbau der Kernenergie betreiben?

Zum Schluss dieses Kapitels möchte ich Carl F. von Weizsäcker (aus seinem Vorwort zu Meyer-Abich u. a. 1986) zitieren: „Meiner wissenschaftlichen Herkunft nach war ich bis zum Anfang der siebziger Jahre ein spontaner Befürworter der Kernenergie … trete ich nunmehr entschieden für Sonnenenergie als hauptsächliche Energiequelle, unterstützt durch technisch ermöglichte Energieeinsparung, und gegen die Entscheidung für Kernenergie als Hauptenergiequelle ein“. Ich habe dem nichts hinzuzufügen.

Literatur

BMWA (2002) *Reserven, Ressourcen und Verfügbarkeit von Energierohstoffen 2002*. Erstellt von der Bundesanstalt für Geowissenschaften und Rohstoffe (BGR), Bundesministerium für Wirtschaft und Arbeit, Berlin

Der Fischer Weltalmanach 2005 (2004) Fischer, Frankfurt am Main

Enquete-Kommission des 8. Deutschen Bundestages (1980) *Zukünftige Kernenergiepolitik*. Bonn

Häfele, W. (Hrsg.) (1990) *Energiesysteme im Übergang*. Poller, Landsberg/Lech

Heinloth, K. (2003) *Die Energiefrage*. 2. Aufl. Vieweg, Braunschweig

Jischa, M. F. (2004) *Ingenieurwissenschaften*. Springer, Berlin

Meyer-Abich, K. M., Schefold, B. (1986) *Die Grenzen der Atomwirtschaft*. 2. Aufl. Beck, München

Michaelis, H., Salander, C. (Hrsg.) (1995) *Handbuch Kernenergie. Kompendium der Energiewirtschaft und Energiepolitik*. 4. Aufl. VWEW-Verlag, Frankfurt am Main

Nakicenovic, N., Grübler, A., McDonald, A. (Eds.) (1998) *Global Energy Perspectives*. Cambridge Univ. Press, Cambridge

Schaefer, H. (Hrsg.) (1994) *VDI-Lexikon Energietechnik*. VDI-Verlag, Düsseldorf

Scheer, H. (1999) *Solare Weltwirtschaft*. Kunstmann, München

WBGU (2003) *Welt im Wandel: Energiewende zur Nachhaltigkeit*. Springer, Berlin

WEC (1993) *Energy for Tomorrows World*. Kogan Page, London

Winter, C.-J. (1993) *Die Energie der Zukunft heißt Sonnenenergie*. Droemer Knaur, München

Aus der Vielzahl der Bücher über Energietechnik und Energiewirtschaft seien jene von Heinloth sowie von Michaelis/Salander empfohlen. Zum Nachschlagen ist das VDI-Lexikon Energietechnik geeignet. An Studien und Prognosen erwähne ich von deutscher Seite den Bericht der Enquete-Kommission von 1980 und jene des WBGU von 2003. Von internationaler Seite sei der Bericht von Häfele genannt, basierend auf einer Studie „*Energy in a Finite World*" von 1981, erarbeitet am Internationalen Institut für Angewandte Systemanalyse (IIASA). Der Bericht von Nakicenovic u. a. stellt eine Fortführung dieser Arbeiten dar, die in Zusammenarbeit mit dem *World Energy Council* (WEC) durchgeführt worden sind. Ein zentraler Bericht des WEC ist gleichfalls genannt. Scheer und Winter sind zwei Protagonisten der solaren Energiewende. Meyer-Abich und Schefold äußern sich kritisch zu den Möglichkeiten der Kernenergie. In dem einführenden Studienbuch Ingenieurwissenschaften (Jischa 2004) finden interessierte Leser u. a. Grundlagen und Anwendungen der Thermodynamik und der Energietechnik, es sei zur Vertiefung dieses Kapitels empfohlen. Als allgemeine Datenquelle ist der Fischer Weltalmanach (ebenso wie andere Nachschlagewerke und das Internet) unersetzlich. Die Bundesanstalt für Geowissenschaften und Rohstoffe (BGR) erarbeitet im Auftrag des Bundesministeriums für Wirtschaft und Arbeit (BMWA) in regelmäßigen Abständen eine Dokumentation zur Frage der Reserven, Ressourcen und Verfügbarkeit von Energierohstoffen.

5. Unsere Umwelt

oder **Ruinieren wir unsere Erde und uns selbst?**

Wer die Natur beherrschen will, muss ihr gehorchen.
(F. Bacon)

Die Begriffe Umwelt und Ökologie sind heute Allgemeingut geworden. Der Biologe Jakob von Uexküll (1864–1944) hat Anfang des letzten Jahrhunderts das Wort *Umwelt* geprägt. Er meinte damit die belebte und die unbelebte Natur, wie sie ein Lebewesen wahrnimmt. Heute ist das Wort Umwelt eher zu einem politischen Begriff geworden, der sich auf die Lebensräume Luft, Wasser und Boden bezieht.

Der Begriff *Ökologie* wurde bereits 1866 von dem Zoologen Ernst Haeckel (1834–1919) eingeführt und kommt von dem griechischen Wort *oikos*, das Wohnung, Haus, Platz zum Leben oder Haushalt bedeutet. Die Ökologie ist die Wissenschaft von den Wechselbeziehungen zwischen den Lebewesen und den unbelebten Umweltfaktoren. Diese Wechselwirkungen lassen sich durch Energie- und Stoffaustauschprozesse beschreiben. Die Ökologie wurde lange Zeit als ein Teilgebiet der Biologie angesehen. Sie hat sich in der Folgezeit zu einer eigenständigen naturwissenschaftlichen Disziplin entwickelt.

Die Vorsilbe Öko hat eine erstaunliche semantische Karriere hinter sich. Nahezu jeder denkt dabei automatisch an Ökologie und damit an Umwelt. Das ist umso überraschender, da der Begriff Ökonomie wesentlich älter ist und beide Begriffe auf den gleichen Wortstamm *oikos* zurückgehen. Mit Ökonomie bezeichnet man entweder die Wirtschaft, die Wirtschaftswissenschaften oder auch die Wirtschaftlichkeit.

Der Mensch ist ebenso wie die Tiere und die Pflanzen ein Bestandteil der Umwelt. Tiere und Pflanzen können ohne entsprechende Umweltbedingungen, wie klimatische Bedingungen, Bodenbeschaffenheit, Angebot an Wasser und Nahrung sowie Lebensraum, nicht existieren. Nur der Mensch ist in der Lage, seine Umwelt aktiv zu verändern, aber auch dauerhaft zu zerstören. Er ist dank seiner Intelligenz und seiner technischen Fertigkeiten zunehmend weniger auf die natürliche Umwelt angewiesen. Er kann sich seine künstliche Umwelt schaffen. Demgegenüber leben Tiere umweltgebunden und instinktgesichert. Entscheidend für die Entwicklung des Menschen war und ist, dass er Wissen, Erfahrungen und Fertigkeiten an seine Nachkommen über einen direkten Lernprozess weitergibt und diese sich darauf aufbauend ständig weiterentwickeln. Dies ist ein langer historischer Prozess gewesen, den wir in Kapitel 1 beschrieben haben.

Der von den Lebewesen (den Menschen, Tieren und Pflanzen) bewohnte Raum wird Biosphäre genannt. Diese ist Teil des globalen Ökosystems Erde, in dem die verschiedenen Sphären über Energie- und Stoffaustauschprozesse miteinander verknüpft sind, Bild 5.1. Die Biosphäre steht in enger Wechselwirkung mit der Atmosphäre (der Luft), der Hydrosphäre (dem Wasser) und der Pedosphäre (dem Boden). Die Pedosphäre ist ebenso wie die Lithosphäre, die die Gesteine, die Erdkruste und den Erdmantel umfasst, ein Bestandteil der Geosphäre (des Erdkörpers). Zu den genannten Sphären kommt in einigen Regionen der Erde das Eis (die Kryosphäre) hinzu.

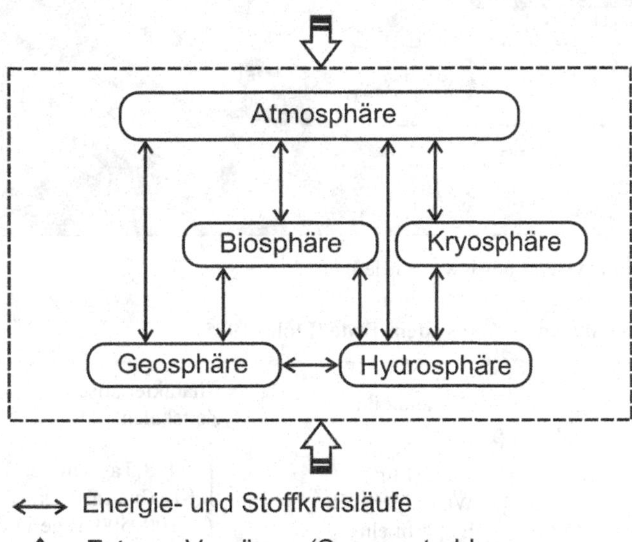

5.1 Ökosystem Erde mit seinen Wechselwirkungen

Alle Teilsysteme erzeugen mit ihren vielfältigen Wechselwirkungen unser Klimasystem, dem wir uns zunächst in Abschnitt 5.1 zuwenden wollen. Dies zeigen die Bilder 5.1 und 5.2 schematisch. Innerhalb des Klimasystems können wir zwei Arten von Einflüssen unterscheiden. Wechselwirkungen zwischen einzelnen Komponenten des Klimasystems heißen interne Vorgänge, dazu gehören Regen, Wind, Ablagerungen und Verwitterungen. Im Gegensatz dazu werden die Sonnenstrahlung, die kosmische Strahlung und auch Vulkanausbrüche als externe Vorgänge bezeichnet.

Alle Energie- und Stoffaustauschprozesse werden letztlich aus der Sonnenenergie gespeist. Wir werden den Energiekreislauf im nächsten Abschnitt beschreiben. In Kapitel 6 werden wir den Stoffkreislauf des Wassers kennen lernen, siehe Bild 6.2 in Abschnitt 6.3. Wichtig für das Verständnis der Dynamik der gegenseitigen Beeinflussung der Sphären ist deren stark unterschiedliches Zeitverhalten. In Tabelle 5.1 sind charakteristische Zeitskalen der einzelnen Sphären angegeben. Sie

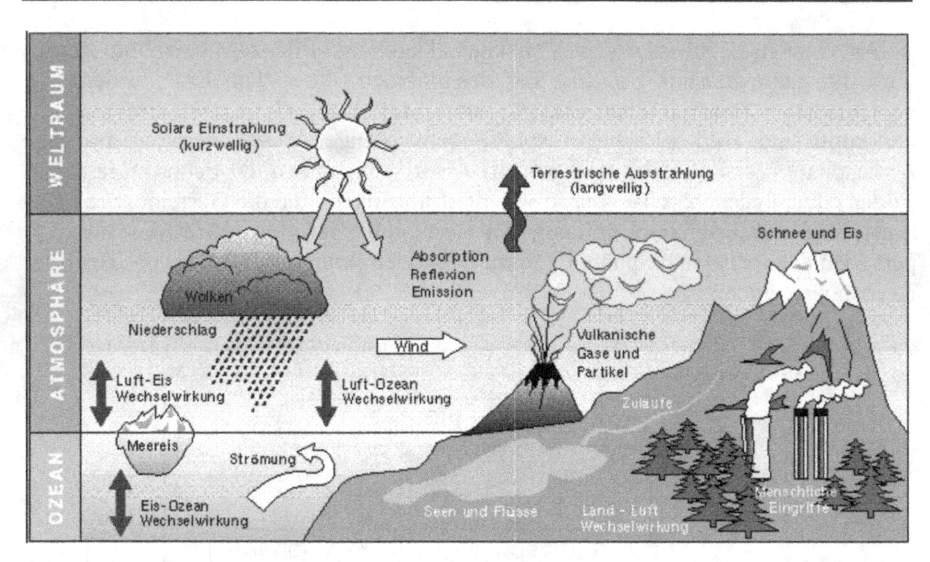

5.2 Unser Klimasystem, aus www.dlr.de/ipa/

Tabelle 5.1: Zeitskalen im Ökosystem Erde (Flohn 1985)

System der Sphären	Bestandteile	Charakteristische Zeitskalen
Atmosphäre	Gase (Luft) Wasserpartikeln Eispartikeln Aerosole	4–8 Tage in der Troposphäre (bis ca. 11 km) 100–500 Tage in der Stratosphäre (ab ca. 11 km)
Hydrosphäre, bedeckt 71 % der Erdoberfläche	Ozeane Binnengewässer Grundwasser in der Atmosphäre gebundenes Wasser	≈ 1500 Jahre im Tiefmeer 60–200 Tage in Oberschicht $10–10^4$ Jahre
Kryosphäre	kontinentale Eisschilde Treibeis Gletscher	$10^4–10^6$ Jahre 1–5 Jahre
Geosphäre Lithosphäre Pedosphäre	Erdkörper, best. aus - Gesteinen - Erdkruste - Erdmantel - Erdboden	 5–20 Tage
Biosphäre	belebte Welt - Mensch - Fauna und Flora	 ≈ 60 Jahre (Wald)

entsprechen jeweils der Verweilzeit charakteristischer Partikeln und Gase. Die Lufthülle der Erde ist der mit Abstand reaktionsschnellste Teil des Systems. Die Hydrosphäre ist verglichen damit sehr reaktionsträge und sie besitzt eine stark ausgleichende Wirkung. 71 % der Oberfläche unseres Planeten ist mit Wasser bedeckt, das eine hohe Wärmespeicherfähigkeit hat. Bei gleicher Energiezufuhr erwärmt sich das Festland sehr viel rascher als das offene Meer. Daher weht in sonnigen Gefilden an den Küsten der Wind tagsüber von See und nachts von Land. Die Kryosphäre reagiert noch träger, denn das Eis leitet die Wärme schlecht und es reflektiert einen hohen Anteil der einfallenden Sonnenstrahlung.

Wir beginnen dieses Kapitel mit der Behandlung der Atmosphäre. Das ist jener Teil des Ökosystems Erde, der sich seit der industriellen Revolution in deutlicher Weise verändert hat. Bevor wir auf die Problemkreise Treibhauseffekt, Ozonloch und saurer Regen eingehen, müssen wir einige Bemerkungen zur Atmosphäre machen. Da die Atmosphäre in enger Wechselwirkung mit dem Wasser (Hydrosphäre) und dem Boden (Pedosphäre) steht, bleiben anthropogene Einflüsse nicht auf die Atmosphäre beschränkt. Folgeprobleme sind die Versauerung von Böden und Gewässern sowie Waldschäden bis hin zum Waldsterben und zur Wüstenbildung.

5.1 Atmosphäre und Klima

Der untere Teil der Atmosphäre ist unser Lebensraum. Darin spielen sich Wetter-, Witterungs- und Klimageschehen ab. Diese drei Begriffe werden durch ihre Zeitskalen voneinander unterschieden. Zeitskalen für das Wetter sind Stunden und Tage, für die Witterung sind es Monate und die Jahreszeiten. Für das Klima sind einige Jahrzehnte typische Grundeinheiten, etwa 30 Jahre nach der Weltorganisation für Meteorologie (WMO = *World Meteorological Organisation*).

Unsere heutige Atmosphäre ist das Ergebnis einer langen Entwicklungsgeschichte der Erde, die vor rund 4,5 Mrd. Jahren einsetzte. Die Lufthülle besteht aus einem Gasgemisch mit den Hauptbestandteilen Sauerstoff (ca. 21 Vol. %) und Stickstoff (ca. 78 Vol. %) und sie hat sich in ihrer Zusammensetzung seit Millionen von Jahren nur wenig verändert. An dem restlichen Volumenanteil von 1 % sind das Edelgas Argon mit etwa 0,9 % und eine Reihe von Spurengasen beteiligt. Diese Spurengase spielen trotz ihrer geringen Konzentrationen eine außerordentlich wichtige Rolle, worauf wir bei der Besprechung des Treibhauseffektes eingehen werden. Der Hauptbestandteil der Spurengase ist das Kohlendioxid, das einerseits ein natürlicher Bestandteil der Atmosphäre ist und das andererseits seit der industriellen Revolution durch das Verbrennen der fossilen Primärenergieträger Kohle, Erdöl und Erdgas stark zugenommen hat; von etwa 280 ppm in vorindustrieller Zeit auf 376 ppm im Jahr 2003.

Übliche Konzentrationsmaße für Schadstoffe, die in der Regel in geringer Konzentration vorkommen, sind ppm oder ppb. Dabei bedeuten ppm = *parts per million* = 10^{-6} und ppb = *parts per billion* (deutsch: Milliarde) = 10^{-9}. Bei Gasen und Flüssigkeiten werden Volumenanteile und bei Feststoffen Massenanteile angegeben. So bedeuten 1 ppm Massenkonzentration 1 mg/kg = 1 g/t und 1 ppb bedeuten

1 mg/t. Um ein wenig Respekt vor derart kleinen Größenordnungen zu bekommen, seien Beispiele genannt. Bezogen auf die Bevölkerung einer Millionenstadt wie Köln oder München entspricht die „Konzentration“ von 1 ppm einem Einwohner. Bezogen auf ein Land mit einer Milliarde Menschen wie Indien entspricht 1 ppb einem Einwohner. Ein gegnerischer Fan in einem Fußballstadion mit 100.000 Zuschauern entspricht 10 ppm. Die chemische Analytik ist heute in der Lage, derart niedrige Konzentrationen zu messen.

In der Atmosphäre befinden sich weiterhin Wasser- und Eispartikeln, sichtbar als Wolken, Nebel oder Niederschlag, sowie feste Schwebepartikeln wie Rauch, Ruß, Sandkörner oder Salzkristalle über dem Meer. Erstere heißen zusammengefasst Hydrometeore und Letztere werden Aerosole genannt. Der Begriff Meteorologie, das ist die Wissenschaft von der Physik der Atmosphäre, hat sich aus dem Wort Meteor entwickelt. Demgegenüber wird mit Klimatologie (von dem lateinischen *klino* = neigen, damit ist der Winkel der Sonneneinstrahlung gemeint) die angewandte Meteorologie bezeichnet.

Die Luft ist selten trocken, ihr Wasserdampfgehalt kann bis maximal etwa 4 Vol. % betragen, er schwankt räumlich und zeitlich stark. Im Gegensatz zu den anderen Gasen der Lufthülle kommt der Wasserdampf auch in flüssiger Form (Regen, Nebel) oder fest (Schnee, Hagel, Graupel) vor. Die Umwandlung von Wasser zu Eis oder zu Dampf wird als Phasenübergang bezeichnet. Bei derartigen Phasenübergängen wie Verdampfen und Kondensieren sowie Schmelzen und Erstarren werden große Energiemengen umgesetzt, was beträchtliche Auswirkungen auf das Klima hat.

Die Sonne ist die treibende Kraft für alles Geschehen auf unserer Erde, somit auch für das Klima. An der Oberfläche der Sonne herrschen Temperaturen von etwa 6000 K (Kelvin, absolute Temperatur genannt), was zur Aussendung einer riesigen Energiemenge in Form kurzwelliger elektromagnetischer Strahlung führt. Die von der Sonne abgestrahlte Energie beträgt 73,4 MW pro Quadratmeter (1 MW = 1 Megawatt = 1 Million Watt). Hiervon gelangen bei einem mittleren Abstand Erde-Sonne noch 1,368 kW pro Quadratmeter zur Erde. Dieser Wert heißt Solarkonstante, er konnte erst im Zeitalter der Raumfahrt exakt ermittelt werden. Dieser Wert bedeutet, dass außerhalb der Erdatmosphäre eine senkrecht zur Sonne ausgerichtete Platte mit der Fläche von einem Quadratmeter pro Sekunde die Energie von 1,368 kJ aufnimmt (1 W = 1 J/s). Die Oberfläche der Erde ist gegenüber der Sonne mehr oder weniger geneigt, sodass sich der Wert der Energieeinstrahlung im Mittel auf 343 W/m^2 reduziert, also auf etwa ein Viertel.

Auch dieser Wert kommt nicht am Erdboden an. Etwa 30 % der eingestrahlten Energie werden direkt reflektiert, 25 % von den Wolken und ein kleinerer Teil von 5 % von der Erdoberfläche, insbesondere von den Polregionen, den Schnee- und hellen Wüstenflächen. Somit verbleiben etwa 240 W/m^2 für eine Wechselwirkung zwischen Atmosphäre und Erdoberfläche. Davon bleibt wiederum etwa ein Drittel durch Absorption in der Atmosphäre an Tröpfchen, Aerosolen sowie Wasserdampf hängen und erwärmt diese. Der Rest von etwa 160 W/m^2 wird letztlich vom Erdboden absorbiert. Damit werden die Böden, die Pflanzen sowie die obere Meeresschicht erwärmt und nur zu einem sehr kleinen Bruchteil wird davon die Fotosynthese der Grünpflanzen gespeist. Der Wert von 160 W/m^2 ist ein globaler Mittelwert, zeitlich sowie räumlich. In unseren Breitengraden liegt der Mittelwert bei 100 und in der Sahara bei etwa 200 W/m².

Die von der Erde einschließlich der Atmosphäre aufgenommene Energie wird als Wärmestrahlung in das Weltall zurückgegeben. Die Erde befindet sich in einem energetischen Strahlungsgleichgewicht, andernfalls würde sie durch die ständige Energiezufuhr immer wärmer werden. Dieses Strahlungsgleichgewicht steht in einem engen Zusammenhang mit dem Treibhauseffekt, den wir nunmehr besprechen wollen, wobei wir gleichfalls auf das so genannte Ozonloch eingehen.

5.2 Treibhauseffekt und Ozonloch

Jeder Körper sendet Strahlung aus. Es gibt Wärmestrahlung, die wir fühlen, und Licht, das wir sehen, sowie Radiowellen, Röntgenstrahlen und andere Strahlen. Die von einem Körper abgestrahlte Energie nimmt mit wachsender Temperatur zu. Der so genannte schwarze Strahler hat die höchste Emission und Intensität, die von keinem anderen Wärmestrahler übertroffen wird. Es spielt daher eine ausgezeichnete Rolle. Die abgestrahlte Energie hängt stark von der Wellenlänge ab, Bild 5.3.

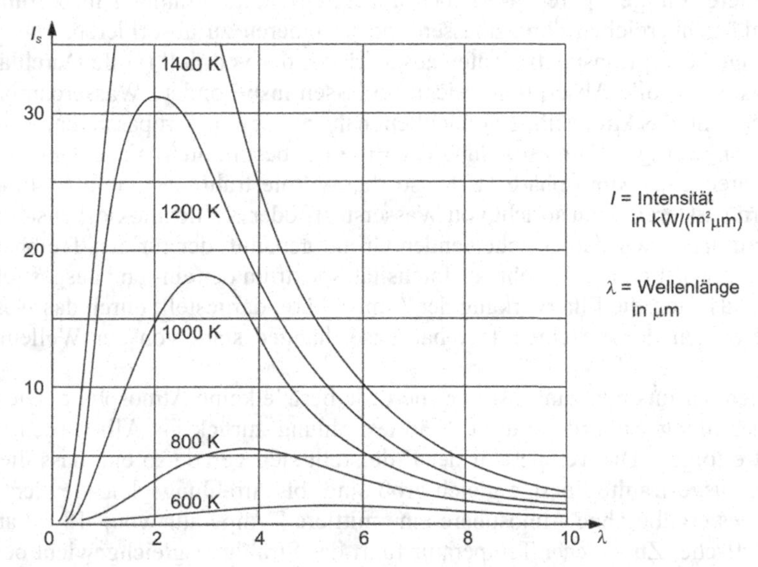

5.3 Energieverteilung des schwarzen Strahlers nach dem Planck'schen Gesetz

Die Sonnenoberfläche hat eine Temperatur von knapp 6000 K. Sie hat ihr Maximum im Wellenlängenbereich des sichtbaren Lichts zwischen 0,36 und 0,78 μm. Deswegen sind unsere Augen ja so gebaut. Der Draht einer Glühbirne kann nicht annähernd so heiß werden, weil er sonst verdampfen würde. Daher wird über 90 % der elektrischen Energie einer Glühlampe zum Heizen vergeudet, weniger als 10 % tragen zum Beleuchten bei. Die Fläche unter der Kurve des Intensitätsspektrums entspricht der abgestrahlten Energie $E(T)$, wobei $E(T) = \sigma T^4$ ist. Darin ist die Stefan-Boltzmann-Konstante σ eine der Grundkonstanten der Physik. Nach den Gesetzen der Strahlung wird das Maximum des Intensitätsspektrums mit wachsender Temperatur zu kleineren Wellenlängen hin verschoben. Dieses Verhalten ist von entscheidender Bedeutung für das Verständnis des Treibhauseffekts.

Es ist uns allen geläufig, dass die Temperatur in einem Treibhaus, in einem Wintergarten und in einem geschlossenen Fahrzeug bei intensiver Sonneneinstrahlung deutlich höher ist als die Temperatur der Umgebungsluft. Aber was hat das mit dem Treibhauseffekt der Atmosphäre zu tun? Die Sonne strahlt auf Grund ihrer hohen Oberflächentemperatur von etwa 6000 K extrem kurzwellig, die solare Einstrahlung hat ihre maximale Intensität im Bereich des sichtbaren Lichts bei etwa 0,5 µm. Dagegen sendet die Erde mit ihrer mittleren Oberflächentemperatur von 15 °C (= 288 K) ihre Wärmestrahlung im Bereich höherer Wellenlängen aus. Die solare Einstrahlung zur Erde hin und ebenso die Wärmestrahlung von der Erde weg müssen die Atmosphäre passieren. Hier kommt nun in die Filterwirkung der Atmosphäre ins Spiel. Neben den Hauptbestandteilen Stickstoff und Sauerstoff enthält die Atmosphäre geringe Anteile von Spurengasen wie das Kohlendioxid und andere. Einige Spurengase haben die Eigenschaft, Strahlung in bestimmten Wellenlängenbereichen durchzulassen und in anderen zu absorbieren. Dies wird durch den Absorptionskoeffizienten ausgedrückt, der von null (volle Durchlässigkeit) bis eins (volle Absorption) reicht. So lassen insbesondere Wasserdampf und Kohlendioxid das kurzwellige Sonnenlicht nahezu ungehindert passieren, während sie die langwellige Wärmestrahlung der Erde bei bestimmten Wellenlängen stark absorbieren. Die Atmosphäre lässt also die Wärmestrahlung nur in bestimmten Fenstern passieren, man spricht von Wasserstoff- oder Kohlendioxid-Fenstern.

Damit haben wir den entscheidenden Grund genannt, der für den Treibhauseffekt verantwortlich ist: Sowohl das Intensitätsspektrum der ein- und ausgestrahlten Energie als auch die Filterwirkung der Atmosphäre, dargestellt durch das Absorptionsvermögen der einzelnen Treibhausgase, hängen stark von der Wellenlänge ab.

Stellen wir uns nun zunächst vor, die Erde besäße keine Atmosphäre. Die Sonneneinstrahlung zur Erde und die Wärmestrahlung zurück ins All würden ungehindert erfolgen. Die Temperatur der Erde stellt sich gerade so ein, dass die ein- und die ausgestrahlte Energie gleich groß sind, bis Strahlungsgleichgewicht vorliegt. Dies ergäbe ohne Atmosphäre eine mittlere Temperatur von –18 °C an der Erdoberfläche. Zu welcher Temperatur führt das Strahlungsgleichgewicht bei Berücksichtigung der Erdatmosphäre? Vereinfacht ausgedrückt bleibt die langwellige Wärmestrahlung teilweise an den Molekülen der Treibhausgase hängen. Dadurch steigt die Temperatur an, was zu einer erhöhten Wärmeabstrahlung führt. Die Erwärmung hält so lange an, bis sich auf einem höheren Temperaturniveau ein neues Strahlungsgleichgewicht einstellt. Dieser *natürliche Treibhauseffekt* hält uns am Leben, denn er sorgt dafür, dass sich auf der Erde eine lebensfreundliche mittlere Temperatur von 15 °C einstellt.

Der Erwärmungseffekt der in der Atmosphäre vorhandenen Treibhausgase liegt somit bei 33 Grad. An diesem Erwärmungseffekt ist der Wasserdampf im Mittel mit 20,6 Grad beteiligt. Der Wasserdampfgehalt der Atmosphäre variiert stark, der bodennahe Normmittelwert beträgt 2,6 %. Neben dem Wasserdampf hat das Kohlendioxid mit 7,2 Grad den stärksten Erwärmungseffekt. Obwohl das Kohlendioxid mit 376 ppm (entsprechend 0,037 Vol. %) nur einen kleinen Anteil an der Atmosphäre ausmacht, würde die (gedankliche) Entfernung des Kohlendioxids aus der Atmosphäre einen Temperatursturz von 7 Grad und somit eine neue Eiszeit auslösen. Selbst das Ozon mit seiner extrem niedrigen Konzentration von 0,03 ppm bewirkt einen Treibhauseffekt von 2,4 Grad. Weitere Treibhausgase sind Distickstoffoxid (0,3 ppm) mit 1,4 Grad und Methan (1,7 ppm) mit 0,8 Grad sowie die Fluorchlorkohlenwasserstoffe (FCKW). Der Treibhauseffekt dieser Spurengase ist stark unterschiedlich. Er wird durch das Treibhauspotenzial ausgedrückt. Dieses ist ein relatives Maß, das den Treibhauseffekt des jeweiligen Moleküls mit dem eines Moleküls Kohlendioxid vergleicht. Methan hat ein Treibhauspotenzial von 30, Distickstoffoxid von 150, Ozon von 2000 und die FCKW gar von 10.000 bis 17.000.

Unser heutiges Problem liegt darin, dass entscheidende klimawirksame Spurengase seit Beginn der Industrialisierung deutlich zugenommen haben. Der Ausstoß des wichtigsten Treibhausgases Kohlendioxid hat durch das Verbrennen fossiler Primärenergieträger Kohle, Erdöl und Erdgas von 0,34 Mrd. t im Jahr 1860 auf 24,5 Mrd. t im Jahr 2002 zugenommen, also um den Faktor 70. Der Kohlendioxidgehalt der Atmosphäre ist seit Beginn der Industrialisierung „nur“ von 280 auf 376 ppm im Jahr 2003 angestiegen. Das liegt daran, dass die Ozeane den Löwenanteil des emittierten Kohlendioxids speichern. Sie sind riesige Kohlendioxidsspeicher. Seit Mitte der 1990er Jahre steigt die Konzentration des Kohlendioxids in der Atmosphäre jährlich um etwa 1,5 ppm.

Zu dem natürlichen Treibhauseffekt, der für uns lebenswichtig ist, kommt somit der *anthropogene Treibhauseffekt* hinzu. Dieser wird (von den meisten Experten) dafür verantwortlich gemacht, dass sich in den letzten 100 Jahren die mittlere Temperatur der Atmosphäre um 0,6–0,7 Grad erhöht hat, und der Meeresspiegel um 10–20 cm angestiegen ist. Wir werden im nächsten Abschnitt auf die Folgen des anthropogenen Treibhauseffektes sowie auf Klimamodelle und Prognosen zu sprechen kommen. Schon Ende des 19. Jahrhunderts hatte der schwedische Chemiker Arrhenius darauf hingewiesen, dass die Kohlenutzung die Kohlendioxidkonzentration der Atmosphäre messbar erhöhen und die Temperatur auf der Erde ansteigen lassen würde.

Wir kommen nun zu dem *Ozonloch.* Das ist ein Phänomen, das erst seit etwa 20 Jahren bekannt ist. Die Atmosphäre enthält in Bodennähe etwa 0,03 ppm Ozon. Da Ozon giftig ist, beträgt die maximal zulässige Arbeitsplatzkonzentration 0,1 ppm. Ozon ist eine Verbindung, die aus drei Sauerstoffatomen besteht. Das Sauerstoffmolekül enthält dagegen zwei Atome. Ozon bildet sich durch fotochemische Reaktionen in der natürlichen Atmosphäre aus Sauerstoff und Licht. Dieser Mechanismus hat in der Stratosphäre, in 20–25 km Höhe, zu einem Konzentrationsmaximum von etwa 10 ppm Ozon geführt. Man spricht verkürzt von der Ozonschicht.

Ozon kommt in der gesamten Atmosphäre vor. Es ist aber nur in zwei Bereichen für uns von Bedeutung, in der bodennahen Troposphäre und in der Stratosphäre. Durch menschliche Aktivitäten erhöhen wir laufend den Ozongehalt in der Troposphäre. Ozon entsteht indirekt aus Stickoxiden, Kohlenmonoxid und Methan, Hauptverursacher ist der Kraftverkehr durch das Verbrennen der fossilen Brennstoffe. Und gleichzeitig reduzieren wir den Ozongehalt in der Stratosphäre. Beide Effekte sind schädlich, weil zu viel Ozon am Boden Menschen und Tiere gefährdet und den Treibhauseffekt verstärkt und weil zu wenig Ozon in der Stratosphäre die Schutzwirkung gegen die Ultraviolettstrahlung schwächt.

Zum Verständnis dieses zweiten Effektes müssen wir kurz den Aufbau der Atmosphäre skizzieren. Druck und Dichte in der Atmosphäre nehmen mit wachsender Höhe laufend ab. Würde die Atmosphäre kein Ozon enthalten, so würde auch die Temperatur mit wachsender Höhe kontinuierlich sinken. Das ist bis zur Tropopause, der Grenze zwischen Tropo- und Stratosphäre in etwa 11 km Höhe, auch der Fall. Durch die UV-Strahlung entsteht in der Stratosphäre laufend Ozon, das wieder zerfällt. Hierbei wird Strahlungsenergie absorbiert und in Wärmeenergie überführt. Das ist der Grund für den Anstieg der Temperatur von der Tropopause bis zur Stratopause in etwa 50 km Höhe. Oberhalb davon wird es in der Mesosphäre wieder kälter.

Die teilweise Absorption der energiereichen kurzwelligen UV-Strahlung in der Ozonschicht ist segensreich für das Leben auf der Erde. Würde die UV-Strahlung der Sonne ungehindert auf die Erde treffen, so wären biologische Schäden wie Haut- und Augenschäden, Schwächung des Immunsystems, Mutationen, Schädigung bestimmter Pflanzen und geringere Sauerstoffproduktion der Meeresalgen die Folge. In wohldosierter Form hat die UV-Strahlung eine Reihe positiver Wirkungen, wie die Zunahme des Hämoglobins, des roten Blutfarbstoffs, die Bildung von Vitamin D und die Abtötung bestimmter Bakterien. Ungesund ist, wie sooft im Leben, auch hier das Übermaß.

Britische Forscher haben 1985 auf Grund von 1977 begonnenen Messungen des Ozongehalts über ihrer Antarktisstation eine folgenschwere Entdeckung veröffentlicht. In dem kurzen Zeitraum von acht Jahren hatte der Ozongehalt in der Stratosphäre um mehr als 40 % abgenommen. Der neue Begriff *Ozonloch* wurde geprägt. Anfang 1992 deutete sich auch auf der Nordhalbkugel eine Abnahme des stratosphärischen Ozongehalts an. Für die starke Abnahme des Ozongehalts in der Stratosphäre werden die FCKW verantwortlich gemacht. In den 1950er Jahren begann die Chemische Industrie, große Mengen der Kunstprodukte FCKW herzustellen. Diese Gase dienten als Kühlmittel für Kühlschränke und Klimaanlagen, als Treibgase für Sprays, zum Aufschäumen von Kunststoffen und als Reinigungsmittel für elektronische Bauteile. Sie wurden anfangs als ideale Industriechemikalien angesehen, da sie sehr stabil, chemisch träge und ungiftig sind. Gerade diese positiven Eigenschaften haben die FCKW zu einer Gefahr für die Ozonschicht in der Stratosphäre gemacht. Sie gelangen, ohne in der Troposphäre abgebaut zu werden, in große Höhen und werden erst dort durch die intensive UV-Strahlung in reaktionsfreudige Komponenten zerlegt. Die dabei frei werdenden Chloratome zerstören das Ozon sehr rasch, was aus Laboruntersuchungen bekannt war. So hatten die USA und Kanada schon 1978 die Treibgase in den Spraydosen verboten, weil 1974 amerikanische Wissenschaftler auf diese Gefahren hingewiesen hatten. Die breite Öffentlichkeit ist jedoch erst durch das 1985 bekannt gewordenen Ozonloch alarmiert worden.

Seit 1975 ist ein weiterer gravierender Nachteil der FCKW bekannt. Auf Grund ihrer Absorptionsdaten sind sie die effektivsten aller Treibhausgase. Unglücklicherweise ist der Treibhauseffekt des Ozons in der Tropopause am wirksamsten. Das ist aber gerade die Flughöhe der interkontinentalen Flugzeuge, die große Mengen von Kohlenwasserstoffen und Stickoxiden ausstoßen. Bei dem in diesen Höhen meist klaren Himmel und entsprechend intensiver UV-Strahlung liegen ideale Bedingungen für die Bildung von Ozon vor. In der untersten Atmosphäre gibt es einen weiteren Ozon-Produzenten, den Autoverkehr. Die Kombination aus sonnigem Sommerwetter (hohe UV-Strahlung) und Autoabgasen (viel Stickoxid) ergibt in Ballungsgebieten mitunter unzulässig hohe Ozonwerte. Das führt dann zu gesetzlichen Einschränkungen des Verkehrs.

5.3 Klimamodelle und Prognosen

Es liegt noch nicht lange zurück, da haben sich von Berufs wegen eigentlich nur Landwirte und Weinbauern, Berufsschiffer und -piloten sowie Kurdirektoren für das Wetter interessiert. Natürlich gab es auch stets private Interessenten wie Urlauber, Hobbygärtner, Segler, Flieger, Bergsteiger und Skifahrer. Aber erst seit wenigen Jahren werden der Treibhauseffekt, das Ozonloch und der saure Regen, auf den wir in Abschnitt 5.4 eingehen werden, diskutiert. Diese Phänomene hängen mit der Veränderung der Atmosphäre zusammen.

Der Wunsch, das kurzfristige Wettergeschehen oder das langfristige Klima vorherzusagen, ist so alt wie die Menschheit. Alle Abläufe in der Atmosphäre, so auch das Wetter und das Klima, drücken sich in den physikalischen Größen Druck, Temperatur, Dichte, Feuchte und Zusammensetzung der Luft sowie Windgeschwindigkeit aus. Die Grundgesetze der Physik liefern uns Bilanzgleichungen für die Masse, die Energie und den Impuls. Letztere ist eine vektorielle Bilanzgleichung für den Vektor Windgeschwindigkeit. Dieses System von Bilanzgleichungen wird durch thermodynamischen Relationen wie Zustandsgleichungen für die Luft (und je nach Komplexität des Modells auch für Wasser und Eis) sowie durch reaktionskinetische Ansätze ergänzt. Damit liegt ein geschlossenes Gleichungssystem zur Bestimmung der gesuchten Zustandsgrößen vor, das prinzipiell lösbar ist.

Dieses Gleichungssystem ist seit etwa 150 Jahren bekannt. Es ist (in der Sprache in der Mathematik) ein System von gekoppelten, nichtlinearen, partiellen Differenzialgleichungen zweiter Ordnung. Diese können nur numerisch gelöst werden, was erst im Zeitalter der Computer möglich geworden ist. Der Aufwand zur Lösung dieses Gleichungssystems ist enorm.

Je nach der Art der Vereinfachungen in den Bilanzgleichungen gibt es eine Hierarchie der Modellgleichungen. Die verschiedenen Modelle unterscheiden sich ganz wesentlich in ihrem räumlichen und zeitlichen Auflösungsvermögen. Am einfachsten ist das nulldimensionale Energiebilanzmodell (EBM = *energy balance model*). Man berechnet die mittlere Temperatur der Erde unabhängig von Zeit und Ort aus einem Energiegleichgewicht zwischen dem durchschnittlichen Reflexionsvermögen der Erde und den gemittelten Treibhauseigenschaften der Atmosphäre. Nulldimensional bedeutet, dass die Temperaturverteilung auf der Erde durch einen globalen Mittelwert ersetzt wird.

Eine erste Verfeinerung besteht darin, die Erde nach Zonen unterschiedlicher geografischer Breite von den Polen zum Äquator hin (meridional) zu unterteilen. Bezüglich der geografischen Länge in Ost-West-Richtung (zonal), der Höhe und der Zeit wird weiterhin gemittelt. Man spricht von einem eindimensionalen Energiebilanzmodell. Die Zustandsgrößen der Luft sind jedoch stark von der Höhe abhängig. Der Einfluss der Höhe wird in den so genannten Strahlungs-Konvektions-Modellen (RCM = *radiative convective model*) berücksichtigt, die wiederum eindimensional (Auflösung nur in der Höhe) oder zweidimensional (Auflösung in der Höhe und meridional) sein können.

Ein letzter Schritt in dieser Hierarchie führt zu den dreidimensionalen Zirkulationsmodellen (GCM = *general circulation model*), bei denen nach der geografischen Breite und Länge sowie der Höhe aufgeschlüsselt wird. Diese Modelle sind in der Entwicklung und Anwendung sehr zeitaufwändig und teuer. Dennoch sind sie in ihrem räumlichen Auflösungsvermögen stark eingeschränkt. Wegen der großen Gitterabstände bei der numerischen Integration kann die Unterschiedlichkeit der Erdoberfläche (Gebirge, Seen, Wälder, Wiesen, Ackerflächen, bewohnte Regionen) nur ungenügend erfasst werden. Derart aufwändige Rechnungen werden nur an wenigen Stellen auf der Welt durchgeführt, so z.B. am Max-Planck-Institut für Meteorologie in Hamburg.

Es sollen einige Probleme erwähnt werden, mit denen die Entwickler derartiger Klimamodelle zu kämpfen haben. Eines davon ist die Berücksichtigung der riesigen Wassermengen der Ozeane. Solange es sich um kurzfristige Wettervorhersagen handelt, können die im Vergleich zur Atmosphäre sehr trägen Ozeane außer Acht gelassen werden. Sie stellen dann eine konstante Randbedingung dar. Dies ist bei langfristigen Klimavorhersagen anders, hier muss die Wechselwirkung mit den Ozeanen, die große Wärmespeicher darstellen, berücksichtigt werden. Die Entwicklung gekoppelter Atmosphäre-Ozean-Modelle ist ebenso wie die Einbindung der Eissphäre Gegenstand der Forschung. In den meisten Modellen wird das Eis durch konstante Randbedingungen berücksichtigt.

Ein Beispiel für noch unverstandene physikalische Effekte ist das El-Nino-Phänomen. Im Zyklus von einigen Jahren erwärmt sich die obere Schicht des Pazifiks vor der Küste Perus. Dies geschieht meist um die Weihnachtszeit, daher rührt der Name El-Nino = Kind oder Christkind her. Die Wirkung reicht weit in den Ozean hinaus und es vergehen Monate, bis sie wieder abklingt. Der Auslösemechanismus ist noch unklar. Es gilt jedoch als sicher, dass es sich um eine ozeanisch-atmosphärische Wechselwirkung handelt.

Eine weitere offene Frage betrifft den Einfluss komplizierter Rückkopplungsmechanismen. So ist noch unklar, ob die Wolken durch negative Rückkopplung stabilisierend wirken, indem sie die Erdoberfläche durch Abschirmen der Sonnenstrahlung abkühlen, oder durch positive Rückkopplung destabilisierenden Einfluss haben, indem sie die Oberflächentemperatur durch Wärmeabsorption erhöhen. Andere Rückkopplungseffekte sind besser bekannt. So wirkt Schneefall destabilisierend auf die Temperatur. Bei einem Kälteeinbruch schneit ist. Der stark reflektierende Schnee absorbiert weniger Sonnenenergie als der Erdboden, weshalb die Temperatur noch weitersinkt. Dies ist ein Paradebeispiel für eine positive Rückkopplung.

Welche Ergebnisse haben Modellrechnungen mit den verschiedenen Klimamodellen ergeben? Wie lauten die Prognosen der Klimaforscher? Um die unterschiedlichen mehr oder weniger stark vereinfachten Modellgleichungen anhand von Modellrechnungen testen und miteinander vergleichen zu können, haben sich die Klimaforscher auf eine Kohlendioxid-Verdopplungsstudie verständigt. Hierbei wird eine Erhöhung der Kohlendioxid-Konzentration von 300 auf 600 ppm unterstellt. Der Einfluss der anderen Treibhausgase wird in den Modellrechnungen in Kohlendioxid-Äquivalente umgerechnet. Die Ergebnisse dieser Modellrechnungen lauten übereinstimmend: Die globale Mitteltemperatur steigt um 1,5 bis 4,5 Grad. In den polaren Gebieten findet eine stärkere Erwärmung statt (positive Rückkopplung), da wegen Schrumpfung der Eisgebiete die Rückstreuung vermindert wird. Am Äquator wird die Erwärmung geringer sein (negative Rückkopplung), da mit zunehmender Temperatur die Verdunstung einen Teil der Energie verbraucht. Im globalen Mittel werden die Niederschläge zunehmen, da mit steigender Temperatur die Verdunstung ansteigt. Für unsere Breiten wird dies mit großer Wahrscheinlichkeit eintreffen, in den Subtropen ist mit einer leichten Abnahme der Niederschläge und mit wachsender Trockenheit zu rechnen. Dic Streuung bei der Angabe der Temperaturzunahmc liegt in den einzelnen Modellen begründet. Die untere Grenze entstammt den einfachen Modellen. Würde man allein die dreidimensionalen Klimamodelle werten, so läge der Mittelwert der Erwärmung höher.

Es gibt einer Reihe von Indizien, die die tendenziell übereinstimmenden Resultate der verschiedenen Modellrechnungen bestätigen. Die mittlere Lufttemperatur ist seit 1860 um 0,7 Grad angestiegen. Die Gebirgsgletscher sind seit etwa 1850 deutlich kleiner geworden. Die ozeanische Deckschichttemperatur ist angewachsen. Der Meeresspiegel ist in den letzten 100 Jahren um 10 bis 20 cm angestiegen. Diese Indizien lassen ebenso wie die Kohlendioxid-Verdopplungsstudie keinen Zweifel an den Kernaussagen: Es wird auf unserem Globus wärmer werden und der Meeresspiegel wird ansteigen. Dieser Anstieg ist entscheidend auf die thermische Ausdehnung des Wassers zurückzuführen. Seit Beginn der Wetteraufzeichnungen 1861 war das Jahr 2002 das zweitwärmste Jahr. Die zehn wärmsten Jahre liegen alle nach 1987. Der Anstieg der Temperatur hat sich seit 1976 stark beschleunigt und verläuft etwa dreimal rascher als im Mittel der letzten 100 Jahre.

1988 wurde von der Weltorganisation für Meteorologie und dem Umweltprogramm der Vereinten Nationen (UNEP = *United Nations Environment Program*) auf UN-Ebene die Zwischenstaatliche Kommission für Klimaveränderungen (IPCC = *Intergovernmental Panel on Climate Change*) ins Leben gerufen. Der IPCC ist ein wissenschaftliches Beratungsgremium mit etwa 1500 von den Regierungen berufenen Experten, das regelmäßig umfassende Berichte zu allen Aspekten des Klimawandels vorlegt. Bis zum Jahr 2100 rechnet der IPCC mit einem Anstieg der globalen Mitteltemperatur um 1,4 bis 5,8 Grad und des Meeresspiegels um 9 bis 88 cm, falls keine geeigneten Gegenmaßnahmen ergriffen werden. Weiter wird davon ausgegangen, dass in den nächsten 30 Jahren eine Erwärmung um 0,3 bis 1,3 Grad praktisch unvermeidlich ist. Denn wegen der Trägheit des Klimasystems sind die Veränderungen in den nächsten Jahrzehnten weitgehend die Folgen bereits getätigter Emissionen. Der Effekt von Klimaschutzmaßnahmen wird erst nach einer zeitlichen Verzögerung spürbar.

Nach Ansicht des IPCC wird die anhaltende Erwärmung der Atmosphäre schwerwiegende und unumkehrbare Folgen haben. Diese betreffen die landwirtschaftliche Produktion, die Artenvielfalt, die Trinkwasserreserven, die menschlichen Siedlungen und die Ausbreitung von Krankheiten wie Malaria und Cholera. Dabei werden die Entwicklungsländer und die Inselstaaten am stärksten von den Auswirkungen betroffen sein. In den kommenden Jahren muss mit mehr Stürmen, heftigeren Niederschlägen, mehr Überschwemmungen und mehr Hitze- und Dürreperioden gerechnet werden.

5.4 Saurer Regen

Beim Verbrennen fossiler Brennstoffe entstehen neben dem Treibhausgas Kohlendioxid nicht unbeträchtliche Mengen an Schwefeldioxid und an Stickoxiden. Schwefeldioxid entsteht, weil Kohle und Erdöl stets schwefelhaltig sind. Stickoxide bilden sich immer dann, wenn Stickstoff und Sauerstoff gemeinsam erhitzt werden. Somit emittieren alle Verbrennungskraftmaschinen Stickoxide. Bei unvollständiger Verbrennung werden auch Kohlenmonoxid, Ruß und verschiedene Kohlenwasserstoffe frei.

Der saure Regen, womit man auch sauren Schnee, Nebel und Tau meint, entsteht durch die Vereinigung des Schwefeldioxids und der Stickoxide mit dem Wasserdampf der Atmosphäre, wobei schweflige und salpetrige Säure gebildet werden. Wassertropfen sinken meist recht rasch zu Boden, daher ist der saure Regen in erster Linie ein regionales Problem, wohingegen der Einfluss der Spurengase von globaler Wirkung ist. Die sauren Niederschläge sind eine starke Belastung für Flora und Fauna, für Böden und Gewässer, für Gebäude und letztlich für den Menschen. Als Folge davon erleben wir eine Zunahme der Waldschäden, der Versauerung von Seen und Flüssen, das Absterben von Fischen, die Versauerung der Böden und den Verlust historisch wertvoller Baudenkmäler und Kulturgüter durch Korrosion und Zersetzung.

Eine wässrige Lösung reagiert umso saurer, je mehr Wasserstoffionen sie enthält. Ein Maß für den Säuregrad einer Lösung ist der ph-Wert (lat. *potentia hydrogenii* = Stärke des Wasserstoffs). Das ist der negative dekadische Logarithmus der Wasserstoffionenkonzentration in Mol pro Liter. Zur Anschauung seien einige Zahlen genannt. Eine Lösung mit dem ph-Wert 7 verhält sich neutral. Bei ph-Werten über 7 ist sie alkalisch und unter 7 ist sie sauer. Es ist zu beachten, dass ein Unterschied von eins in dem ph-Wert einen Faktor zehn in der Wasserstoffionenkonzentration ausmacht.

Aus Messungen im Grönlandeis wissen wir, dass das Süßwasser in vorindustrieller Zeit ph-Werte von mindestens 5, eher 6 bis 7 aufwies. Derart schwach saures Wasser finden wir heute nur noch sehr selten in solchen Regionen, die durch sauren Regen kaum beeinträchtigt werden. Seit mit Beginn der Industrialisierung Kohle in großem Stil verbrannt wird, ist unser Wasser immer saurer geworden. Schuld daran ist ganz entscheidend das Verfeuern schwefelhaltiger Kohle, wobei dies gleichermaßen auf Stein- und auf Braunkohle zutrifft. Eine deutliche Verbesserung der Situation ist durch den Einsatz von Rauchgasentschwefelungsanlagen (und Rauchgasentstickungsanlagen) entstanden. Diese werden jedoch derzeit fast nur in Ländern mit einem hohen Umweltbewusstsein eingesetzt. Viele Länder der Dritten Welt und des ehemaligen Ostblocks verzichten auch heute noch aus wirtschaftlichen Gründen häufig auf derartige Umweltschutzmaßnahmen. Eine Begleiterscheinung des sauren Regens sind Waldschäden bis hin zum Waldsterben. Eine Kalkung der Böden (etwa wie im Harz von Hubschraubern aus) soll dem entgegenwirken.

5.5 Umweltbewusstsein und Umweltpolitik

Im Vorgriff auf den späteren Abschnitt 8.1, in dem wir die Bewusstseinswende der sechziger Jahre skizzieren werden, sei an dieser Stelle kurz gesagt: Die in den ersten Abschnitten dieses Kapitels geschilderten Umweltprobleme haben das Umweltbewusstsein der Gesellschaft (zuerst in den entwickelten Industrieländern) sensibilisiert und haben zu einem neuen Politikfeld geführt, der Umweltpolitik. Es folgt eine kurze Schilderung der Geschichte der Umweltpolitik in unserem Land.

Im nordrhein-westfälischen Wahlkampf 1962 setzte die SPD das Motto „der Himmel über der Ruhr soll wieder blau werden" ein. Die „Grünen" begannen, sich in den siebziger Jahren zu etablieren, und sie haben sich zwischenzeitlich in unserem Parteiengefüge mit dem Schwerpunkt einer ökologisch orientierten Politik einen festen Platz geschaffen. Die etablierten Parteien CDU/CSU, SPD und FDP haben in der Folgezeit den Umweltschutz in ihre politischen Programme aufgenommen und es gibt kein Bundesland ohne ein Umweltministerium. Das erste Ministerium diese Art wurde 1970 von der bayerischen Staatsregierung gegründet. 1986 wurde unmittelbar nach der Tschernobylkatastrophe das Bundesministerium für Umwelt, Naturschutz und Reaktorsicherheit (BMU) in Bonn eingerichtet.

Periodisierungen sind stets problematisch, denn sie vereinfachen. Gleichwohl machen sie historische Entwicklungen sehr schön deutlich. Es lassen sich vier Phasen in der Geschichte der Umweltpolitik herausfiltern, dargestellt an dem Zusammenspiel zwischen den zentralen Akteuren Politik und Verwaltung, Wirtschaft, Wissenschaft sowie Medien.

Es begann in den sechziger Jahren mit der „technokratischen Phase". Von Umweltpolitik konnte zu dieser Zeit noch nicht gesprochen werden. Am Anfang stand die Strategie der „hohen Schornsteine", des Verdünnens und Verteilens, dem US-amerikanischen Leitsatz folgend „*dilution is the solution of pollution*". Der technische Umweltschutz „*end-of-the-pipe*" entwickelte sich, es ging um die

Reinhaltung der Luft, der Gewässer und des Bodens. Hierauf werden wir im folgenden Abschnitt eingehen. In dieser Phase verließen sich die Politiker voll auf das Expertenwissen aus Wissenschaft und Wirtschaft. Die Medien spielten (mit Ausnahme von Fachzeitschriften) noch keine Rolle, die Öffentlichkeit war noch nicht sensibilisiert. Die Harmonie zwischen Politik, Verwaltung, Wirtschaft und Wissenschaft war ungestört.

Diese Harmonie begann in den siebziger Jahren zu bröckeln. Es folgte die „konzeptionelle Phase“, geprägt von zwei Entwicklungslinien. Auf der einen Seite ging es um die Etablierung einer umweltpolitischen Konzeption auf wissenschaftlicher Grundlage. Stichworte hierzu sind das Vorsorge-, das Verursacher- und das Kooperationsprinzip. Die Zusammenarbeit zwischen den klassischen Akteuren Politik und Verwaltung, Wirtschaft und Wissenschaft war noch gut. Auf der anderen Seite formierte sich mit den „Grünen“ eine (zunächst) außerparlamentarische Opposition. Diese bekämpften das „rationale“ Konzept der Umweltpolitik und forderten den ökologischen Umbau der Industriegesellschaft. Die Medien begannen, Umweltthemen wie Waldsterben, Ozonloch und Treibhauseffekt aufzugreifen, die Öffentlichkeit zeigte sich zunehmend sensibilisiert.

In den achtziger Jahren begann die „Phase der Entkopplung“, die Umweltpolitik verselbstständigte sich. Alle Parteien erarbeiteten Umweltprogramme, man kann von einer parteipolitischen Umweltoffensive sprechen. Die Diskussion in den Medien und in der Öffentlichkeit wurde durch großtechnische Katastrophen bestimmt: Seveso, Sandoz, Bophal und Tschernobyl seien beispielhaft genannt. Großtechnologien wie die Kern-, Chemie- und Gentechnik gerieten in die Kritik. Die Harmonie zwischen Politik, Wirtschaft und Wissenschaft ging zu Ende.

Die neunziger Jahre können als „Phase der Globalisierung“ bezeichnet werden. Insbesondere nach der Rio-Konferenz 1992 etablierte sich das Leitbild Nachhaltigkeit (*Sustainable Development*) in Politik, Wirtschaft und Öffentlichkeit, basierend auf dem Dreisäulenmodell getragen von Ökologie, Ökonomie und Gesellschaft. Seit dieser Zeit geht es nicht mehr um reine Umweltpolitik, es geht um mehrdimensionale Zukunftsfähigkeit. Hierauf werden wir in Kapitel 8 eingehen.

Im folgenden Abschnitt möchte ich skizzieren, welche umweltrelevanten Forschungsgebiete sich in den Ingenieurwissenschaften entwickelt haben. Es wird deutlich werden, dass es neben rein fachspezifischen Fragestellungen zunehmend auf die Bearbeitung von mehrdimensionalen Problemen ankommt, die nur interdisziplinär bearbeitet werden können. Dies stellt akademisch etablierte Strukturen vor Herausforderungen, auf die sie bislang in unterschiedlicher Weise (oder gar nicht) reagiert haben.

5.6 Technik und Umwelt

Beginnen möchte ich mit der Zivilisationsmaschine, die unsere Wirtschaft in Gang hält und für Wirtschaftswachstum sorgen soll, Bild 5.4. Unsere Zivilisationsmaschine besteht aus zwei Kernbereichen, der Produktion und dem Konsum. Dabei setzt sich die Produktion aus einer langen Kette einzelner Produktionsstufen zusammen. Aus Eisenerz und anderen mineralischen Rohstoffen wird ein Automobil, aus Erdöl wird Kunststoff gewonnen und aus Zuckerrüben entsteht Zucker. Ziel der Produktion ist die Bereitstellung von Gütern für den Konsum. Hierzu gehören nicht nur materielle Güter, sondern auch Dienstleistungen. Bei beiden Prozessen, der Produktion und dem Konsum, entstehen Abprodukte wie Abfälle, Abgase, Abwässer und Abwärme.

An dieser Stelle setzt die Umweltschutztechnik an. Mit dem Instrument Recycling soll ein möglichst großer Anteil der Abprodukte in den Produktionsprozess zurückgeführt werden. Dabei haben wir zum einen eine Recyclingschleife innerhalb der Produktionsprozesse. Nicht zuletzt auch aus ökonomischen Gründen haben die Unternehmen dieses Recycling perfektioniert. Erstaunlich wenig Abfälle, Abgase, Abwässer und Abwärme verlassen heute die Unternehmen. So wurde für die Herstellung eines VW-Käfers in den fünfziger Jahren sehr viel mehr Frischwasser benötigt als heute für die Herstellung eines VW-Golf. Derartige Recyclingmaßnahmen innerhalb eines Unternehmens sind logistisch sehr viel einfacher zu realisieren als Recyclingschleifen vom Konsum zurück in die Produktion. Im folgenden Kapitel werden wir in Abschnitt 6.2 auf das Recycling zurückkommen. Denn Recycling schon nicht nur die Umwelt, es spart auch Ressourcen.

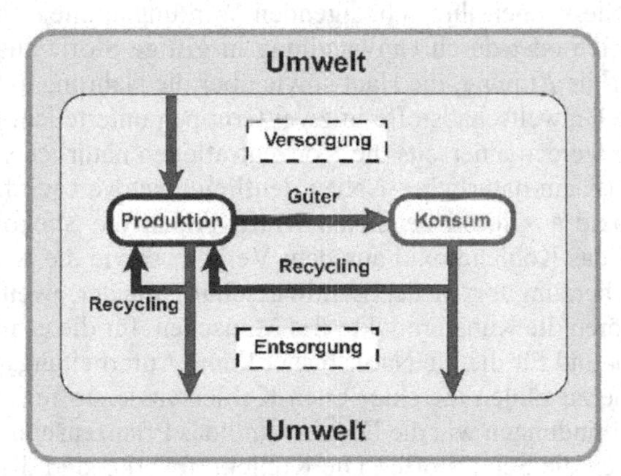

5.4 Unsere Zivilisationsmaschine (Jischa 2004)

Der Übergang von der Abfallbeseitigung (dem Abfallbeseitigungsgesetz) hin zum Kreislaufgedanken setzte Anfang der neunziger Jahre ein. Der damalige Umweltminister K. Töpfer machte erstmals den schwierigen Versuch, die Abfallwirtschaft zu einem strategischen Ansatzpunkt zu machen, um die Hersteller von der Produktverantwortung zur Entwicklung ökoeffizienter Güter zu bewegen. Die bisherige Umsetzung des Kreislaufwirtschaftsgedankens durch gemeinwohlorientierte Unternehmen wie Duales System Deutschland AG (Der Grüne Punkt) ist nicht unumstritten. Die kontrovers geführten Diskussionen verlaufen entlang einer Gemengelage aus politischen, verwaltungsrechtlichen, wirtschaftlichen und wissenschaftlichen Argumenten und sind entsprechend unübersichtlich. Aber vielleicht bedurfte es dieser Einrichtung, um das politische Ziel des Kreislaufgedankens zu verankern. Der Kreislaufgedanke hat die Art des Wirtschaftens in unserem Land deutlich verändert. Als Entsorgungskonzept konzipiert, entlastet es gleichzeitig das Versorgungsproblem, denn die Reichweite mineralischer und fossiler Rohstoffe wird durch Recycling-Maßnahmen gestreckt.

Die Produktionsprozesse unserer Zivilisationsmaschine werden aus der Umwelt mit Materie und mit Energie versorgt. Hier unterscheiden wir die mineralischen Rohstoffe, aus denen Metalle und Baustoffe gewonnen werden, von den Energierohstoffen wie Kohle, Erdöl und Erdgas. Erdöl ist jedoch gleichzeitig die Basis für die Kunststoffe. Trotz aller Recyclingbemühungen müssen (möglichst wenige) Abprodukte, also Materie und Energie, wieder in die Umwelt entsorgt werden. Somit erkennen wir an Bild 5.4, dass Umwelttechnik und Umweltschutztechnik stets mit Energietechnik verknüpft sind. Stoffströme sind in der Regel mit Energieströmen gekoppelt.

Zusammenfassend stellen wir fest, dass Recyclingmaßnahmen aus zwei Gründen geboten sind. Zum einen entlasten sie das Ressourcenproblem, was angesichts etwa steigender Preise für Frischwasser auch ökonomisch sinnvoll ist. Zum anderen schonen sie die Umwelt, womit wir zu dem Begriff Schadstoffe kommen.

Was sind Schadstoffe und woher kommen sie? Schadstoffe sind solche Stoffe, die auf Lebewesen, die belebte und die unbelebte Natur sowie auf Sachgüter schädigend wirken. Sie können ihre schädigenden Wirkungen allein, in Kombination mit anderen Stoffen oder durch Umwandlung in giftige Stoffe ausüben und werden von uns über die Atmung, die Haut sowie über die Nahrung aufgenommen.

Man kann die Umweltschadstoffe in zwei Gruppen unterteilen. Durch menschliche Aktivitäten werden einerseits die Konzentrationen natürlicher Stoffe in einer Weise erhöht, dass ein natürlicher Abbau deutlich erschwert wird. Hierzu zählen das Schwefeldioxid aus fossil beheizten Kraftwerken, die Stickoxide, das Kohlenmonoxid und das Kohlendioxid aus dem Verkehr sowie die Nitrate und Phosphate aus der Überdüngung in der Landwirtschaft. Zu der zweiten Gruppe der Schadstoffe gehören die Kunstprodukte des Menschen, für die es in der Natur keine Vorbilder gibt und für die die Natur bisher keine Aufarbeitungsprozesse entwickeln konnte. Hierzu zählen die chlorierten Kohlenwasserstoffe (FCKW), die polychlorierten Verbindungen wie die Dioxine und das Pflanzenschutzmittel DDT.

Woher kommen die Schadstoffe? Die Kohlekraftwerke sind die Hauptverursacher für das Schwefeldioxid, da die Stein- und Braunkohle von den fossilen Brennstoffen den höchsten Schwefelanteil aufweisen. Dieses Problem ist in den entwickelten Ländern durch Rauchgasentschwefelungsanlagen entschärft worden. Der meiste Staub fällt in der industriellen Produktion an. Der Verkehr verursacht die höchsten Anteile an Stickoxid, an Kohlenmonoxid und an organischen Verbindungen (Kohlenwasserstoffen). Diese sind auch in Lösungsmitteln enthalten, die für Lacke, Farben und Reinigungsmittel verwendet werden. Lösungsmittel schädigen in unterschiedlicher Weise die Gesundheit und belasten das Wasser.

Noch in den fünfziger Jahren verstand man unter Umweltschutz das Verdünnen und Verteilen von Abgasen und Abwässern. Das heute noch teilweise ausgeübte (illegale) Verklappen von Säuren auf hoher See ist ein Relikt aus dieser Zeit. Die „Politik der hohen Schornsteine" scheint überwunden zu sein. Das heutige Ziel des Umweltschutzes wird durch Vermeiden, Vermindern und Verwerten beschrieben. Da trotz dieser Maßnahmen nach wie vor Abprodukte anfallen, werden diese letztendlich verdichtet und deponiert. Wir wollen nun einige Verfahren der Umweltschutztechnik zur Luftreinhaltung, zur Abwasserreinigung und zur Abfallbehandlung skizzieren.

Die Ursachen der Luftbelastung sind überwiegend Verbrennungsprozesse in den Kraftwerken, in der Industrie, im Verkehr und in den Haushalten. Die Abgase, die wir auch Rauchgase nennen, enthalten neben den gasförmigen meist auch feste Bestandteile. Somit liegen zwei Aufgabenstellungen vor, die Entstaubung und die Entfernung gasförmiger Bestandteile. Die Methoden zur Staubreduzierung beruhen auf unterschiedlichen physikalischen Prinzipien. Bei Massenkraftabscheidern wird der Staub, der spezifisch deutlich schwerer ist als Gas, durch den Einfluss der Schwerkraft und/oder der Zentrifugalkraft abgeschieden. Bei den Faser- und Gewebefiltern werden die Staubpartikeln an der Oberfläche der Filter zurückgehalten, während sie bei den Elektrofiltern durch ein elektrisches Feld abgeschieden werden. Waschverfahren machen sich zunutze, dass sich die Staubpartikeln an nassen Oberflächen besser absetzen als an trockenen. Die einzelnen Verfahren haben einen hohen Reifegrad erreicht. Insbesondere durch eine Kombination der verschiedenen Methoden sind erhebliche Fortschritte erzielt worden. Der Himmel über der Ruhr ist tatsächlich wieder blau geworden.

Für die Reduzierung gasförmiger Bestandteile werden physikalische und chemische Prinzipien ausgenutzt. Bei dem Kondensationsprinzip wird das Gas kondensiert, wozu hohe Drücke und tiefe Temperaturen erforderlich sind, und danach flüssig abgeschieden. Bei den Absorptionsverfahren wird zwischen der physikalischen Absorption (das Gas löst sich in einer Flüssigkeit ohne chemische Reaktion) und der chemischen Absorption unterschieden. Als Adsorption bezeichnet man die Einlagerung von Gasen am Feststoffoberflächen, z. B. Aktivkohle oder Kieselgel. Nachverbrennung ist eine Form der thermischen Abgasreinigung durch einen Oxidationsvorgang bei hohen Temperaturen. Bei den katalytisch gesteuerten Verfahren schließlich werden die Schadgase an einem Katalysator entweder oxidiert oder reduziert. Als Beispiel sei hier der Autokatalysator genannt.

Die Behandlung der Abwässer und die Schlammentsorgung waren als Siedlungswasserwirtschaft zunächst eine traditionelle Aufgabe der Bauingenieure. Heute ist dies ein interdisziplinärer Bereich, der von Biologen, Chemikern und Ingenieuren bearbeitet wird. Wesentliche Schadstoffe in den Abwässern sind Schwermetalle, halogenierte Kohlenwasserstoffe, Salze und organische Düngemittel. Ein Teil der Schadstoffe ist absetzbar und kann demzufolge in einem Absetzbecken aufgefangen werden. Dies scheidet bei den Schwebeteilchen, das heißt den nicht absetzbaren, und den gelösten Stoffen aus. Heute gängige Kläranlagen arbeiten zweistufig. In der ersten Reinigungsstufe wird mechanisch durch Siebe und Rechen gereinigt. In der zweiten Stufe werden Kohlenstoffverbindungen biologisch mittels Mikroorganismen abgebaut. Der entstehende Klärschlamm konnte früher zu großen Teilen in der Landwirtschaft verwendet werden. Dies scheidet heute wegen der zunehmenden Schwermetallanteile aus. Der Klärschlamm muss teilweise als Sondermüll entsorgt werden.

Der Abfall oder Müll stellt das letzte Glied in unserer Zivilisationsmaschine dar. Die früher bevorzugte Entsorgung war ausschließlich die Deponierung, was aus vielerlei Gründen problematisch wurde. Zum einen geht es um Platzprobleme, die jedoch durch die Mülltrennung deutlich entschärft wurden. Zum anderen ist eine Deponie ein biochemischer Reaktor, in dem die organischen Bestandteile mikrobiologisch abgebaut werden. Dadurch entstehen unvermeidlich Deponiegase, bestehend aus Methan und Kohlendioxid. Auch das Sickerwasser stellt eine massive Gefährdung der Umwelt dar. Die (politisch umstrittene) Müllverbrennung ist nicht unkritisch, da die Abgase behandelt werden müssen und der verdichtete Abfall Sondermüll darstellt, der entsprechend sorgfältig deponiert werden muss. Aber schon aus Platzgründen wird diese Entsorgungsart an Bedeutung gewinnen.

Die geschilderten technischen Maßnahmen zum Schutz der Umwelt basieren auf bekannten Grundoperationen der Verfahrenstechnik. Sie werden mitunter abwertend als „*end–of–the–pipe*“-Technik bezeichnet. Es ist zweifellos richtig, dass technische Schutzmaßnahmen verstärkt durch Vorsorgemaßnahmen ergänzt werden müssen. Aber da unsere Zivilisationsmaschine Abluft, Abwässer und Abfall produziert, werden technische Maßnahmen am Ende der Prozesse notwendig bleiben. Gleichwohl muss verstärkt an Maßnahmen für einen produkt- und prozessintegrierten Umweltschutz gearbeitet werden. Dabei wird es primär um eine Erhöhung der Ressourceneffizienz gehen, also um eine Reduktion der Stoff- und Energieströme auf der input-Seite der Produktion.

5.7 Ökonomie und Umwelt

In ähnlicher Weise wie die Ingenieurwissenschaften haben auch die Wirtschaftswissenschaften auf die Umweltprobleme reagiert. Innerhalb der Betriebswirtschaftslehre entwickelte sich Ende der sechziger Jahre zunächst eine gesellschaftsbezogene Unternehmensrechnung. Darunter können wir uns eine Human- und Sozialvermögensrechnung sowie eine gesellschaftsbezogene Wirtschaftsprüfung vorstellen. Der Begriff Sozialbilanz wurde geprägt, noch bevor der Begriff Ökobilanz in der Literatur auftauchte. Beiden Bilanzen liegt die Vorstellung zu Grunde, einer monetären Handelsbilanz weitere Bilanzen zur Seite zu stellen. Heute ist es Allgemeingut, dass das Human- und das Sozialkapital eines Unternehmens zunehmend an Bedeutung gewinnen. Dabei lautet die entscheidende Frage, wie diese zu quantifizieren, zu messen und damit zu bewerten seien.

Seit Mitte der siebziger Jahre sind Betriebsbeauftragte für den Umweltschutz gesetzlich vorgeschrieben. So etwa im Bundes-Immissionsschutzgesetz (BImSchG), im Wasserhaushaltsgesetz (WHG) und im Abfallgesetz (AbfG). Es ist eine übliche Vorgehensweise, bei dem Auftreten von Problemen zunächst entsprechende Beauftragte vorzusehen, so etwa den Sicherheitsbeauftragten und die Frauenbeauftragte. Einige Unternehmen gingen zeitweise sogar so weit, ein Vorstandsressort für den Bereich Umwelt einzurichten. Ebenfalls Mitte der siebziger Jahre setzte die Ökobilanzbewegung ein, die ökologische Buchhaltung. Sie ist mit dem Namen Müller-Wenk (Schweiz) eng verknüpft. Zusätzlich zu der Geldwährung in Handelsbilanzen sollte eine „Ökowährung“ eingeführt werden.

Mitte der achtziger Jahre starteten zunächst einige wenige Unternehmer (vorwiegend aus dem Mittelstand) eine Umweltinitiative. So schlossen sich 1985 mehrere Industrieunternehmen zum „Bundesdeutschen Arbeitskreis für umweltbewusste Materialwirtschaft" (B.A.U.M.) zusammen, wobei der Begriff Materialwirtschaft wenig später durch Management ersetzt wurde. Der Pionier dabei war G. Winter, Herausgeber des vielfach aufgelegten Handbuches „Das umweltbewusste Unternehmen" (Winter 1998). B.A.U.M. e.V. hat mehr als 200 Mitglieder, zumeist Firmen. Der Verein hat sich auf einen Kodex zur umweltorientierten Unternehmensführung verpflichtet. 1986 wurde durch Initiative von rund 200 Unternehmern und Führungskräften der deutschen Wirtschaft der „Förderkreis Umwelt future e. V." gegründet, dessen Pionier war K. Günther. Deren Mitglieder verpflichten sich, den Faktor Umwelt zum festen Bestandteil ihrer Firmenphilosophie zu machen. G. Winter und K. Günther sind 1995 gemeinsam mit dem Deutschen Umweltpreis ausgezeichnet worden. Dieser hoch dotierte Preis wird alljährlich von der Deutschen Bundesstiftung Umwelt (DBU) vergeben.

Die akademische Disziplin Betriebswirtschaftslehre entdeckte in der zweiten Hälfte der achtziger Jahre den Umweltschutz. Dies begann mit Einzelbeiträgen und einigen Dissertationen. Darstellungen, die sich mit der ökologischen Unternehmenspolitik und deren strategischer Ausrichtung befassen, folgten. 1985 wurde das „Institut für ökologische Wirtschaftsführung" (IÖW) als GmbH gegründet, es gibt seither eine eigene Schriftenreihe heraus. An der *European Business School* in Oestrich-Winkel wurde 1987 das „Institut für Ökologie und Unternehmensführung" eingerichtet. Die Hochschule St. Gallen begründete 1992 das „Institut für Wirtschaft und Ökologie".

1988 veranstaltete die Evangelische Akademie Tutzing eine Tagung „Umweltschutz als Teil der Unternehmenskultur, Umweltorientierte Unternehmenspolitik". Als Ergebnis dieser Tagung wurde eine Tutzinger Erklärung zur umweltorientierten Unternehmenspolitik verfasst. Dieser Erklärung traten zahlreiche Wirtschaftsverbände wie etwa BDI, DIHT und VCI bei. Der BDI richtete 2000 das „econsense-Forum Nachhaltige Entwicklung der Deutschen Wirtschaft" ein; die Initiative hierzu ging von führenden, global agierenden Unternehmen aus.

Die Internationale Handelskammer (ICC = *International Chamber of Commerce*) verkündete 1991 auf der zweiten Weltkonferenz für Umweltmanagement eine „*Business Charta for Sustainable Development*". Diese Charta ist maßgeblich von dem Brundtland-Bericht „Unsere gemeinsame Zukunft" (1987) geprägt worden, mit dem die Nachhaltigkeitsdiskussion begann, siehe Abschnitt 8.1. Die Agenda 21, das Abschlussdokument der Rio-Konferenz für Umwelt und Entwicklung 1992, nimmt darauf direkt Bezug. In Kapitel 30, das der Stärkung der Rolle der Privatwirtschaft gewidmet ist, heißt es auf S. 236 (BMU 1992): „Die Privatwirtschaft einschließlich transnationaler Unternehmen soll dazu angeregt werden, (a) jährlich über ihre umweltrelevanten Tätigkeiten sowie über ihre Energie- und Ressourcennutzung Bericht zu erstatten; (b) Verhaltenskodizes zur Förderung vorbildlichen Umweltverhaltens wie etwa die Charta der Internationalen Handelskammer (ICC) über eine nachhaltige Entwicklung und die „*Responsible Care*"-Initiative der Chemischen Industrie zu verabschieden und über ihre Umsetzung Bericht zu erstatten."

Nach einer gewissen zeitlichen Verzögerung haben die Gewerkschaften das Thema aufgegriffen. 1992 legte die IG Metall „Eckpunkte für eine Betriebsvereinbarung zum Umweltschutz" vor, der sich zahlreiche weitere Gewerkschaften angeschlossen haben. 1993 verabschiedete die EU ein Grundgesetz des Ökomanagements. Diese Verordnung betrifft die freiwillige Beteiligung gewerblicher Unternehmen an einem „Gemeinschaftssystem für das Umweltmanagement und die Umweltbetriebsprüfung". Das Ökoaudit bzw. Umweltaudit war geboren. Als erstes europäisches Land hat Großbritannien 1992 eine Norm *„Specification for Environmental Management Systems"* ausgearbeitet (BS = *British Standard 7750*). Sie enthält eine Spezifikation für ein Umweltmanagementsystem zur Gewährleistung und Erfüllung der dargelegten Umweltpolitik und der dargestellten Zielsetzungen.

Gemäß einer Definition der Internationalen Handelskammer (ICC) ist ein Umweltaudit „ein Management-Instrument, welches eine systematische, dokumentierte, periodische und objektivierte Bewertung (Evaluierung) über die Leistungsfähigkeit des betrieblichen Umweltschutzmanagements, der -organisation sowie der -verfahren und deren -ausrüstung beinhaltet." EU-Verordnungen wie die oben angeführte zum Ökomanagement können erst vollzogen werden, wenn die Mitgliedsstaaten eine Reihe von obligatorischen Umsetzungsmaßnahmen durchgeführt haben. Hierzu gehören die Einrichtung eines Zulassungssystems für die unabhängigen Umweltgutachter und die Benennung einer zuständigen Stelle. Derartige Diskussionen führen stets zu heftigen Auseinandersetzungen zwischen der Politik und der Wirtschaft.

Ökobilanzen sind in Wirtschaftsunternehmen mittlerweile zu einem etablierten Instrument neben den Handelsbilanzen geworden. An der notwendigen Methodenkonvention zu Ökobilanzen arbeiten verschiedene Institutionen. Zum einen vergibt das Umweltbundesamt (UBA) Forschungsaufträge. Das UBA definiert Ökobilanzen wie folgt: „Unter Ökobilanz verstehen wir einen möglichst umfassenden Vergleich der Umweltauswirkungen zweier oder mehrerer unterschiedlicher Produkte, Produktgruppen, Systeme, Verfahren oder Verhaltensweisen. Sie dient der Offenlegung von Schwachstellen, der Verbesserung der Umwelteigenschaften der Produkte und als Entscheidungsgrundlage für Beschaffung und Einkauf."

Auf Grund einer Vereinbarung mit dem BMU hat das Deutsche Institut für Normung (DIN) 1992 den Normenausschuss „Grundlagen des Umweltschutzes" (NAGUS) eingerichtet. Darin geht es um die Themen Terminologie, Managementsysteme, Audit, Ökobilanzen, umweltbezogene Leistungsfähigkeit und umweltbezogene Kennzeichnung. Die internationale Normung wird von der *International Organization for Standardization* (ISO) wahrgenommen. In deren *Strategic Advisory Group on Environment* (SAGE) arbeiten sechs Gruppen an Themen wie *Environmental Labelling, Management System, Auditing, Performance Standards, Product Standards* und *Life Cycle Analysis* (LCA). Hinzu kommen weitere Institutionen wie etwa die *Society of Environmental Toxicology and Chemistry* (SETAC).

Statt Ökobilanz oder LCA wird oft von Produktlinienanalyse (PLA) gesprochen. Denn es geht darum, die ökologischen Auswirkungen eines Produktes über seine gesamte Lebenszeit zu analysieren. Ein griffiger Slogan hierfür lautet „von der Wiege bis zur Bahre" (*„from the cradle to the grave"*). Es liegt auf der Hand, dass Ökobilanzen nach wie vor ein hohes Vernebelungspotenzial aufweisen, das je nach Standpunkt strategisch genutzt wird. Es gibt viele Probleme methodischer Art: Hohe Komplexität, hoher Informationsbedarf an teilweise unsicheren oder unscharfen Daten, Fragen der Aggregation, der Abgrenzung und deren Bewertung. Dies führt zu einer nicht unbeträchtlichen Verunsicherung der Verbraucher. Sind etwa Pfandflaschen oder Einwegverpackungen ökologisch günstiger? Beide Ansichten lassen sich unter bestimmten Voraussetzungen (die je nach Interessenlage gerne verschwiegen werden) mit den „richtigen" Ökobilanzen belegen.

Die bislang behandelten Fragestellungen lassen sich der Betriebswirtschaftslehre zuordnen. Aus Sicht der Unternehmen, der Verwaltung und damit der Politik sowie der Medien und der Verbraucher ist die Betonung der betriebswirtschaftlichen Fragestellungen verständlich. Gibt es zu dem Thema Ökonomie und Umwelt Fragen volkswirtschaftlicher Art, die uns direkt betreffen? Hierauf werden wir später (Kapitel 11 und 12) zu sprechen kommen.

Literatur

Berner, U., Streif, H. (Hrsg.) (2000) *Klimafakten.* E. Schweizerbart'sche Verlagsbuchhandlung, Stuttgart

BMU (1992) *Agenda 21, Konferenz der Vereinten Nationen für Umwelt und Entwicklung 1992 in Rio de Janeiro.* Bundesumweltministerium, Bonn

Bowler, P. J. (1997) *Viewegs Geschichte der Umweltwissenschaften.* Vieweg, Braunschweig

Brauer, H. (Hrsg.) (1996) *Handbuch des Umweltschutzes und der Umweltschutztechnik.* 5 Bände, Springer, Berlin

Crutzen, P. J., Müller, M. (Hrsg.) (1990) *Das Ende des blauen Planeten?* 2. Aufl. Beck, München

Dreyhaupt, F.-J. (1994) *VDI-Lexikon Umwelttechnik.* VDI-Verlag, Düsseldorf

Fabian, P. (1989) *Atmosphäre und Umwelt.* 3. Aufl. Springer, Berlin

Firor, J. (1993) *Herausforderung Weltklima.* Spektrum Akad. Verlag, Heidelberg

Flohn, H. (1985) *Das Problem der Klimaveränderungen in Vergangenheit und Zukunft.* Wissenschaftliche Buchgesellschaft, Darmstadt

Förstner, U. (2004) *Umweltschutztechnik.* 6. Aufl. Springer, Berlin

Görner, K., Hübner, K. (Hrsg.) (1999) *Hütte Umweltschutztechnik.* Springer, Berlin

Goudie, A. (1994) *Mensch und Umwelt.* Spektrum Akad. Verlag, Heidelberg

Graßl, H., Klingholz, R. (1990) *Wir Klimamacher.* Fischer, Frankfurt am Main

Jischa, M. F. (2004) *Ingenieurwissenschaften.* Reihe Studium der Umweltwissenschaften. Springer, Berlin

McNeill, J. R. (2000) *Blue Planet.* Campus, Frankfurt am Main

Nisbet, E. G. (1994) *Globale Umweltveränderungen.* Spektrum Akad. Verlag, Heidelberg

Radkau, J. (2000) *Natur und Macht. Eine Geschichte der Umwelt.* Beck, München

Schönwiese, C.-D. (1990) *Weltweite Klimaänderungen durch den Menschen?* In: Opitz, P. J. (Hrsg.) *Weltprobleme.* 3. Aufl. Bundeszentrale für politische Bildung, Bonn

Spektrum (1990) *Atmosphäre, Klima, Umwelt.* Spektrum der Wissenschaft Verlagsgesellschaft, Heidelberg

Spektrum (1995) *Mensch, Umwelt, Wirtschaft.* Spektrum Akad. Verlag, Heidelberg
Spektrum (2002) *Klima.* Dossier 1/2002, Spektrum der Wissenschaft Verlagsgesellschaft, Heidelberg
SRU (1994) *Umweltgutachten 1994*; Der Rat der Sachverständigen für Umweltfragen. Metzler-Pöschel, Stuttgart
SRU (2000) *Umweltgutachten 2000*; Der Rat der Sachverständigen für Umweltfragen. Metzler-Pöschel, Stuttgart
WBGU (1996) *Welt im Wandel: Herausforderungen für die Wissenschaft.* Springer, Berlin
WBGU (2000) *Welt im Wandel: Erhaltung und nachhaltige Nutzung der Biosphäre.* Springer, Berlin
WBGU (2003) *Welt im Wandel: Energiewende zur Nachhaltigkeit.* Springer, Berlin
Winter, G. (Hrsg.) (1998) *Das umweltbewusste Unternehmen.* 6. Aufl. Vahlen, München

Zu dem Thema Umwelt gibt es eine große Zahl von Darstellungen unterschiedlicher Prägung, da das Thema Umwelt mehrere Disziplinen berührt. Hier ist nur eine kleine (subjektive) Auswahl angegeben, orientiert an den Ausführungen in diesem Kapitel. Allgemeine Einführungen geben Goudie und Nisbet. Bowler, McNeill und Radkau beschreiben die Geschichte der Umwelt. In das Klimathema, das im Zentrum dieses Kapitels steht, führen Berner/Streif, Crutzen/Müller, Fabian, Firor, Flohn, Graßl/Klingholz sowie Schönwiese ein. Die Darstellungen von Brauer, Förstner sowie Görner/Hübner sind primär der Umweltschutztechnik gewidmet, das gilt in gleicher Weise für das VDI-Lexikon (Dreyhaupt). In den Spektrum-Bänden sind Beiträge aus der Zeitschrift „Spektrum der Wissenschaft" zusammengefasst. In der Darstellung von Winter sind umweltrelevante Beiträge aus der Sicht von Unternehmen wiedergegeben. Der Autor dieses Buches führt in die Ingenieurwissenschaften ein, dabei stehen umweltrelevante Anwendungen dem Titel „Studium der Umweltwissenschaften" entsprechend im Vordergrund.

Besonders möchte ich auf zwei kontinuierlich erscheinende Analysen von Experten hinweisen, die des SRU und des WBGU. Beide Expertengremien sind von Bundesministerien per Erlass eingerichtet worden, ihre Mitglieder werden jeweils auf Zeit berufen. 1990 richtete der damalige Bundesminister für Umwelt, Naturschutz und Reaktorsicherheit (BMU) Töpfer den Rat von Sachverständigen für Umweltfragen (SRU) ein. Er soll eine „periodische Begutachtung der Umweltsituation und Umweltbedingungen" in Deutschland vornehmen und alle zwei Jahre ein Gutachten erstellen. Hier habe ich exemplarisch zwei Gutachten aufgeführt, jenes von 1994 mit dem Untertitel „Für eine dauerhaft-umweltgerechte Entwicklung" und jenes von 2000 mit dem Untertitel „Schritte ins nächste Jahrtausend". 1992 richteten der damalige Bundesminister für Forschung und Technologie (BMFT, das heutige BMBF) Riesenhuber und BMU-Minister Töpfer den Wissenschaftlichen Beirat Globale Umweltveränderungen (WBGU) ein. Er soll eine „periodische Begutachtung der globalen Umweltveränderungen und ihrer Folgen" vornehmen und jedes Jahr einen Bericht erstatten. Hier habe ich exemplarisch drei Gutachten erwähnt. In jenem von 1996 mit dem Titel „Herausforderung für die deutsche Wissenschaft" wird das Syndrom-Konzept vorgestellt, auf das ich in einem Anwendungszusammenhang in Abschnitt 10.5 eingehen werde. Das Gutachten 2000 hat einen starken Umweltbezug und das Gutachten 2003 mit dem Titel „Energiewende zur Nachhaltigkeit" geht ausführlich auf die Umweltfolgen verschiedener Energieszenarien ein. Die Gutachten des SRU und des WBGU ergänzen einander. Der WBGU geht in seinen Jahresgutachten über die klassische naturwissenschaftliche Umweltforschung hinaus, indem er seinem Auftrag entsprechend neben den ökologischen auch die ökonomischen und soziokulturellen Aspekte des Globalen Wandels einbezieht. Interessierten Lesern möchte ich beide Reihen nachdrücklich empfehlen, sie sind erfreulicherweise im Internet erhältlich unter www.umweltrat.de sowie unter www.wbgu.de.

6. Endliche Ressourcen

oder **Plündern wir unseren Planeten?**

Wir benutzen die Erde, als wären wir die letzte Generation.
(R. Dubos)

Der Begriff Ressource stammt aus dem Englischen, dort „*resource*“ geschrieben. Die Vorsilbe „re“ erweckt fälschlicherweise den Eindruck, diese würden sich laufend erneuern. Es gibt in der Tat erneuerbare Ressourcen. Aber die wesentlichen Ressourcen, auf denen unser Wohlstandsmodell (unsere Zivilisationsmaschine Bild 5.4) beruht, sind nicht erneuerbar. Das Wort Quelle, im Englischen „*source*“, suggeriert ein ständiges Sprudeln. Auf unserem Planeten ist jedoch nur die Energiezufuhr durch die Sonne eine in menschlichen Zeitmaßstäben ständig fließende Quelle.

In der Ökonomie versteht man unter Ressourcen die drei Produktionsfaktoren Kapital, Arbeit und Boden. Seit einiger Zeit wird Wissen als vierte Ressource hinzugenommen, darauf werden wir in Kapitel 10 eingehen. Die Ressourcen Kapital und Wissen unterliegen keinen Beschränkungen. Sie lassen sich beliebig erhöhen. Bei der Ressource Arbeit müssen wir differenzieren. Die physische Arbeit der Menschen ist begrenzt. Sie lässt sich jedoch durch die Mechanisierung der Arbeit nahezu beliebig vergrößern. Die Mechanisierung erfordert Maschinen und Anlagen, Hardware und Software, somit den Einsatz von Kapital, Materie und Energie.

Die Ressource Boden unterliegt den stärksten Einschränkungen. Boden ist immobil und lässt sich durch Erschließen neuer Anbauflächen nur begrenzt vermehren. Auch die Steigerung des Ertrags der vorhandenen Flächen ist begrenzt, worauf wir in Abschnitt 6.5 eingehen werden. Boden dient als Baugrund, als Produktionsfläche für die Land- und Forstwirtschaft sowie zum Abbau von Rohstoffen. Schon Georg Agricola hat in seinem berühmten Werk „*De re metallica*“ (1556), dem ersten Lehrbuch für den Bergbau und das Hüttenwesen, auf die Bedeutung des Bergbaus neben dem Ackerbau hingewiesen: „Denn von den Hauptzweigen der Volkswirtschaft scheint zwar keine älter als der Ackerbau zu sein; dennoch ist aber das Bergwesen tatsächlich älter als dieser oder wenigstens gleich alt, denn kein Mensch hat je ohne Werkzeuge den Acker bebaut“ (Agricola 1994, S. XIII).

Damit sind wir bei dem zentralen Begriff dieses Kapitels angekommen, den Rohstoffen. Die Rohstoffe lassen sich in unterschiedlicher Weise unterteilen. Zum einen unterscheiden wir nachwachsende (regenerierbare) von erschöpflichen (nicht regenerierbaren) Rohstoffen. Zu der ersten Gruppe gehören die agrarischen Rohstoffe aus der Land- und der Forstwirtschaft: Der Wald und der Pflanzenbestand (Zellstoff, Naturkautschuk, Baumwolle u. a.), die Ernährungsgüter (Getreide, Gemüse, Zucker, pflanzliche Öle u. a.) sowie der Tierbestand (Leder, Wolle, Seide u. a.).

Zu der Gruppe der nicht regenerierbaren Rohstoffe gehören zum einen die fossilen Primärenergieträger Kohle, Erdöl und Erdgas. Wir bezeichnen sie als organische Rohstoffe, auch Energierohstoffe. Des Weiteren gehören in diese Gruppe die mineralischen Rohstoffe, sie sind anorganischen Ursprungs. Einige Mineralien wie Sande, Kiese, Steine und Diamanten hält die Natur für eine direkte Nutzung bereit. In den meisten Fällen sind jedoch physikalische und/oder chemische Aufbereitungsprozesse erforderlich, um die natürlich vorkommenden Rohstoffe als Materialien nutzen zu können. Hier ist vor allem die große Gruppe der Metalle zu nennen, die aus Erzen gewonnen werden.

Das Angebot an nachwachsenden Rohstoffen ist durch Anbau und durch klimatische Randbedingungen begrenzt. Die Begrenzung der nicht erneuerbaren Rohstoffe liegt in der Reichweite ihrer Vorräte. An dieser Stelle kommt ein wichtiger Unterschied zwischen den Energierohstoffen und den mineralischen Rohstoffen zum Tragen. Die fossilen Brennstoffe werden verbrannt. Das dabei entstehende Kohlendioxid wird in den Meeren, in den Pflanzen und in der Atmosphäre gespeichert. Es ist verfahrenstechnisch zwar möglich, den Kohlenstoff aus dem Kohlendioxid (etwa der Luft) herauszuholen. Das macht energetisch keinen Sinn, denn es muss mehr Energie aufgewendet werden, als bei der anschließenden Verbrennung des Kohlenstoffs wieder gewonnen wird.

Im Gegensatz dazu werden die Metalle in einem Produktionsprozess nicht verbraucht, sie werden nur umgewandelt. Von daher ist es prinzipiell möglich, sie zumindest teilweise wieder in den Produktionsprozess zurückzuführen. Dieser Vorgang wird auch bei uns, wie im Englischen, als Recycling bezeichnet. Dabei hat das Recycling eine zweifache Bedeutung. Es entschärft nicht nur das *Ent*sorgungsproblem, sondern auch das *Ver*sorgungsproblem. Somit kann Recycling als neue Rohstoffquelle angesehen werden, ebenso wie das Energiesparen eine neue Energiequelle darstellt.

Die Energierohstoffe haben wir in Kapitel 4 behandelt. In diesem Kapitel wird das Schwergewicht auf der Behandlung der mineralischen und der agrarischen Rohstoffe liegen. Wir werden über die Möglichkeiten und Grenzen des Recyclings sprechen. Ein Abschnitt wird der lebenswichtigen (endlichen) Ressource Wasser gewidmet sein. Danach behandeln wir die mit der Land- und Forstwirtschaft eng verknüpften Probleme Bodenerosion, Entwaldung und Wüstenbildung. Das leitet zu der Frage über, wie viele Menschen die Erde ernähren kann. Abschließend wird die Bedrohung der Artenvielfalt behandelt.

6.1 Rohstoffversorgung

Die Rohstoffversorgung der Weltwirtschaft spielt sich in dem Spannungsfeld zwischen Politik, Ökonomie und Ökologie ab. Entscheidende Versorgungskriterien sind einerseits die Reichweite (Lebensdauer), die Gewinnungs- und Bezugsmöglichkeiten, die Verfügbarkeit, die Förderung, die Verarbeitung und die Preisentwicklung. Bis in die 1970er Jahre spielten nur diese wirtschaftlichen und politischen Aspekte eine Rolle. Als Folge der Bewusstseinswende der sechziger Jahre (Abschnitt 8.1) erhielten ökologische Überlegungen ein immer größeres Gewicht. Als neue und wesentliche Gesichtspunkte traten das Recycling und die Entsorgung hinzu.

In den siebziger Jahren gab es eine Reihe von bahnbrechenden Arbeiten, in denen das Versorgungsproblem aus heutiger Sicht zu dramatisch dargestellt wurde. „Die Grenzen des Wachstums" (Meadows 1973, englische Originalversion 1972) hieß der erste Bericht an den 1968 gegründeten Club of Rome. Allein der Titel war eine Provokation. Das Buch wurde in mehr als 30 Sprachen übersetzt und erreichte eine Auflage von über 10 Mio. Exemplaren. Die Ölkrise 1973, die in Deutschland zu autofreien Sonntagen führte, war im Bewusstsein der Öffentlichkeit ein eindeutiger Beleg dafür, dass es zumindest aus *Ver*sorgungsgründen Grenzen des Wachstums gibt. In dem Bericht wurde auch schon darauf hingewiesen, dass *Ent*sorgungsprobleme gleichfalls das Wachstum begrenzen. Darauf werden wir in Kapitel 8 eingehen.

Das entscheidende Verdienst derartiger Prognosen (wir sollten besser von Szenarien sprechen) liegt darin, dass gegengesteuert werden kann und auch gegengesteuert wurde. Das hat dazu geführt, dass bei den meisten Rohstoffen derzeit keine Mangellage vorliegt, sondern ein ausreichendes Angebot vorhanden ist. Das zeigt sich am Verfall der Weltrohstoffpreise. Ein ausreichendes Angebot existiert nicht nur bei den bergbaulichen, sondern auch bei den landwirtschaftlichen Rohstoffen. Dies mag angesichts vieler Berichte über Hungerkatastrophen in Ländern der Dritten Welt verwundern. Es spiegelt die Gleichzeitigkeit von Überfluss in den Industrieländern und Mangel in zahlreichen Entwicklungsländern wider. Hierauf werden wir in Kapitel 7 eingehen.

Was waren die Ursachen für die offensichtlich zu dramatische Einschätzung der Versorgungslage in den siebziger Jahren? Welche Gründe gibt es dafür, dass die Versorgungssituation heute günstiger ist als damals erwartet wurde? Die in dem Bericht „Grenzen des Wachstums" unterstellten Zuwachsraten im Verbrauch waren zu hoch angesetzt. Ökonomische Überlegungen führten zu technischen Entwicklungen, die einen sparsameren Umgang mit Rohstoffen ermöglichten. Die Ressourceneffizienz wurde und wird ständig weitererhöht. Recycling und Umstellung auf alternative Materialien führten zu Einsparungen und damit zu Sättigungseffekten bei vielen Rohstoffen. Da die Reichweite der Ressourcen von den Zufundraten abhängt, wurde die Situation durch technische Entwicklungen in den Abbau- und Fördertechniken weiter entschärft. Neue Lagerstätten wurden und werden erschlossen, dies ist ein dynamischer Prozess. Bislang unrentable Lagerstätten konnten abgebaut werden. Beispielhaft sei die Gewinnung von Erdöl aus Ölsanden genannt. Ein weiterer Faktor war der wirtschaftliche und politische Zusammenbruch des planwirtschaftlichen Systems in der Sowjetunion und den Ostblockstaaten. Dies führte zu einem starken Rückgang der Nachfrage an Rohstoffen. Vermutlich wird es sich hierbei um einen vorübergehenden Vorgang handeln, wobei offen ist, wie lange dieser Zustand andauern wird. Hinzukommt, dass viele Lieferländer ihre Produktion an Rohstoffen erhöht haben. Insbesondere hoch verschuldete Entwicklungsländer sind zur Tilgung ihrer Auslandsschulden und zur Deckung ihres Devisenbedarfs auf den Export von Rohstoffen angewiesen. Auf sinkende Rohstoffpreise können sie nur mit einem erhöhten Angebot an Rohstoffen reagieren, weil sie kaum andere Einnahmequellen besitzen. Dies ist einer der Gründe für ihre wirtschaftliche Abhängigkeit und ihre Unterentwicklung. Das folgende Kapitel 7 geht darauf ein.

Das Jahr 2004 erlebte jedoch auch eine von vielen Experten erwartete Verschärfung der Versorgungslage. Der Subkontinent China (mit 1,3 Mrd. Einwohnern) weist seit einiger Zeit jährliche Wachstumsraten von etwa 10 % aus. Diese betreffen nahezu alle Bereiche wie das Bruttoinlandsprodukt, den Primärenergieverbrauch sowie den Verbrauch an mineralischen Ressourcen und an Nahrungsmitteln. Insbesondere die stark gestiegene Nachfrage nach Eisenerz, Stahl und Stahlschrott sowie nach Steinkohle und Steinkohlenkoks hat zu einem weltweiten Boom der Stahlbranche geführt.

Wie umfangreich sind die Rohstoffvorräte der Welt? Wie lange werden sie reichen? Hier sei an die Ausführungen in Abschnitt 4.4 erinnert. Dort hatten wir bei der Behandlung der Energierohstoffe die Vorräte in vermutete Ressourcen sowie nachgewiesene und ausbringbare Reserven unterteilt. Und wir hatten die Begriffe statische sowie dynamische Reichweite erläutert. Die Tabelle 6.1 zeigt die statische Lebensdauer einiger ausgewählter Rohstoffe. Dabei sind die in Abschnitt 4.4 angegebenen Zahlen für die fossilen Primärenergieträger zum Vergleich mit aufgeführt. Auch hier sei daran erinnert, dass die Aussagekraft dieser Zahlen begrenzt ist. Sie sagen lediglich aus, dass die derzeit aktuellen Reserven („nach dem gegenwärtigen Stand der Technik und zu den gegenwärtigen Preisen wirtschaftlich gewinnbar") im Falle von Chrom 350 Jahre reichen würden, wenn der Verbrauch von Chrom konstant bliebe.

Tabelle 6.1: Statische Lebensdauer ausgewählter Rohstoffe in Jahren, Stand 2002/2003 aus Fischer Weltalmanach 2005 (2004)

Rohstoff	Lebensdauer	Rohstoff	Lebensdauer
Chrom	350	Braunkohle	230
Eisen	300	Steinkohle	200
Mangan	250	Erdgas	75
Nickel	160	Erdöl	45
Zinn	120		120 einschl. Teersande und Ölschiefer
Blei	90		
Kupfer	90		
Zink	45		
Quecksilber	35		

6.2 Recycling

Mit Recycling wird die systematische Rückführung von Abfällen in den Produktionskreislauf bezeichnet. Hier sei an unsere Zivilisationsmaschine erinnert, Bild

5.4 in Abschnitt 5.5. Abfälle entstehen zunächst in den Produktionsprozessen selbst. Deren Rückführung in den Produktionskreislauf ist wesentlich einfacher als bei den Abfällen aus dem Konsum, also aus den Haushalten. Hierfür ist eine entsprechend ausgefeilte Logistik erforderlich, siehe hierzu die Bemerkungen in Abschnitt 5.6. Statt Recycling sprechen wir auch von Wiederverwertung, häufig kurz Verwertung genannt. Diese Begriffe sind unscharf, sie müssen präzisiert werden. Bei der Wiederverwertung unterscheiden wir zwischen Wiederverwendung, Weiterverwendung und Weiterverwertung.

Unter *Wiederverwendung* verstehen wir die erneute Benutzung des gebrauchten Produkts für den gleichen Verwendungszweck. Die Pfandflasche ist hierfür ein typisches Beispiel, auch runderneuerte Reifen fallen darunter. Mit *Weiterverwendung* wird die erneute Benutzung des gebrauchten Produkts für einen anderen Verwendungszweck bezeichnet. Beispielhaft seien Füllstoffe für Baumaterialien und Schallschutzwände aus granulierten Altreifen und Kunststoffabfällen genannt. Von *Weiterverwertung* spricht man, wenn die chemischen Grundstoffe aus den Abfällen wiedergewonnen und in den Produktionsprozess zurückgeführt werden. Hierbei geht die Produktgestalt verloren, was mit einem höheren Wertverlust verbunden ist.

Die Verfahren der (Weiter-)Verwertung werden ihrerseits untergliedert. Eine *werkstoffliche* Verwertung liegt vor, wenn etwa aus Kunststoffabfällen (über ein Granulat) neue Kunststoffprodukte hergestellt werden. Dies geht insbesondere bei Kunststoffen umso besser, je sortenreiner und sauberer die Abfälle vorliegen. Das „Recycling“ von Kunststoffen ist jedoch stets mit Qualitätsverlusten verbunden, da die langkettigen Makromoleküle bei den Prozessen zerhackt werden. Daher sollte man besser von „Downcycling“ statt von „Recycling“ sprechen. Die werkstoffliche Verwertung von Stahlschrott, Altglas und Altpapier ist dagegen wesentlich unproblematischer.

Eine *rohstoffliche* Verwertung liegt vor, wenn etwa ein Kunststoffgemisch als Reduktionsmittel zur Stahlerzeugung verwendet wird. Dabei wird nur der Kohlenstoffgehalt der Abfälle genutzt. Dadurch wird der Verbrauch von Steinkohlenkoks bei den Verhüttungsprozessen reduziert. Bei der *energetischen* Verwertung, verkürzt Müllverbrennung genannt, wird die in den Abfällen enthaltene chemische Energie in thermische Energie umgewandelt. Diese kann entweder der Stromerzeugung in Kraftwerken oder der Erzeugung von Strom und Fernwärme in Heizkraftwerken dienen. Dabei entstehen (wie bei jeder Verbrennung) nicht nur Stickoxide, sondern auch Dioxine. Dioxine sind starke giftige organische Substanzen, die beim Verbrennen von Chlor- und anderen Halogen-Verbindungen bei Temperaturen zwischen 300 und 600 °C entstehen. Zu den Dioxinen gehört das „Sevesogift“ TCDD (Tetrachlordibenzodioxin). Die Dioxine sind krebserregend. Sie sind thermisch und chemisch äußerst beständig und sie werden biochemisch praktisch nicht abgebaut. Ihre Entsorgung muss in speziellen Verbrennungsanlagen bei über 1200 °C erfolgen.

In der industriellen Produktion wurden früher fast ausschließlich Rohstoffe aus bergbaulicher Erzeugung eingesetzt, genannt Primärrohstoffe. Die Bedeutung der Sekundärrohstoffe hat nicht zuletzt aus ökonomischen Gründen in den letzten Jahren stark zugenommen. So benötigt die Herstellung von Aluminium aus dem Rohstoff Bauxit viel elektrische Energie. Aus diesem Grund wurden einerseits in Ländern mit hohen Strompreisen Produktionskapazitäten abgebaut und in Ländern mit niedrigen Strompreisen neu errichtet. Andererseits hat dadurch die werkstoffliche Verwertung von Aluminiumschrott an Bedeutung gewonnen.

Während die Energierohstoffe Kohle, Erdöl und Erdgas beim Verbrennen verbraucht werden, findet bei der Verarbeitung mineralischer Rohstoffe eigentlich kein Verbrauch statt. Wird ein Bauteil aus Metall hergestellt, so lassen sich die Dreh-, Hobel- und Feilspäne prinzipiell sammeln und recyceln. Ein Mangel an mineralischen Rohstoffen kann daher nur bedeuten, dass diese am falschen Ort zur falschen Zeit in einer falschen Konzentration vorliegen. Faktisch liegt jedoch stets ein Verbrauch vor, denn ein vollständiges Einsammeln der Produktionsabfälle ist nicht möglich. Von dem Abrieb und der Abnutzung beim Verbrauch ganz zu schweigen. So unterliegen auch die mineralischen Rohstoffe einem „Zweiten Hauptsatz", sie dissipieren. An dieser Stelle sei an die Diskussion in Abschnitt 4.2 erinnert, wo wir die Zustandsgröße Entropie in Zusammenhang mit dem Zweiten Hauptsatz der Thermodynamik kennen gelernt haben. Bei Prozessen der Energiewandlung wird keine Energie verbraucht, die Gesamtenergie bleibt erhalten. Nicht erhalten bleibt die Qualität der Energie, aus hochwertiger Exergie wird minderwertige Anergie. Die Abnahme der Exergie (und die damit korrespondierende Zunahme von Anergie) hat eine entsprechende Zunahme der Entropie zur Folge. In Analogie dazu werden mineralische Rohstoffe bei Stoffwandlungsprozessen (vom Eisenerz zum Automobil) nicht verbraucht. Es tritt jedoch ein Qualitätsverlust ein. Ein vollständiges Recycling ist unmöglich.

Aktuelle Recyclingraten liegen in Deutschland bei Stoffen wie Blei, Silber, Zinn, Glas und Papier inzwischen bei über 50 %; bei Eisen, Kupfer, Aluminium und Zink liegen sie bei 35 bis 50 %. Offenbar besteht ein universeller Zusammenhang zwischen dem „Aufwand" und dem „Ertrag" (dem Ergebnis oder Resultat), Bild 6.1.

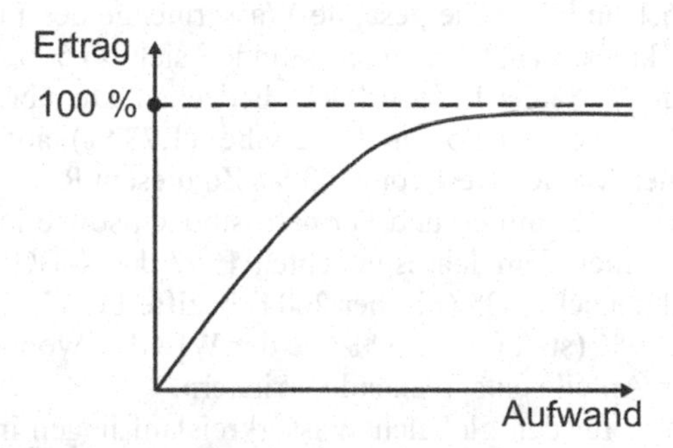

6.1 Genereller Zusammenhang zwischen Aufwand und Ertrag

Mit Aufwand ist der Einsatz von Kapital, Arbeit, Energie und Rohstoffen gemeint. Der Ertrag stellt das Resultat der betreffenden Bemühungen dar, dies können die Recyclingrate, ein Wirkungsgrad, ein Reinigungsgrad oder auch das Ergebnis einer Prüfung sein. Nur zu Beginn wird der Ertrag dem Aufwand direkt proportional sein. Je näher der Ertrag an sein Optimum (hier mit 100 % bezeichnet) herankommt, desto weniger lohnt sich ein weiterer Aufwand. Eine Recyclingrate von 60 auf 61 % zu erhöhen, erfordert einen deutlich höheren Aufwand als eine Erhöhung von 40 auf 41 %.

Durch eine Verbesserung der Abfallsortierung, der Erfassungs- und Transportsysteme und durch konsequente Wiederverwendung könnten bei vielen Materialien Recyclingraten von 75 % und mehr erreicht werden. Natürlich kann Recycling kein Selbstzweck sein. Denn alle Recyclingprozesse benötigen Kapital, Energie und Rohstoffe. So hängt die Antwort auf die Frage, wie viel Recycling sich lohnt, von den jeweils existierenden Rahmenbedingungen wirtschaftlicher, fiskalischer und rechtlicher Art sowie von der konkreten Mangelsituation ab.

6.3 Wasserhaushalt

Der Beginn menschlicher Kultur und Zivilisation ist eng mit der Nutzung des Wassers verknüpft, siehe Abschnitt 1.2. Wasser musste für die Haus- und die Landwirtschaft bereitgestellt werden, vor Hochwasser und Überschwemmungen musste man sich schützen und die Wasserstraßen waren bevorzugte Transportwege. So waren die ersten Hochkulturen in den Tälern des Euphrat und Tigris, des Nils, des Indus und des Hwangho von Maßnahmen zur Bewässerung einerseits sowie zum Schutz gegen Hochwasser andererseits geprägt. Einrichtungen zur Nutzung des Wassers und Bauten zum Schutz gegen das Wasser gehören zu den ältesten technischen Anlagen der Menschheit.

Wasser ist eine endliche Ressource. An dem globalen Wasserkreislauf nimmt Wasser in Form von Flüssigkeit, von Dampf oder von Eis teil. Der Wasserkreislauf bestimmt die Hydrosphäre und die Kryosphäre, daneben ist das Wasser essenzieller Bestandteil der Atmosphäre, der Geosphäre und der Biosphäre, vgl. hierzu die Bilder 5.1 und 5.2. Die gesamte Wassermenge des Planeten Erde wird auf etwa 1,4 Mrd. km^3 geschätzt. Davon befinden sich 96,5 % als Salzwasser in den Weltmeeren, die 71 % der Erdoberfläche bedecken. Die übrigen 3,5 % verteilen sich auf die Eismassen der Pole und Gletscher (1,77 %), auf das Grundwasser (1,7 %) und auf einen kleinen Rest von 0,03 %. Zu diesem Rest gehört das Wasser in Flüssen und Seen, in Sümpfen und Permafrostböden sowie in der Atmosphäre. Diese Daten entstammen dem Jahresgutachten 1997 des WBGU (WBGU 1998). Der Fischer Weltalmanach 2005 (Fischer 2004) beziffert die Wasservorräte in den Weltmeeren auf 97,5 % (statt auf 96,5 % wie der WBGU), wodurch sich die anderen oben genannten Anteile entsprechend verringern.

Die Antriebskräfte für den globalen Wasserkreislauf liegen in der unterschiedlich starken Energieeinstrahlung auf die Erde, der geringeren Wärmeabstrahlung des Wassers gegenüber dem Land und in der Eigenrotation der Erde. Der Wasserkreislauf wird durch die Verdunstung des Wassers (die Wärme verbraucht, präziser formuliert: Energie wird gebunden), die Kondensation des Wasserdampfes (die Wärme freisetzt) und die Niederschläge angetrieben. Auf dem Festland wird der Wasserkreislauf durch den ober- und den unterirdischen Abfluss, durch die Rücklage in Bodenfeuchte, Seen und Eis sowie durch den Verbrauch (Organismen und Mineralien) ergänzt.

Der globale Wasserkreislauf wird über den Landflächen in verschiedene groß- und kleinräumige Teilkreisläufe aufgelöst. Dabei gibt es drei Hauptwasserkreisläufe, Bild 6.2. Mengenmäßig dominiert der Kreislauf „Meer – Atmosphäre – Meer“ mit einer jährlichen Verdunstung von 425.000 km^3 und 385.000 km^3 Niederschlägen. Die Differenz von 40.000 km^3 bildet die Brücke zu dem Kreislauf „Land – Atmosphäre – Land“ mit 111.000 km^3 Niederschlägen und 71.000 km^3 Verdunstung bzw. Transpiration. Der Überschuss von 40.000 km^3 bildet den Rückfluss des Wassers auf dem Landweg. Diese 40.000 km^3 beschreiben den Kreislauf „Meer – Atmosphäre – Land – Meer“. Durch Verdunstung geht das Wasser in die Atmosphäre über, wo es als Dampf mit den Luftströmungen transportiert wird. Als Regen, Schnee, Hagel oder Tau gelang es auf die Erde zurück, wobei der größte Teil der Niederschläge über dem Meer niedergeht.

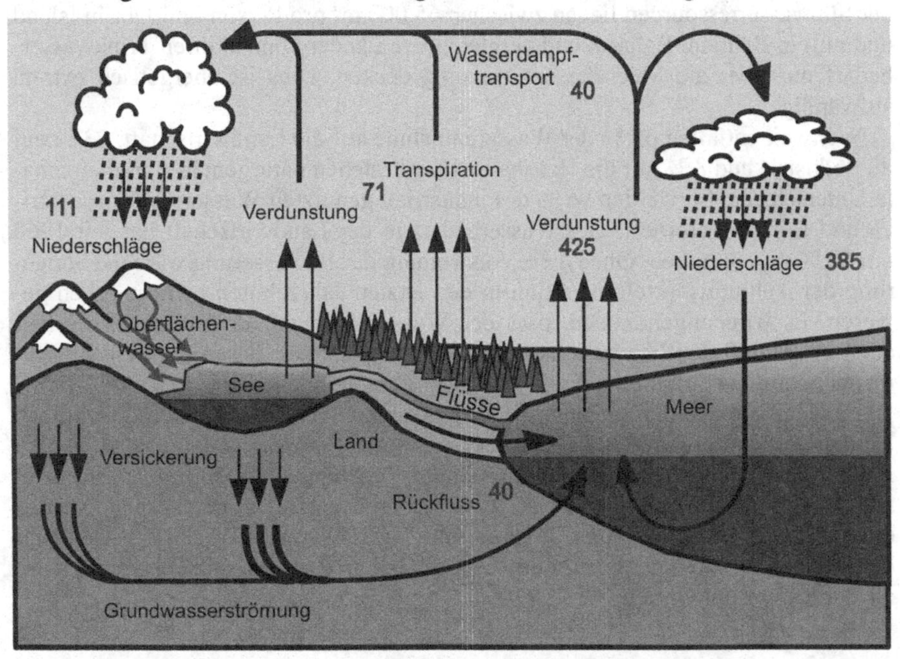

6.2 Wasserkreislauf, in Anlehnung an Maurits la Riviere (1989), dabei Zahlenangaben in 1000 km^3

Von besonderem Interesse ist die Frage, wie viel von den 40.000 km^3 Rückfluss direkt verwendet werden können. 27.000 fließen oberflächlich ab und können nicht genutzt werden und 5000 gelangen in unbewohnten Gebieten ins Meer. Somit stehen 8000 km^3 Süßwasser für die menschliche Nutzung zur Verfügung, das sind 20 % der Rückflüsse in die Meere. Auch hier sei angemerkt, dass diese Zahlenangaben in der Literatur leicht variieren.

Die Menge von 8000 km^3 Süßwasser, die für eine direkte menschliche Nutzung zur Verfügung stehen, sind weniger als ein Promille der Süßwasservorräte und ein winziger Bruchteil der gesamten Wasservorräte der Erde. Selbst dieser kleine Bruchteil ist mehr als ausreichend, um die gesamte Menschheit mit Wasser zu versorgen. Die Division von 8000 km^3 durch die Weltbevölkerung von 6,4 Mrd. ergibt eine „mittlere" Menge von 1250 m^3 pro Person und Jahr. Dieser Wert ist knapp doppelt so hoch wie der Bedarf bei uns. Daraus einen Schluss ziehen zu wollen ist etwa so sinnvoll, wie die jährliche Durchschnittsgeschwindigkeit eines Autos interpretieren zu wollen. Bei einer gefahrenen Strecke von 25.000 km pro Jahr würde sich eine Durchschnittsgeschwindigkeit von knapp 3 km/h ergeben. Natürlich ist dieser Mittelwert unsinnig, aber er soll ja gerade die Absurdität vieler Mittelwerte verdeutlichen.

Engpässe bei der Wasserversorgung sind immer lokale Probleme. Eine Region kann nur so viel Wasser verbrauchen, wie ihre Ressourcen hergeben. Extremwerte der Süßwasserressourcen liegen zwischen 65.000 m^3 pro Person und Jahr in Island und null in Bahrain. Bahrain und vergleichbare Länder können ihren Trinkwasserbedarf nur über die Meerwasserentsalzung decken. Dies ist energetisch extrem aufwändig.

Weltweit entfallen 69 % der Wasserentnahme auf die Landwirtschaft, 23 % auf die Industrie und 8 % auf die Haushalte. Hier bestehen naturgemäß starke regionale Unterschiede. So werden 96 % des industriell genutzten Wassers in Nordamerika und Europa gefördert. Der Wasserbedarf in der Landwirtschaft hat seit 1960 um 60 % zugenommen. Ohne diese Ausweitung der Bewässerung wäre die Steigerung der Nahrungsmittelproduktion in den letzten Jahrzehnten nicht möglich gewesen. Es wird angenommen, dass der Wasserverbrauch in der Landwirtschaft auch in Zukunft deutlich ansteigen wird. Wir werden auf diesen Punkt in Zusammenhang mit der Ernährungsfrage in Abschnitt 6.5 eingehen.

Im Gegensatz zu den globalen Klimaproblemen Treibhauseffekt und Ozonloch handelt es sich bei den Süßwasserreserven um nationale oder regionale Güter. Zu ihrem Schutz bedarf es länderübergreifender Regelungen. Andernfalls wird es in naher Zukunft zu einem Kampf um die Ressource Wasser in den Anliegerstaaten etwa des Nil, Ganges, Jordan, Euphrat und Tigris kommen. Viele Experten sind der Auffassung, dass der Kampf um Wasser eine größere Brisanz bekommen wird als der Kampf um Öl.

6.4 Entwaldung, Waldschäden, Bodenerosion und Wüstenbildung

Der landwirtschaftlich nutzbare Teil der Bodenfläche ist die Grundlage für die Ernährung der Menschheit. Die riesigen Wälder spielen eine überaus wichtige Rolle in unserem Ökosystem. Wir sind auf dem besten Wege, diese für uns lebenswichtigen Ressourcen zu zerstören. Wir werden diese Problemkreise gemeinsam behandeln, da sie miteinander vernetzt sind. Die Entwaldung fördert die Bodenerosion, und die Bodenerosion, die die Begriffe Wüstenbildung und Verödung einschließt, wirkt auf den Baum- und Buschbestand zurück.

Der Baum- und Buschbestand übernimmt eine Reihe überaus wichtiger ökologischer Funktionen. Bäume und Büsche halten die Sonnenstrahlung vom Boden ab, sie reduzieren die Reflexion, sie vermindern die Verdunstung der Pflanzen, sie speichern den Regen in den Baumwurzeln, sie stabilisieren den Grundwasserspiegel, sie festigen das Erdreich, sie führen durch Laub, Früchte und Äste dem Boden wieder organische Substanzen zu, sie behindern Wind- und Wassererosion, sie stoppen Flugsand und Wanderdünen und sie bieten eine ökologische Nische für vielfältiges Leben von Pflanzen und Kleingetier.

Brandrodung und radikales Abholzen zerstören dieses Zusammenspiel und fördern damit die Bodenerosion und die Wüstenbildung. Die massive Zerstörung des tropischen Regenwaldes hat sich zu einem globalen Problem entwickelt. Die dichten Wälder in den Äquatorgebieten bedeckten noch vor wenigen Jahrzehnten etwa 12 % der Erdoberfläche, dieser Bestand hat sich bis heute halbiert.

Für die weitere Diskussion wollen wir zunächst einige Zahlen bereitstellen. Die Oberfläche der Erde liegt bei 510 Mio. km^2. Davon entfallen 71 % auf die Weltmeere und 29 % auf die Landoberfläche, das sind 175 Mio. km^2. Der eisfreie Anteil der Landoberfläche liegt bei 130 Mio. km^2. Laut Angaben der Welternährungsorganisation FAO (*Food and Agriculture Organization* der UN) waren im Jahr 2000 davon 38,1 % landwirtschaftlich genutzte Flächen, aufgeteilt in 26,6 % Weideland und 11,5 % Ackerland. Die Waldflächen machen 29,6 % aus und zu den restlichen 32,3 % gehören nicht landwirtschaftlich genutztes Grasland, Feuchtgebiete, bebautes Land für Siedlungen und Industrie sowie Verkehrsinfrastrukturen. Die 11,5 % Ackerland der eisfreien Landoberfläche von 130 Mio. km^2 bedeuten 15 Mio. km^2 bewirtschaftetes Ackerland. Diese Größe werden wir im nächsten Abschnitt bei der Behandlung der Welternährung benötigen.

Hier wollen wir uns zunächst mit den Waldverlusten beschäftigen. 29,6 % von 130 Mio. km^2 eisfreier Landfläche bedeuten 38 Mio. km^2 Waldfläche, entsprechend 3800 Mio. ha oder 3,8 Mrd. ha. Der überwiegende Teil dieser Waldfläche besteht aus natürlichen Wäldern, der Anteil der Forstplantagen liegt bei 5 %. Im Verlauf der Menschheitsgeschichte hat sich die Waldfläche von etwa 6 Mrd. ha vor 8000 Jahren auf 3,8 Mrd. ha reduziert. Allein zwischen 1990 und 2000 ging die Waldfläche weltweit um knapp 100 Mio. ha zurück, das sind 2,5 % des Bestandes. Einem mittleren jährlichen Rückgang von 12,3 Mio. ha in den tropischen Zonen stand ein Anstieg von 2,9 Mio. ha in den übrigen Gebieten gegenüber. Insgesamt hat die Schrumpfung der globalen Waldflächen in den 1990er Jahren abgenommen. Die jährlichen Netto-Verluste gingen von 13 Mio. in den 1980er Jahren auf 9,4 Mio. ha zwischen 1990 und 2000 zurück (Fischer Weltalmanach 2005, 2004).

In den tropischen Zonen sind die Waldverluste das Hauptproblem. Dort werden durch Abholzungen Ackerland und Weideflächen geschaffen. Kurz formuliert: Die Rinderzucht bedroht den Regenwald des Amazonas. In unseren gemäßigten Breiten ist nicht die Entwaldung das Hauptproblem, sondern die abnehmende Vitalität der Wälder. In der Öffentlichkeit wird dies als Waldschäden oder gar als Waldsterben bezeichnet. Ursachen hierfür sind erhöhte Stoffeinträge, die die Artenzusammensetzung der Wälder bereits erheblich verändert haben. Die Vielfalt der Pflanzenarten ist gefährdet, mit einer Destabilisierung der Waldbäume ist zu rechnen und der Säureeintrag beeinträchtigt die Funktionsfähigkeit der Baumwurzeln. Die Wälder in unserem Land haben im Jahr 2003 unter den ungewöhnlich hohen Temperaturen, der lang anhaltenden Trockenheit und den hohen Ozonwerten gelitten. Der Waldzustandsbericht 2003 geht davon aus, dass das Ausmaß der Vegetationsschäden erst in den kommenden Jahren deutlich werden wird.

Wir kommen nun zu den beiden Phänomenen Bodenerosion und Wüstenbildung, die in einem inneren Zusammenhang stehen. Der Begriff Erosion kommt aus dem Lateinischen und bedeutet Ausnagung, er wird meist im Sinne von Abtragung gebraucht. Die Erosion der Böden wird durch Wasser und Wind ausgelöst. Das ist ein natürlicher Vorgang, der durch menschliche Tätigkeiten verstärkt wird. Die Bodenerosion führt zur Bodenverarmung (Bodendegradation) bis hin zur völligen Bodenzerstörung. Ursachen für die Bodendegradation sind in den Entwicklungsländern vor allem Abholzungen und Überweidungen. In den Industrieländern stellen die Überdüngung, der Einsatz schwerer landwirtschaftlicher Maschinen beim Pflügen und die Verwendung von Pestiziden die Hauptprobleme dar, zusammengefasst als nicht angepasster Ackerbau bezeichnet.

Allgemein formuliert sind Bodendegradationen das Resultat von Überlastungen der jeweiligen Ökosysteme. Ein Bewertungsrahmen zur Erfassung der anthropogenen Veränderungen muss daher auf der Quantifizierung der Überlastungen aufbauen, wie der WBGU in seinem Jahresgutachten 1994 „Die Gefährdung der Böden“ schreibt (WBGU 1994). Das dem Gutachten zu Grunde liegende Konzept fußt auf „kritischen Einträgen“, „kritischen Eingriffen“ und „kritischen Austrägen“, also den Energie-, Materie- und Informationsflüssen über die jeweiligen Systemgrenzen hinweg, welche in den Böden kritische Zustände verursachen. Der WBGU stellt fest, dass global gesehen bisher weder die Informationen über die Belastung noch über die Belastbarkeit von Böden ausreichen, um zu verlässlichen Aussagen zu gelangen.

Ein erheblicher Teil der ehemals fruchtbaren Böden geht durch Wüstenbildung verloren. Der jährliche Verlust wird auf etwa 10 Mio. ha geschätzt. Er liegt damit in gleicher Größenordnung wie die jährlichen Waldverluste. Wir wollen diese Zahl ein wenig anschaulicher gestalten, um ein Gefühl für derartige Größenordnungen zu bekommen. Ein Hektar hat die Fläche von 100 m mal 100 m, also ist 1 ha = 10.000 m^2. Ein Fußballfeld hat die Fläche von 105 m mal 70 m, das sind 7350 m^2, also etwa 3/4 ha. Ein komfortables Grundstück für ein Einfamilienhaus hat etwa 1000 m^2. Somit entspricht der weltweite jährliche Waldverlust wie auch der Verlust an fruchtbaren Böden (mit jeweils etwa 10 Mio. km^2) der Größe von 13 Mio. Fußballfeldern oder 100 Mio. Grundstücken für komfortable Einfamilienhäuser. Viele Experten zählen die Verknappung fruchtbarer Ackerböden bei gleichzeitigem Wachstum der Weltbevölkerung zu einem der dringlichsten globalen Probleme. Bild 6.3 fasst die Schilderungen zu einem Wirkgefüge zusammen.

Das Bild zeigt, wie Maßnahmen zur Erhöhung der landwirtschaftlichen Produktivität letztlich zu einer Verödung und Wüstenbildung und damit zu einer Verringerung der Produktivität führen. Die Gründe dafür liegen in zahlreichen Rückkopplungen, die das Erreichen des ursprünglichen Ziels vereiteln. Einige der aufgeführten Maßnahmen sind zuvor erläutert worden, andere Maßnahmen wie der Hang zur Monokultur sind selbsterklärend. Aus der Geschichte sind ökologische Katastrophen bekannt. Der Niedergang der sumerischen Hochkultur soll durch Bodenversalzung des Zweistromlandes herbeigeführt worden sein. Das Römische Reich ist für die Entwaldung Italiens und Nordafrikas verantwortlich, wobei das Holz als Baumaterial benötigt wurde. Die Verkarstung der jugoslawischen Küste ist auf den Holzeinschlag zum Aufbau der venezianischen Handelsflotte zurückzuführen. Monokulturen und Plantagenwirtschaft begünstigten die Austrocknung und Wüstenbildung des Südwestens der USA.

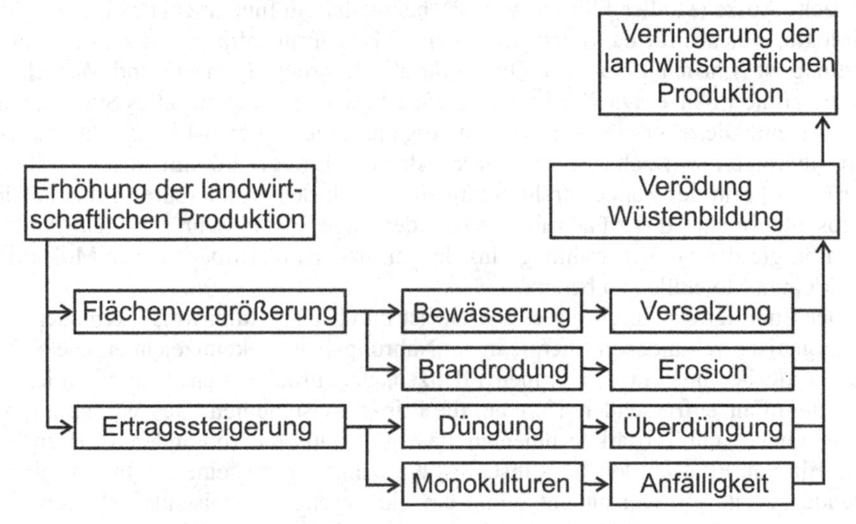

6.3 Wirkgefüge zum Entstehen der Wüstenbildung

6.5 Wie viele Menschen kann die Erde ernähren?

Auch hier wollen wir mit einigen Zahlen beginnen. In dem vorangegangenen Abschnitt ist das weltweit bewirtschaftete Ackerland mit 15 Mio. km^2 beziffert worden. Die potenziell mögliche nutzbare Ackerfläche liegt nach Meinung der FAO mit 32 Mio. km^2 etwa doppelt so hoch. Gehen wir von der derzeit bewirtschafteten Ackerfläche aus, so erhalten wir nach Division durch die Weltbevölkerung von 6,4 Mrd. den mittleren Wert von 0,23 ha/Kopf. Statistisch gesehen steht damit drei Menschen die Ackerfläche von der Größe eines Fußballfeldes zur Verfügung. Die Durchschnittswerte für Europa und für Afrika entsprechen etwa dem weltweiten Mittelwert, der Durchschnittswert für Asien ist nur halb so groß. Für Nord- und Südamerika sowie die GUS-Staaten beträgt die Fläche das Zwei- bis Dreifache des weltweiten Mittelwertes. Diese Zahlen sind ein erstes Indiz dafür, welche Regionen der Welt zu den Exporteuren und welche zu den Importeuren von Nahrungsmitteln gehören. Dass die Realität davon nicht unbeträchtlich abweicht, hängt mit anderen Faktoren zusammen. So gehören die GUS-Staaten infolge ihrer kaum vorstellbaren Misswirtschaft (miserables Management, Korruption, unzureichende Infrastrukturen) derzeit eher zu den Importeuren als den Exporteuren von landwirtschaftlichen Produkten.

Durch das Wachstum der Weltbevölkerung ist der mittlere Wert der Ackerfläche pro Kopf ständig gesunken. Er lag 1900 noch bei 0,60, in den Jahren 1971 bis 1975 bei 0,39 und 1990 betrug er 0,28 ha/Kopf. Das legt die Frage nahe, wie groß die Ackerfläche pro Kopf mindestens sein muss, um im statistischen Mittel die Weltbevölkerung ernähren zu können.

Mit einer überschlägigen Rechnung wollen wir diese Frage beantworten. Die einfache Aussage „alles Fleisch ist Gras“ beinhaltet ein fundamentales Prinzip der Biologie, welches für das Verständnis der Welternährungsfrage von zentraler Bedeutung ist (Ehrlich 1975). Die Quelle für alle Nahrung der Tiere und Menschen ist die grüne Pflanze. Die Pflanzen und Tiere bilden ein gemeinsames System, ein Ökosystem. Dieses Ökosystem wird von organisch gebundener Energie durchflossen, überlagert von zahlreichen Stoffkreisläufen. Energie kommt in das System nur (!) in Form der Sonnenstrahlung hinein. Durch den wunderbaren Prozess der Fotosynthese sind die grünen Pflanzen in der Lage, einen (sehr geringen) Anteil der Energie der Sonnenstrahlung einzufangen und zum Aufbau großer Moleküle aus kleinen Molekülen zu benutzen.

Der Energiefluss durch dieses System ist durch eine stufenweise Reduzierung der organisch gebundenen Energie in der Nahrungskette gekennzeichnet. Die Nahrungskette beginnt mit den grünen Pflanzen, den Produzenten. Daran schließen sich die pflanzenfressenden Tiere an, die Primärkonsumenten. Des Weiteren gibt es Sekundär- und Tertiärkonsumenten, das sind Tiere, die von anderen Tieren leben. Ein von Pflanzen lebendes Insekt ist ein Konsument 1, eine das Insekt schluckende Forelle ein Konsument 2 und ein die Forelle verspeisender Mensch ein Konsument 3. Eine Mücke, die den Menschen sticht, wäre ein Konsument 4.

Nach dem Satz von der Energieerhaltung (dem Ersten Hauptsatz der Thermodynamik) kann Energie weder erzeugt noch vernichtet werden. Sie kann lediglich von einer in eine andere Form übergehen. Der Zweite Hauptsatz der Thermodynamik besagt, dass bei jeder Energieumwandlung ein „Verlust“ auftritt. Hier sei an die Ausführungen in Kapitel 4 erinnert. Die Energie kann nicht verloren gehen. Es tritt jedoch ein Qualitätsverlust der Energie ein, Exergie wird zu Anergie. Wir können uns das so vorstellen, dass ein Teil der Energie in eine nicht mehr nutzbare Form überführt wird, etwa in die thermische Energie der Umgebung. Bei jeder Energiewandlung (die Biologen sprechen hier von Transformation) gibt es einen Verlust an nutzbarer Energie. In der Fotosynthese, der ersten Transformation, wird Energie der Sonnenstrahlung in chemische Bindungsenergie umgesetzt. Dabei liegt der Wirkungsgrad der Fotosynthese bei nur 1 %, teilweise noch weniger. Nur etwa 10 % der in den Pflanzen gespeicherten Energie ist in den Tieren enthalten, welche die Pflanzen gefressen haben. Werden diese Tiere wiederum von anderen Tieren gefressen, so werden auch hier nur 10 % der Ausgangsenergie in der nächsten Stufe wieder gefunden.

Somit muss die Biomasse der Produktion deutlich größer sein als die der Primärkonsumenten und diese wiederum deutlich größer als die der Sekundärkonsumenten. Vereinfacht ausgedrückt: 10.000 kg Getreide „produzieren“ 1000 kg

Rindfleisch und diese wiederum 100 kg Mensch. Der Mensch steht am Ende dieser Nahrungskette. Er konsumiert pflanzliche und tierische Nahrung. Je größer der Anteil an tierischer Nahrung ist, umso höher sind die „Veredelungsverluste". Bei Vegetariern sind sie am geringsten.

Damit können wir uns der zentralen Frage zuwenden: Wie viele Menschen kann die Erde ernähren? In Abschnitt 5.1 hatten wir das Energiegleichgewicht besprochen, das auf der Erde herrscht. Dabei hatten wir festgestellt, dass von der Sonnenstrahlung im Mittel 160 W/m^2 am Erdboden ankommen. Dies ist ein (zeitlich und räumlich) globaler Mittelwert. In unseren Breiten liegt die Energiedichte bei 100 und in der Sahara bei 200 W/m^2. Der Wirkungsgrad der Fotosynthese liegt bei knapp 1 %. Da der Ackerbau überwiegend in den gemäßigten Zonen der Erde stattfindet, rechnen wir mit einer Energiedichte von 1 W/m^2 in den grünen Pflanzen. Im weltweiten Mittel stehen pro Kopf 0,23 ha = 2300 m^2 Ackerfläche zur Verfügung, somit 2300 Watt pro Kopf. Die Leistung von einem Watt entspricht der Energie von einem Joule pro Sekunde (1 W = 1 J/s). Somit kann auf 2300 m^2 Ackerfläche pro Sekunde die Energie von 2300 J = 2,3 kJ in den grünen Pflanzen gespeichert werden. Das sind pro Tag 200.000 kJ, die pro Kopf an pflanzlicher Nahrungsenergie erzeugt werden können.

Gehen wir von einem täglichen Energieverbrauch von 10.000 kJ (das entspricht 2400 kcal) pro Kopf aus, so erkennen wir an dieser einfachen Abschätzung, dass die genutzte Ackerfläche das Zwanzigfache des menschlichen Bedarfs an Nahrungsenergie bereitstellen kann. Der Faktor 20 gilt nur unter der Voraussetzung, dass alle Menschen Vegetarier wären. Da wir jedoch einen Teil unseres Energiebedarfs aus tierischer Nahrung decken, ist der reale Faktor wegen der „Veredelungsverluste" kleiner als 20. Es sei daran erinnert, dass der Wirkungsgrad bei dem Energietransfer von der Pflanze zum Rind sowie der vom Rind zum Menschen nur jeweils 10 % beträgt. Das bedeutet einen energetischen Gesamtwirkungsgrad von nur 1 %, wenn wir ein Steak verzehren. Den überwiegenden Anteil der Nahrungsenergie führen wir uns jedoch über die pflanzliche Nahrung zu.

Diese einfache Abschätzung veranlasst uns zu der Aussage, dass die Welt reichlich Nahrung bereitstellen kann. Aber ebenso wie bei der Diskussion des Wasserhaushalts in Abschnitt 6.3 liegt das zentrale Problem in einer stark ungleichen Verteilung von Angebot und Nachfrage. In den Industrieländern haben wir ein Überangebot, das teilweise zu einem Überkonsum und damit zu der neuen Volkskrankheit Übergewicht führt. Die Situation in den Entwicklungsländern ist durch ein Unterangebot infolge mangelnder Kaufkraft gekennzeichnet. Etwa 1 Mrd. Menschen in den Ländern der Dritten Welt gelten als unterernährt. Die Gleichzeitigkeit von Überfluss und Mangel sowie von Reichtum und Armut auf dieser Welt wird uns in Kapitel 7 beschäftigen.

Es gibt eine Reihe von Problemen, welche die einfache Überschlagsrechnung relativieren. Die Verluste landwirtschaftlicher Produkte durch Ratten, Vögel und Insekten sowie durch das Verderben bei der Lagerung und dem Transport infolge Misswirtschaft sind in einigen Regionen der Welt erschreckend hoch. Des Weiteren ist und bleibt die Landwirtschaft standortgebunden, im Gegensatz zur industriellen Produktion. Etliche Barrieren können nicht überwunden werden: die von der geografischen Breite abhängige Menge der einfallenden Strahlungsenergie, klimatische Faktoren wie Temperatur der Luft und des Bodens sowie die Feuchtigkeitsmenge, die für die Pflanzen zur Verfügung steht.

Zwei ergänzende Themen sollen diesen Abschnitt abrunden: Die historische Entwicklung der landwirtschaftlichen Praxis und die Aufzählung unserer Hauptnahrungsmittel. In der Welt der Jäger und Sammler bestand die Nahrung aus Beeren und Wurzeln sowie aus Fischen und Wild. Die frühe Agrargesellschaft war gekennzeichnet durch die Suche nach ertragreichen Pflanzen, das Roden und Abbrennen von Wald zur Gewinnung von Ackerflächen, den gezielten Anbau von Pflanzen, die Verwendung von natürlichem Dünger und das Jäten von Unkraut. Die Ernährungsbasis wurde wesentlich breiter und reicher. Die moderne Landwirtschaft ist durch den Einsatz von Technik geprägt. Neben der systematischen Pflanzenzüchtung stehen die mechanische Bearbeitung des Bodens und mechanische Erntemethoden im Vordergrund. Hinzu kommt die Verwendung von Kunstdünger und Pflanzenschutzmitteln. Das führte zu einer starken Verbesserung der Erträge, der Quantität, jedoch nicht unbedingt zu einer Verbesserung der Qualität (z.B. Eiweißgehalt). Die moderne Landwirtschaft ist ein Produktionssystem, das mit einem hohen Einsatz von (fossiler) Energie und Material Nahrungsenergie herstellt. Statistiken zeigen, dass für die produzierte Nahrungsenergie die 1,5fache Primärenergie aus fossilen Brennstoffen von der Landwirtschaft und zugehörigen Tätigkeitsbereichen verbraucht wird (Ehrlich 1975). Die neuere Geschichte der landwirtschaftlichen Produktion umfasst die sehr aufwändige Gewinnung von Ackerland und die „grüne Revolution", die Züchtung von Hochleistungssorten. Das hat zu einem starken Anstieg der Erträge geführt, aber auch zu einem verstärkten Einsatz von Dünger und den damit verbundenen Umweltproblemen. Die neuen Hochleistungssorten reagieren stark auf Wassermangel und sie führen zu einem Verlust an Reserven genetischer Variabilität. Negative Folgen sind weiter die starke Tendenz zur Bodendegradation durch Wind- und Wassererosion sowie chemische und physikalische Degradation.

Kommen wir abschließend zu den Hauptbestandteilen unserer Nahrung. An erster Stelle stehen die drei Getreidesorten Reis (das Grundnahrungsmittel in Asien), Weizen (der vorwiegend in gemäßigten Zonen gedeiht) und Mais (zumeist als Tierfutter). 40 % der Nahrungsenergie entfallen auf Reis und Weizen. Die drei Hauptgetreidesorten werden auf mehr als 50 % der Ackerfläche angebaut. Weitere Getreidesorten sind Gerste, Hafer, Roggen, Hirse und Sorghum. Dann sind zu nennen Kartoffeln, Gemüse, Salate und Obst. Eine wichtige Rolle spielen die Leguminosen (Schmetterlingsblütler) wie Erbsen, Bohnen, Linsen und Erdnüsse. Von allen pflanzlichen Nahrungsmitteln haben Hülsenfrüchte den höchsten Eiweißgehalt mit 20 bis 36 %. Die Hauptbedeutung der tierischen Nahrung für den Menschen liegt in dem hochwertigen Eiweiß. Mit gewissen regionalen Verschiebungen machen die Tierarten Rind, Schwein, Schaf, Ziege, Wasserbüffel, Huhn, Ente, Gans und Truthahn nahezu die gesamte Eiweißerzeugung aus domestizierten Tieren aus. Hinzu kommt die Nahrung aus dem Meer. Japan gewinnt mehr Eiweiß aus der Fischerei als aus der Landwirtschaft. Ein Problem ist die drohende und in einigen Regionen der Welt bereits reale Überfischung der Meere. Von wenigen Ausnahmen abgesehen sind Fischfarmen eher die Ausnahme. Wir sind beim Fischfang immer noch Jäger und Sammler geblieben.

6.6 Bedrohung der Biodiversität

Es ist offenkundig, dass mineralische Rohstoffe, Energierohstoffe, Wasser und landwirtschaftliche Produkte Ressourcen darstellen. Daneben stellt auch die Artenvielfalt der Biosphäre eine wichtige Ressource dar. Mit Artenvielfalt ist die Verschiedenheit aller Tier- und Pflanzenarten gemeint. Die Begriffe „biologische Vielfalt" und „Biodiversität" gehen darüber hinaus, sie erfassen die Vielfalt der Ökosysteme und Sorten jeder einzelnen Spezies. Der Erhalt der biologischen Vielfalt ist aus mehreren Gründen wichtig. Aus der Ökosystemforschung ist bekannt, dass eine Vielfalt der Erscheinungsformen Grundvoraussetzung für die Stabilität der Ökosysteme ist, von deren Leistungen letztlich der Mensch abhängt. Daneben stellt die Biodiversität eine ökonomische Ressource dar. So wird etwa der Marktwert aller biogenen Medikamente auf 75 bis 150 Mrd. US-$ pro Jahr geschätzt. Etwa 3/4 der Weltbevölkerung stützt sich bei der Gesundheitsvorsorge direkt auf natürliche Heilmittel. Und schließlich folgt das Ziel des Erhalts der biologischen Vielfalt aus der Anerkennung ihres Eigenwerts.

Die Erforschung der biologischen Vielfalt steckt erst in den Anfängen. Entsprechend ungenau sind daher die in der Literatur genannten Zahlen. Erst seit Ende 1995 liegt eine globale Abschätzung der biologischen Vielfalt vor. Der von dem UN-Umweltprogramm UNEP (United Nations Environment Program) erstellte Bericht geht von 1,75 Mio. beschriebenen und wissenschaftlich benannten Arten aus. Pro Jahr kommen etwa 12.000 neue Arten hinzu. Nur ein kleiner Bruchteil aller Arten ist bekannt. Über die Gesamtzahl gibt es nur Schätzungen, sie liegen in der Größenordnung von 10 bis 100 Mio. (1990 lagen die Schätzungen noch bei 4 bis 30 Mio.). Die Vielfalt an pflanzlichen und tierischen Lebensformen ist auf dem Globus sehr ungleich verteilt. Die feuchtwarmen tropischen Regenwälder, die nur 7 % der Landfläche bedecken, beherbergen bis zu 90 % der an Land vorkommenden Arten. Den jährlichen Verlust an tropischem Regenwald hatten wir in Abschnitt 6.4 mit gut 10 Mio. ha beziffert. Das ist ein wesentlicher Grund für die Abnahme der Artenvielfalt. Schätzungen hierüber gehen bis zu 35.000 Arten, die pro Jahr für immer von der Erde verschwinden.

Es wird vermutet, dass die Geschwindigkeit des globalen Artenverlustes um den Faktor 1000 bis 10.000 über der natürlichen Aussterberate von etwa 10 Arten pro Jahr liegt. Bei Säugetieren liegt die natürliche Aussterberate nur bei einer Art in 400 Jahren. Vom Aussterben bedrohte Arten werden seit Anfang der 1960er Jahre in einer „Roten Liste" der UN geführt. Damit soll die Umsetzung von Schutzprogrammen erleichtert werden. Die Gründe für den Artenverlust sind vielfältig. An erster Stelle wird stets die Vernichtung und ökologische Beeinträchtigung von Lebensräumen durch den Menschen genannt. Mehr als 80 % aller bedrohten Tier- und Pflanzenarten sind davon betroffen. Ein zweiter Grund ist die starke Übernutzung von Ökosystemen durch Holzeinschlag, Fischfang und Jagd. Hinzu kommt die Verschmutzung durch Luftschadstoffe und durch giftige Abfälle, wozu Stickstoffeinträge in Waldböden und Ölverschmutzungen der Meere gehören. Ein weiterer Grund ist die globale Erwärmung, an deren Geschwindigkeit sich viele Arten nicht anpassen können. Das Absterben von Korallenriffen und das

Verschwinden von Korallenfischen als Folge davon gehören dazu. Schließlich führt das Einführen fremder Arten, insbesondere auf Inseln, zum Verschwinden heimischer (Vogel-)Arten.

Die Welternährungsorganisation FAO stuft mehr als zwei Drittel der wirtschaftlich bedeutsamen Fischbestände als „vollständig ausgebeutet", als „überfischt" oder „erschöpft" ein. Experten schlagen vor, das bisherige Kontrollsystem (Fangquoten, Regulierungen zu Netzmaschenweiten, Mindestgröße der Fische, Größe der Fangflotten) durch totale Fangverbote für besonders betroffene Gebiete zu ergänzen.

Die anhaltende Zerstörung der Artenvielfalt ist gleichermaßen ein wirtschaftliches Fiasko, eine wissenschaftliche Tragödie und ein moralischer Skandal. Die meisten der vernichteten Arten sind noch unbekannt. Damit vernichten wir die Reserven der Natur für eine genetische Regeneration. Wir zerstören die Fähigkeit, neues Leben hervorzubringen. Vermutlich vernichten wir ungeahnte Ressourcen. Denn bisher wird nur ein kleiner Anteil aller Arten genutzt, die restlichen Schätze liegen brach. Wir haben keine Vorstellung davon, welch unermessliche Quellen an Nahrungs-, Arzneimitteln und Wirtschaftsgütern schon zerstört wurden und weiter zerstört werden. Es ist, als hätte die Menschheit beschlossen, alle Bibliotheken zu verbrennen, ohne zu wissen, was in den Büchern steht. Erforschung und Erhalt der Biodiversität sind kein akademischer Luxus, sondern eine zwingende Notwendigkeit.

Literatur

Agricola, G. (1994) *De re metallica.* Dtv Reprint der vollständigen Ausgabe aus dem lateinischen Original von 1556, dtv, München

dtv-Atlas Ernährung (2000) dtv, München

dtv-Atlas zur Ökologie (1990) dtv, München

Der Fischer Weltalmanach 2005 (2004) Fischer, Frankfurt am Main

Förstner, U. (2004) *Umweltschutztechnik.* 6. Aufl. Springer, Berlin

Görner, K., Hübner, K. (Hrsg.) (1999) *Hütte Umweltschutztechnik,* Springer, Berlin

Ehrlich, P. R., Ehrlich, A. H., Holdren, J. P. (1975) *Humanökologie.* Springer, Berlin

Maurits la Riviere, J. W. (1989) *Bedrohung des Wasserhaushalts.* Spektrum der Wissenschaft 11/1989

Opitz, P. J. (Hrsg.) (1990) *Weltprobleme.* 3. Aufl. Bundeszentrale für politische Bildungsarbeit, München

Simmons, I. G. (1993) *Ressourcen und Umweltmanagement.* Spektrum Akad. Verlag, Heidelberg

Tivy, J. (1993) *Landwirtschaft und Umwelt.* Spektrum Akad. Verlag, Heidelberg

WBGU (1994) *Welt im Wandel: Die Gefährdung der Böden.* Springer, Berlin

WBGU (1998) *Welt im Wandel: Wege zu einem nachhaltigen Umgang mit Süßwasser.* Springer, Berlin

WBGU (2000) *Welt im Wandel: Erhaltung und nachhaltige Nutzung der Biosphäre.* Springer, Berlin

Wilson, E. O. (Hrsg.) (1992) *Ende der biologischen Vielfalt?* Spektrum Akad. Verlag, Heidelberg

Den Klassiker Agricola (von 1556!) erwähne ich, weil darin sehr anschaulich die Bedeutung des Bergbaus neben dem Ackerbau dargelegt wird. Außerdem plädiert Agricola implizit für Technikbewertung, ohne jedoch diesen Begriff zu verwenden (wir werden in Abschnitt 8.3 auf Technikbewertung eingehen). Der dtv-Atlas Ernährung bringt eine knappe und informative Einführung in das Problem der Welternährung. Er ist eine gute Ergänzung zu dem dtv-Atlas zur Ökologie. Mit Ehrlich u. a. ist ein Klassiker der (Human-)Ökologie genannt. Zu Fragen des Recyclings und generell der Umweltschutztechnik sind Förstner sowie Görner u. a. aufgeführt. Simmons sowie Tivy führen recht breit in mehrere Themen dieses Kapitels ein. Das Gleiche gilt für den mehrfach aufgelegten Sammelband von Opitz, den ich für einige Kapitel des Buches verwendet habe. Die WBGU-Gutachten, auf die schon in Kapitel 5 hingewiesen wurde, sind gleichermaßen informativ wie forschungspolitisch interessant. Wilson war einer der Ersten, der sich intensiv mit der Bedrohung der Artenvielfalt auseinander gesetzt hat. Schließlich ist der unverzichtbare Fischer Weltalmanach genannt, hier die letzte Ausgabe vom 2004. Teilweise habe ich auch Daten aus früheren Ausgaben verwendet.

7. Die Dritte Welt und wir

oder **Ist Entwicklungshilfe eine tödliche Hilfe?**

Wenn wir den vielen Armen nicht helfen, dann werden wir auch den wenigen Reichen nicht helfen können.
(J. F. Kennedy)

Armut und Unterentwicklung in den Ländern der Dritten Welt sind die größten sozialen Probleme unserer Epoche und können als solche nur von den Industrie- und den Entwicklungsländern gemeinsam gelöst werden. Sollten wir dies nicht schaffen, werden wir auch etwaige Folgeprobleme nicht in den Griff bekommen. Derzeit leben von den 6,4 Mrd. Menschen auf unserer Erde 81,1 % in den Entwicklungsländern. Bis 2050 wird deren Anteil auf 86,3 % ansteigen. Entsprechend wird der Anteil der Menschen in den Industrieländern von 18,9 auf 13,7 % abnehmen, siehe Abschnitt 3.3. Eine Welt, in der die wenigen Reichen immer reicher, immer weniger (relativ gesehen) und immer älter werden, während die vielen Armen immer ärmer, immer zahlreicher und immer jünger werden, kann politisch nicht stabil sein.

Die Bevölkerungsexplosion, die wir seit einigen Jahrzehnten in der Dritten Welt erleben, ist ganz wesentlich eine Folge von Armut und Unterentwicklung. Neben wachsenden Ansprüchen ist gerade das Bevölkerungswachstum als Ursache für den steigenden Bedarf an Energie, an Ressourcen und an Nahrung anzusehen. Auch die Belastungen der Umwelt und die Veränderungen des Klimas werden mit steigender Weltbevölkerung immer drängender. Mögliche Lösungen werden immer schwieriger.

Die Einstellung, dass uns die Ereignisse in der fernen Welt nichts angingen, können wir uns weniger denn je leisten. Es muss uns interessieren, in welcher Weise die bevölkerungsreichsten Länder der Erde, China und Indien, ihren wachsenden Energiebedarf decken werden, ob und wann der afrikanische Kontinent die Bevölkerungsexplosion in den Griff bekommt und wie die dramatische Vernichtung der Tropenwälder verhindert werden kann.

Schuldzuweisungen werden bei der Suche nach Problemlösungen wenig hilfreich sein. Unabhängig davon müssen jedoch die in der Geschichte liegenden Gründe deutlich gemacht werden. Es ist der Ersten Welt kaum vorzuwerfen, dass sie sich technisch und ökonomisch entwickelt hat. Ebenso wenig kann der Dritten Welt der Tatbestand der Unterentwicklung vorgehalten werden. Es geht um eine Analyse der Ursachen, der Folgen und der Wirkungen, um daraus gemeinsame Lösungsansätze entwickeln zu können.

7.1 Die Ursache: Der Kolonialismus

Die Beziehungen Europas zu dem Teil der Welt, den wir heute Dritte Welt nennen, sind geschichtlich durch drei Stufen gekennzeichnet: Bewunderung, Beherrschung und Beihilfe (Hauser 1990). Die Phase der Beherrschung wurde durch die großen Entdeckungen eingeleitet und durch Handelsinteressen und Missionseifer vorangetrieben. Sie löste die Periode der Bewunderung ab und führte dazu, dass zeitweise (jedoch teilweise nacheinander) etwa 85 % der Landfläche von europäischer Kolonialherrschaft geprägt wurden.

Die unglaubliche Dominanz europäischer Mächte wurde durch Technik ermöglicht. Seit dem 14. Jh. ist Schließpulver bekannt. Das führte zur Herstellung von Feuerwaffen und damit zu einer erdrückenden militärischen Überlegenheit bei kriegerischen Eroberungen. Lanzen, Schwerter, Pfeile und Bogen und auch Armbrüste wurden durch eine deutlich effizientere Technik entwertet. Zusammen mit Verbesserungen des (in China erfundenen) Kompasses und der Navigationsgeräte waren damit die Grundlagen für die Eroberung und Beherrschung der Welt gelegt. Der Jacobsstab zur Ortsbestimmung auf dem Meer machte den Übergang von der Küstenseefahrt zu Seefahrt über noch unbekannte Weltmeere möglich. Seegehende Schiffe mit verbesserten Segeln und Rudern kamen hinzu. Damit ist klar, warum die ersten Kolonialmächte seefahrende Nationen gewesen sind.

Koloniales Verhalten gab es schon in der Antike bei den Phönikern, den Griechen und den Römern. Der Begriff Kolonie kommt von dem lateinischen Wort *colonus* und bedeutet Bauer oder Siedler. Unter Kolonialismus wird die Ausdehnung der europäischen Einflusssphäre auf außereuropäische Länder verstanden. Der Begriff wurde erst im vergangenen Jahrhundert eingeführt. Der Imperialismus, der die Endphase des Kolonialismus stark beeinflusste, ist als Begriff schon um die Wende vom 19. zum 20. Jahrhundert geprägt worden. Mit Imperialismus bezeichnet man die gezielte Politik eines Staates, Macht und Kontrolle über ein Volk außerhalb der eigenen Staatsgrenzen auszuüben.

Insgesamt gibt es zehn Kolonialmächte der Neuzeit. Das sind die europäischen Staaten Portugal, Spanien, Niederlande, England, Frankreich, Russland, Belgien, Deutschland und Italien sowie die USA, eine ehemals britische Kolonie. Die koloniale Expansion Europas, die von den Portugiesen begonnen wurde, ist durch mehrere Phasen gekennzeichnet. Die portugiesische Expansion begann 1415 mit der Eroberung Ceutas, erreichte 1482 den Kongo, 1488 Südafrika, 1492 Amerika (durch den italienischen Wahlportugiesen Christopher Kolumbus) und schließlich 1498 Vorderindien. Dort wurde den Moslems das gewinnbringende Monopol des asiatischen Gewürzhandels abgejagt. Mit Stützpunkten und Faktoreien gründeten die Portugiesen ein maritimes Handelsimperium in Südostasien. Der Nachschub wurde dabei durch Stützpunkte an der afrikanischen Ostküste und auf dem indischen Subkontinent gesichert.

Im 16. Jahrhundert trat als zweite Kolonialmacht Spanien hinzu. Die Spanier erschlossen Süd- und Mittelamerika, wobei die Schwerpunkte in den alten Hochkulturzonen dieses Kontinents lagen. Das Hauptziel der Eroberungen war diesmal Silber und Gold. Die beiden iberischen Mächte führten zu dieser Zeit bereits religiöse Gründe für ihren Monopolanspruch an. Dies forderte unweigerlich das aufstrebende protestantische Nordwesteuropa heraus. Man versuchte zunächst, an den Eroberungen der Portugiesen und Spanier teilzuhaben, konzentrierte sich aber bald auf andere Regionen. Die Engländer und Franzosen ließen sich in Nordamerika nieder, während die Niederländer Hinterindien erschlossen. Damit existierte ein vorerst stabiles System von fünf klassischen Kolonialmächten mit ausgedehnten überseeischen Kolonien. „In meinem Reich geht die Sonne nicht unter“, konnte der spanische Kaiser Karl V. im 16. Jh. sagen.

Bei den Engländern und den Niederländern hatten die Kaufleute das Sagen. Sie gründeten mit den Kompanien und Chartergesellschaften in Ostindien die Vorläufer heutiger Aktiengesellschaften nach dem Prinzip der Gewinnmaximierung. Die Kompanien handelten mit Gewürzen, Kaffee, Kakao, Tee, Baumwolle, Zucker und ähnlichen Waren, die wir noch in meiner Jugendzeit als Kolonialwaren bezeichnet haben. Es gelang den Niederländern, den Portugiesen fast das gesamte asiatische Handelsreich zu entreißen. Portugal hielt sich an Brasilien schadlos, das mit Hilfe afrikanischer Negersklaven zu einem wichtigen Zuckerlieferanten ausgebaut wurde. Der Sklavenhandel spielte in dem Dreiecksgeschäft zwischen Großbritannien, Nordamerika und Afrika eine wichtige Rolle. Billig erworbene afrikanische Sklaven wurden nach Amerika verkauft und erwirtschafteten dort Zucker, Rum, Gewürze und Baumwolle. Diese Waren wurden nach Großbritannien gebracht und in Europa vermarktet.

Die erste Phase der Dekolonisierung fiel in den Zeitraum von 1775 bis 1823, weitere Phasen folgten. Zunächst sagten sich die nordamerikanischen Kolonien vom Mutterland England los und gründeten die Vereinigten Staaten von Amerika, die USA. Nur wenig später wurden die südamerikanischen Staaten formell unabhängig. Portugal und Spanien waren durch die französische Revolution und die napoleonischen Kriege derart geschwächt, dass sie die südamerikanischen Kolonien nicht halten konnten. Britische Siege zur See ließen England zur führenden Weltmacht werden („*Britannia rules the waves*“). Der Verlust der nordamerikanischen Kolonien konnte durch die Kolonisierung von Australien und Neuseeland ausgeglichen werden.

Die fünf klassischen Kolonialmächte waren allesamt Seemächte. Als neue Kolonialmächte traten im 19. Jahrhundert die erstarkten Kontinentalreiche Russland und die USA hinzu. Russland hatte schon im 16. und 17. Jahrhundert Sibirien besetzt und drang über Alaska bis nach Nordkalifornien vor. Die USA entrissen Mexiko 1848 ihren heutigen Südwesten und kauften 1867 Alaska von Russland.

Mit der Eroberung Algeriens durch Frankreich 1830 begann die Rivalität mit England um den Einfluss in der islamischen Welt. Nur wenig später wurde die letzte Phase des Kolonialismus eingeleitet. Im beginnenden Zeitalter des Imperialismus teilten Ende des 19. Jahrhunderts die Neuankömmlinge Belgien, Deutschland und Italien unter sich auf, was es noch zu verteilen gab. Hierfür kam nur noch Afrika in Frage. Das „Gerangel um Afrika“ wurde zu einem Symbol des Imperialismus.

Auch wenn die historische Entwicklung teilweise unterschiedlich verlaufen ist, so gibt es eine Reihe von Gemeinsamkeiten der Kolonialzeit. Am Anfang der kolonialen Aktivitäten stand stets die Improvisation. Programme und ideologische

Rechtfertigungen wurden nachgeliefert. Das Interesse an der Kolonisation lässt sich mit den Schlagworten Profit, Status und Mission zusammenfassen. Beute und Gewinn waren der erste Antrieb. Hinzu kam die Vorstellung, sein Glück in der Fremde zu suchen und der Wunsch, sich in Übersee eine standesgemäße Herrenexistenz zu sichern. Der Missionsgedanke ist gleichermaßen von katholischer wie von protestantischer Seite ausgegangen. Zwischen Kirche und Staat gab es, wie so oft in der Geschichte, deckungsgleiche Interessen. Die Kirche benötigte die Staatsgewalt für ihre Missionszwecke und sie lieferte dem Staat als Gegenleistung eine ideologische Rechtfertigung seines Tuns. So wurde der Mythos von der anthropologischen Minderwertigkeit der Farbigen entwickelt, um deren Behandlung als bloße Objekte zu rechtfertigen. Mit der Überwindung des „Barbarentums" wurden die Zerstörung der Identität der einheimischen Bevölkerung und die Zerstörung ihrer sozialen Strukturen zumindest hingenommen.

Die Nutzung der Kolonien wurde von den Kolonialherren bestimmt. Ihre militärische Überlegenheit und ihr Transportmonopol in der Schifffahrt garantierten dies. Schon früh drängten die Kolonialmächte ihre Kolonien in die Rolle von reinen Rohstofflieferanten. Die Produktion von verarbeiteten Artikeln wurde vielfach verboten. Die Instrumente der Herrschaftsausweitung und -aufrechterhaltung waren subtil und vielfältig. Bei dem erfolgreichen englischen Modell *„indirect rule"* wurden einheimische Eliten gefördert und pfleglich behandelt. Diese sicherten dann aus Eigeninteresse die britischen Herrschaftsansprüche ab. Die Franzosen bevorzugten dagegen die konsequente Assimilation.

Es wurde mehrfach versucht, eine wirtschaftliche Bilanz des Kolonialismus aufzustellen. Das ist außerordentlich schwierig, weil zwei wesentliche Sachverhalte gegeneinander aufgewogen werden müssen. Es ist einerseits unstrittig, dass die Ressourcen der Kolonien ausgebeutet wurden. Ebenso unstrittig ist, dass die Kolonien gleichzeitig Nutznießer staatlicher Aufwendungen für Infrastrukturmaßnahmen wie Eisenbahnen, Straßen, Verwaltung, Schulen usw. (aus welchen Gründen auch immer) gewesen sind.

Im Jahr 1914 standen über die Hälfte der Landoberfläche und ein Drittel der Weltbevölkerung unter der Herrschaft der neuen europäischen Kolonialmächte. Mit zeitlicher Verschiebung sind insgesamt etwa 85 % der Landfläche von europäischen Kolonialmächten beherrscht worden. Die Zerstörung alter Kulturen und Strukturen in den ehemaligen Kolonien hat soziale Deformationen hervorgerufen, deren Nachwirkungen bis heute sichtbar sind.

7.2 Die Folge: Die Entkolonisierung

Mit Entkolonisierung, auch Dekolonisation genannt, wird der historische Prozess der Auflösung der europäischen Kolonialreiche bzw. der Befreiung der Kolonien nach dem Zweiten Weltkrieg beschrieben. Den Kolonien wurde die völkerrechtliche Anerkennung entweder unblutig gewährt oder sie haben sie sich blutig erkämpft. Dieser vor mehr als 200 Jahren einsetzende Prozess ist in drei großen

Wellen verlaufen. Internationale Konflikte und Kriege zwischen den europäischen Kolonialmächten haben diese Vorgänge stark beschleunigt.

Die erste Entkolonisierungswelle erfasste die europäischen Besitzungen in Amerika. Wie eingangs erwähnt begann sie im britischen Teil von Nordamerika, als 1776 die Vereinigten Staaten von Amerika ihre Unabhängigkeit erklärten. Ihre Verfassung wurde das Vorbild aller europäischen Demokratisierungsbewegungen, und sie hat insbesondere die Französische Revolution stark beeinflusst. Die ersten Kolonialmächte Portugal und Spanien wurden durch die napoleonischen Kriege derart geschwächt, dass ihre Herrschaft in Lateinamerika 1825 endete. Die Unabhängigkeitsbestrebungen wurden in den südamerikanischen Vielvölkerstaaten, deren Bevölkerung aus einem Gemisch von einheimischen Indios, afrikanischen Negersklaven und Europäern bestand, wesentlich von den kolonialen Eliten europäischer Abstammung getragen. Bei der späteren Diskussion der Probleme der Dritten Welt ist zu beachten, dass nahezu alle lateinamerikanischen Staaten seit etwa 180 Jahren politisch selbstständig sind. Wirtschaftlich gerieten sie jedoch bald in den Einflussbereich der aufstrebenden USA, worin viele ihrer heutigen Probleme begründet sind.

Der Abfall der ehemaligen Kolonie USA hatte dazu geführt, dass das britische Empire (um Ähnliches zu verhindern) wenig später seine weißen Kolonien Kanada, Australien, Neuseeland und Südafrika im Rahmen des *British Commonwealth of Nations* in faktisch souveräne *Dominions* umwandelte. Die zweite Entkolonisierungswelle begann im 19. Jahrhundert und durchlief mehrere Etappen. Kanada wurde 1839 souverän. Australien, Neuseeland und Südafrika erhielten 1910 den Dominionstatus. Großbritannien, die einflussreichste Kolonialmacht, hatte damit ein Instrument entwickelt, das später auch auf nichtweiße Kolonien angewendet wurde. Problematisch war stets die Frage, wer bei Kolonien mit gemischter Bevölkerung die Selbstbestimmung erhalten sollte, die weiße Minderheit oder die farbige Mehrheit. In Südafrika hatte zu Beginn des vergangenen Jahrhunderts die weiße Minderheit die Herrschaft übernommen. Diesen Weg wollte Großbritannien später nicht mehr gehen, was insbesondere in Südrhodesien (dem heutigen Simbabwe) und in Kenia zu heftigen Auseinandersetzungen führte.

Die dritte Entkolonisierungswelle setzte massiv nach dem Zweiten Weltkrieg ein und begann in Asien. Das imperialistische Japan hatte 1940–42 auch westliche Besitzungen im ostasiatischen und pazifischen Raum überrannt. Dies schwächte Ansehen und Macht der europäischen Kolonialmächte beträchtlich und begünstigte einheimische Nationalbewegungen. Hinzu kam, dass die USA ebenso wie die UdSSR und die neu gegründeten Vereinten Nationen (UN) nach dem Zweiten Weltkriegs antikoloniale Bestrebungen unterstützten. Die USA haben später während des Kalten Krieges diese Haltung aus strategischen Gründen revidiert.

1945 wurde das französische Nordvietnam unter seinem legendären Führer Ho Chi Minh Republik. Frankreich versuchte erfolglos, Vietnam, Laos und Kambodscha zu halten. Nach der schweren Niederlage in Dien Bien Phu 1954 wurde Indochina unabhängig und Vietnam vorläufig geteilt. Die Teilung endete 1976, als sich die USA (die das französische Erbe als Ordnungsmacht in Indochina antraten) aus Vietnam zurückzogen.

Ebenfalls 1945 entstand eine indonesische Republik unter ihrem ersten Präsidenten Sukarno in dem ehemals niederländischen Java. Die spätere Entwicklung hin zu den blockfreien Staaten wurde jedoch erst durch die indische Unabhängigkeit 1947 und durch das Charisma der indischen Staatsmännern Gandhi und Nehru möglich. Aber auch Gandhi konnte die zwischen Hindus und Moslems ausbrechenden und religiös begründeten Kämpfe nicht verhindern. Diese endeten mit der Abspaltung der islamischen Staaten West-Pakistan (heute Pakistan) und Ost-Pakistan (heute Bangladesch = Land der Bengalen) von Indien. Nach der Ermordung Gandhis 1948 wurde sein Nachfolger Nehru zum unbestrittenen Oberhaupt der neutralen, der blockfreien Staaten.

1955 trafen sich in Bandung (Indonesien) 24 asiatische und 5 afrikanische Länder sowie das seit 1945 kommunistische China zu einer ersten Konferenz der „Blockfreien". Im Rahmen dieser historischen Zusammenkunft wurde der Kolonialismus verdammt und das Recht auf unverzügliche Selbstbestimmung proklamiert. Dies war ein eindrucksvoller Abschluss der asiatischen Phase der Entkolonisierung und es bedeutete zugleich deren Auftakt in Afrika.

Die europäischen Kolonialmächte erwarteten nach dem Zweiten Weltkrieg in Afrika zunächst keine Entkolonisierungsprozesse. Dies traf auch für das erste Jahrzehnt nach Kriegsende zu. Zunächst übernahm Ägypten, das schon 1922 formell von Großbritannien unabhängig wurde, nach dem Sturz der Monarchie unter König Faruk 1952 und der Machtübernahme durch Nasser 1954 eine führende Rolle in der antikolonialen Politik. Frankreich gab 1956 seine Protektorate Marokko und Tunesien frei. Algerien wurde 1962 nach blutigen Auseinandersetzungen mit Frankreich selbstständig. Als erstes Land Schwarzafrikas wurde Ghana, die ehemalige britische Kronkolonie Goldküste, 1957 unter Nkrumah unabhängig. Belgien entließ 1960 Belgisch-Kongo unter Lumumba trotz unzureichender politischer Infrastruktur in die Unabhängigkeit. Lumumbas späterer Nachfolger Mobutu spielte in dem „Bermuda-Dreieck" aus Kapitalflucht, Korruption und Bereicherung der Oberschicht eine denkbar unwürdige Rolle (Köhler 1990). Das wenig entwickelte Portugal, die historisch älteste Kolonialmacht des aufstrebenden Europa, klammerte sich am längsten an seine afrikanischen Besitzungen. Erst nach dem Zusammenbruch des autoritären Regimes in Portugal 1974/75 wurden Angola und Mosambique nach langen Befreiungskämpfen unabhängig.

Anfang der 80er Jahre war der Prozess der Entkolonisierung nahezu abgeschlossen. Dessen Geschichte reicht von der eleganten britischen Lösung bis hin zu blutigen Guerillakriegen und bestimmt das heutige Verhältnis zwischen Industrie- und den Entwicklungsländern nachhaltig. Aus den ehemaligen Kolonien wurde die „Dritte Welt".

7.3 Die Wirkung: Die Dritte Welt

Der Zweite Weltkriegs hat die globalen Machtverhältnisse entscheidend verändert. Europa verlor seine Vormachtstellung in der Weltpolitik, was den Prozess der Entkolonisierung enorm beschleunigte. Die Kontinentalmächte USA und UdSSR übernahmen die politische Führungsrolle in West und Ost und grenzten ihre Einflusssphären gegeneinander ab. Der Kalte Krieg begann und mit ihm der Ost-West-Konflikt.

Es erschien folgerichtig und konsequent, dass die politisch unabhängig gewordenen ehemaligen Kolonien dieser Blockbildung nicht folgen wollten. Daraus entstand die Idee der Blockfreiheit, die in der Anfangsphase von Nehru, Tito und Nasser verkörpert wurde. Nach der Bandung-Konferenz 1955 fand die zweite Konferenz 1961 in Belgrad statt, weitere folgten. Die Mitgliederzahl der Blockfreien stieg ständig an, sie betrug 53 beim Lusaka-Gipfel 1970 und 101 beim Harare-Gipfel 1979. Die Grundmerkmale der Blockfreiheit wurden 1978 wie folgt definiert: „Freiheit von den Blöcken, das Fehlen von Militärbündnissen mit Großmächten sowie Widerstand gegen Imperialismus, Kolonialismus, Neokolonialismus, Rassismus einschließlich Apartheid und gegen alle Formen fremder Herrschaft".

Die Suche nach einem dritten Weg zwischen Ost und West führte zu dem Begriff „Dritte Welt", der 1949 erstmals von Nehru in diesem Zusammenhang verwendet wurde. Der seit Beginn der fünfziger Jahre gebräuchliche Begriff Entwicklungsländer (*developing countries*) ist damit deckungsgleich. Damit begann die Aufteilung der Welt in „drei Welten". Mit „Erster Welt" wurden die demokratischen und marktwirtschaftlich orientierten westlichen Industrieländer bezeichnet, kurz Industrieländer genannt. Die „Zweite Welt" bestand aus den kommunistischen, planwirtschaftlich orientierten Ländern, kurz Ostblock genannt. Die Entwicklungsländer wurden als die „Dritte Welt" bezeichnet, charakterisiert durch überwiegende Tauschwirtschaft.

Die Zweite Welt befindet sich seit mehr als zehn Jahren in einem Auflösungsprozess. Die meisten der ehemaligen Staatshandelsländer sind dabei, die Marktwirtschaft und die Demokratie einzuführen. Wunsch und Wirklichkeit klaffen dabei häufig weit auseinander. Für diese Ländergruppe hat sich der Begriff Transformationsländer eingebürgert. Es ist auch die Variante Marktwirtschaft ohne Demokratie denkbar, wie sie von der Volksrepublik China verfolgt wird. Falls das chinesische Experiment gelingen sollte, würde es eine große Anziehungskraft auf viele Entwicklungsländer ausüben. Viele Experten bei uns sind der Auffassung, dass Marktwirtschaft unweigerlich zur Demokratisierung führt. In jedem Falle sollten wir den chinesischen Weg mit großer Aufmerksamkeit verfolgen.

Die Begriffe Dritte Welt und Entwicklungsländer sind fragwürdig und unscharf, aber offenkundig politisch unverzichtbar. Auch wenn es keine einheitliche Definition dieser Begriffe gibt, so weist die überwiegende Mehrzahl dieser Staaten gemeinsame Merkmale auf. Die wichtigsten sind (BMZ 2004): „Ungenügende Versorgung mit Nahrungsmitteln, niedriges Pro-Kopf-Einkommen, schlechter Gesundheitszustand, zu wenig Bildungsmöglichkeiten, Arbeitslosigkeit, niedriger Lebensstandard bei oft extrem ungleicher Verteilung der vorhandenen Güter und Dienstleistungen". Die Wirtschaft der Entwicklungsländer ist stark von der Landwirtschaft geprägt. Weitere Kennzeichen sind Kapitalmangel für Investitionen sowie wachsende außenwirtschaftliche Schwierigkeiten auf Grund hoher Verschuldung bei einem gleichzeitigen Verfall der Exporterlöse (meist aus Rohstoffen). Eine weltweit verbindliche Liste der Entwicklungsländer existiert bisher nicht. Die Vereinten Nationen, die Weltbank und der Entwicklungshilfeausschuss DAC (*Development Assistance Commitee*) der OECD (*Organization for Economic Cooperation and Development*) verwenden ähnliche Kriterien.

Die Vereinten Nationen haben 1971 innerhalb der Gruppe der Entwicklungsländer eine Unterteilung vorgenommen, indem sie den Begriff der am wenigsten entwickelten Länder (LDC = *Least Developed Countries*) eingeführt haben. Diese Gruppe wurde in Tabelle 3.1 mit LLDR bezeichnet. Bis 1990 wurden als ausschlaggebende Kriterien für die LDC bzw. LLDR das Pro-Kopf-Einkommen, der Industrieanteil am Bruttoinlandsprodukt (BIP) und die Alphabetisierungsrate herangezogen. Diese Klassifizierung wurde im Laufe der Jahre durch umfassendere Kriterien abgelöst (BMZ 2004): „BIP pro Kopf im Durchschnitt aus drei Jahren unter 900 US-$; *Augmented Physical Quality of Life Index* (APQLI), berechnet aus Lebenserwartung, Kalorienversorgung, Einschulungsrate sowie Alphabetisierungsrate; *Economic Vulnerability Index* (EVI), zusammengesetzt u. a. aus den Anteilen der industriellen Produktion und Dienstleistungen am BIP, der Instabilität der landwirtschaftlichen Produktion, Exportorientierung der Wirtschaft sowie der Bevölkerungszahl; Einwohnerzahl von maximal 75 Mio. (Ausnahme Bangladesch)".

Im Jahr 2003 waren 50 Entwicklungsländer als LDC eingestuft, davon 34 in Afrika, 15 in Asien und Ozeanien und ein Staat (Haiti) in Lateinamerika. In den LDC leben derzeit 11,5 % der Weltbevölkerung, ihr Anteil wird bis 2050 auf 18,7 % ansteigen, siehe Tabelle 3.1 in Abschnitt 3.3.

Innerhalb der Gruppe der Entwicklungsländer gibt es verschiedene politische Gruppierungen und Zusammenschlüsse. Die größte Bedeutung hat dabei die „Gruppe der 77", die zu einem Sprachrohr der Entwicklungsländer innerhalb der Vereinten Nationen vor allem in entwicklungspolitischen Fragen geworden ist. Diese Gruppe (von seinerzeit 77 Entwicklungsländern) hat sich 1964 auf der ersten *UN-Conference on Trade and Development* (UNCTAD I) in Genf formiert und 1967 in Algier formal gegründet. Heute gehören ihr 133 Länder an. Die Volksrepublik China gehört nicht zur „Gruppe der 77". China hat auch bei früheren Treffen der Entwicklungsländer stets als Beobachter teilgenommen, ist jedoch nie Mitglied entsprechender Gruppierungen geworden.

Daneben gab und gibt es eine Vielzahl weiterer Zusammenschlüsse zur Vertretung regionaler oder gemeinsamer Ziele. Hier seien beispielhaft genannt: Andenpakt, Arabische Liga, Südostasiatische Staatengemeinschaft (ASEAN), Karibische Gemeinschaft (CARICOM), Afrikanische Union (AU) als Nachfolgeeinrichtung der Organisation für Afrikanische Einheit (OAU) sowie die beiden Organisationen der Erdölförderländer OPEC und OAPEC, wobei Letztere nur aus den arabischen Ölförderländern besteht. Aus der Vielzahl dieser Gruppierungen wird deutlich, dass es gemeinsame Interessenlagen der Entwicklungsländer in den für sie wichtigen Fragen nicht gibt. So hat der von den OPEC-Ländern 1973 herbeigeführte Ölpreisschock weniger die Industriestaaten als vielmehr die ärmsten Entwicklungsländer getroffen.

7.4 Hoffnung und Realität

Verallgemeinerungen sind stets problematisch. Wenn man von *der* Dritten Welt spricht, muss man sich stets neben sozialen, kulturellen und anderen Faktoren die jeweils unterschiedlich verlaufene Geschichte vor Augen halten. Die Länder Lateinamerikas sind seit etwa 180 Jahren unabhängig, jene Süd- und Südostasiens seit etwa 50 Jahren und die Länder Afrikas erst seit 30 bis 40 Jahren. Dennoch lässt sich die Situation der unterschiedlichen Länder der Dritten Welt durch eine Reihe gemeinsamer Merkmale beschreiben.

Nach dem Abschütteln der Fremdherrschaft haben viele ehemalige Kolonien zunächst große Hoffnungen in ihre Entwicklung gesetzt. So versicherte Anfang der 60er Jahre der brasilianische Präsident Quadros dem Journalisten Peter Grubbe (Grubbe 1991): „Lateinamerika ist der Kontinent von morgen. Wir haben alles, was wir brauchen, Getreide und Vieh, Erze und Holz, dazu arbeitsame und lernfähige Menschen. Wir brauchen ihnen nur eine Chance zu geben. Und wir werden es tun. In spätestens 20 Jahren wird Lateinamerika der führende Kontinent unserer Welt sein". Realität ist, dass Brasilien (wie auch Mexiko) zu den zehn am höchsten verschuldeten Staaten der Welt zählt.

Ähnlich optimistische Hoffnungen wurden von afrikanischer Seite geäußert. So prophezeite Nkrumah, der erste Staatschef von Ghana, das als erste britische Kolonie in Afrika unabhängig wurde (Grubbe 1991): „Wenn wir erst alle frei sind, wird Afrika der wohlhabendste Kontinent der Erde werden. Wir haben Gold, Silber, Kupfer, Diamanten, Holz, fruchtbare Erde und arbeitsame Menschen. Bisher haben die Europäer uns alle unsere Reichtümer abgenommen. Nach der Unabhängigkeit wird der Reichtum in unsere Taschen fließen, und die Afrikaner werden wohlhabend und glücklich werden". Realität ist, dass sich Afrika heute in einer katastrophalen Lage befindet. Afrikas Anteil am Welthandel ist ständig zurückgegangen. Die Auslandsverschuldung der afrikanischen Länder hat sich vervielfacht und die Bevölkerung nimmt schneller zu als die landwirtschaftliche Produktion.

Alle etwa 160 Entwicklungsländer haben derzeit (1998) eine Auslandsverschuldung von 2500 Mrd. = 2,5 Billionen US-$. Zur Vermeidung von Verwechslungen sei gesagt, dass die deutsche Milliarde (Mrd.) dem englischen „*billion*", und die deutsche Billion dem englischen „*trillion*" entspricht. Die Million (Mio.) hat in beiden Sprachen die gleiche Bedeutung. 1980 lagen die Auslandsschulden der Entwicklungsländer „noch" bei 560 Mrd. US-$, sie sind seit jener Zeit ständig weitergewachsen. Sie lagen 1990 bei 1500, 1995 bei knapp 2100 und 1998 bei 2500 Mrd. US-$. Letztere Summe entsprach im Mittel 40 % des Bruttosozialprodukts (BSP) und 140 % der Exporterlöse dieser Länder. Hinter den Mittelwerten verbergen sich erhebliche Unterschiede. So gibt es Entwicklungsländer, deren Auslandsschulden das jährliche BSP übersteigen und mehr als das Dreifache der jährlichen Exporterlöse ausmachen. Bei dem oben genannten Brasilien entwickelten sich die Auslandsschulden von 160 Mrd. (1995) auf 240 Mrd. (2000) und sie lagen 2003 bei 220 Mrd. US-$. Das entsprach etwa dem halben Bruttoinlandsprodukt (BIP) von 452 Mrd. US-$. Auf die zehn größten Schuldnerländer, zu denen

Brasilien, Mexiko und China gehören, entfallen mit 1460 Mrd. US-$ etwa 70 % aller Auslandsschulden.

Es ist offenkundig, dass die Schere in der Einkommensentwicklung und damit dem Wohlstand zwischen den Industrie- und den Entwicklungsländern immer weiter auseinander klafft. Hinzu kommt verschärfend, dass innerhalb der einzelnen Entwicklungsländer die wirtschaftlichen Unterschiede zwischen den wenigen Reichen und den vielen Armen stark zugenommen haben. Von den bisher geleisteten Maßnahmen der Entwicklungshilfe haben fast ausschließlich die Oligarchien und die nationalen Eliten profitiert, die aus diesem Grund systemstabilisierend wirken und handeln. Neben den Auslandsschulden nimmt gleichzeitig die Kapitalflucht zu. Auf Schweizer Konten lagern „Privatvermögen" der nationalen Eliten und Diktatoren in Milliardenhöhe. Vermutungen, dass diese „Guthaben" in einem Zusammenhang mit Entwicklungshilfemitteln stehen, und dass die Höhe dieser Konten einen nennenswerten Anteil der jeweiligen Auslandsschulden ausmacht, sind mehrfach geäußert worden.

Der Anteil der Entwicklungsländer am Welthandel nimmt ständig ab. Ihr Bevölkerungswachstum ist nach wie vor sehr hoch und übersteigt die Zunahme der Nahrungsmittelproduktion. Viele Entwicklungsländer waren ehemals Selbstversorger und müssen heute Nahrungsmittel importieren. Die Landflucht wächst, damit auch die Slumbildung und die Deformation sozialer Strukturen. Armut, Verelendung und Hunger nehmen zu. Es gibt keine oder kaum demokratisch stabile Strukturen, es scheint nur die Wahl zwischen (wechselnden) Diktatoren oder der Anarchie zu geben. Die Bürokratie ist korrupt, die Wirtschaft zerrüttet und in großen Teilen funktionsunfähig. Die Ausgaben für Rüstung und teure Prestigeprojekte sind vielfach wahnwitzig hoch, die Ausgaben für Bildung, Gesundheit, Soziales und Infrastrukturen extrem niedrig.

Die Katastrophenliste ließe sich noch verlängern. Sie liest sich deprimierend. Positive Abweichungen sind ansatzweise vorhanden, aber selten. Wie kann die katastrophale Situation geändert werden? Wie kam es überhaupt dazu?

7.5 Der Weg in die Krise

Die Ursachen der schweren wirtschaftlichen und sozialen Krise, in der sich die Dritte Welt befindet, wurzeln tief in der Geschichte. Hier folge ich einer überzeugenden Darstellung von Hauser, der einen Vergleich der wirtschaftlich-sozialen Entwicklung im westlichen und nichtwestlichen Kulturkreis anstellt (Hauser 1990). Der westliche Erfolg, der ganz offenkundig zu Wohlstand und Reichtum geführt hat, liegt in der richtigen, der logischen Reihenfolge der entscheidenden gesellschaftlich-technischen Umwälzungen begründet. Diese erfolgten endogen, das heißt, sie wurden von inneren Ursachen getragen und bauten aufeinander auf. Den nichtwestlichen Kulturkreis trafen diese Umwälzungen völlig unvorbereitet. Sie wurden durch fremde Mächte und Kulturen eingeführt. Sie waren exogen (von außen) erzeugt und liefen in einer denkbar schlechten Reihenfolge ab. Darin liegen die Probleme der Entwicklungsländer begründet, die sich bis heute eher verstärkt als abgeschwächt haben.

Hauser spricht von zehn epochalen Umwälzungen, welche die westliche Welt in den verschiedenen gesellschaftlichen und technischen Bereichen erfahren hat. Dafür benutzt er den Begriff „Revolutionen", weil diese Änderungen völlig neue Aspekte und Möglichkeiten eröffnet haben. Sie haben jeweils zu gewaltigen Aufschwüngen geführt und damit ein Wachstum an Produktivität, Reichtum, Macht und Überlegenheit eingeleitet, was ein gewöhnlicher Evolutionsprozess niemals zu Stande gebracht hätte. In Tabelle 7.1 sind die zehn Revolutionen in ihrer zeitlichen Abfolge aufgelistet, wie sie in der westlichen Welt aufeinander folgend stets die Grundlagen für weitere Umwälzungen gelegt haben.

Tabelle 7.1: Zeitliche Abfolge der gesellschaftlichen Revolutionen im westlichen und im nichtwestlichen Kulturkreis, in Anlehnung an (Hauser 1990)

Westlicher Kulturkreis	Nichtwestlicher Kulturkreis
1. Kommerzielle Revolution	1. Revolution in der Kriegstechnik
2. Revolution der Kriegstechnik	2. Kommerzielle Revolution
3. Agrarrevolution	3. Transport-/Kommunikationsrevolution
4. Verwaltungsrevolution	4. Medizinische Revolution
5. Industrierevolution	5. Bevölkerungsexplosion
6. Ausbildungsrevolution	6. Industrierevolution (?)
7. Medizinische/hygienische Revolution	7. Verwaltungsrevolution
8. Bevölkerungsexplosion	8. Agrarrevolution (?)
9. Transport-/Kommunikationsrevolution	9. Ausbildungsrevolution (?)
10. Elektronische Revolution	10. Elektronische Revolution (?)

Am Anfang stand die kommerzielle Revolution im 12. Jahrhundert. Sie kann durch die Merkmale Güteraustausch mit Gewinngedanken, durch Wachstum des Handels, durch die Entwicklung der Geldwirtschaft sowie durch wirtschaftliche Spezialisierung gekennzeichnet werden. Die aufblühenden Gewerbezweige Handel und Handwerk ließen zwischen der kleinen Schicht der Feudalherren und der großen Schicht der abhängigen Bauern eine wohlhabende Mittelschicht entstehen, die der Kaufleute und Handwerker. Diese Mittelschicht hat die politische Entwicklung der Folgezeit maßgeblich getragen, wobei die Kaufleute das notwendige Kapital für weitere Umwälzungen zur Verfügung stellen konnten.

Im 15. Jahrhundert begann die Revolution der Kriegstechnik. Die Feuerwaffen ersetzten nach und nach die defensiven Schutz- und Trutzwaffen und sie erlaubten eine offensive, auf Eroberung angelegte Politik. Das Zeitalter der Entdeckungsreisen wurde eingeläutet, der Kolonialismus begann, er führte zur Beherrschung der Welt.

Die Agrarrevolution setzte um 1700 ein. Die Brachwirtschaft wurde durch den Anbau von Leguminosen (Hülsenfrüchten) ersetzt, wodurch der Nährstoffgehalt des Bodens und damit die Produktivität der Landwirtschaft enorm gesteigert wurden. Hinzu kam, dass die Feldfrüchte weniger als direkte Nahrungsmittel, sondern verstärkt als Futtermittel verwendet wurden. Futterbasis und Viehhaltung nahmen zu, der Futteranbau führte zur Einzäunung der Viehbestände, was wiederum die Zuchtwahl begünstigte. Die Nahrungsmittelbasis wurde massiv verbreitert.

In kurzem Abstand folgte die Verwaltungsrevolution in Zusammenhang mit der Herausbildung staatlicher Zentralgewalt und der Beamtenschaft. Die Verwaltungslehre und der Kameralismus (von lateinisch *camera* = Kammer) als deren staatliche Form entstanden.

Mit der Agrar- und der Verwaltungsreform sowie den sich stürmisch entwickelnden Naturwissenschaften war die Grundlage für die Industrierevolution im 18. Jh. gelegt. Die Mechanisierung der Arbeit (Dampfmaschine, mechanischer Webstuhl) begann in großem Stil. Die Voraussetzungen für eine durchgreifende Industrialisierung waren erfüllt: Es stand eine quantitativ und qualitativ ausreichende Nahrungsmittelbasis für die entstehende Industriebevölkerung zur Verfügung. Durch die Erhöhung der landwirtschaftlichen Produktivität konnten Arbeiter für die wachsende Industrie freigestellt werden. Und letztlich schufen die erhöhten Einkünfte aus der Landwirtschaft neben denen aus dem Handel die Kapitalbasis für die Industrialisierung.

Die Industrie benötigte in höherem Maße als die Landwirtschaft gut ausgebildete Arbeiter. Das Wissen um komplizierte technische Zusammenhänge wuchs und musste in geeigneter Form weitergegeben werden. So entstand zwangsläufig die Ausbildungsrevolution mit der Einführung der allgemeinen Schulpflicht; die Verantwortung des Staates für das Schulwesen begann. Die Zeit, in der Wissen nur durch mündliche Tradition überliefert wurde und Bildung ein Privileg der Eliten war, war beendet. Besser ausgebildete Arbeiter verrichteten qualifiziertere Tätigkeiten und verdienten dadurch mehr Geld. Das ist eine entscheidende Triebfeder unserer Marktwirtschaft.

Die medizinische Revolution setzte Anfang des 19. Jh. mit Schutzimpfungen ein und entfaltete ihre volle Wirksamkeit durch den Ausbau der naturwissenschaftlichen Medizin. Dies hatte Auswirkungen auf die Sterberaten, die rasch zu sinken begannen, während die Geburtenraten zunächst noch hoch blieben. Als Folge davon erlebte Europa zu Beginn des 19. Jahrhunderts ein starkes Bevölkerungswachstum. Diese Bevölkerungsexplosion verlief jedoch kontrolliert und weitgehend undramatisch, zumal Auswanderungswellen den Bevölkerungsdruck milderten. Durch die Agrarrevolution gab es genügend Nahrung und durch die Industrialisierung genügend Arbeit.

Das Zusammenwirken der Faktoren Produktivität in Landwirtschaft und Industrie, Kapital, Arbeitskräfte und Nachfrage ermöglichte unaufhaltsame Fortschritte, die durch die sich anschließende Revolution im Transport- und Nachrichtenwesen enorm begünstigt wurden. Der Bau von Eisenbahnen und Telegrafenlinien leitete die Entwicklung ein, später kamen Automobil- und Flugzeugbau sowie die Telekommunikation hinzu. Millionenstädte wurden nun möglich, da sie entsprechend versorgt werden konnten.

Die etwa 1970 einsetzende elektronische Revolution leitete die vorerst letzte Umwälzung ein. Ihr Schwerpunkt ist die Informationsverarbeitung, die unser Leben durchdringt. Sie ermöglicht, dass jede Information zu jeder Zeit an jedem Ort verfügbar ist. Wir werden auf dieses Thema gesondert in Kapitel 10 eingehen, da hiermit der Übergang von der Industrie- in die Informationsgesellschaft verbunden ist.

Die bisherige Entwicklung hat der westlichen Welt einen unvorstellbar hohen Wohlstand gebracht, von dem der größte Teil der Bevölkerung profitiert. Trotz zahlreicher Probleme hatte es die westliche Gesellschaft verhältnismäßig leicht. Sie befand sich niemals in einer ausweglosen Situation, stets zeichnete sich eine Lösung der Probleme ab.

Wie anders ist dagegen die Entwicklung in der Dritten Welt verlaufen! Sie war in keiner Weise auf die Umwälzungen vorbereitet, die ihr von außen vorgelebt und aufgeprägt wurden. Das erste Zusammentreffen der Gesellschaftssysteme erfolgte am Ende des 15. Jh. unter Waffen, durch Kolumbus in Amerika sowie durch Vasco da Gama in Indien. Die Europäer brachten der heutigen Dritten Welt zuerst die Revolution der Kriegstechnik, welche die Macht der herrschenden Oberschicht und der nationalen Eliten bis zum heutigen Tag nachhaltig gefestigt haben. Damit war ein Instrument geschaffen, die hungernde Landbevölkerung in hohem Maße auszunutzen. Rasch folgten die kommerzielle Revolution sowie die Revolution im Transport- und Kommunikationswesen.

Die lokale Oberschicht fand zunehmend Gefallen an den europäischen Produkten. Die Nachfrage nach inländischen Artikeln sank, die Lage der einheimischen Bevölkerung verschlechterte sich ständig. Dies wurde ganz wesentlich durch erhöhte Ausfuhr von exportfähigen Agrarprodukten verstärkt, um Devisen für Importwaren zu erhalten. Die Masse der einheimischen Bevölkerung konnte sich gegen die mit europäischen Waffen ausgerüstete Oberschicht kaum zur Wehr setzen. Die Lage verschlechterte sich weiter. Die von Europa eingeführte medizinische Revolution ließ die Sterberaten drastisch sinken. Die gleich bleibend hohen Geburtenraten führten einer Bevölkerungsexplosion in der Dritten Welt, die noch heute anhält.

Mit der Entwicklungshilfe folgte schließlich nach westlichem Vorbild eine partielle industrielle Revolution, oder besser der Versuch derselben. Von westlichen Firmen wurden in Zusammenarbeit mit begüterten und einflussreichen nationalen Eliten kapitalintensive und arbeitssparende Produktionsmethoden eingeführt. Und das in Ländern, in denen Kapital Mangelware ist und die Arbeitskraft der Massen oft den einzigen Reichtum darstellt. Länder, die ihre wachsende Bevölkerung nicht ausreichend ernähren können, produzieren Industriegüter für den Export, deren Erlöse in der Regel nur den Eliten zugute kommen.

Damit kann das zentrale Problem folgendermaßen beschrieben werden: Ohne eine vorbereitende landwirtschaftliche Revolution, also ohne ausreichende Nahrungs- und Kapitalbasis, brach über diese Länder eine Bevölkerungsexplosion herein. Für die rasch wachsende Anzahl von Menschen standen nicht genügend arbeitsintensive Tätigkeiten zur Verfügung. Die zunehmende Verelendung der Massen war die unausweichliche Folge. Die politische Unabhängigkeit nach der Entkolonisierung brachte meist auch eine Verwaltungsrevolution nach westlichem, teilweise auch östlichem Vorbild mit sich. Dies verstärkte den dominierenden Einfluss lokaler Eliten zusätzlich, ohne dass sich die wirtschaftliche Situation der Massen verbessert hätte.

Erst in den 1960er Jahren begann in einigen Entwicklungsländern eine Agrarrevolution, die als Grüne Revolution bezeichnet wird. Sie ist durch die Entwicklung hoch ertragreicher Anbausorten für Reis, Mais und Weizen wie auch durch die Förderung moderner Anbau- und Betriebsmethoden gekennzeichnet. Die Ernährungsfrage ist jedoch in den Entwicklungsländern nicht nur ein Produktionsproblem, sondern sie wird ganz wesentlich von der mangelnden Kaufkraft bestimmt. Nahrungsmittel werden bevorzugt exportiert, um die Schuldenlast zu verringern.

Es gibt erste schwache Anzeichen für eine Ausbildungsrevolution, doch ist der Alphabetisierungsgrad noch sehr niedrig. Unterhalb der zumeist im Ausland ausgebildeten Eliten gibt es keine nennenswerte Mittelschicht, wie sie sich im westlichen Kulturkreis schon früh herausgebildet hatte. Die Einführung der elektronischen Revolution erfolgte überstürzt; das Nebeneinander von High-Tech-Inseln und Analphabetentum hat sich kaum stabilisierend auf die Gesellschaft auswirken können.

Wie lautet das Fazit dieser Gegenüberstellung? Die Bevölkerungsexplosion hat die Probleme der Entwicklungsländer gewaltig verschärft. Die Befreiung von den europäischen Herrschern hat die wirtschaftliche und soziale Lage nicht verbessert. Denn politische Unabhängigkeit ist ohne eine gesunde wirtschaftliche und soziale Basis wertlos. Das einzige Instrument, das zur Überwindung der desolaten Situation in den Entwicklungsländern eingesetzt wird, ist die Entwicklungshilfe. Wie kann eine Entwicklungshilfe aussehen, die die geschilderten Probleme löst oder zumindest mildert? Es ist angesichts der verfahrenen Situation nicht verwunderlich, dass es bislang nur untaugliche Strategien gegeben hat.

7.6 Entwicklungspolitik und Entwicklungsstrategien

„Unter Entwicklungspolitik ist die Summe aller Mittel und Maßnahmen zu verstehen, die von Entwicklungsländern und Industrieländern eingesetzt und ergriffen werden, um die wirtschaftliche und soziale Entwicklung der Entwicklungsländer zu fördern“ (Nohlen 1989). Im Spektrum politischer Aktivitäten ist die Entwicklungspolitik einer der jüngsten Handlungsbereiche, sie durchdringt zunehmend den ebenfalls neuen Bereich der Umweltpolitik. Mit dem Entstehen der Dritten Welt setzte nach dem Zweiten Weltkrieg die Entwicklungspolitik in den internationalen Organisationen wie UN, Weltbank und den nationalen Regierungen der Industrieländer ein. Ein wesentliches Resultat dieser Politik ist die Entwicklungshilfe, die seit über 40 Jahren international geleistet wird.

Die kurze Geschichte der Entwicklungspolitik und Entwicklungshilfe spiegelt die bisher vergebliche Suche nach der richtigen Entwicklungsstrategie wider. Die UN haben bisher mehrere Entwicklungsdekaden („Jahrzehnte für Entwicklung“) ausgerufen, deren Zielsetzungen nach den vorausgegangenen Erfahrungen jeweils korrigiert wurden.

Der Beginn der Entwicklungspolitik wurde 1951 in einem UN-Bericht mit der Formel „Entwicklung = Wachstum“ beschrieben. Wachstum wurde mit Entwicklung gleichgesetzt, wobei Fortschritte in der Entwicklung mit dem Indikator Pro-Kopf-Einkommen gemessen werden sollten. Dabei ging man von der Vorstellung aus, dass durch ein hinreichend großes Wirtschaftswachstum sowohl die wirtschaftlichen als auch die sozialen Probleme gelöst werden könnten. Der erforderliche Strukturwandel sei dann eine notwendige Folge des wirtschaftlichen Wachstums, das auch bei den Ärmsten eine Verbesserung der Lebensumstände nach sich ziehen würde. Man sprach von „Durchsickern" („*Trickle-down*"-Effekt) und nahm zunächst eine Verschlechterung der Mittelverteilung zur (notwendigen) Förderung der Kapitalbildung in Kauf.

Als Beispiel sei die Wachstumsstrategie für Indien geschildert. Indien wurde nach der Unabhängigkeit wegen seiner parlamentarischen Institutionen, seiner funktionierenden Bürokratie und seines entwickelten Bildungssystem häufig als Modellentwicklungsland mit den besten Perspektiven angesehen. Es folgte ab Mitte der 1950er Jahre der Wachstumsstrategie und lenkte seine Ressourcen vorzugsweise in den kapitalintensiven Industriesektor Stahl. Die Landwirtschaft wurde, da vermeintlich nicht entwicklungsfähig, vernachlässigt. Man hoffte, durch den Export von Industrieprodukten Einnahmen zur Tilgung der entwicklungsbedingten Außenverschuldung und zum Import des steigenden Nahrungsmittelbedarfs zu erzielen. Dieses Konzept scheiterte in den 1960er Jahren. Die heimische Industrie erwies sich als kaum konkurrenzfähig. Hungersnöte konnten nur durch Nahrungsmittelhilfe von außen verhindert werden. Das Beispiel Indien ist typisch für die Anfänge der Entwicklungsstrategien und Entwicklungspolitik.

Auf Grund dieser und ähnlicher Erfahrungen haben die UN 1961 die nächste Dekade unter das Motto „Wachstum und Wandel" gestellt. Mit Wandel war ein ganzes Bündel von Maßnahmen angesprochen: Veränderungen im Wertesystem und den Verhaltensweisen der Bevölkerung, Modernisierung der politischen Institutionen, Verbesserung der Leistungsfähigkeit der Administration und Investitionen im sozialen Bereich. Nach U Thant, dem damaligen UN-Generalsekretär, war diese Entwicklungsdekade ein „Jahrzehnt der Frustration" (Nuscheler 1991). Einen Wandel gab es in den Entwicklungsländern so gut wie gar nicht und die Formel „Entwicklung durch Wachstum" entpuppte sich in der Realität als Wachstum ohne Entwicklung.

Der damalige Präsident der Weltbank McNamara beauftragte den ehemaligen kanadischen Ministerpräsidenten Pearson mit der Leitung einer „Kommission für die Internationale Entwicklung". Diese legte 1969 den Pearson-Bericht vor, der auf die entwicklungspolitischen Gefahren der wachsenden Verschuldung deutlich hinwies und der als Begründung für die Krise der Entwicklungshilfe auch heute noch gültig ist. Der Bericht bewertete die Resultate einer 20-jährigen Entwicklungspolitik und machte Empfehlungen für die folgende Entwicklungsdekade.

Ein weiterer Markstein, der einen Umdenkungsprozess einleitete, war die Rede von McNamara 1973 in Nairobi vor Finanzministern und Notenbankpräsidenten. Seine Beschreibung der wachsenden „absoluten Armut" gehört zu den wichtigen Dokumenten der Entwicklungspolitik. Er schrieb (Nuscheler 1991): „Absolute Armut ... ist durch einen Zustand entwürdigender Lebensbedingungen wie Krankheit, Analphabetentum, Unterernährung und Verwahrlosung charakterisiert, dass die Opfer dieser Armut nicht einmal die grundlegendsten menschlichen Existenzbedürfnisse befriedigen können". McNamara stellte die Verteilungsfrage und machte die Wachstumspolitik für den Zustand der Dritten Welt verantwortlich. Seitdem geht es um die Frage, wie die Dritte Welt der Sackgasse „Entwicklung der Unterentwicklung" entkommen kann.

In der folgenden Entwicklungsdekade der UN in den 1970er Jahren wurde die Wachstumsstrategie, beeinflusst von Pearson und McNamara, durch die Grundbedürfnisstrategie abgelöst. Der Gedanke „erst Wachstum, Gerechtigkeit bei der Verteilung des Nutzens später" wurde verworfen. Als Zielgruppe der Entwicklungspolitik wurden die absolut Armen angesehen. Die Befriedigung der Grundbedürfnisse (Nahrung, Wasser, Gesundheit, Kleidung, Wohnung und Bildung) rückte in den Vordergrund. Viele Entwicklungsländer sahen in der Grundbedürfnisstrategie eine Behinderung ihrer Bemühungen um Industrialisierung und meinten, die Industrieländer wollten auf diese Weise lediglich von ihren Forderungen nach einer neuen Weltwirtschaftsordnung ablenken.

Es war gleichfalls McNamara, der in seiner Eigenschaft als Präsident der Weltbank die Nord-Süd-Kommission als „Unabhängige Kommission für internationale Entwicklungsfragen" unter dem Vorsitz von Willy Brandt, Altbundeskanzler und Friedensnobelpreisträger, gründete. Die Kommission sollte Lösungsvorschläge für die dringendsten Nord-Süd-Probleme erarbeiten, um den ins Stocken geratenen Nord-Süd-Dialog zu beleben. Sie legte zwei Berichte vor (Brandt 1980, 1983). Auch in den Brandt-Berichten wird die wachstumsorientierte Entwicklungspolitik als falsch erkannt, wenngleich ein qualitatives Wachstum als unerlässlich angesehen wird: „Wenn die Qualität des Wachstums und soziale Veränderung außer Acht gelassen werden, kann man nicht von Entwicklung sprechen" (Brandt 1980).

In der Strategiediskussion der folgenden Jahre war von der Befriedigung der Grundbedürfnisse immer weniger die Rede. Dies hing auch mit Durchführungs- und Umsetzungsproblemen zusammen. Die „Absorptionsfähigkeit" der Dritten Welt für vorbereitungs- und betreuungsintensive Projekte der Grundbedürfnisorientierung ist begrenzt. Die Entwicklungsländer sind mit der Aufgabe, die Entwicklungshilfe in viele kleine Projekte fließen zu lassen, administrativ überfordert. Auch neigen deren politische Eliten häufig dazu, große Prestigeobjekte zu bevorzugen.

Die Entwicklungsdekade der 1980er Jahre war durch eine spürbare Abneigung gegen konkrete entwicklungspolitische Strategien gekennzeichnet. Hervorgehoben wurden die ländliche Entwicklung und die internationale Zusammenarbeit. Im Mittelpunkt dieser erneuten Umorientierung stand der Politikdialog mit dem Ziel einer wirksameren entwicklungspolitischen Zusammenarbeit zwischen Gebern und Nehmern. Zweifellos berührt ein Dialog auch sensible innenpolitische Fragen der Entwicklungsländer, einschließlich des Machterhalts der nationalen Eliten. Die folgenden Diskussionen waren durch das Konzept der „Eigenständigkeit" charakterisiert. Damit wurde der Rückbesinnung auf die kulturellen Werte und die Traditionen der Entwicklungsländer eine größere Bedeutung beigemessen.

In der Tradition der Nord-Süd-Kommission wurde 1983 die „Weltkommission für Umwelt und Entwicklung" der UN unter der Leitung der damaligen norwegischen Ministerpräsidentin Gro H. Brundtland eingerichtet. Diese legte 1987 den Brundtland-Bericht mit dem Titel „*Our Common Future*" (Unsere gemeinsame

Zukunft) vor, der die folgenden Diskussionen mit der Formulierung des Leitbildes „*Sustainable Development*" (Nachhaltige Entwicklung) maßgeblich geprägt hat (Hauff 1987). Darauf werden wir in Kapitel 8 eingehen.

7.7 Entwicklungszusammenarbeit und Entwicklungshilfe

Der Begriff Entwicklungszusammenarbeit betont im Gegensatz zu dem Begriff Entwicklungshilfe die partnerschaftliche Vorstellung. Mit Entwicklungszusammenarbeit ist das technisch-wirtschaftliche Element gemeint. Sie findet auf vier Ebenen statt: bilateral, multilateral, Zusammenarbeit mit nichtstaatlichen Trägern sowie auf (privat-)wirtschaftlicher Ebene. Die staatliche (bilaterale sowie multilaterale) Zusammenarbeit wird aus Mitteln der öffentlichen Hand finanziert. In unserem Land (und in vergleichbaren OECD-Ländern) ist zu diesem Zweck 1961 das „Bundesministerium für wirtschaftliche Zusammenarbeit" (BMZ) eingerichtet worden, es trägt seit 1964 den Zusatz „und Entwicklung". Im Volksmund wird es verkürzt als „Entwicklungshilfeministerium" bezeichnet. Das BMZ hat zur Durchführung von Projekten der Entwicklungszusammenarbeit die „Deutsche Gesellschaft für Technische Zusammenarbeit" (GTZ) gegründet.

Die staatliche Entwicklungszusammenarbeit wird mit ODA (*Official Development Assistance*) abgekürzt. In Deutschland wird der bilaterale Anteil in der Regel über die GTZ abgewickelt. Die multilaterale Zusammenarbeit erfolgt über verschiedene Organisationen, die teilweise eigens für diesen Zweck geschaffen wurden. Hierzu gehören die Weltbank und verschiedene regionale Entwicklungsbanken. Daneben nehmen auch Einrichtungen wie die UN, hier im Rahmen ihres Umweltprogramms UNEP (*UN Environment Program*) mit dem ehemaligen deutschen Umweltminister Klaus Töpfer an der Spitze, und die EU Entwicklungsaufgaben wahr. Der bilaterale Anteil an ODA lag in unserem Land 1964 noch bei 95 %, derzeit liegt er bei etwa 60 %. Entsprechend ist der multilaterale Anteil angewachsen.

1968 wurde auf der Welthandels- und Entwicklungskonferenz (UNCTAD II) vereinbart, dass die ODA-Leistungen der Geberländer 0,7 % des Bruttosozialprodukts (BSP) betragen sollten, dies wurde von den UN festgeschrieben. Deutschland hat, ebenso wie andere Geberländer, das 0,7-%-Ziel anerkannt, sich jedoch nicht auf einen Zeitpunkt für das Erreichen des Ziels festgelegt. Der deutsche Anteil lag von 2000 bis 2002 bei 0,27 % und damit noch über dem Durchschnitt der westlichen Geberländer mit 0,23 %. In aktuellen Zahlen betrug die ODA Deutschlands 5,65 Mrd. €. Nach letzten Angaben haben nur vier Länder das 0,7-%-Ziel erreicht oder überschritten. Das sind Norwegen mit 0,92, Dänemark mit 0,84, die Niederlande mit 0,81 und Schweden mit 0,70 %. Am unteren Ende der Skala liegen Japan mit 0,20 und die USA mit 0,14 %.

Die Entwicklungszusammenarbeit mit nichtstaatlichen Trägern leistet außerordentlich wichtige Pionier- und Ergänzungsarbeiten. Hierzu gehören die Kirchen und politische Stiftungen, die im politischen Sprachgebrauch als Nichtregierungsorganisationen (NGO = *Non Governmental Organization*) bezeichnet werden. Ihre

Ziele sind vornehmlich die Mobilisierung des Selbsthilfewillens der Bevölkerung, die Verwirklichung sozialer Gerechtigkeit und die größtmögliche Verwendung einheimischer Ressourcen. Ihre Mittel sind weitgehend von Spenden abhängig und somit gewissen Schwankungen unterworfen. Sie lagen in den letzten Jahren in Deutschland bei etwa 900 Mio. €.

Die privatwirtschaftliche Zusammenarbeit ist im Gegensatz zu den NGO-Projekten an Umsatz, Gewinn und Marktanteilen orientiert. Durch sie werden den Entwicklungsländern Kapital, unternehmerische Erfahrung und technisches Know-how zur Verfügung gestellt und Arbeitsplätze geschaffen. Direktinvestitionen der Global Player in den Industriesektoren Automobilbau, Maschinenbau, Elektrotechnik und Chemische Industrie in Ländern wie etwa Brasilien, China, Mexiko und Südafrika nehmen weiterhin zu.

Die öffentliche Entwicklungszusammenarbeit krankt generell an der Tatsache, dass sie nur auf Regierungsebene fließen kann. Etliche Regierungen in den Entwicklungsländern sind hochgradig korrupt und nur an dem Erhalt der eigenen Macht, jedoch kaum an einer Verbesserung der sozialen Situation der breiten Bevölkerung interessiert. Dies ist ein wesentlicher Grund für das Versagen der öffentlichen Entwicklungshilfe. Dies gilt sowohl für bilaterale als auch multilaterale Projekte mit dem Unterschied, dass der (für viele Seiten) lukrative „Handel mit der Armut" bei multilateralen Projekten in noch größerem Stil stattfindet.

Im Gegensatz dazu können nichtstaatliche Träger mit einem viel geringeren Aufwand häufig wesentlich mehr zu einer Verbesserung der sozialen Situation in den Ländern der Dritten Welt beitragen. So gibt es eine Reihe erfolgreicher Projekte, die jedoch nicht selten von den lokalen Regierungen mit Argwohn betrachtet werden, da sie den sozialen Frieden „stören". Aus Sicht der Bevölkerung ist diese Art der Entwicklungszusammenarbeit sicher sehr zu begrüßen. Wenn wir es ernst meinen mit der Aussage, die Entwicklungshilfe sollte in erster Linie die Grundbedürfnisse der Bevölkerung befriedigen, dann müssen wir die Zusammenarbeit mit nichtstaatlichen Stellen auch vom Volumen her stärker unterstützen.

Die Entwicklungsländer beurteilen die Entwicklungshilfe ambivalent. Einerseits sehen sie in ihr einen Akt der Wiedergutmachung vergangener Kolonialschuld, andererseits verurteilen sie sie als neokolonialistische Ausbeutung und Einmischung in ihre inneren Angelegenheiten. Das leitet zu der Frage über, was die Entwicklungshilfe bisher bewirkt hat.

Es mehren sich die Anzeichen, dass das Modell der seit etwa fünf Jahrzehnten geleisteten Entwicklungshilfe gescheitert ist und dass eine überzeugende Strategie zur Lösung der Probleme (Überentwicklung in den Industrieländern einerseits und Unterentwicklung in den Entwicklungsländern andererseits) nicht existiert. Der optimistische Fortschrittsglaube und die Vorstellung von einem ständigen wirtschaftlichen Wachstum, im Europa der Aufklärung geboren, hat begeisterte Anhänger gerade in der Dritten Welt gefunden. Aber sie sind nirgendwo dramatischer gescheitert.

Das absurde Ausmaß der Auslandsverschuldung hatten wir bereits erwähnt. Die betroffenen Länder haben über Jahre hinweg Auslandskapital in weit größerem Umfang angenommen, als ihrer Fähigkeit zu einem produktiven Einsatz und entsprechender Aufbringung des vereinbarten Schuldendienstes entsprach. Es muss in eine Katastrophe einmünden, wenn sich Weichwährungsländer (mit hoher Inflationsrate) derart massiv bei Hartwährungsländern (mit niedriger Inflationsrate) verschulden.

Die Schuldenkrise der Dritten Welt geht auf ein Bündel von Einflüssen zurück. Sie lassen sich auf interne und externe Ursachen zurückführen. Beginnen wir mit den internen Ursachen. Fehler in der Wirtschaftspolitik und Großmannssucht haben zu staatlichen Investitionen in nutzlose Prestigeobjekte wie Prachtbauten, Großflughäfen, Vorzeigeindustrien und Rüstung geführt. Das Verhältnis von Staatsausgaben für die Rüstung zu Ausgaben für Gesundheit und Bildung ist in der Dritten Welt weitaus ungünstiger als in den Industrieländern. Zahllose Auslandskredite werden für den Machterhalt der nationalen Eliten fehlgeleitet. Zweifellos hängt deren Kapitalflucht mit der unsicheren politischen und wirtschaftlichen Situation im eigenen Land zusammen, die Vermögende nicht gerade zu Investitionen im eigenen Land animiert. Auch eine korrupte Bürokratie wird kaum Vertrauen erzeugen können.

Diese internen Ursachen der Schuldenkrise der Dritten Welt sind für sich allein schon schlimm genug. Bedauerlicherweise wurden und werden sie durch externe Ursachen noch verstärkt. So trafen die von den OPEC-Ländern 1973 und 1978/79 ausgelösten Ölkrisen und Preiserhöhungen die devisenschwachen Entwicklungsländer, sofern sie kein eigenes Erdöl besitzen, wesentlich härter als die wohlhabenden Industrieländer. Auch wirken sich Anstiege des Weltzinsniveaus auf die Schuldenlast verheerend aus. Zur Tilgung ihrer Schuldenlast neigen sie dazu, ihre Rohstoffexporte zu forcieren, was wiederum sinkende Rohstoffpreise zur Folge hat. Am Ende diese Entwicklung steht eine ständige Verschlechterung des Verhältnisses aus dem Import- zum Exportpreisindex eines Landes. Die Verschlechterung dieser „*Terms of Trade*" ist mit einem Kaufkraftverlust für die Entwicklungsländer gleichzusetzen, die für den Import von Industriegütern ständig mehr Exportgüter (etwa Kaffee, Kakao, Tee) einsetzen müssen. Durch diesen „ungleichen Tausch" erleiden viele Entwicklungsländer Verluste, welche oft die geleistete Entwicklungshilfe übersteigen. Schließlich ist der fatale Protektionismus der Industrieländer zu nennen. Ein Musterbeispiel hierfür sind die Agrarsubventionen in der EU und in den USA. Die Subventionierung der europäischen Landwirtschaft führt zu verzerrten Preisen, was die Wettbewerbssituation der Entwicklungsländer empfindlich verschlechtert.

Bisher ist keine Strategie erkennbar, mit der die Dritte Welt den Teufelskreisen der Armut entkommen kann. Die Situation scheint fast unlösbar zu sein: Ein Land ist arm, weil es arm ist. Der verstärkt und lautstark geforderte Schuldenerlass ist für sich allein kein Allheilmittel. Denn ohne strukturelle Änderungen innerhalb der Entwicklungsländer würden die beschriebenen Mechanismen wieder zu einem Zustand erneuter Verschuldung führen. Unbestritten ist jedoch, dass die Armutsfalle und die Schuldenkrise globale Probleme sind, die eine weltweite und weltweit akzeptierte Lösungsstrategie erfordern. Eines scheint jedoch klar zu sein. Die Länder der Dritten Welt werden unser Wohlstandsniveau nicht erreichen können. Dazu reichen die Ressourcen der Erde nicht aus. Doch wenn die Dritte Welt nicht so werden kann, wie die Erste jetzt ist, dann wird auch die Erste Welt nicht mehr so bleiben können, wie sie noch ist. Mit dieser bitteren Erkenntnis leiten wir zu dem nächsten Kapitel über.

Literatur

BMZ (2004) *Medienhandbuch Entwicklungspolitik 2004/2005.* Bundesministerium für wirtschaftliche Zusammenarbeit und Entwicklung (BMZ), Berlin

Brandt, W. (Hrsg.) (1980) *Das Überleben sichern.* Kiepenheuer und Witsch, Köln

Brandt, W. (Hrsg.) (1983) *Hilfe in der Weltkrise.* Der zweite Bericht der Nord-Süd-Kommission. Rowohlt, Reinbek

Eppler, E. (1972) *Wenig Zeit für die Dritte Welt.* 5. Aufl. Kohlhammer, Stuttgart

Erler, B. (1990) *Tödliche Hilfe.* 12. Aufl. Dreisam, Köln

Grubbe, P. (1991) *Der Untergang der Dritten Welt.* Rasch und Röhring, Hamburg

Hauff, V. (Hrsg.) (1987) *Unsere gemeinsame Zukunft.* Der Brundtland-Bericht der Weltkommission für Umwelt und Entwicklung, Eggenkamp, Greven

Hauser, J. A. (1990) *Bevölkerungs- und Umweltprobleme der Dritten Welt.* Band 1 UTB, Haupt, Bern

Jahrbuch Dritte Welt 1998 (1997) Beck, München

Kabou, A. (1993) *Weder arm noch ohnmächtig.* Lenos, Basel

Köhler, V. (1990) *Die Dritte Welt und wir.* 4. Aufl. Burg, Stuttgart

Nohlen, D. (Hrsg.) (1989) *Lexikon Dritte Welt.* Rowohlt, Reinbek

Nuscheler, F. (1991) *Lern- und Arbeitsbuch Entwicklungspolitik.* 3. Aufl. Dietz Nachf., Bonn

Opitz, P. J. (1997) *Grundprobleme der Entwicklungsregionen.* Beck, München

Reinhard, W. (1996) *Kleine Geschichte des Kolonialismus.* Kröner, Stuttgart

Es ist auffallend, dass vier der genannten Autoren aus dem Bereich der Politik kommen: der frühere Bundeskanzler Brandt, der frühere BMZ-Minister Eppler, der frühere BMZ-Staatssekretär Köhler und der frühere Minister Hauff, der als Mitglied der Brundtland-Kommission die deutsche Ausgabe des Berichts herausgegeben hat. Hauff ist derzeit Vorsitzender des „Rates für nachhaltige Entwicklung“, den die Bundesregierung 2001 eingerichtet hat. Die Darstellung von Frau Erler war m. W. die erste kritische Auseinandersetzung mit dem Instrument Entwicklungshilfe. Zahlreiche weitere kritische Darstellungen sind in der Zwischenzeit hinzugekommen. Ich erwähne hier nur jene von Frau Kabou, weil kritische Stimmen hierzu aus der Dritten Welt selten sind. Ihr Buch trägt den Untertitel „Eine Streitschrift gegen schwarze Eliten und weiße Helfer“. Die Darstellungen von Hauser, Nohlen, Nuscheler, Opitz und Reinhard bieten sich als fundierte Vertiefung dieses Kapitels an. Das BMZ gibt jährlich ein Medienhandbuch Entwicklungspolitik heraus, das umfassend informiert. Das Jahrbuch Dritte Welt erscheint alljährlich.

8. Das Konzept Nachhaltigkeit

oder **Vom Leitbild zur Umsetzung**

Denn eben wo Begriffe fehlen, da stellt ein Wort zur rechten Zeit sich ein.
(J. W. Goethe)

Mit diesem Kapitel beginnt der zweite Teil des Buches. Der erste Teil ist diagnostischer Art, er befasst sich mit den Fakten. Am Anfang stand eine historische Einführung mit der Antwort auf die Frage, wie weit wir es gebracht haben (Kapitel 1). Beeindruckend weit, lautet eine Antwort, wenn wir Entwicklung und Fortschritt in Kategorien von Wohlstand und Reichtum messen und uns dabei auf die Erste Welt beschränken. Ziel verfehlt, so lautet eine zweite Antwort. Zum einen, weil Entwicklung und Fortschritt unser Leben nicht nur einfacher, bequemer und gesünder gemacht haben. Denn wir leiden zunehmend unter den negativen Folgen des Fortschritts, die wir verniedlichend als Nebenfolgen bezeichnen. Zum anderen, weil die Menschen der Dritten Welt (mit über 80 % der Weltbevölkerung) an unserem Fortschritt bislang kaum Anteil hatten. Die Teilung der Welt in Reiche und Arme, in Entwickelte und Unterentwickelte, in Satte und Hungrige scheint zementiert zu sein (Kapitel 7).

In Kapitel 2 haben wir uns einleitend damit beschäftigt, wie Wachstum beschrieben werden kann, was das Phänomen der Rückkopplung bedeutet, wie unser zumeist lineares Denken in einer nichtlinearen Welt versagen muss und warum wir uns bei dem Verstehen komplexer Systeme so schwer tun. Mit diesem Rüstzeug versehen haben wir uns den zentralen Problemen der „Herausforderung Zukunft", Bild 1.6, zugewendet. Begonnen haben wir dabei mit der Bevölkerungsdynamik (Kapitel 3), weil die Bevölkerungsfalle unmittelbare und direkte Konsequenzen hat: Wie kann die wachsende Weltbevölkerung dauerhaft und nachhaltig mit Energie versorgt werden (Kapitel 4)? Welche Folgen hat unsere derzeitige Energieversorgung für die Umwelt (Kapitel 5)? Wie weit reichen die Ressourcen (Kapitel 6)?

In dem zweiten Teil des Buches wollen wir die ungleich schwierigere Frage nach möglichen Therapien behandeln. Dabei beginnen wir mit einer Diskussion des Leitbildes Nachhaltigkeit, das in früheren Kapiteln (insbesondere in Abschnitt 7.6) schon mehrfach erwähnt wurde. Am Anfang steht dabei die Beantwortung der Frage, seit wann wir „darüber" nachdenken. Im Anschluss daran behandeln wir unvermeidliche Zielkonflikte, die bei einer Ausformulierung des Leitbildes Nachhaltigkeit zwangsläufig entstehen. Von entscheidender Bedeutung wird die Frage sein, ob und wie wir das Leitbild Nachhaltigkeit in unternehmerisches und politisches Handeln umsetzen können.

Die durch Technik erzeugten ökologischen und sozialen Probleme können wir nur durch Technik mildern oder im günstigsten Falle beheben. Dabei lautet die entscheidende Frage, welche Technik zu mehr Nachhaltigkeit führt und welche nicht. Dabei müssen wir Technik in einem umfassenderen Sinne bewerten, als dies bislang geschehen ist. Technik ist schon immer nach zwei Kriterien bewertet worden. Dies betraf einerseits Fragen nach der Funktionalität, Qualität und Sicherheit technischer Produkte und andererseits betriebswirtschaftliche Fragen. Das Leitbild Nachhaltigkeit verlangt mehr; Technik muss auch umweltverträglich sowie human- und sozialverträglich sein. Kurz formuliert, Technik muss nachhaltig und zukunftsfähig sein. Aus diesem Grund gehen wir auf die neue Disziplin Technikbewertung, auch Technikfolgenabschätzung genannt, ein.

Ein weiteres Problem liegt darin, ob und wie das Leitbild Nachhaltigkeit in existierende und bewährte Managementmethoden integriert werden kann. Daher werden wir auf etablierte Methoden wie das Qualitäts- und Umweltmanagement eingehen. Meine Vermutung lautet, dass sich daraus ein umfassendes Nachhaltigkeitsmanagement entwickeln wird.

8.1 Die Bewusstseinswende der sechziger Jahre

Bis vor gut drei Jahrzehnten war der Fortschrittsglaube überall in der Welt ungebrochen. Insbesondere die Aufbauphase in unserem Land nach dem Zweiten Weltkrieg wurde davon getragen. Die Erde schien über nahezu unerschöpfliche Ressourcen zu verfügen und die Aufnahmekapazität von Wasser, Luft und Boden für Schadstoffe und Abfälle schien unbegrenzt zu sein. Die Segnungen von Wissenschaft und Technik verhießen geradezu paradiesische Zustände.

Alles schien machbar zu sein, und man glaubte, dass Wohlstand für alle – und damit auch für die Entwicklungsländer – nur eine Frage der Zeit sei. Die Entwicklungsländer und die Länder des ehemals kommunistischen Teils der Welt huldigen uneingeschränkt dem Fortschrittsglauben, während dieser in der industrialisierten Welt zunehmend ins Wanken geriet. Ironischerweise bedurfte es erst des Wohlstands, damit die im Wohlstand lebenden Gesellschaften die Technik und deren Segnungen zunehmend skeptisch beurteilten.

1969 landeten zwei US-Astronauten als erste Menschen auf dem Mond. Dies markierte einerseits einen Höhepunkt der Technikeuphorie. Andererseits wurde über die Fernsehschirme die Botschaft zu uns getragen, dass unser Raumschiff Erde endlich ist und dass wir alle in einem Boot sitzen.

In den Wohlstandsgesellschaften der westlichen Welt wurde in den sechziger Jahren eine Bewusstseinswende sichtbar. Mit dem Kürzel „1968er Bewegung“ bezeichnen wir in unserem Land eine Reihe von ineinander greifenden gesellschaftlichen Prozessen, die in hohem Maße von studentischen Aktivitäten getragen wurden. Dazu gehörten Friedensbewegungen, Frauenbewegungen, massive Proteste gegen die Kernenergie, gegen die Ordinarienuniversität („unter den Talaren Muff von 1000 Jahren“) und nicht zuletzt gegen die Umweltzerstörungen. Aus den ökologischen Bewegungen ist mit den „Grünen“ eine offenkundig stabile politische

Kraft hervorgegangen. Die etablierten politischen Parteien CDU/CSU, SPD und FDP konnten diese Bewegungen nicht auffangen und reagierten erstaunlich hilflos. Bild 8.1 zeigt den Weg von der „ökologischen Wende“ (Lersner 1992) der sechziger Jahre bis zu unserem derzeitigen Diskussionsstand.

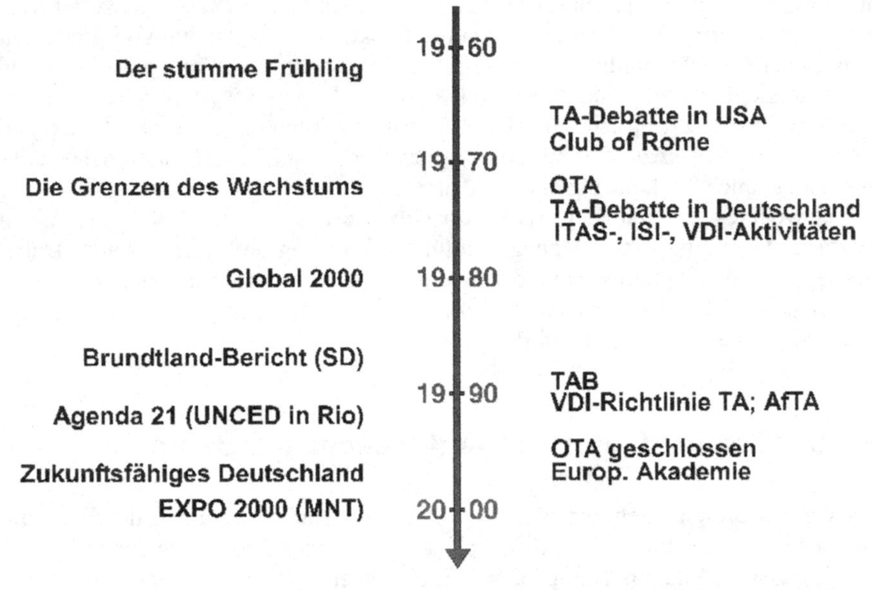

8.1 Verlauf der Nachhaltigkeits- und Technikbewertungsdebatte (Jischa 1997, 2004)

Die Bewusstseinswende manifestierte sich in unterschiedlicher Weise. Zum einen wurde 1968 der Club of Rome (CoR) gegründet. Die Initiative hierzu ging von dem Fiat-Manager Aurelio Peccei und dem OECD-Wissenschaftsmanager Alexander King aus. Sie setzten sich zum Ziel, gleich gesinnte Persönlichkeiten aus Wirtschaft und Politik zu gewinnen, um gemeinsam über die für die Zukunft der Menschheit entscheidenden Herausforderungen zu diskutieren. Hierfür prägten sie die Begriffe „*World Problematique*“ und „*World Resolutique*“. Ihre erste Analyse war erstaunlich weitsichtig, sie betraf drei Punkte: Die Bedeutung eines holistischen (ganzheitlichen) Ansatzes zum Verständnis der miteinander vernetzten Weltprobleme (1), die Notwendigkeit von langfristig angelegten Problemanalysen (2) und die Aufforderung „ global denken und lokal handeln“ (3). Der CoR stellte 1972 seine erste Studie „Die Grenzen des Wachstums“ (Meadows u. a. 1973) vor. Die Mittel hierzu hatte die Volkswagen-Stiftung zur Verfügung gestellt. Dies war Eduard Pestel, Professor für Mechanik an der Universität Hannover, zu verdanken, der sich kurz nach der Gründung dem CoR anschloss und der weitere Berichte sowohl initiierte als auch bearbeitete. Über die Geschichte des CoR informiert Streich (1997).

Schon 1962 hatte die amerikanische Biologin Carson mit ihrem inzwischen zum Kultbuch der Ökologiebewegung avancierten Band „Der stumme Frühling“ (Carson 1962) ein aufrüttelndes Signale gesetzt. Zehn Jahre später schockierte der bereits erwähnte Bericht „Die Grenzen des Wachstums" die Öffentlichkeit; das Buch hat inzwischen eine Auflage von über 10 Mio. erreicht. Knapp zehn Jahre danach wurde der von J. Carter, dem damaligen Präsidenten der USA, initiierte Bericht „Global 2000" vorgestellt. Im Jahr 1987 erschien der Brundtland-Bericht der Weltkommission für Umwelt und Entwicklung mit dem Titel „*Our Common Future*" und kurz darauf die deutsche Version „Unsere gemeinsame Zukunft" (Hauff 1987). Dieser Bericht hat entscheidend dazu beigetragen, das Leitbild *Sustainable Development* einer größeren Öffentlichkeit nahe gebracht zu haben. Die Diskussion erreichte einen vorläufigen Höhepunkt mit der Agenda 21, dem Abschlussdokument der Rio-Konferenz für Umwelt und Entwicklung 1992 (BMU 1992).

Schließlich wurde Mitte der sechziger Jahre in den USA der Begriff *Technology Assessment* (TA) geprägt. Die TA-Diskussion führte bei uns, ebenso wie in vergleichbaren Ländern, zu wachsenden TA-Aktivitäten und der Einrichtung von entsprechenden Institutionen, die mit den Begriffen Technikbewertung oder Technikfolgenabschätzung verbunden sind. Darauf werden wir in Abschnitt 8.3 gesondert eingehen.

Offenbar befinden wir uns „am Ende des Bacon'schen Zeitalters" (Böhme 1993), wobei wir die neuzeitliche Wissenschaft als die Epoche Bacons bezeichnen. Denn in unserem Verhältnis zur Wissenschaft ist eine Selbstverständlichkeit abhanden gekommen. Nämlich die Grundüberzeugung, dass wissenschaftlicher und technischer Fortschritt zugleich und automatisch humaner und sozialer Fortschritt bedeuten. Die wissenschaftlich-technischen Errungenschaften bewirken neben dem angestrebten Nutzen immer auch Schäden, die als Folge- und Nebenwirkungen die ursprünglichen Absichten konterkarieren.

Der Begriff Nachhaltigkeit ist keine Erfindung unserer Tage. Konzeptionell wurde er erstmals im 18. Jahrhundert in Deutschland unter der Bezeichnung des nachhaltigen Wirtschaftens eingeführt, als starkes Bevölkerungswachstum und zunehmende Nutzung des Rohstoffes Holz (als Energieträger und als Baumaterial) eine einschreitende Waldpolitik erforderlich machten. Die deutsche Rückübersetzung des Begriffs *Sustainable Development* ist noch uneinheitlich. Aus der Vielzahl gebräuchlicher Übersetzungen seien genannt: dauerhafte und nachhaltige Entwicklung, nachhaltige Entwicklung, dauerhaftumweltgerechte Entwicklung, nachhaltig zukunftsverträgliche Entwicklung, (global) zukunftsfähige Entwicklung, nachhaltiges Wirtschaften, zukunftsfähiges Wirtschaften, Zukunftsfähigkeit, Nachhaltigkeit.

Der entscheidende Durchbruch hin zum heutigen Diskussionsstand erfolgte nach der Rio-Konferenz für Umwelt und Entwicklung im Jahre 1992. Die Vereinten Nationen hatten geplant, zwanzig Jahre nach der ersten Umweltkonferenz 1972 in Stockholm eine zweite Umweltkonferenz in Rio de Janeiro durchzuführen. Diese war schon in der Vorbereitungsphase von nahezu unüberbrückbaren Gegensätzen gekennzeichnet. Aus Sicht der Industrieländer hatte der Umweltschutz oberste Priorität. Sie sahen die Bevölkerungsexplosion in der Dritten Welt als Hauptursache für die Umweltkrise an. Die Entwicklungsländer hielten dagegen die Verschwendung und den ungebremsten Konsum in der Ersten Welt für die

Hauptursache der Umweltkrise und forderten für sich „erst Entwicklung, dann Umweltschutz".

Diese Auseinandersetzung im Vorfeld führte dazu, dass die Weltkonferenz schließlich die Bezeichnung UN-Konferenz für Umwelt *und* Entwicklung (UNCED = *United Nations Conference on Environment and Development*) trug. Diese Mammutkonferenz hat die Situation in drastischer Weise deutlich gemacht. Gelingt es den Entwicklungsländern, das Wohlstandsmodell der Industrieländer erfolgreich zu kopieren (was sie mit unserer Hilfe mehr oder weniger erfolgreich versuchen), so wäre das der ökologische Kollaps des Planeten Erde. Davon kann man sich leicht überzeugen, wenn man den derzeitigen Verbrauch an Primärenergie und Rohstoffen der Industrieländer sowie die damit verbundenen Umweltprobleme auf die Entwicklungsländer hochrechnet. Somit lautet die schlichte Erkenntnis, dass die Dritte Welt nicht mehr so werden kann, wie die Erste jetzt ist, und die Erste zwangsläufig nicht mehr so bleiben kann, wie sie noch ist. Kurz formuliert: Das Wohlstandsmodell der Ersten Welt ist nicht exportfähig.

Die Ergebnisse der Rio-Konferenz sind in einem Abschlussdokument, der Agenda 21, zusammengestellt (BMU 1972). Das hat dazu geführt, dass die Begriffe Nachhaltigkeit und Agenda 21 zunehmend synonym verwendet werden. Alle politischen Parteien und alle gesellschaftlichen Gruppen in unserem Land bekennen sich zu dem Leitbild Nachhaltigkeit. Alle Definitionen von Nachhaltigkeit beziehen sich auf den grundlegenden Brundtland-Bericht. Danach ist eine Entwicklung nur dann nachhaltig, wenn sie „die Bedürfnisse der gegenwärtigen Generation befriedigt, ohne zu riskieren, dass zukünftige Generationen ihre eigenen Bedürfnisse nicht befriedigen können". Was darunter einvernehmlich verstanden wird, kann einem frühen Positionspapier des Verbandes der Chemischen Industrie entnommen werden (VCI 1994): „Die zukünftige Entwicklung muss so gestaltet werden, dass *ökonomische, ökologische* und *gesellschaftliche* Zielsetzungen gleichrangig angestrebt werden. ... *Sustainability* im *ökonomischen* Sinne bedeutet eine effiziente Allokation der knappen Güter und Ressourcen. *Sustainability* im *ökologischen* Sinne bedeutet, die Grenze der Belastbarkeit der Ökosphäre nicht zu überschreiten und die natürlichen Lebensgrundlagen zu erhalten. *Sustainability* im *gesellschaftlichen* Sinne bedeutet ein Höchstmaß an Chancengleichheit, Freiheit, sozialer Gerechtigkeit und Sicherheit."

Die von BUND und MISEREOR initiierte und vom Wuppertal-Institut durchgeführte Studie „Zukunftsfähiges Deutschland" erschien 1996. Im Jahr 2000 hat die EXPO in Hannover unter dem Motto „Mensch – Natur – Technik" mit einem eindeutigen Bezug auf die Agenda 21 stattgefunden. Die Überzeugungskraft des Leitbildes *Sustainability* = Nachhaltigkeit ist offensichtlich groß. Mindestens ebenso groß scheint jedoch die Unverbindlichkeit dieses Leitbildes zu sein, da die verschiedenen gesellschaftlichen und politischen Gruppen jeweils „ihrer" Säule (entweder der Wirtschaft, der Umwelt oder der Gesellschaft) eine besonders hohe Priorität zuerkennen. Zielkonflikte sind vorprogrammiert, politische und gesellschaftliche Auseinandersetzungen belegen dies. Als Fazit sei festgehalten: Das Leitbild Nachhaltigkeit ist allseits akzeptiert, aber diffus formuliert. Die fällige Umsetzung leidet sowohl an ständigen Zielkonflikten als auch an fehlender Operationalisierbarkeit.

Es kann heute nicht mehr nur darum gehen, wie Nachhaltigkeit definiert wird. Entscheidend ist die Frage, wie Nachhaltigkeit in wirtschaftliches und politisches Handeln umgesetzt werden kann. Dies beginnt stets mit Definitionen, um über Fragen nach der Strategie, der Erfassung, der Bewertung und des Monitoring letztlich in ein Management von Nachhaltigkeit einzumünden.

8.2 Zielkonflikte

Sowohl der Bericht der Brundtland-Kommission als auch die Dokumente der UNCED 1992 in Rio, die Agenda 21, haben das Leitbild *Sustainable Development* bewusst vage gehalten. Es hat den Charakter eines allgemeinen Grundsatzprogramms und hält Fragen nach der Operationalisierung und Instrumentalisierung weitgehend offen. Damit wurde ein hohes Maß an internationaler Konsensfähigkeit erreicht. Die unerlässliche Anschluss- und Resonanzfähigkeit des Leitbildes an bestehende und etablierte Konzepte und Paradigmen war damit gegeben.

Der dafür gezahlte Preis war hoch. Das Leitbild lässt völlig offen, wie die konsensstiftende Aussage: „die zukünftige Entwicklung muss so gestaltet werden, dass ökonomische, ökologische und gesellschaftliche Zielsetzungen gleichrangig angestrebt werden“, umgesetzt werden kann und soll. Das Vernebelungspotenzial des Leitbildes ist enorm und fordert zu Alibihandlungen geradezu auf.

Das Leitbild Nachhaltigkeit erlaubt unterschiedliche Interpretationen. Für Unternehmer und (die meisten) Ökonomen stellt Nachhaltigkeit primär ein Wirtschaftskonzept dar im Hinblick auf die Nutzung von Quellen (Ressourcen) und Senken (für Rest- und Schadstoffe). Umweltschützer und Ökologen werden das Leitbild Nachhaltigkeit eher als rein naturwissenschaftliches Konzept mit dem Ziel des Erhalts und der Bewahrung der natürlichen Umwelt verstehen. Das beinhaltet Fragestellungen nach der Persistenz, der Stabilität und der Elastizität von Ökosystemen. Häufig wird die Ansicht geäußert, das Leitbild Nachhaltigkeit habe keinerlei Neuigkeitswert. Denn nachhaltige Erträge durch vorausschauende Ressourcenbewirtschaftung und zielstrebige Ressourcenentwicklung seien von jeher das entscheidende Wirtschaftsziel gewesen.

Mit Bild 8.2 möchte ich verdeutlichen, wie sich jeder in einer „Nachhaltigkeitsmatrix“ mühelos positionieren kann. Auf der einen Achse seien drei unterschiedliche Gerechtigkeitsprinzipien dargestellt: 1. Leistungs-, 2. Besitzstands-, 3. Verteilungs- bzw. Bedürfnisgerechtigkeit. Dies sind im politischen Raum die liberale (1), die konservative (2) und die sozialistische Position (3).

Auf der zweiten Achse seien drei denkbare Strategien dargestellt: Effizienz- (1), Konsistenz- (2) und Suffizienz-Strategie (3). Mit Konsistenz ist Vereinbarkeit bzw. Verträglichkeit von anthropogenen mit geogenen Stoffströmen gemeint. Es ist ein empirischer Befund, dass eine Verbesserung der Ressourceneffizienz in der Vergangenheit stets durch eine gleichzeitige Zunahme der Ansprüche und damit des Verbrauchs kompensiert, oft gar überkompensiert worden ist. Dies wird als Bumerang-Effekt bezeichnet, für den sich zahlreiche Beispiele finden lassen. Wir haben niemals zuvor so viel Papier verbraucht, obwohl die Informationstechnologien (Kapitel 10) ein papierloses Büro ermöglichen würden. Die Erhöhung der Transportgeschwindigkeiten auf der Schiene, der Straße und in der Luft hat nicht zu einer Zeitersparnis geführt, sondern dazu, dass wir in der gleichen Zeit größere Distanzen zurücklegen. Die ständige Verbesserung der Wirkungsgrade von Otto- und Dieselmotoren hat zu immer niedrigeren spezifischen Verbräuchen geführt. Der Flottenverbrauch ist jedoch nicht gesunken, da die Fahrzeuge schwerer und leistungsstärker wurden.

Somit kann eine Verbesserung der Ressourceneffizienz – auch um einen Faktor zehn – nicht die alleinige Antwort sein. Sie muss durch eine Suffizienzstrategie ergänzt werden. Hierfür gibt es zwei Ansatzpunkte. Zum einen eine fiskalische Verteuerung des Produktionsfaktors Ressourcen bei gleichzeitiger Entlastung des Produktionsfaktors Arbeit. Zum anderen wird ein anderes Verständnis von Gemeinwohl und Eigennutz (EKD 1991) erforderlich sein.

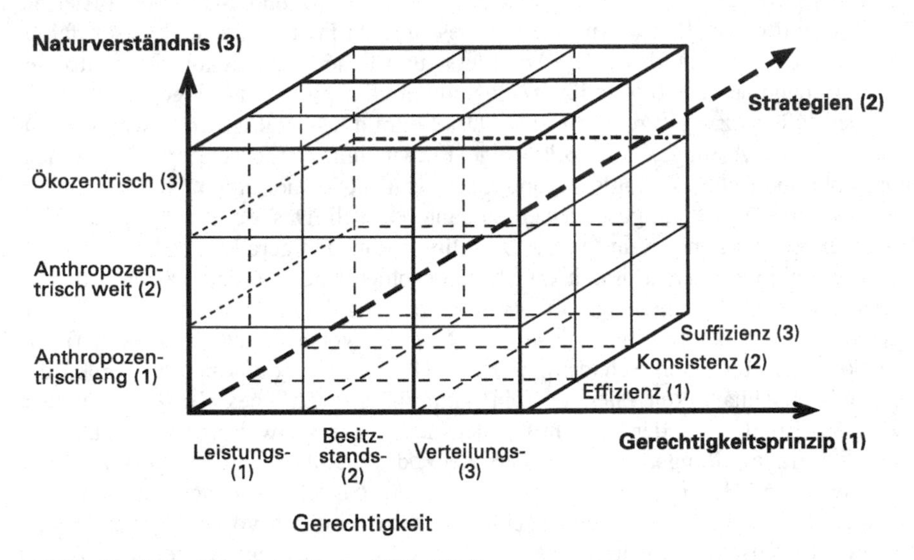

8.2 Nachhaltigkeitsmatrix (Jischa 1997, 2004)

Auf der dritten Achse seien schließlich drei unterschiedliche Auffassungen zum Naturverständnis aufgetragen. Ein enges anthropozentrisches Naturbild sieht die Natur nur als Quelle und Senke von Stoffen (1). Ein weiter gefasstes anthropozentrisches Naturbild sieht in der Natur auch ein Kulturgut und billigt ihr einen Erholungswert und ästhetische Kategorien zu (2). Ein ökozentrisches Naturbild (3) steht der Natur ein Eigenrecht zu, beispielhaft sei hier das Buch „Praktische Naturphilosophie" (Meyer-Abich 1997) genannt.

Zur Verdeutlichung möchte ich zwei extreme Positionen charakterisieren: Ein „Unternehmer" wird sich durch Leistungsgerechtigkeit (1), Effizienzstrategie (1) und ein enges anthropozentrisches Naturverständnis (1) zum Leitbild Nachhaltigkeit bekennen. An der gegenüberliegenden Ecke des Würfels wird der „Umweltschützer" sich durch Verteilungsgerechtigkeit (3), Suffizienzstrategie (3) und ein ökozentrisches Naturverständnis (3) zu seinem Leitbild Nachhaltigkeit bekennen.

Weniger eindeutig lassen sich Vertreter z.B. einer „sozial-ökologischen Modernisierung“ zuordnen. Sie werden bezüglich der ersten Achse zu einer Mischung aus Leistungs- (1), Besitzstands- (2) und Verteilungsgerechtigkeit (3) neigen, bezüglich der zweiten Achse zwischen Effizienz- (1) und Konsistenz-Strategie (2) schwanken und sich möglicherweise nur auf der dritten Achse eindeutig zum weiten anthropozentrischen Naturverständnis (2) bekennen.

Was folgt daraus? Das diffuse Leitbild Nachhaltigkeit ist objektiv nicht fassbar. Es wird greifbar erst aus gesellschaftlichen und politischen Auseinandersetzungen bezüglich der Zielprioritäten. Die soziale Säule der Nachhaltigkeit hat bei 5 Millionen Arbeitslosen einen anderen Stellenwert als bei Vollbeschäftigung. Wenn Deutschland so aussehen würde, wie Bitterfeld aussah, dann würde die ökologische Dimension der Nachhaltigkeit alles überdecken. Wenn unsere exportorientierte Wirtschaft in die Knie gehen sollte, dann wäre primär die ökonomische Nachhaltigkeit von Interesse. Denn wem nützt eine saubere Elbe, wenn darin nur Arbeitslose schwimmen?

Daraus folgt aus Sicht der Natur- und Ingenieurwissenschaften (der Sicht des Autors), dass gerade bei diffus formulierten Zielvorgaben folgende Probleme transparent und nachvollziehbar behandelt werden müssen: Es sind unterschiedliche Szenarien (was wäre wenn?) zu vergleichen. Das erfordert quantifizierbare Aussagen. Dazu müssen relevante Indikatoren entwickelt werden. Quantifizierung verlangt Messbarkeit und Vergleichbarkeit verlangt Bewertung. Zur Bewertung werden schließlich Kriterien benötigt.

Bewertungskriterien sind zeitlich und räumlich veränderlich, denn „das Sein bestimmt das Bewusstsein“, wie Karl Marx es so treffend formuliert hat. Oder um Bert Brecht zu zitieren: „Erst kommt das Fressen und dann die Moral“. Die indische Ministerpräsidentin Indira Gandhi hat seinerzeit auf einer Weltenergiekonferenz auf die Frage, wie sie Indien zu elektrifizieren gedenke, geantwortet: mit Kernenergie. Auf die Nachfrage, ob ihr denn die Restrisiken der Kernenergie nicht bewusst seien, erwiderte sie: Verhungernde fragen nach keinem Restrisiko.

Unabhängig von den jeweiligen Zielvorgaben geht es jedoch stets um die gleiche Frage: Welche Technologien sind in der Lage, eine nachhaltige Entwicklung der Menschheit zu ermöglichen? Und welche Technologien sind in der Lage, die durch Technik geschaffenen Probleme (die nichtintendierten Folgen von technischen Entwicklungen) zu mildern, zu korrigieren oder gar zu beseitigen? Das führt uns zu der Frage, wie Technik bewertet werden kann.

8.3 Technikbewertung

Der Begriff *Technology Assessment* (TA) tauchte erstmalig 1966 in einem Bericht an den US-amerikanischen Kongress im Zusammenhang mit positiven und negativen Folgen technischer Entwicklungen auf. Konkreter Anlass war die Forderung nach einem Frühwarnsystem bei komplexen großtechnischen Neuerungen wie Überschallflug, Raumfahrttechnik und Raketenabwehrsystemen. Als Folge davon wurde 1972 das *Office of Technology Assessment* (OTA) gegründet. Damit sollte ein Beratungsorgan für den Kongress, also die Legislative, geschaffen werden. Dies löste ähnliche Bewegungen in den westlichen Industrieländern aus. Hier beschränke ich mich auf eine Schilderung der Aktivitäten in Deutschland, wobei ich an Bild 8.1 anknüpfe.

Im Folgenden verwende ich das Kürzel TA, weil es derzeit noch keine allgemein akzeptierte deutsche Übersetzung des englischen Begriffes gibt. In der Literatur werden die Bezeichnungen Technikbewertung, Technikfolgenabschätzung sowie Technologiefolgenabschätzung synonym verwendet. Das BMBF favorisiert seit kurzem den Begriff Innovations- und Technik-Analyse (ITA).

Unmittelbar nach der Gründung des OTA begann die TA-Debatte in Deutschland. Die (oppositionelle) CDU-Fraktion des Deutschen Bundestages beantragte 1973 die Einrichtung einer analogen Institution, die (regierende) SPD-Fraktion lehnte dies ab. Nach dem Machtwechsel im Jahre 1982 trat bei beiden Fraktionen ein Sinneswandel ein. Die nunmehr oppositionelle SPD war für, die regierende CDU gegen eine entsprechende Einrichtung. So kam es erst 1989 zu einer befristeten Errichtung des Büros für Technikfolgenabschätzung beim Deutschen Bundestag (TAB), 1993 wurde das TAB als Dauereinrichtung beschlossen. Seit Gründung des TAB ist der Leiter des Instituts für Technikfolgenabschätzung und Systemanalyse (ITAS) des Forschungszentrums Karlsruhe (FZK) in Personalunion gleichzeitig Leiter des TAB (zu Beginn Professor Paschen und seit 2002 Professor Grunwald).

In den siebziger Jahren beteiligten sich neben dem ITAS, das seinerzeit noch Abteilung für Angewandte Systemanalyse (AFAS) hieß, der Verein Deutscher Ingenieure (VDI), das Fraunhofer-Institut für Systemtechnik und Innovationsforschung (ISI) sowie das Batelle-Institut an den TA-Diskussionen. Der VDI veröffentlichte 1991 seine wegweisende Richtlinie „Technikbewertung – Begriffe und Grundlagen“. Im gleichen Jahr wurde die Errichtung einer Akademie für Technikfolgenabschätzung (in Bild 8.1 mit AfTA abgekürzt) in Baden-Württemberg beschlossen, die 1992 ihre Arbeit in Stuttgart aufnahm. 1996 wurde in Bad Neuenahr-Ahrweiler vom Land Rheinland-Pfalz und dem Deutschen Zentrum für Luft- und Raumfahrt (DLR), das seinerzeit Deutsche Forschungsanstalt für Luft- und Raumfahrt hieß, die Europäische Akademie zur Erforschung von Folgen wissenschaftlich-technischer Entwicklungen gegründet.

Auf europäischer Ebene haben sich 1990 parlamentarische Einrichtungen analog zum TAB aus Dänemark, Deutschland, Frankreich, Großbritannien und den Niederlanden zum *European Parliamentary Technology Assessment* (EPTA) zusammengeschlossen. Analoge Einrichtungen gibt es weiterhin in Österreich, in Schweden und in der Schweiz. Die TA-Erfolgsgeschichte ist von zwei Schließungen getrübt worden. Während der Clinton-Ära wurde das OTA geschlossen. Im März 2003 hat das Kabinett des Landes Baden-Württemberg die Schließung der (aus Expertensicht sehr erfolgreichen) Akademie für Technikfolgenabschätzung in Stuttgart beschlossen.

Nach dieser kurzen Schilderung der jungen TA-Geschichte möchte ich auf drei Punkte eingehen. Was will TA? Wie kann TA gelehrt werden? Welches sind TA-relevante Forschungsthemen aus Sicht der Ingenieurwissenschaften? Ich beginne mit der ersten Frage und möchte zur Vorgehensweise aus der VDI-Richtlinie „Technikbewertung“ zitieren (VDI 1991):

> „Technikbewertung bedeutet hier das planmäßige, systematische, organisierte Vorgehen, das
>
> – den Stand einer Technik und ihre Entwicklungsmöglichkeiten analysiert,
> – unmittelbare und mittelbare technische, wirtschaftliche, gesundheitliche, ökologische, humane, soziale und andere Folgen dieser Technik und möglicher Alternativen abschätzt,
> – auf Grund definierter Ziele und Werte diese Folgen beurteilt oder auch weitere wünschenswerte Entwicklungen fordert,
> – Handlungs- und Gestaltungsmöglichkeiten daraus herleitet und ausarbeitet,
>
> sodass begründete Entscheidungen ermöglicht und gegebenenfalls durch geeignete Institutionen getroffen und verwirklicht werden können.“

Wie sieht die Vorgehensweise nun im Einzelnen aus? Nach einer konkreten Aufgabenbeschreibung, einer Definitions- und Abgrenzungsphase, wird in der Regel eine dreistufige Abfolge empfohlen: 1. Technikfolgenforschung, 2. Technikfolgenabschätzung, 3. Technikfolgenbewertung. Die gern gehegte Hoffnung, die beiden ersten Stufen würden eine rein wissenschaftliche Bearbeitung zulassen, und der gesellschaftspolitische Aspekt (die Wertefrage) würde erst bei der dritten Stufe bedeutsam werden, hat sich in nahezu allen konkreten TA-Studien als trügerisch erwiesen. Meist spielt die Wertefrage von Anfang an hinein, also schon bei der Abgrenzungsphase. Man kann die Vorgehensweise nicht nur nach der Abfolge, sondern auch nach der Art strukturieren. Dabei unterscheidet man:

TA als partizipatorisches Assessment: Maximale Partizipation ist hierbei die entscheidende Forderung, die in unterschiedlicher Weise realisiert werden kann (argumentativer Diskurs, Planungszellen u. a.). Die Zielvorstellung lautet, der Objektivität durch vielgestaltige Subjektivität möglichst nahe zu kommen.

TA als systemanalytisches Verfahren: Technische Systeme lassen sich zumindest prinzipiell eindeutig beschreiben, da deren Erfassung auf naturwissenschaftlichen Grundgesetzen beruht. Dies wird bei Ökosystemen schon deutlich schwieriger, da Wechselwirkungen und Stabilitätsfragen bestenfalls eingeschränkt beantwortet werden können. Die gleiche Aussage gilt für wirtschaftliche Systeme. Am problematischsten sind gesellschaftliche Systeme zu analysieren.

TA als technopolitische Beratung: Dies meint TA als Vorsorgeprinzip im Umgang mit wissenschaftlich-technischem Fortschritt und als Instrument der Planung und Entscheidungshilfe. TA soll Folgen erkennen und diese in politische und unternehmerische Bewertungs- und Entscheidungsprozesse integrieren.

Aus ingenieurwissenschaftlicher Sicht scheint mir der systemanalytische Ansatz besonders tragfähig und belastbar zu sein. Ein Ingenieur, gleich welcher Fachrichtung, hat ständig mit (technischen) Systemen zu tun. Eine Fertigungsstraße, ein chemischer Reaktor, der ICE und eine Windkraftanlage haben eines gemeinsam: Es sind technische Systeme mit vielfältigen internen Wechselwirkungen bzw. Rückkopplungen, die prinzipiell mit den bekannten Grundgesetzen der Mechanik, der Thermodynamik, der Elektrotechnik, der Reaktionskinetik usw. beschrieben werden können. Diese technischen Systeme werden simuliert, d. h.

nachgebildet, sei dies durch ein Laborexperiment oder ein numerisches Simulationsexperiment.

Schwierigkeiten entstehen in realen Systemen meist durch ungenügende Berücksichtigung von Rückkopplungseffekten. Man kann dies als generelles Schnittstellenproblem bezeichnen. Zur Auslegung einer Windkraftanlage ist es unzureichend, wenn ein Bauingenieur den Turm auslegt, ein Elektroingenieur den Generator und ein Strömungsmechaniker den Propeller. Wer von diesen Experten berücksichtigt, dass es sich hierbei primär um ein *System* handelt? Viele Probleme, so etwa Schwierigkeiten im Antriebsstrang des ICE, sind einem mangelhaften Systemdenken der Bearbeiter zuzuschreiben. Wenn schon technische Systeme so schwierig zu beschreiben sind, um wie viel schwieriger sind Ökosysteme und gar gesellschaftliche Systeme zu analysieren? Umso wichtiger ist generell die Erforschung komplexer Systeme.

Als Beispiel für ein seinerzeit mangelhaftes Systemverständnis sei der Growian (Abkürzung für Große Windenergie-Anlage) genannt. Unter dem Schock der Ölkrise von 1973 wurde von der Bundesregierung eine Studie „Energiequellen für morgen" in Auftrag gegeben, in der auch die Nutzung der Windenergie untersucht wurde. Auf der Basis dieser Arbeiten wurde ab 1977 eine 3-MW-Anlage geplant und entwickelt. Der Growian wurde im Kaiser-Wilhelm-Koog an der Elbemündung errichtet und ging 1983 in Betrieb. Die hohen dynamischen Belastungen führten zu Rissen in der Rotornabe. Daraufhin wurde die Anlage 1988 stillgelegt und abgerissen. Bis 1991 war Growian mit einem Rotordurchmesser von 100 m die größte Windkraftanlage der Welt. In der Folgezeit wurden dann zunächst Betriebserfahrungen mit deutlich kleineren Anlagen gesammelt und es wurde ein maßvolles und systematisches *scale-up* betrieben. Die derzeit größten Anlagen haben eine elektrische Leistung von 5 MW.

Nun zu der zweiten Frage: Wie kann TA gelehrt werden? Hier folgt exemplarisch die Schilderung eines erfolgreichen *bottom-up*-Ansatzes des Autors an der TU Clausthal, beflügelt durch das enorme Interesse der Studenten und Mitarbeiter. Am Anfang stand die Vorlesung „Herausforderung Zukunft", erstmalig gehalten im Wintersemester 1991/92 im Rahmen des *Studium generale* und wie folgt gegliedert: 1. Menschheitsgeschichte und Umwelt, 2. Wachstum und Rückkopplung, 3. Bevölkerungsdynamik, 4. Energie, 5. Treibhauseffekt und Ozonloch, 6. Unsere Umwelt, 7. Endliche Ressourcen, 8. Die Dritte Welt, 9. Technik und Ethik, 10. Modelle und Prognosen, 11. Wer kann was tun?

Aus dieser *Sensibilisierungsvorlesung* ist ein gleichnamiges Buch entstanden (Jischa 1993), dessen stark veränderte Neuauflage hiermit vorliegt. Weitere Vorlesungen folgten zunächst im *Studium generale*. Ausgehend von dem Kapitel „Technik und Ethik", in dem auf die VDI-Richtlinie Technikbewertung und auf die Geschichte der TA-Entwicklung eingegangen wird, haben B. Ludwig und der Autor gemeinsam eine *Operationalisierungsvorlesung* mit dem Titel „Technikbewertung" konzipiert und diese erstmalig im Wintersemester 1994/95 angeboten (Jischa, Ludwig 1996). Darin werden nach einer geschichtlichen Einführung bekannte TA-Studien (erstellt von TAB, ISI, Batelle, Prognos u. a.) besprochen. Diese wurden nach zwei Kriterien ausgewählt: saubere Herausarbeitung der gewählten Methode und Relevanz des Themas. Die Vorlesung wird durch eine zusammenfassende Behandlung von Methoden sowie von Instrumenten (Ökobilanz, Produktlinienanalyse, Umweltverträglichkeitsprüfung, Umweltaudit, Ökocontrolling, Umweltinformations- und Umweltmanagementsysteme) abgeschlossen.

Die Beschäftigung mit dem Kapitel „Modelle und Prognosen" führte drittens zu der Konzipierung einer *Anschlussvorlesung*. Sie trägt den Titel „Dynamische Systeme in Natur, Technik und Gesellschaft", erstmalig angeboten 1995; sie wird durch numerische Simulationsexperimente attraktiv ergänzt (Jischa 1996).

Die hervorragende Akzeptanz der drei Vorlesungen hat zwischenzeitlich dazu geführt, dass diese als Pflichtfächer in verschiedenen Studiengängen der TU Clausthal eingeführt wurden. Im Wintersemester 2001/2002 folgte eine vierte Vorlesung „Zivilisationsdynamik", Kapitel 1 stellt eine Kurzfassung dar.

Abschließend zur letzten Frage: Welches sind TA-relevante Forschungsthemen aus Sicht der Ingenieure? Hier knüpfe ich an die Aussagen am Ende des Abschnitts 8.2 an und formuliere die These: TA als Operationalisierung des Leitbildes Nachhaltigkeit bedeutet, komplexe dynamische Systeme zu untersuchen mit dem Ziel, Stabilitätsrisiken zu verringern. Daraus resultiert Forschungsbedarf in den Feldern:

1. Zustandsbeschreibung durch Nachhaltigkeitsindikatoren
2. Umgang mit unsicherem, unscharfem sowie Nichtwissen
3. (Weiter-)Entwicklung von Methoden und Instrumenten
4. Orientierung an Werten und Umgang mit Wertkonflikten
5. Modellierung und Simulation dynamischer Systeme

Sämtliche abgeschlossenen und laufenden Dissertationen und Habilitationen der letzten zehn Jahre am Lehrstuhl des Autors lassen sich diesen Themen zuordnen. Exemplarisch führe ich die Arbeiten (Ludwig 1995, 2001) und (Tulbure 1997, 2003) an. Weitere Informationen u. a. zu Dissertationen im Bereich TA sind unserer Homepage www.itm.tu-clausthal.de zu entnehmen.

Mir ist neben der TA keine Disziplin bekannt, in der Vertreter der „Zwei Kulturen" (Snow 1967), der Natur- und Ingenieurwissenschaften einerseits sowie der Geistes- und Gesellschaftswissenschaften andererseits, auf eine so selbstverständliche Weise zusammenkommen. Zu welchem Thema sonst gibt es Veranstaltungen, auf denen Ingenieure, Naturwissenschaftler, Ökonomen, Soziologen, Politologen, Philosophen und Theologen in Vorträgen und Diskussionen ohne nennenswerte Dialogprobleme zusammenfinden? Das Konzept TA, ob nun Technikfolgenabschätzung, Technikbewertung, Technikgestaltung, Systemanalyse, Innovationsforschung, Potentialanalyse oder gar Management komplexer Systeme genannt, führt die (meisten) wissenschaftlichen Disziplinen über die Frage nach der Operationalisierung des Leitbildes Nachhaltigkeit zusammen. Darin liegt eine Chance, die „Zwei Kulturen" über das entscheidende Problem der Menschheit, wie wir morgen leben werden und leben wollen, zusammenzuführen. Wir werden im Zusammenhang mit Kommunikationsproblemen zwischen Experten einerseits sowie zwischen Experten und Laien andererseits in Abschnitt 9.5 auf die Geschichte und die Bedeutung des Begriffs „Zwei Kulturen" eingehen.

Hinzu kommt, dass die ständige Ausdifferenzierung der wissenschaftlichen Disziplinen eine Gegenbewegung erzeugen wird. Neben der unverzichtbaren und unbestreitbaren disziplinären Kompetenz wird die interdisziplinäre Forschung an Bedeutung zunehmen. Wir werden verstärkt Generalisten benötigen, etwa nach dem Motto eines Aphorismus' von Lichtenberg: „Wer nur die Chemie versteht, versteht auch die nicht ganz".

Die TA-Disziplin hat die Chance, eine Antwort auf die zentrale Frage zu finden, die ich zum Abschluss in zwei Versionen stellen möchte. Die erste Formulierung stammt von einem Physiker und Philosophen mit Erfahrungen in Wissenschaft und Politik (Meyer-Abich 1988): „Weiß die Wissenschaft, was wir für die Zukunft der Industriegesellschaft wissen müssen?" Die zweite Formulierung stammt von einem Ingenieur mit Erfahrungen in Wissenschaft und Wirtschaft (Neirynck 1995): „Die Technik ist die Antwort, aber wie lautet eigentlich die Frage?"

8.4 Nachhaltigkeitsmanagement

Der Abschlussbericht der Enquete-Kommission „Schutz des Menschen und der Umwelt – Ziele und Rahmenbedingungen einer nachhaltig zukunftsverträglichen Entwicklung" des 13. Deutschen Bundestages trägt den Titel „Konzept Nachhaltigkeit – vom Leitbild zur Umsetzung" (Enquete-Kommission 1998). Diesen Buchtitel habe ich als Kapitelüberschrift gewählt. Daran anknüpfend hatte ich am Ende des einleitenden Abschnitts 8.1 als entscheidende Frage formuliert, wie Nachhaltigkeit in unternehmerisches und politisches Handeln umgesetzt werden kann. Anders formuliert: Wie kann Nachhaltigkeit gemanagt werden? Nachhaltigkeitsmanagement schließt die Fragen nach der Strategie, der Erfassung, der Bewertung und des Monitoring (Beobachtung) ein.

In der Wirtschaft wird ständig auf der Basis von Bewertungen entschieden. So ist auch Technik schon immer bewertet worden, also Technikbewertung betrieben worden, ohne jedoch diesen Begriff zu verwenden. Die Bewertungskriterien waren klar und eindeutig. Sie waren technischer Art, wenn es um Fragen der Funktionalität, Sicherheit und Qualität ging. Und sie waren betriebswirtschaftlicher Art, denn technische Produkte müssen sich am Markt behaupten. Durch das Leitbild Nachhaltigkeit sind weitere Bewertungskriterien hinzugekommen, die Zielfunktion ist komplexer geworden.

Welches sind nun generelle Bewertungsprobleme? Das ist zum einen die Frage der Abgrenzung eines zu bewertenden Systems. Neben der Problemlage beeinflusst die Interessenlage des Bewerters jeweils getroffene Abgrenzungen, wodurch ein nicht unbeträchtliches Vernebelungspotenzial entstehen kann. Die zweite entscheidende Frage besteht in der Suche nach aussagefähigen, meist hochaggregierten Bewertungsgrößen, den Indikatoren. Die Suche nach einfachen, signifikanten und aussagekräftigen Bewertungsgrößen bewegt sich stets zwischen zwei Extremen: Das Einfache ist theoretisch falsch und das Komplizierte ist praktisch unbrauchbar. Wir brauchen schnelle und richtungssichere Bewertungsmethoden, die transparent und einfach in der Anwendung sind. Das ist das Grundproblem aller Managementsysteme zur Entscheidungsfindung.

Einleitend möchte ich zwei in der Wirtschaft bekannte und etablierte Managementsysteme skizzieren. Dabei beginne ich mit dem Qualitätsmanagement nach der DIN EN ISO 9000er Serie. Qualitätssichernde Maßnahmen hat es im produzierenden Gewerbe schon immer gegeben. Statistische Qualitätskontrollen waren lange Zeit Stand der Technik, bis durch Einführung der Just-in-time-Fertigung Lagerkapazitäten drastisch reduziert wurden. Die ständig über die Autobahnen rollenden LKW („wir fahren für XY") haben teilweise die Rolle der Lager übernommen. Durch das Verschwinden der Puffer mussten neue Maßnahmen zur Qualitätssicherung etabliert werden. Für statistische Qualitätskontrollen der (Vor-) Produkte fehlte nunmehr die Zeit. Somit mussten Qualitätsprüfungen von den Produkten auf die Prüfung (Zertifizierung) von Produzenten verlagert werden. Veränderte Abläufe in der Fertigung führten zu einem neuen Qualitäts-Managementsystem. In der Produktentwicklung ist seit einigen Jahren das Qualitäts-Managementsystem nach DIN EN ISO 9000 ff. prägend. Dabei werden die Anforderungen an ein Produkt in Regelkreisen mit zahlreichen Rückkopplungsschleifen verfolgt. Das hat zu einer deutlichen Reduzierung der Entwicklungszeiten in der Industrie geführt. Zwingende Voraussetzung ist dabei, dass die Produkteigenschaften formal quantifiziert werden.

An dieser Stelle seien einige Bemerkungen zur Normung und den rechtlichen Konsequenzen von Normen eingeschoben, da hierüber häufig Unklarheiten bestehen. In der Normung unterscheiden wir vier Ebenen. Auf der untersten Ebene stehen die Werknormen, die in dem jeweiligen Unternehmen verbindlich sind. Darüber sind die nationalen Normen angesiedelt, das sind in Deutschland die DIN-Normen (DIN = Deutsches Institut für Normung), in Frankreich AFNOR, in England BSI usw. So weit möglich, nehmen Werknormen auf DIN-Normen Bezug. Darüber gibt es die Europäischen Normen (EN), die in der Europäischen Union als nationale Normen übernommen werden müssen. Auf der obersten Stufe stehen die internationalen Normen ISO (*International Organization for Standardization*) sowie die IEC (*International Electrotechnical Commission*). Damit wird auch das Kürzel DIN EN ISO verständlich. Derartige Normen gelten international, in der EU sowie in Deutschland. Heute sind etwa zwei Drittel der EN-Normen von den ISO-Normen abgeleitet.

Es ist wichtig, darauf hinzuweisen, dass Normen nicht mit Gesetzen verwechselt werden dürfen. Eine Rechtsverbindlichkeit erlangen sie erst durch die Aufnahme in entsprechende Rechts- und Verwaltungsvorschriften, wie etwa bei der Technischen Anleitung Luft (TA-Luft) und in dem Gesetz über die Beförderung gefährlicher Güter. Gleichwohl kommt den Normen generell wegen der Anknüpfung der Haftung an die Fehlerhaftigkeit eines Produktes rechtliche Bedeutung zu. So repräsentieren die Normen (ähnlich wie die Richtlinien des VDI = Verein Deutscher Ingenieure) den „Stand der Technik" und die „anerkannten Regeln der Technik", was bei Ausschreibungen und insbesondere bei Sachverständigengutachten in gerichtlichen Auseinandersetzungen von Bedeutung ist. Niemand ist jedoch gezwungen, sich bei der Herstellung von Produkten den Normen unterzuordnen. So kann ein Papierhersteller selbstverständlich Schreibpapier außerhalb des Formats DIN A4 herstellen, sofern Kunden dieses wünschen. Gleichwohl ist es offenkundig, dass Normung die Rationalisierung und Qualitätssicherung in allen Bereichen fördert.

Nach diesem Ausflug in den Bereich der Normung kommen wir zu dem Umwelt-Managementsystem nach DIN EN ISO 14.000 ff. Dieses wurde in Anlehnung an das Qualitäts-Managementsystem entwickelt. Es hat das Ziel, den Unternehmen die Elemente eines wirksamen Managementsystems zur Verfügung zu stellen, die mit anderen Erfordernissen des Managements vereinbart werden können. Es soll den Unternehmen helfen, sowohl ökologische als auch ökonomische Ziele zu erreichen. Ein bekanntes Element der 14.000er Normen sind die Ökobilanzen. Sie dienen der Erfassung und Bewertung umweltbezogener Aspekte der Produktentwicklung und darüber hinaus. Ökobilanzen (im Englischen LCA = *Life Cycle Assessment*) dienen der Analyse von Umweltaspekten während der gesamten Existenz von Produkten (sowie Prozessen und Dienstleistungen). „Von der Wiege bis zur Bahre", also von der Produktion über die Nutzung bis hin zur Entsorgung, sollen umweltrelevante Aspekte (z.B. Emissionen) eines Produkts erfasst werden. Den Ökobilanzen kommt wegen der Anforderungen des Kreislaufwirtschafts- und Abfallgesetzes (in Deutschland) eine besondere Bedeutung zu. Darauf sind wir bereits in Abschnitt 5.7 eingegangen.

Aus unternehmerischer Sicht ist es unverzichtbar, Managementsysteme miteinander zu verzahnen. Denn nur ein Andocken an bestehende Systeme ist realistisch. So wie aus dem Qualitäts- das Umweltmanagement hervorgegangen ist, so wird das Risikomanagement folgen. Alle Managementsysteme werden vermutlich in ein umfassendes Nachhaltigkeits-Managementsystem einmünden. Denn die Frage, wie sicher ist sicher, hat viel mit der Frage zu tun, wie nachhaltig ist nachhaltig.

Die in Abschnitt 8.2 beschriebene Vorgehensweise in der Technikbewertung (TA), zitiert aus der VDI-Richtlinie „Technikbewertung", lässt den Schluss zu, dass TA als Nachhaltigkeitsmanagement angesehen werden kann. Bezüglich technischer Produkte kann TA als *das* Konzept zur Operationalisierung von Nachhaltigkeit bezeichnet werden: TA *ist* Nachhaltigkeitsmanagement.

Management benötigt Regeln. Die in Abschnitt 8.1 aufgeführten Definitionen des Leitbildes Nachhaltigkeit nach dem Brundtland-Bericht oder die Aussagen des Verbandes der Chemischen Industrie (VCI) lassen sich nicht ohne weiteres auf Regeln herunterbrechen. Entsprechend umfangreich ist die Literatur zu diesem Thema. Exemplarisch sollen hier fünf Regeln zum Management von Stoffströmen aus dem Abschlussbericht der Enquete-Kommission „Schutz des Menschen und der Umwelt" angegeben werden (Enquete-Kommission 1998):

1. Die Abbaurate erneuerbarer Ressourcen soll deren Regenerationsrate nicht überschreiten. Dies entspricht der Forderung nach Aufrechterhaltung der ökologischen Leistungsfähigkeit, d. h. (mindestens) nach Erhaltung des von den Funktionen her definierten ökologischen Realkapitals.
2. Nicht-erneuerbare Ressourcen sollen nur in dem Umfang genutzt werden, in dem ein physisch und funktionell gleichwertiger Ersatz in Form erneuerbarer Ressourcen oder höherer Produktivität der erneuerbaren sowie der nicht-erneuerbaren Ressourcen geschaffen wird.

3. Stoffeinträge in die Umwelt sollen sich an der Belastbarkeit der Umweltmedien orientieren, wobei alle Funktionen zu berücksichtigen sind, nicht zuletzt auch die „stille" und empfindlichere Regelungsfunktion.
4. Das Zeitmaß anthropogener Einträge bzw. Eingriffe in die Umwelt muss im ausgewogenen Verhältnis zum Zeitmaß der für das Reaktionsvermögen der Umwelt relevanten natürlichen Prozesse stehen.
5. Gefahren und unvertretbare Risiken für die menschliche Gesundheit durch anthropogene Einwirkungen sind zu vermeiden.

Die ersten vier Regeln beziehen sich auf die Funktionsfähigkeit des Naturhaushaltes sowie die Nutzungsfähigkeit von Naturgütern. Die fünfte Regel berücksichtigt die menschliche Gesundheit als wichtiges Kriterium für ökologisches Handeln. Daneben existieren weitere Ziele: die Natur so zu schützen, zu pflegen und zu entwickeln, dass die Pflanzen- und Tierwelt sowie die Vielfalt, Eigenart und Schönheit von Natur und Landschaft als Lebensgrundlagen des Menschen nachhaltig gesichert sind.

Der Titel des Abschlussberichts „Konzept Nachhaltigkeit, vom Leitbild zur Umsetzung" ist ein Programm. Dazu heißt es im Vorwort: „Die Phase des Theoretisierens muss endlich vorbei sein, die Kommission formuliert darum nicht nur konkrete Zielvorstellungen, sondern vor allem einen gangbaren Weg, wie Nachhaltigkeit tatsächlich umgesetzt werden kann. Eine solche Nachhaltigkeitsstrategie für Deutschland muss Ziele, Instrumente und Maßnahmen in Beziehung zueinander setzen. Dabei sind – wie für jedes andere Vorhaben – drei wesentliche Fragen zu beantworten: „Was" soll erreicht werden, d. h., welche konkreten Ziele verbergen sich hinter der allgemeinen Zustimmung zum Leitbild der Nachhaltigkeit? „Wie", also mit welchen Instrumenten und Maßnahmen kann dies erreicht werden? Und „Wer" ist dabei jeweils verantwortlich?"

Das Vorwort des Abschlussberichts endet mit folgendem Absatz: „Letztlich muss das Thema Nachhaltigkeit in allen Bereichen von Wirtschaft und Gesellschaft weit oben auf die Agenda gesetzt werden, damit der Prozess der Globalisierung mehr Chancen als Risiken bietet. Auch wenn wir nur eine ungenaue Vorstellung davon haben, wie das Ziel „nachhaltige Gesellschaft" aussieht, können wir doch Schritt für Schritt einen Richtungswechsel vollziehen und die Weichen in Richtung Nachhaltigkeit stellen. Der vorgelegte Bericht will alle einladen, sich an diesem Zukunftsprojekt zu beteiligen".

Die Bundesregierung hat 2001 einen „Rat für Nachhaltige Entwicklung" eingesetzt. Er soll in Fragen der Nachhaltigkeit die Bundesregierung beraten, den gesellschaftlichen Dialog fördern und Lösungsansätze diskutieren. Der Rat hat im Jahr 2002 ein Strategiepapier „Perspektiven für Deutschland" herausgegeben. Informationen hierzu und zu weiteren Nachhaltigkeitsthemen siehe unter www.nachhaltigkeitsrat.de.

Literatur

BMU (1992) *Agenda 21, Konferenz der Vereinten Nationen für Umwelt und Entwicklung 1992 in Rio de Janeiro.* Bundesumweltministerium, Bonn

Böhme, G. (1993) *Am Ende des Baconschen Zeitalters.* Suhrkamp, Frankfurt am Main

Bröchler, S., Simonis, G., Sundermann, K. (Hrsg.) (1999) *Handbuch Technikfolgenabschätzung*, 3 Bände. Edition Sigma, Berlin

BUND/MISEREOR (Hrsg.) (1996) *Zukunftsfähiges Deutschland.* Birkhäuser, Basel

Carson, R. (1963) *Der stumme Frühling.* Beck, München

Coenen, R., Grunwald, A. (Hrsg.) (2003) *Nachhaltigkeitsprobleme in Deutschland.* Edition Sigma, Berlin

EKD (1991) *Gemeinwohl und Eigennutz.* Eine Denkschrift der Evangelischen Kirche in Deutschland. Mohn, Gütersloh

Enquete-Kommission „Schutz der Menschen und der Umwelt" (1998) *Konzept Nachhaltigkeit, vom Leitbild zur Umsetzung.* Abschlussbericht Deutscher Bundestag, Bonn

Global 2000 (1980) *Der Bericht an den Präsidenten.* Zweitausendeins, Frankfurt am Main

Grunwald, A. (Hrsg.) (2002 a) *Technikgestaltung für eine nachhaltige Entwicklung.* Edition Sigma, Berlin

Grunwald, A. (2002 b) *Technikfolgenabschätzung – eine Einführung.* Edition Sigma, Berlin

Hauff, V. (Hrsg.) (1987) *Unsere gemeinsame Zukunft.* Der Brundtland-Bericht der Weltkommission für Umwelt und Entwicklung. Eggenkamp, Greven

Jischa, M. F. (1993) *Herausforderung Zukunft; Technischer Fortschritt und ökologische Perspektiven.* Spektrum, Heidelberg

Jischa, M. F. (1996) *Dynamische Systeme in Natur, Technik und Gesellschaft.* Skript TU Clausthal

Jischa, M. F. (1997) *Das Leitbild Nachhaltigkeit und das Konzept Technikbewertung.* Chemie Ingenieur Technik (69) 12, S. 1695–1703

Jischa, M. F. (1999) *Technikfolgenabschätzung in Lehre und Forschung.* In: Petermann, T., Coenen, R. (Hrsg.) *Technikfolgen – Abschätzung in Deutschland.* Campus, Frankfurt am Main, S. 165–195

Jischa, M. F. (2004) *Ingenieurwissenschaften.* Springer, Berlin

Jischa, M. F., Ludwig, B. (1996) *Technikbewertung.* Skript TU Clausthal

Lersner, H. von (1992) *Die ökologische Wende.* CORSO bei Siedler, Berlin

Ludwig, B. (1995) *Methoden zur Modellbildung in der Technikbewertung.* Diss. TU Clausthal, CUTEC Schriftenreihe Nr. 18, Papierflieger, Clausthal-Zellerfeld

Ludwig, B. (2001) *Management komplexer Systeme.* Edition Sigma, Berlin; Habilitationsschrift TU Clausthal (2000)

Mappus, S. (Hrsg.) (2005) *Erde 2.0 – Technologische Innovationen als Chance für eine Nachhaltige Entwicklung?* Springer, Berlin

Meadows, D., Meadows, D. (1973) *Die Grenzen des Wachstums.* Rowohlt, Reinbek

Meyer-Abich, K. M. (1988) *Wissenschaft für die Zukunft.* Hanser, München

Meyer-Abich, K. M. (1997) *Praktische Naturphilosophie.* Beck, München

Neirynck, J. (1995) *Der göttliche Ingenieur.* Expert, Renningen

Petermann, T., Coenen, R. (Hrsg.) (1999) *Technikfolgen – Abschätzung in Deutschland.* Campus, Frankfurt am Main

Snow, C. P. (1967) *Die zwei Kulturen, Literarische und naturwissenschaftliche Intelligenz.* Ernst Klett, Stuttgart

Streich, J. (1997) *30 Jahre Club of Rome*. Birkhäuser, Basel

Tulbure, I. (1997) *Zustandsbeschreibung und Dynamik umweltrelevanter Systeme*. Diss. TU Clausthal, CUTEC Schriftreihe Nr. 25, Papierflieger, Clausthal-Zellerfeld

Tulbure, I. (2003) *Integrative Modellierung zur Beschreibung von Transformationsprozessen*. Reihe Fortschritt – Berichte VDI, Reihe 16, Nr. 154, VDI, Düsseldorf; Habilitationsschrift TU Clausthal (2002)

VCI (1994) *Position der Chemischen Industrie*. Verband der Chemischen Industrie e. V., Frankfurt am Main

VDI (1991) *Technikbewertung – Begriffe und Grundlagen*. VDI Report 15, Düsseldorf

Im Vergleich zu den vorangegangenen Kapiteln habe ich hier eine große Zahl von Büchern angeführt. Für unverzichtbar halte ich „Die Grenzen des Wachstums" (Meadows u. a. 1973). Trotz aller kritischen und auch kontroversen Auseinandersetzungen mit diesem Buch wurde unmissverständlich deutlich, dass unsere Art des Wirtschaftens alles andere als nachhaltig ist. Als Nächstes nenne ich in zeitlicher Reihenfolge die Bestandsaufnahme „Global 2000" von 1980 sowie den Brundtland-Bericht „Unsere gemeinsame Zukunft" von 1987. Letzterer hat die Grundlage für die sich anschließenden Diskussionen über den Begriff Nachhaltigkeit (*Sustainable Development*) gelegt. Die Agenda 21, der von unserem damaligen Umweltminister Töpfer maßgeblich geprägte Abschlussbericht der heute schon legendären Rio-Konferenz für Umwelt und Entwicklung von 1992, hat dem Thema Nachhaltigkeit eine gewaltige Schubkraft verliehen. Es ist seit jener Zeit *das* anerkannte Leitbild in Politik und Wirtschaft. Zwei konkrete Studien möchte ich stellvertretend empfehlen. Das sind die frühe Studie „Zukunftsfähiges Deutschland" von 1996, vom Wuppertal-Institut im Auftrag von BUND und MISEREOR erstellt, sowie eine jüngere Studie „Nachhaltigkeitsprobleme in Deutschland" (Coenen, Grunwald 2003), entstanden aus einem Verbundprojekt der Helmholtz-Gemeinschaft deutscher Forschungszentren (HGF) als Beitrag zur Operationalisierung des Leitbildes Nachhaltigkeit. Daneben nenne ich den soeben erschienenen Sammelband „Erde 2.0" (Mappus).

9. Die Dynamik des technischen Fortschritts

oder **Ist Technik unser Schicksal?**

Die Utopien sind oft nur vorzeitige Wahrheiten.
(A. de Lamartine)

Hier knüpfen wir nahtlos an das erste Kapitel an, das der geschichtlichen Entwicklung und Veränderung von Technik gewidmet war. Wie und warum wurde Technik gestaltet? Wer waren die wesentlichen Treiber der Technik? In diesem Kapitel wollen wir die Brücke zur Gegenwart schlagen. Damit leiten wir gleichzeitig zum nächsten Kapitel über, dem Weg von der Industrie- in die Informationsgesellschaft.

Unsere Zeit ist durch immer raschere Änderungen vielfältiger Art gekennzeichnet. Gerade bei neuen Technologien wie der Informations- und Kommunikationstechnik erleben wir eine ständige Beschleunigung von Produktlebenszyklen. Wir erleben beschleunigte Veränderungen in der Gesellschaft durch Veränderungen in der Arbeitswelt. Im Bereich der Produktion führte der Weg von der Fließbandarbeit und dem Taylorismus zur Just-in-time-Fertigung. Mit Taylorismus wird die wissenschaftliche Betriebsführung zur Steigerung der Arbeitsproduktivität in der industriellen Fertigung bezeichnet. Die Informationstechnologien machten Telearbeit, ein verstärktes Outsourcing und Ich-AGs möglich.

Technischer Fortschritt beeinflusst mit beschleunigter Dynamik nicht nur unsere Arbeitswelt, sondern zunehmend auch unsere Lebenswelt. Somit betrifft er alle Mitglieder unserer Gesellschaft, auch diejenigen, die sich mit den sich rasant entwickelnden Informationstechnologien nicht auseinander setzen wollen oder können. Um eine Fahrkarte am Bahnhof einer Kleinstadt wie Goslar lösen zu können, muss ein menügeführter Apparat mit gewissen Sachkenntnissen bedient werden. Und der Erwerb einer Fahrkarte setzt den Besitz eine Kredit- oder Geldkarte voraus. Computer und Videospiele haben das Lernverhalten und das soziale Verhalten der Schüler deutlich verändert.

Die immer rascheren Veränderungen überfordern unsere auf statischem Denken beruhenden Rezepte. Wir denken meist quasistatisch und in linearen Kausalitäten. Wir sind daher kaum in der Lage, die vernetzte Dynamik komplexer Prozesse in Wirtschaft und Gesellschaft zu erfassen. Dadurch werden Ängste und Unsicherheiten in der Gesellschaft geschürt.

Wir leben in einer Zeit der „Gegenwartsschrumpfung“ (Lübbe 1994). Denn wenn wir Gegenwart als die Zeitdauer konstanter Lebens- und Arbeitsverhältnisse definieren, dann nimmt der Aufenthalt in der Gegenwart ständig ab. Als eine Folge der unglaublichen Dynamik des technischen Wandels rückt die unbekannte Zukunft ständig näher an die Gegenwart heran. Gleichzeitig wächst in der Gesellschaft die Sehnsucht nach dem Dauerhaften, dem Beständigen. Der Handel mit Antiquitäten, Oldtimern und Repliken blüht, weil diese das Dauerhafte symbolisieren.

Zugleich gilt eine für Entscheidungsträger, seien sie in Wirtschaft oder Politik verortet, ernüchternde Erkenntnis, die wir kurz das „Popper-Theorem" nennen wollen (Popper 1987). Es lautet etwa folgendermaßen: Wir können immer mehr wissen und wir wissen auch immer mehr. Aber eines werden wir niemals wissen, nämlich was wir morgen wissen werden, denn sonst wüssten wir es bereits heute. Das bedeutet, dass wir zugleich immer klüger und immer blinder werden. Mit fortschreitender Entwicklung der modernen Gesellschaft nimmt die Prognostizierbarkeit ihrer Entwicklung ständig ab. Niemals zuvor in der Geschichte gab es eine Zeit, in der die Gesellschaft so wenig über ihre nahe Zukunft gewusst hat wie heute. Gleichzeitig wächst die Zahl der Innovationen ständig, die unsere Lebenssituation strukturell und meist irreversibel verändert.

Es ist ein empirischer Befund, dass die Entwicklung der Industriegesellschaften umso schneller vor sich gegangen ist, je später sie in den Industrialisierungsprozess eingetreten sind. Großbritannien, das Mutterland der Industrialisierung, benötigte acht Generationen, Deutschland und die USA brauchten fünf bis sechs Generationen und Japan kam mit vier Generationen aus. Wie lange wird China brauchen? Wachstumsraten von etwa 10 % pro Jahr, wie sie China beim Verbrauch von Ressourcen sowie beim Bruttoinlandsprodukt seit einigen Jahren aufweist, hat es niemals zuvor gegeben.

9.1 Beschleunigter Wandel durch Technik

Was ist und worin besteht technischer Fortschritt? Technischer Fortschritt beruht auf Innovationen. Diese können einerseits die Prozess- wie auch die Produktebene betreffen. Innovationen verlaufen sowohl kontinuierlich als auch in Schüben. Dabei unterscheiden wir zwei Arten von Innovationen: einerseits die inkrementellen und andererseits die radikalen Innovationen, auch Verbesserungs- und Basisinnovationen genannt.

Dies sei beispielhaft am Verschwinden der Schreibmaschine erläutert. Die Entwicklung von der mechanischen Schreibmaschine hin zur elektrischen war ebenso wie die Weiterentwicklung vom Typenhebel hin zum Kugelkopf eine inkrementelle Innovation. Die Entwicklung des Personalcomputers war hingegen eine radikale Innovation. Er hat die Schreibmaschine nahezu vollständig verdrängt. Obwohl der PC immer noch den Namen Computer trägt, hat er sich von seinem ureigenen Zweck der Berechnung nahezu vollständig entfernt. Entscheidend für unsere Betrachtung ist hier, dass die Hard- und Software-Hersteller nicht aus dem Kreis der Hersteller von Schreibmaschinen hervorgegangen sind. Dies ist typisch für radikale Innovationen.

Wer oder was treibt den technischen Fortschritt? „Das Wunder Europa" (Jones 1991), bestehend aus Aufklärung, wissenschaftlicher Revolution und der sich anschließenden industriellen Revolution war ein abendländisches Projekt. Der Begriff Innovation ist eine europäische „Innovation". Er kennzeichnet die ständig beschleunigte Dynamik in Wissenschaft und Technik, in Forschung und Entwicklung. Es ist hier nicht der Ort, auf die ungemein spannende Frage einzugehen, warum dieser Prozess von Europa ausgegangen ist. Halten wir ihn als empirischen Befund fest, um die Folgen kurz zu skizzieren.

Kernelemente der von England im 18. Jahrhundert ausgegangenen industriellen Revolution waren die Mechanisierung der Arbeit, die Dampfmaschine als neue Energiewandlungsmaschine sowie die Erkenntnis, aus verschwelter Steinkohle Steinkohlenkoks herzustellen, womit die Verhüttung von Erzen sehr viel effizienter erfolgen konnte als zuvor mit Holzkohle. England, der Harz und weitere zentraleuropäische Regionen, in denen die Erzverhüttung betrieben wurde, waren nahezu abgeholzt. Dadurch war ein gewaltiger Innovationsdruck entstanden, eine der Triebfedern der industriellen Revolution.

Die Verknappung von Ressourcen war und ist stets ein typischer Auslöser für Innovationen. Beispiele hierfür sind die Entwicklung der Kernreaktoren zur Stromerzeugung sowie die Entwicklung von Glasfaserkabeln in der Informationstechnologie. Ohne letztere Substitutionsmaßnahme hätten die Informationstechnologien nicht diesen Aufschwung nehmen können, denn Sand als Ausgangsstoff für Glasfasern kommt ungleich häufiger vor als Metalle wie Kupfer oder Aluminium. Die Kupfervorräte dieser Welt würden nicht ausreichen, Netze heutigen Zuschnitts zu realisieren.

Häufig wird die Ansicht vertreten, Technik sei angewandte Naturwissenschaft. Natürlich trifft dies auch zu, aber technische Realisierungen lagen sehr oft vor der naturwissenschaftlichen Forschung. Im 15. Jahrhundert tauchten neue Akteure auf: Künstler-Ingenieure und Experimentatoren. Die neue Wissenschaft entwickelte sich aus heftigen Auseinandersetzungen mit dem tradierten Wissen. Die Durchdringung von Wissenschaft und Technik charakterisierte den Weg hin zur wissenschaftlichen Revolution im Europa des 17. Jahrhunderts.

Die großen Baumeister der Vergangenheit haben jene wunderbaren Bauwerke wie etwa den Petersdom, die Hagia Sophia und kühne Brücken ohne die heutigen theoretischen Finite-Elemente-Methoden und ohne die experimentellen Methoden der Spannungsoptik errichtet. Versuch und Irrtum charakterisierten die Technik jener Zeit. Wissen wurde als Herrschaftswissen vom Meister auf den Schüler übertragen. Heute können wir daher eher sagen, dass naturwissenschaftliche Forschung erst durch angewandte Technik möglich wird. Das Zusammenwirken von Sensorik, von physikalischer und chemischer Analytik, von digitaler Bildauswertung und Computern hat ungeahnte Möglichkeiten eröffnet, womit eine deutlich effizientere Steuerung technischer Prozesse erreicht wurde.

Offenkundig ist der technische Fortschritt ein sich selbst steuernder dynamischer Prozess, den niemand verantwortet. Dieser Tatbestand wird von vielen Mitgliedern unserer Gesellschaft mit zunehmendem Unbehagen betrachtet. Wir befinden uns offenbar „am Ende des Bacon'schen Zeitalters" (Böhme 1993), siehe Abschnitt 8.1. Uns ist die Grundüberzeugung abhanden gekommen, dass wissenschaftlicher und technischer Fortschritt zugleich humaner Fortschritt ist.

Wer gestaltet und steuert den technischen und den industriellen Fortschritt? Der technische Fortschritt wird von drei Faktoren mit jeweils unterschiedlichen Akteuren beeinflusst und angetriebenen oder auch behindert. Die Technik drückt (*technology push*), der Markt zieht (*market pull*) und die Gesellschaft fordert (*society demand*). Es lässt sich beschreiben, in welchen Institutionen die verschiedenen Akteure den technischen Fortschritt vorantreiben. Aus diesem Grunde skizziere ich kurz die Situation in Deutschland. Andere Industrieländer verfügen über ähnliche Forschungsstrukturen. Die folgenden sechs Bereiche zeichnen sich durch einen graduell unterschiedlichen Einfluss der wesentlichen Akteure in Wissenschaft, Wirtschaft, Staat und Gesellschaft auf die Entwicklung und Gestaltung der Technik aus.

1. Universitäten und Fachhochschulen: Sie sind für die Ausbildung zuständig und vergeben das Diplom, das im Zuge einer Internationalisierung zunehmend durch die gestuften Abschlüsse Bachelor und Master ersetzt (oder ergänzt) wird. Eine weiterführende wissenschaftliche Qualifikation durch Promotion und Habilitation ist den Universitäten vorbehalten. Uns interessiert die Frage, nach welchen Kriterien die Professoren ihre Forschungsthemen auswählen. Hier scheint die gute alte Zeit vorbei zu sein, in der Wissenschaftler von ihrer Neugierde getrieben und von der Kultur ihrer Fachdisziplin geleitet ihre Forschungsthemen im Rahmen ihrer Forschungsfreiheit gewählt haben. Die Qualität der wissenschaftlichen Forschung bestimmte den Rang und das Ansehen einer Universität. Heute wird aus Sicht der sie tragenden Länder die (wirtschaftlichc) Bedeutung einer Universität maßgeblich von der Höhe der eingeworbenen Drittmittel bestimmt. Der Einfluss der Wirtschaft auf die Auswahl der Forschungsthemen hat demzufolge zugenommen.
2. Max-Planck-Institute: Sie betreiben als Nachfolgeeinrichtung der Kaiser-Wilhelm-Institute in erster Linie Grundlagenforschung und sind daher im Wesentlichen institutionell gefördert. Da jedoch in den Natur- und Ingenieurwissenschaften Grundlagen und Anwendungen immer schwerer zu trennen sind, wird auch hier der Einfluss der Wirtschaft zunehmen. Beispiele hierfür sind die Genforschung sowie die Bio- und Nanotechnik.
3. Fraunhofer-Institute: Sie stellen eine Scharnierfunktion zwischen Wissenschaft und Wirtschaft dar, was auch in ihrer Finanzierung zum Ausdruck kommt: etwa je ein Drittel institutionelle Förderung, Projektförderung sowie Industrieprojekte. Sie gelten aus zwei Gründen als Erfolgsmodell: zum einen wegen des hohen Praxisbezuges und zum anderen wegen ihres relativ geringen Anteils an institutioneller Förderung. Aus politischer und auch aus wirtschaftlicher Sicht wird ihre Bedeutung vermutlich zunehmen.
4. Helmholtz-Gemeinschaft deutscher Forschungszentren: Sie werden gemeinhin als Großforschungseinrichtungen bezeichnet, sind somit teuer und daher in besonderer Weise rechtfertigungspflichtig. Von den derzeit 15 Zentren sind drei mit jeweils etwa 4000 Mitarbeitern besonders groß, die beiden Forschungszentren Jülich und Karlsruhe sowie das Deutsche Zentrum für Luft- und Raumfahrt. Auch hier findet eine Verschiebung von der institutionellen hin zu verstärkter Projektförderung statt.

5. Wissenschaftsgemeinschaft Gottfried-Wilhelm Leibniz: Deren Einrichtungen wurden bis vor kurzem als Institute der „Blauen Liste“ bezeichnet. Die etwa 80 Institute zeichnen sich durch eine breite Vielfalt der Arbeits- und Forschungsthemen aus. Diese reichen vom Deutschen Museum in München, dem Deutschen Übersee-Institut in Hamburg, dem Heinrich-Hertz-Institut für Nachrichtentechnik in Berlin, dem Weltwirtschaftsinstitut in Kiel bis hin zum Wissenschaftszentrum Berlin für Sozialforschung.
6. Forschung und Entwicklung in der Wirtschaft, der Industrie: Die umsatzstärksten Industriebereiche in unserem Land sind die Großchemie und die Pharmazeutische Industrie, der Maschinenbau, der Automobilbau und (mit steigender Tendenz) die Elektro- und Informationstechnik. Beispielhaft sei der Automobilbau skizziert. Hier finden wir in der Regel eine Zweiteilung vor, es gibt einen Bereich für Forschung und einen für Forschung und Entwicklung (F+E, englisch R+D = *Research and Development*). Die Abgrenzungen sind fließend. Charakteristisch für die Automobilindustrie ist die in den vergangenen Jahren vorangetriebene Reduzierung der Fertigungstiefe, genannt Outsourcing. Damit einher ging eine ständige Verlagerung von F+E in Richtung der Zulieferer. Die laufenden Verbesserungen (die inkrementellen Innovationen) etwa bei der Direkteinspritzung in Diesel- und in Otto-Motoren stammen aus dem Hause Bosch, einem der großen Zulieferer mit einer fast monopolartigen Stellung. Gleiches gilt für die elektronische Steuerung der Brems- und Antriebssysteme wie ABS, ESD und Ähnliches. Eine vergleichbar starke F+E-Position finden wir bei Zulieferern von Getrieben und Bremsen.

Aus gutem Grund habe ich der Frage, *wo* Forschung und Entwicklung betrieben werden, *wo* also der technische Fortschritt „gemacht“ wird, breiten Raum gewidmet. Die Vielzahl der Institutionen und Akteure ist ein ganz wesentlicher Grund für die gewünschte Innovationsdynamik, die wirtschaftlich erfolgreiche Nationen gerade angesichts der Globalisierung auszeichnet. Alle bisher praktizierten Versuche, mit Planwirtschaft die Zukunft gestalten zu wollen, waren alles andere als erfolgreich. Derartige Versuche waren von dem Leitbild Nachhaltigkeit weit entfernt; sie waren weder umweltschonend noch sozial ausgewogen und ökonomisch effizient allemal nicht. Die Frage nach der Verantwortung für den technischen Fortschritt bleibt unbeantwortet. Denn wenn alle (Politik, Wirtschaft, Wissenschaft und die Konsumenten) verantwortlich sind, dann ist in Wirklichkeit niemand verantwortlich.

In Abschnitt 2.2 hatten wir uns mit Wachstumsgesetzen beschäftigt. Hier interessiert uns insbesondere das logistische Wachstum nach Bild 2.10, das Wachstum mit Begrenzung. Viele Anzeichen deuten darauf hin, dass das logistische Wachstum einen universellen Charakter aufweist. Nicht nur Lebewesen, sondern auch technische Produkte haben einen typischen Lebenszyklus, der sich mit den gleichen Begriffen beschreiben lässt. Jeder Lebenszyklus ist durch analoge Abläufe gekennzeichnet, siehe Bild 9.1.

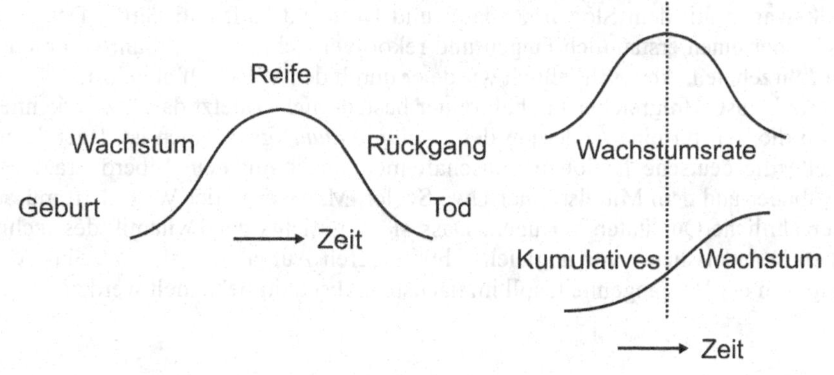

9.1 Lebenszyklus und natürliches Wachstum, nach (Modis 1994)

Auch technische Produkte haben eine Geburt, über eine Wachstumsphase gelangen sie zur Reife und anschließend folgen Rückgang und Tod. Das rechte Bild zeigt, wie die Wachstumsrate und das kumulative Wachstum qualitativ verlaufen. Modis belegt dies in seinem Buch mit zahlreichen Beispielen über den Marktzyklus technischer Produkte. Wann soll ein erfolgreiches Modell durch einen Nachfolger abgelöst werden? Das führt zu aufeinander folgenden Wachstumsprozessen. Das generelle Problem liegt darin, dass das Überleben (einer Spezies, eines Produktes, einer Firma, einer Organisation, eines Fußballteams) einen Strategiewechsel erforderlich macht, Bild 9.2. Nur wann sollte der Wechsel von der konservativen Strategie (keine Experimente, *never change a winning team*) hin zur innovativen Strategie mit oft radikalen Änderungen erfolgen? Die Zone um A ist meist eine Zeit großer Verwirrung.

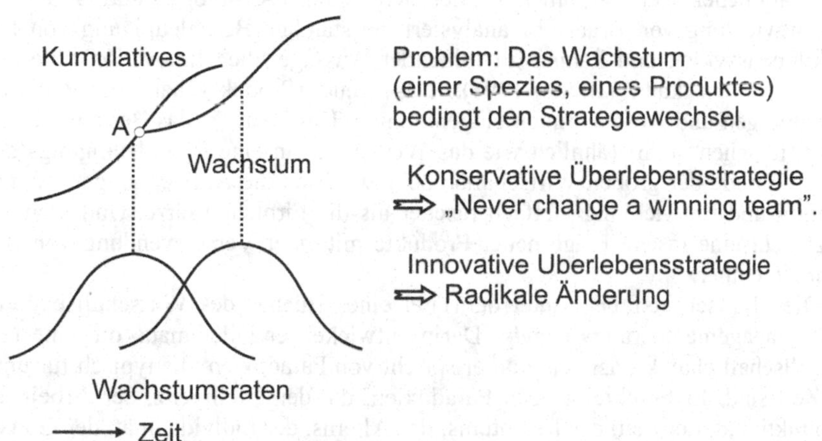

9.2 Aufeinander folgende Wachstumsprozesse

Der VW-Käfer, mit dem meine Generation die erste Motorisierung erlebte, war durch eine lang anhaltende konservative Strategie gekennzeichnet. Auch wenn viele Motorjournalisten damals jahrelang sein Ende prophezeiten, so konterte

Volkswagen mit dem Slogan „er läuft und läuft und läuft und läuft". Das tat er auch über einen erstaunlich langen und rekordverdächtigen Zeitraum von mehreren Jahrzehnten. Aber schließlich wurde er durch den VW-Golf abgelöst.

Die Kunst erfolgreicher Fußballtrainer besteht nicht zuletzt darin, zu erkennen, wann die Zeit für eine Änderung des „*winning team*" gekommen ist. Irgendwann spielte die deutsche Nationalmannschaft nicht mehr mit dem Libero Franz Beckenbauer und dem Mittelstürmer Uwe Seeler. Manager in der Wirtschaft müssen über ähnliche Qualitäten verfügen. Dass sie angesichts der Dynamik des technischen Wandels heute vor ungleich schwierigeren Aufgaben stehen als ihre Vorgänger in der Vergangenheit, soll im nächsten Abschnitt behandelt werden.

9.2 Zivilisationsfallen

Mit dem Begriff Zivilisationsfallen fassen wir Probleme zusammen, die erst in jüngerer Zeit durch die beschleunigte Dynamik des technischen Wandels deutlich wurden. Dabei beginne ich mit der „Beschleunigungsfalle", so genannt von dem Physiker Kafka. Er plädiert für eine Entschleunigung unseres Handelns und schreibt (Kafka 1994): „Nur die permanente Veränderung bietet Siegeschancen; wer beim Alten bleibt, hat schon verloren! Und das Tempo muss wachsen – durch raffinierte Innovationen immer weiter beschleunigt! Nur eines soll sich dabei nicht ändern: Die Grundidee des wissenschaftlichen, technischen und wirtschaftlichen Fortschritts, die zur Leitidee der ganzen Welt geworden ist. Sie kann von den meisten gar nicht in Frage gestellt werden, weil sie ihnen als fundamentales Naturgesetz gilt."

In ähnlicher Weise argumentiert der Berater für Technologie- und Organisationsentwicklung von Braun. Er analysiert die ständige Beschleunigung von Produktlebenszyklen und kommt zu folgender Aussage, die „Innovationsfalle" genannt werden kann (Braun 1994): Das Neue (Produkt) hat den Platz des Beständigen und Ausdauernden eingenommen. Das Neue *ist* das Beständige. Das „Wettforschen" führt (ähnlich wie das Wettrüsten) in eine Beschleunigungsfalle. In der Triade der großen Wirtschaftsblöcke wachsen die Aufwendungen für Forschung und Entwicklung vielfach rascher als die Firmenumsätze. Und nicht zuletzt geht eine rasche Folge neuer Produkte mit einer Verschwendung von Ressourcen einher.

Die „Fortschrittsfalle" lautet der Titel eines Buches des Wirtschaftsexperten und Managementberaters Handy. Darin entwickelt er Dilemmata, die eine reife Gesellschaft charakterisieren, und er spricht von Paradoxien, die typisch für unsere Zeit sind. Er beschreibt neun Paradoxien, die der Intelligenz, der Arbeit, der Produktivität, der Zeit, des Reichtums, des Alterns, der Individualität, der Gerechtigkeit und der Organisationen. Beispielhaft seien einige davon kurz skizziert (Handy 1995).

Intelligenz ist die neue flüchtige Form des Eigentums. Zu den klassischen Produktionsfaktoren Arbeit, Kapital und Ressourcen ist ein neuer Faktor hinzugekommen, der immer wichtiger wird: Die Intelligenz und die Kreativität der Mitarbeiter, man spricht von Humankapital oder Humanressourcen. Ist dies das symbolische Ende der industriellen Revolution? Denn die Intelligenz ist zum entscheidenden Produktionsmittel geworden. Also befindet sich die traditionelle Grundlage des Kapitalismus im Besitz der Mitarbeiter. Dies ist die Paradoxie der Intelligenz.

Die Paradoxie der Arbeit besteht darin, dass das Geld für die Arbeitslosen letztlich von den Organisationen kommen muss, die die Arbeiter freigesetzt haben. Die Paradoxie der Produktivität führt zu immer mehr und besser bezahlter Arbeit für immer weniger Menschen und damit zu einem neuen Wachstumssektor, der Schattenwirtschaft. Denn ein Malermeister muss eine Woche arbeiten, um sich für einen Tag (legal!) einen Klempnermeister leisten zu können. Der Anteil der Schattenwirtschaft am Bruttoinlandsprodukt soll in unserem Land bei 16 % liegen, mit steigender Tendenz. Innerhalb der EU nimmt Deutschland damit einen mittleren Platz ein, einige Länder liegen bei über 20 %.

Jede These zur Verteilungsfrage kann im Namen der Gerechtigkeit vertreten werden. Aus der Sicht der politischen Parteien heißt dies verkürzt: Bezahlen meine oder deine Wähler? Unser kapitalistisches Wirtschaftssystem beruht auf dem grundlegenden Prinzip der Ungleichheit: Wer am meisten erreicht, soll am meisten bekommen. Nur: Was ist effizienter? Das ist die Paradoxie der Gerechtigkeit.

Die Paradoxie der Organisationen besteht in der Verbindung von Planung und Flexibilität, von Differenzierung und Integration, von Massenproduktion und Marktnischen, von Qualität und Modernität. Frühere Gegensätze müssen verbunden werden. Manager müssen Meister des Paradoxen sein. Die Paradoxie der Zeit drückt aus, dass wir länger leben und effizienter arbeiten als früher, aber immer weniger Zeit haben. Manche Menschen geben Geld aus, um Zeit zu sparen, andere verwenden ihre Zeit, um Geld zu sparen. Die Zeit schafft somit einen neuen Wachstumsbereich: persönliche Dienstleistungen für Vielbeschäftigte, um Zeit zu sparen.

Es folgen exemplarische Analysen von Philosophen, Soziologen und Ökonomen. Die Aussagen decken sich in ihrem Kern. Sie beschreiben in unterschiedlichen Worten, welche gesellschaftlichen Probleme aus der beschleunigten Dynamik des technischen Wandels erwachsen sind. Dabei beginne ich mit Darstellungen aus philosophischer Sicht.

Nach Rapp ist der Gegensatz zwischen Absicht und Resultat – der „Eigensinn" der Technik – auf fast allen Gebieten festzustellen (Rapp 1994). Das erwünschte Telefon wird zur Belästigung, das Faxgerät erzeugt Informationsterror. Seither hat die E-Mail den Informationsmüll potenziert. Die pluralistische Vielfalt der Fernsehprogramme führt zu einer kulturellen Verflachung, die die vielen Dummen dümmer und nur wenige Kluge klüger macht. Die erstrebte individuelle Mobilität führt zur Unwirtlichkeit der Städte. Der durch den Verkehr bedingten Zunahme von Lärm in den Städten suchen viele mit dem Auto zu entkommen. Die Wochenenden sind durch Mobilitätsexzesse gekennzeichnet.

Leonardo-Welt nennt Mittelstraß unsere moderne Welt (Mittelstraß 1992). Wissenschaft und Technik haben die Welt zunehmend zu einem Artefakt – einem Menschenwerk – gemacht. Dies hat zu einer immer rascheren Veränderung sozialer und kultureller Strukturen geführt. Die Informationsgesellschaft verändert die traditionellen Wissensstrukturen. Die objektiv unbestreitbare Erkenntnis, dass die wachsenden wirtschaftlichen, sozialen und ökologischen Probleme wegen ihrer Komplexität und Vernetztheit nur inter- oder gar transdisziplinär bearbeitet werden können, führt zu neuen Forschungsstrukturen. Die Probleme der realen Welt können nur interdisziplinär behandelt werden, die disziplinär ausgerichteten universitären Strukturen sind dafür schlecht geeignet. Die wachsende Akzeptanzkrise gegenüber bestimmten meist großtechnischen Anlagen bzw. Systemen führt zu veränderten Legitimationsstrukturen. Auf nationaler Ebene haben Bürgerbewegungen und Umweltgruppen eine stetig wachsende Glaubwürdigkeit und damit faktische Legitimität gewonnen. Dies gilt auf internationaler Bühne in verstärktem Maße für viele Nicht-Regierungsorganisationen (NRO, auch NGOs = *Non-Governmental Organizations* genannt) wie etwa Greenpeace oder WWF. Schließlich erleben wir eine anschwellende Debatte „Verantwortung für Technik“, auf die wir im folgenden Abschnitt eingehen werden.

Meyer-Abich schreibt: „Auch die Einrichtungen der parlamentarischen Demokratie stammen aus einer Zeit, als die Wissenschaft noch kein Machtfaktor war, und im politischen Raum ist das Interesse an Wissenschaft und Technik bis heute nicht sonderlich entwickelt. Politik aber wird sehr unpolitisch, wenn sie außer Acht lässt, dass die Wissenschaft sich an der parlamentarischen Demokratie vorbei zu einem Machtfaktor neuer Art entwickelt hat. ... Weiß die Wissenschaft, was wir für die Zukunft der Industriegesellschaft wissen müssen? ... Dass die Öffentlichkeit – und in ihrem Gefolge die Politiker – sich für die Entwicklung der Wissenschaft vergleichsweise wenig interessiert, steht in einem erstaunlichen Gegensatz zur tatsächlichen Bedeutung der wissenschaftlichen Erkenntnis für die Lebensverhältnisse der Industriegesellschaft“ (Meyer-Abich 1988).

Böhme diagnostiziert ein „Ende des Bacon'schen Zeitalters“, siehe hierzu Abschnitt 8.1 (Böhme 1993). Nach Böhme bewirkt die allgemeine Dialektik des Fortschritts, dass wissenschaftlich-technische Ergebnisse außer dem angestrebten Nutzen immer auch Schäden hervorrufen, die als Folge- oder Nebenwirkungen die ursprünglichen Absichten konterkarieren. Als weiteren wesentlichen Grund nennt Böhme das Scheitern der Idee einer wissenschaftlich organisierten Gesellschaft. Als Beleg dafür führt er den Zusammenbruch der sozialistischen Staaten an. Hier sei Wissenschaft durch den Glauben an die Planbarkeit und gesetzmäßige Entwicklung der Gesellschaft zum Fetisch verkommen.

In den folgenden Ausführungen kommen Soziologen zu Wort. In seinem 1973 erschienenen Klassiker „Die nachindustrielle Gesellschaft“ zeichnet der US-Soziologe Bell das Bild einer „Wissensgesellschaft“, die sich aus der kapitalistischen Industriegesellschaft herausentwickelt (Bell 1989). Während die vorindustrielle Gesellschaft nur von der reinen Arbeitsleistung und der Gewinnung von Naturprodukten abhing, organisiert sich die Industriegesellschaft um die Achse von Produktion und Maschinen zur Güterherstellung. Die Organisation der Arbeit prägte den Lebensrhythmus und die soziale Struktur der modernen westlichen Welt. Bell prophezeite 1973 für die kommenden 30–50 Jahre das Aufkommen der postindustriellen Gesellschaft verbunden mit einem starken Wandel der Sozialstruktur.

Giddens entzaubert die Vorstellung kontinuierlicher sozialer Entwicklung (Giddens 1995). Er macht Diskontinuitäten der Moderne aus, wie die schiere Geschwindigkeit des Wandels, die Reichweite des Wandels und das sich rasch verändernde Wesen moderner Institutionen. Nach seiner Auffassung bezieht die Moderne ihre Dynamik aus drei Faktoren: der Trennung von Raum und Zeit, der Entbettung der sozialen Systeme sowie der Reflexivität des soziologischen Wissens. In vormodernen Gesellschaften war Zeit an den Ort gebunden und soziale Beziehungen blieben durch Anwesenheit charakterisiert. Die Moderne hat diese lokale Bindung radikal aufgelöst. Einheitliche Zeitmessung ermöglicht gesellschaftliche Organisation von Zeit, in der soziale Beziehungsgeflechte durch Telefon, FAX und E-Mail, teils Flugzeug, organisiert werden. Er bezeichnet diesen Prozess als „Entbettung" von sozialen Beziehungen. Mit dem dritten Faktor meint Giddens, dass die Dynamik der Moderne auf der Reflexivität sozialwissenschaftlichen Wissens beruht. Im Unterschied zum naturwissenschaftlichen Bereich wirkt dieses Wissen in vielfältiger Weise auf die Gesellschaft zurück.

Nach Drucker überschreiten wir eine „Wasserscheide". Die Gesellschaft wird sich, so seine Aussage, innerhalb weniger Jahrzehnte neu formieren. Es wandeln sich deren Sicht der Welt ebenso wie ihre Grundwerte, somit auch ihre sozialen und politischen Strukturen und als Folge davon ihre wichtigsten Institutionen. Er schreibt dazu (Drucker 1993): „Die Welt, die sich aus der gegenwärtigen Umwälzung der Wertvorstellungen und Überzeugungen, der sozialen und wirtschaftlichen Strukturen, der politischen Konzepte und Systeme, ja der Gesamtansicht der heutigen Welt herausschält, wird sich von allem unterscheiden, was man sich heute vorstellen kann. ... Fest steht außerdem, dass Wissen die wichtigste Ressource sein wird. Das bedeutet automatisch, dass die künftige Gesellschaft eine Gesellschaft der Organisationen sein muss."

Wagner diagnostiziert große Veränderungen in den westlichen Gesellschaften in den beiden vorangegangenen Jahrzehnten (Wagner 1995). Diese Veränderungen haben zu Krisen einiger zentraler Elemente unserer Gesellschaft geführt: einer Regierbarkeitskrise der Massendemokratien, einer Krise der keynesianischen Wirtschaftssteuerung, einer Krise des sozialdemokratischen Wohlfahrtstaats und einer ökologischen Krise des Industrialismus.

Den Abschluss bilden Analysen aus ökonomischer Sicht. Der Zusammenbruch der planwirtschaftlich organisierten sozialistischen Staaten hat den Kampf der Wirtschaftssysteme vorerst entschieden. Der Kapitalismus scheint eindeutiger Sieger zu sein. Dies mag an der erstaunlichen Lernfähigkeit des Kapitalismus liegen. So stellt Heilbroner fest, „dass eines der verblüffenden historischen Merkmale des Kapitalismus seine ungewöhnliche Neigung zum selbst erzeugten Wandel ist. Kapitalismus ist vor allem eines: eine Gesellschaftsordnung in konstantem Wandel – ein Wandel, der eine Richtung zu haben scheint, ein zu Grunde liegendes Bewegungsprinzip, eine Logik" (Heilbroner 1994).

Nunmehr muss sich, so argumentiert Heilbroner, der Kapitalismus neu organisieren, um die Weltwirtschaft aus einer drohenden Krise herauszuführen. Er muss sich entscheiden, welche seiner Varianten die wirksamste ist, um auch im 21. Jahrhundert die dominante Wirtschaftsform zu bleiben. Dem Kapitalismus muss es gelingen, die Selbstzerstörung aggressiver Marktkräfte auszuschalten, das globale ökologische Risiko abzubauen und den Konflikt zwischen Gemeinwohl und Profitinteresse zu harmonisieren.

Ähnlich argumentiert Thurow, wenn er schreibt (Thurow 1996): „Alle Konkurrenten des Kapitalismus im 19. und 20. Jahrhundert, Faschismus, Sozialismus und Kommunismus, sind von der Bildfläche verschwunden. Diese Konkurrenz ist nun Geschichte. Dennoch sind die Grundfesten des Kapitalismus ins Wanken geraten." Nach Thurow leben wir heute in einer Periode gestörten Gleichgewichts, deren Ursachen in den Wechselwirkungen zwischen neuen Technologien und neuen Ideologien liegen. Eine Gesellschaft kann nur dann blühen und sich entwickeln, wenn Technologien und Überzeugungen zusammenfallen. In Perioden gestörten Gleichgewichts sind sie nicht mehr kongruent, Neu und Alt passen nicht mehr zueinander. Angesichts großer Verwerfungen fragt Thurow: Welche Dynamik wird die neue Welt haben, zu der wir aufbrechen wollen? Er plädiert nachdrücklich für langfristige gemeinschaftliche Investitionen in Bildung und Infrastruktur, in Forschung und Entwicklung. Er beklagt, dass zunehmend das genaue Gegenteil geschieht, nämlich Senkung der Investitionen in die Zukunft, um den Konsum in der Gegenwart anzukurbeln.

Die Analysen von Reich gehen in die gleiche Richtung (Reich 1993). In einer Zeit, in der Geld- und Warenströme sowie Dienstleistungen keine Grenzen mehr kennen – er spricht vom Ende der nationalen Ökonomie – sollte es Aufgabe nationaler Politik sein, genau das zu fördern, was innerhalb der nationalen Grenzen verbleibt. Das sind die Menschen mit ihrer Arbeitskraft, ihren Kenntnissen und Fähigkeiten, kurz: das Humankapital. In einer Zeit beschleunigten technischen Wandels wird die Bedeutung routinemäßiger Produktionsdienste durch steigende Arbeitsproduktivität weiter abnehmen. Zunehmen werden die kundenbezogenen Dienste, insbesondere im pflegerischen Bereich, aber auch in Freizeit und Touristik, Hotel- und Gaststättengewerbe, Handel und Verkehr sowie generell im Servicebereich.

Den entscheidenden Wachstumsbereich nennt Reich „symbolanalytische Dienste", diese umfassen alle Aktivitäten der Problemidentifizierung und -lösung sowie deren strategische Vermittlung. Zu den „Symbolanalytikern" gehören Forscher und Entwickler, Banker, Anwälte, Steuer- und Rechtsberater, PR-Manager und Marketingstrategen, Grafiker, Designer, Verleger, Schriftsteller, Journalisten und Redakteure, Fernseh- und Filmproduzenten sowie Professoren. Der Symbolanalytiker wird laut Reich besonders erfolgreich sein, wenn er grundlegende Fertigkeiten ständig verfeinert: Abstraktion, Systemdenken, gedankliches Experimentieren und Teamarbeit.

Auf die hier skizzierten Analysen werden wir in den drei letzten Kapiteln mehrfach zurückgreifen.

9.3 Warum die Technik ein Gegenstand für die Ethik ist

Angesichts der Dynamik des technischen Wandels kommt der Frage nach der Verantwortung für Technik eine besondere Bedeutung zu. „Handle so, dass die

Wirkungen deiner Handlung verträglich sind mit der Permanenz echten menschlichen Lebens auf Erden", so lautet eine Maxime von Hans Jonas, abgedruckt auf einer Briefmarke im Jahre 2003, seinem einhundertsten Geburtstag. Jonas hatte sich schon in den fünfziger Jahren philosophischen Fragen der modernen Technik zugewendet und er hatte sich mit bio- und medizinethischen Fragen befasst. Sein Hauptwerk „Das Prinzip Verantwortung" erschien 1979, es machte ihn sogleich weltberühmt. Denn seine zentralen Gedanken wurden von der ökologischen Bewegung sofort aufgegriffen. Hier beziehe ich mich auf einen Artikel von Jonas aus dem Jahr 1987, dessen Titel ich als Überschrift dieses Abschnitts gewählt habe (Jonas 1987). Er nennt dafür fünf Gründe, mit denen ich die folgenden Erläuterungen strukturieren möchte.

1. Ambivalenz der Wirkungen

Dieser erste Punkt ist fast selbsterklärend. Denn kaum eine Technik und kaum eine Fähigkeit sind für sich genommen schlecht; sie werden es erst durch den Missbrauch. Bei dem Bau und der Anwendung von Landminen sowie von Offensivwaffen fällt eine ethische Verurteilung leicht. Der Bau und die eventuelle Verwendung von Defensivwaffen, um einen Aggressor abzuwehren oder auch nur abzuschrecken, werden dagegen kaum verurteilt werden können. Jedoch kann auch eine eindeutig gutwillige Technik eine bedrohliche Seite haben. Denn immer größer werdende Anlagen werden durch eine innere Dynamik angetrieben, die Langfristigkeit ist eingebaut. Das Risiko des „Zuviel" ist stets gegenwärtig. Schiere Quantität ist in eine neue Qualität umgeschlagen.

2. Zwangsläufigkeit der Anwendung

Eine Fähigkeit oder Macht zu besitzen, bedeutet noch nicht, sie auch zu gebrauchen. Wissen muss nicht angewendet werden, es kann sich seine Anwendung vorbehalten. Die Unterscheidung von Können und Tun, von Wissen und Anwendung sowie von Besitz und Ausübung der Macht gilt jedoch offenkundig nicht für die technischen Möglichkeiten einer Gesellschaft. Diese unterliegen einer ständigen Aktualisierung. Ist eine neue Möglichkeit erst einmal eröffnet und in kleinem Maßstab entwickelt, so wird deren Anwendung im Großen meist erzwungen. Hierfür sorgt der Markt mit seiner Logik des „*economy of scales*". Es hat naturgesetzliche Gründe, warum große Anlagen wie etwa Kraftwerke oder Flugzeuge, eine entsprechende Auslastung vorausgesetzt, wirtschaftlicher sind als mehrere kleine Anlagen. Diesem betriebswirtschaftlichen Zwang können sich Unternehmen nicht entziehen.

Zusätzlich bedeutet bereits die Aneignung neuer Fertigkeiten und Techniken auf Grund ihrer Eigendynamik eine ethische Bürde. Diese Problematik hat Dürrenmatt in seinem Theaterstück „Die Physiker" prägnant beschrieben. „*We cannot unlearn*", lautet eine treffende englische Formulierung. Werdende Eltern wissen heute, dass mit pränataler Diagnostik festgestellt werden kann, ob das im Mutterleib heranwachsende Kind genetische Defekte aufweist. Allein dieses Wissen bedeutet eine ethische Belastung.

Angesichts der unglaublichen Dynamik technischer Entwicklungen hat die Zwangsläufigkeit der Anwendung eine neue Dimension erreicht, eine neue Qualität. In einer dynamischen Zivilisation wie der unsrigen erhöht sich die Neuerungsrate in Wissenschaft und Technik ständig. Wir leben in einer Zeit der „Gegenwartsschrumpfung" (Lübbe 1994), was wir zu Beginn dieses Kapitels diskutiert haben.

3. Globale Ausmaße in Raum und Zeit

Damit komme ich zu einem zentralen Thema aus Sicht der Naturwissenschaftler und Ingenieure. Denn heutige technische Prozesse sind durch eine enorme Wirkmächtigkeit und Eindringtiefe gekennzeichnet. Stets galt der Satz, dass die Reichweite unserer Handlungen größer ist als das Wissen über die Folgen unseres Tuns. Unser Entscheiden reicht weiter als unser Erkennen, hatte schon Kant formuliert. Auch: Die Notwendigkeit zu entscheiden ist stets größer als das Maß der Erkenntnis. Nur waren bei der handwerklichen Technik die Differenz zwischen den Folgen und dem Erfahrungswissen vergleichsweise klein. Armbrüste und Vorderlader besaßen nur eine geringe Reichweite. Die Truppen Napoleons hatten die gleiche Marschgeschwindigkeit wie jene Hannibals oder Caesars.

Dagegen besitzen heutige Technologien eine extreme Wirkmächtigkeit in Raum und Zeit. Denken wir dabei etwa an die Kerntechnik, die Chemie- und die Gentechnik. Zwar wissen wir durch eine systematische Technikfolgenforschung heute sehr viel mehr über die Folgen unseres Handelns als jene Handwerker des Mittelalters. Gleichzeitig ist jedoch die Lücke zwischen den Folgen und unserem Wissen über diese Folgen ständig größer geworden. Dieses ständig wachsende Nichtwissen, gar die Nichtwissbarkeit, führt zu einer Verantwortbarkeitslücke, die laufend größer wird. Bild 9.3 veranschaulicht den Umschlag von Quantität in Qualität. Das ist einer der Gründe dafür, dass sich als ein Ergebnis der ökologischen Bewusstseinswende der sechziger Jahre die neue Disziplin Technikbewertung etabliert hat.

Die Dynamik des technischen Wandels hat Systeme mit hohem Risikopotenzial entstehen lassen. In großtechnischen Systemen werden Systemausfälle unabhängig von ihren manifesten Gefahren wie Toxizität, Explosivität usw. geradezu unausweichlich. Sie neigen zu „normalen Katastrophen", wie Perrow es 1984 formuliert hat (Perrow 1987). Anlass für seine Aussagen war die Beschäftigung mit dem Reaktorunfall 1979 in Harrisburg im Rahmen eines Organisationsgutachtens, wobei Perrow sich als Soziologe insbesondere mit der vorwiegend ingenieurwissenschaftlich orientierten Analyse auseinander setzte. Seine Schlüsselbegriffe sind Komplexität und Kopplung. Je komplexer das System und die Wechselwirkungen seiner Bestandteile, desto häufiger kann es zu Störungen kommen und desto häufiger können die Signale der Störungen mehrdeutig sein und destabilisierende Reaktionen der Operateure oder der automatischen Steuerungen bewirken. Je starrer die Bestandteile eines Systems zeitlich und räumlich gekoppelt sind, desto größer ist die Gefahr, dass lokale Störungen andere Teile des Systems in Mitleidenschaft ziehen können. Katastrophen werden somit „normal". Dies ist keine Häufigkeitsaussage, sondern lediglich Ausdruck einer immanenten Eigenschaft großtechnischer Systeme.

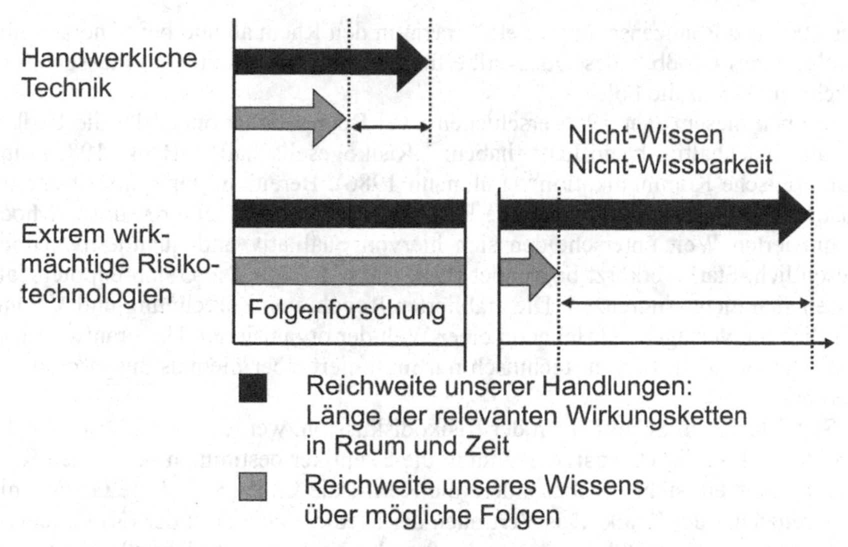

9.3 Ausdehnung der technischen Wirkmächtigkeit erzeugt Verantwortbarkeitslücke, nach (Gleich 1998)

Drei „normale" Katastrophen haben das Jahr 1986 zu einem „Schaltjahr" in der Risikodebatte gemacht (Renn 1997). Dies waren die Explosion der Raumfähre Challenger, der GAU eines Reaktorblocks in Tschernobyl und der Großbrand bei Sandoz. Störfälle und technische Katastrophen mit teilweise schrecklichen Folgen hat es vor 1986 auch schon gegeben. Es empfiehlt sich, gerade in unserer schnelllebigen und auch vergesslichen Zeit hin und wieder entsprechende Auflistungen zu studieren, z.B. (Renn und Zwick 1997). Beispielhaft sei der Chemieunfall in Bhopal/Indien erwähnt. Am Morgen des 3. Dezember 1984 wurden fast 4000 Tote nach dem Ausströmen einer Giftgaswolke gezählt. Die Gesamtzahl der Toten wird auf 16.000 bis 30.000 geschätzt, jeder zehnte Bhopaler leidet noch heute unter schweren chronischen Spätfolgen (FAZ 26.11.2004). Die Katastrophe schockierte die Welt, nie zuvor waren mehr Menschen durch einen Industrieunfall gestorben. Die Hintergründe der Katastrophe sind weitgehend aufgeklärt. Die US-Firma Union Carbid hatte die Werksleitung 1982 in indische Hände gegeben. Es wurde eine neue Betriebs- und Sicherheitspolitik eingeführt, um die von der Konzernzentrale geforderten Kostensenkungen zu erreichen. So lautete die Analyse westlicher Experten damals, das hätte „bei uns" nicht passieren können. 1986 geschah es dann doch „bei uns", in den hoch entwickelten Industrieländern, zu denen auch die Sowjetunion in bestimmten Bereichen wie Raumfahrttechnik und Kerntechnik gehörte. Der GAU des Reaktorblocks 4 in Tschernobyl im April 1986 hat die Risikodiskussion (nicht nur in der Kerntechnik) fundamental verändert.

Ebenfalls 1986 explodierte die US-Raumfähre Challenger unmittelbar nach dem Start. Obwohl „nur" sieben Tote zu beklagen waren, wirkte diese über die Fernsehschirme in die ganze Welt übertragene Katastrophe wie ein Menetekel. Von ähnlicher Wirkung waren zwei Industrieunfälle 1986 in Basel in der Schweiz, dem Musterland in Sachen Zuverlässigkeit und Vorsorge schlechthin. Ciba-Geigy lies 400 l des Pflanzenschutzmittels Atrazin in den Rhein ab und bei Sandoz liefen infolge eines Großbrandes Quecksilberfungizide in den Rhein. Ein massenhaftes Fischsterben war die Folge.

In eben diesem Jahr 1986 erschienen zwei Buchpublikationen, die die Risikodebatte nachhaltig beeinflusst haben: „Risikogesellschaft" (Beck 1986) und „Ökologische Kommunikation" (Luhmann 1986). Bereits in der Frühzeit der Industrialisierung hat es beträchtliche Risiken gegeben. Die Gefahren unserer hoch technisierten Welt unterscheiden sich hiervon qualitativ und quantitativ jedoch wesentlich. Stark verkürzt begründet Beck das wie folgt: Die Gefahrenpotenziale lassen sich nicht eingrenzen. Die etablierten Regeln von Zurechnung und Verantwortlichkeit versagen, wir leben in einer Welt der organisierten Unverantwortlichkeit. Die Gefahren können technisch nur minimiert, aber niemals ausgeschlossen werden.

Seit 1986, dem Schaltjahr in der Risikodiskussion, werden die Befürworter der Großtechnik in die Defensive gedrängt, die Skeptiker bestimmen den neuen Risikokurs. Seitdem stehen insbesondere die Kern-, die Chemie- und die Gentechnik im Kreuzfeuer der Kritik. Das Vertrauen der Medien und damit der Öffentlichkeit in Expertenaussagen („Unsere Kernkraftwerke sind absolut sicher") brach weg. Moralität *und* Rationalität der Experten wurden angezweifelt, es entwickelte sich ein neues Selbstbewusstsein der Laien insbesondere in risikorelevanten Fragestellungen. Darauf werden wir im folgenden Abschnitt eingehen.

4. Durchbrechen der Anthropozentrik

Stets galt es, das menschliche Gut zu fördern. Der ethische Horizont war durch Forderungen wie „Liebe deinen Nächsten wie dich selbst" geprägt. Unser Übermaß an technischer Macht legt uns neue Pflichten auf. Denn die von Menschen ersonnene Technik drängt den Menschen in eine neue Rolle, die bisher nur die Religion ihm mitunter zugesprochen hat: die eines Verwalters, Bewahrers und Wächters der Schöpfung. Die menschliche Verantwortung nimmt dabei globale Ausmaße an. Jonas spricht von der Gattungsverantwortung der Menschheit für die Biosphäre. Nur wie soll diese Verantwortung wahrgenommen werden?

Hier kann das mehrfach angesprochene Leitbild Nachhaltigkeit weiterhelfen. Dieses ruht auf den drei Säulen Ökologie, Ökonomie und Gesellschaft. Zur ökologischen Säule müssen wir uns eingestehen, dass die technisch-industrielle Entwicklung der Menschheit sich irreversibel über die nachhaltige Organisation der Natur hinweggesetzt hat. Wir können bestenfalls schlimmste Auswüchse dieser Entwicklung korrigieren. Bezüglich der gesellschaftlichen Säule wird uns schmerzhaft bewusst, dass unser derzeitiges Wachstum nicht nur an ökologische Grenzen stößt, sondern dass es darüber hinaus bestenfalls begrenzt beschäftigungswirksam ist. Die Kausalkette „Wachstum der Produktion" gleich „Wachstum der Beschäftigung" gleich „Wachstum der Einkommen" gleich „Finanzierung des Sozialstaates" trägt nicht mehr. Unsere *„end-of-the-pipe"*-Sozialtechnologie ist nicht mehr bezahlbar.

Aber auf welcher zeitlichen und räumlichen Ebene soll Nachhaltigkeit angestrebt werden? Wie ist die Verteilungsfrage bezüglich zukünftiger Generationen und bezüglich der Dritten Welt zu beantworten? Kann es eine global gültige und akzeptierte Gerechtigkeitsregel überhaupt geben? Nach welchen Gerechtigkeitsprinzipien, der Leistungs-, der Besitzstands- oder der Verteilungs-Gerechtigkeit, siehe Bild 8.2, soll dies erfolgen? Was bedeutet eine gerechte Verteilung der Lebenschancen zwischen den heute lebenden Individuen, genannt intragenerationelle Gerechtigkeit, und zwischen den Generationen, genannt intergenerationelle Gerechtigkeit? Was heißt Gerechtigkeit zwischen Nord und Süd, zwischen West und Ost? Soll eine Gleichheitsmaxime überall und zu jeder Zeit, hier und heute, nur unter den heute Lebenden oder nur für uns, unsere Kinder und unsere Enkel gelten? Ökonomen sprechen von dem Dilemma der intergenerationellen Gerechtigkeit: Eine temporär stärkere Ressourcennutzung kann einerseits zum Vorteil zukünftiger Generationen sein, etwa durch Errichtung von Infrastrukturmaßnahmen oder Bildungseinrichtungen, kann jedoch andererseits den Handlungsspielraum künftiger Generationen zu stark einschränken.

5. *Aufwerfen der metaphysischen Frage*

Das apokalyptische Potenzial der Technik birgt die Fähigkeit in sich, den Fortbestand der Menschheit zu gefährden. Niemals zuvor in der Geschichte sind wir mit der Frage konfrontiert worden, ob und warum es eine Menschheit überhaupt geben soll. Aber wenn wir die Existenz des Menschen (die Krone der Schöpfung) bejahen, dann müsste jedes selbstmörderische Spielen mit dieser Existenz kategorisch geächtet werden. Technische Entwicklungen, die auch nur entfernt diese Gefahr beinhalten, wären von vornherein auszuschließen. Damit ist nicht nur das schreckliche Arsenal atomarer, biologischer und chemischer Waffen gemeint. Insbesondere die seit einigen Jahrzehnten offenkundige Zerstörung unserer Umwelt gehört zu den Wagnissen, die wir sehenden Auges eingehen.

Die fünf genannten Punkte lassen sich in einer Kernaussage zusammenfassen. Gerade die Segnungen der Technik enthalten, je mehr wir auf sie angewiesen sind, die Drohung, sich in einen Fluch zu verwandeln. Mit jedem Schritt (gleich Fortschritt?) der Großtechnik setzen wir uns unter den Zwang zur nächsten Großtechnik. Wir nehmen ständig Hypotheken wie Umweltzerstörungen und Plünderungen der Ressourcen auf, für die unseren Nachkommen die Rechnung präsentiert werden wird. Einen Weg zurück in die gute alte Zeit, die freilich nur für wenige Begüterte wirklich gut gewesen sein mag, gibt es nicht. Dazu ist die Menschheit viel zu zahlreich geworden und hat sich schon viel zu sehr an die Segnungen der Technik gewöhnt. Die Lösung der heutigen Probleme kann nicht ohne oder gegen die Technik erfolgen. Nur eine sinn- und maßvoll angewendete Technik kann uns helfen. Nachhaltigkeit durch (und nicht ohne oder gegen) Technik, so lautet die Aufgabe. Deshalb benötigen wir Technikbewertung.

9.4 Der schwierige Dialog

Im vorangegangenen Abschnitt haben wir unter Punkt 3 bereits darauf hingewiesen, dass Dialoge zwischen Experten (insbesondere der Natur- und Ingenieurwissenschaften) und Laien zunehmend schwieriger geworden sind. Das Vertrauen der

Medien und damit der Öffentlichkeit in Expertenaussagen hat spätestens seit 1986, dem Schaltjahr in der Risikodiskussion, deutlich gelitten. Warum das so ist, wollen wir am Beispiel der Risikokommunikation und des Risikomanagements in diesem Abschnitt diskutieren.

Dialoge über die Wahrnehmung und Einschätzung von technischen Risiken sind von einem grundsätzlichen Problem gekennzeichnet. Damit meine ich Dialoge zwischen Experten auf der einen und Laien auf der anderen Seite. Um kein Missverständnis zu erzeugen: Ich benutze das Wort Laie mit einer positiven Konnotation, denn wir alle sind Laien. Experten sind wir nur in einem eng umrissenen Feld. So ist der Autor, ein Ingenieur, Experte in bestimmten Bereichen der Ingenieurwissenschaften, der jedoch weiß, wie Ingenieure kommunizieren und von welcher Art ihre Rationalität ist. Und damit komme ich zu einem ersten Problem, das vielen von uns Ingenieuren möglicherweise gar nicht bewusst ist. Wir, die Ingenieure ebenso wie die Naturwissenschaftler, neigen dazu, unsere Rationalität für *die* Rationalität schlechthin zu halten. Denn mit unserer Argumentation bewegen wir uns auf dem Boden unverrückbarer Naturgesetze, unterstützt von objektivierten, wiederholbaren Experimenten, aus denen wir unser Expertenwissen beziehen.

Experten reagieren in Risikodialogen völlig verblüfft, wenn Laien ihrer Rationalität nicht folgen und ihre Argumente quasi verpuffen. Ihre Reaktion besteht zumeist darin, das Verhalten dieser Laien als irrational abzuqualifizieren. Irrational deshalb, weil die Laien ihrer eigenen, der „wahren" Rationalität nicht folgen. Experten glauben stets, dass nur die Fakten zählen. Nichts ist falscher als diese Annahme. Denn nicht die Fakten zählen, sondern nur die Meinung, die wir von den Fakten haben. Wir alle haben eine eindimensionale, eine selektive Wahrnehmung. Wir hören, was wir hören wollen; wir sehen, was wir sehen wollen. Dieses ist Marketingexperten, PR- und Werbefachleuten natürlich geläufig, ebenso Soziologen und Psychologen. Sie wissen im Gegensatz zu den „rationalen" Ingenieuren, dass es unterschiedliche Arten von Rationalität gibt.

Im Studium der Ingenieur- und der Naturwissenschaften kommt „die Gesellschaft" nicht vor, wenn wir einmal von wenigen Ansätzen absehen, der „Gesellschaft" etwa in Vorlesungen wie „Technikbewertung" (so an der TU Clausthal) zumindest einen gewissen Raum zu geben. Ich halte dies für einen eklatanten Mangel, denn ohne ein gewisses Maß an Sozial- und Kommunikationskompetenz können Ingenieure gewisse Fragen gar nicht stellen, geschweige denn beantworten. In öffentlichen Diskussionen, so auch in Talkshows, treten Ingenieure in der Regel nicht auf, auch wenn es um Fragen der Technikakzeptanz geht. Diskussionen dieser Art werden von Vertretern der anderen Kultur (aus den Geistes- und Gesellschaftswissenschaften, siehe hierzu Abschnitt 9.5) geführt. Und anschließend wundern sich die Ingenieure über eine reale oder vermeintliche Technikfeindlichkeit der Gesellschaft. Der Verein Deutscher Ingenieure (VDI) fordert seit Jahren, auch den „*soft skills*" in der Ingenieursausbildung einen gebührenden Raum zu geben, siehe hierzu (Jischa 2004).

Also behandeln wir in diesem Abschnitt die Frage, was reife Gesellschaften wie die unsrige charakterisiert. Denn dies hat unmittelbare Auswirkungen auf die Art der Risikowahrnehmung und der Risikoakzeptanz. Wer dies nicht erkennt, wird einen Risikodialog nicht führen können.

Alle Gesellschaften sind durch eine Hierarchie von Bedürfnissen gekennzeichnet, die Maslow in fünf Stufen unterteilt, Bild 9.4 (Maslow 1981). Auf der untersten Stufe herrschen physiologische Bedürfnisse wie Essen, Trinken, Kleidung und Wohnung vor, es geht um das reine Überleben. In der zweiten Stufe geht es um Sicherheitsbedürfnisse wie Schutz vor Gefahren und in der dritten Stufe um soziale Bedürfnisse wie Zusammengehörigkeit und Gemeinschaft. Die Bedürfnisse der ersten drei Stufen sind durch Defizitmotive gekennzeichnet. Sind diese erfüllt, so geht es in der vierten Stufe um Wertschätzung, um Anerkennung und Achtung. In reifen Gesellschaften ist auch dieses im Wesentlichen erfüllt, es verbleibt dann nur noch der Wunsch nach Selbstverwirklichung. Die Bedürfnishierarchie nach Maslow beschreibt die Aussage „der Mangel leitet das Verhalten".

9.4 Bedürfnispyramide, nach (Maslow 1981, Originalversion 1954)

Reife Gesellschaften sind Selbstverwirklichungsgesellschaften, andere griffige Charakterisierungen lauten „Erlebnisgesellschaft" (Schulze 1992) oder „Multioptionsgesellschaft" (Gross 1994). Nach Schulze ist das Leben zum Erlebnisprojekt schlechthin geworden; Erlebnisorientierung wird zur Suche nach dem sofortigen Glück. Die gesellschaftliche Situation wird nicht mehr durch Knappheit, sondern durch Überfluss empfunden. Im Gegensatz dazu waren traditionelle Handlungsmuster durch aufgeschobene Befriedigung gekennzeichnet: durch Sparen, langfristiges Liebeswerben, zähen politischen Kampf, vorbeugendes Verhalten aller Art, hartes Training, arbeitsreiches Leben sowie Entsagung und Askese. Genieße jetzt, zahle später, so lautet die Devise heute.

Nach Gross ist die Moderne dadurch gekennzeichnet, dass Optionensteigerung und Traditionsvernichtung Hand in Hand gehen. Sinngewissheit wird abgebaut, disponibel gemacht und optioniert. Frühere Gewissheiten werden entzaubert und relativiert. Verpflichtungen, die frühere Gesellschaften kannten, gibt es kaum mehr, Obligationen verwandeln sich in Optionen. *Anything goes*, so lautet der Slogan heute. Man darf sich nur nicht erwischen lassen (vom Staatsanwalt, von der Polizei, vom Finanzamt, vom Ehepartner ...).

In reifen Gesellschaften breitet sich das Phänomen „Betroffenheitsdemokratie" aus (Lübbe 1997). Die Lebensvorzüge der modernen Zivilisation werden gerne in

Anspruch genommen, gleichzeitig verschärfen sich jedoch die Akzeptanzprobleme. Viele Bürger begeben sich in emotionale Distanz zu ihren industriellen Lebensgrundlagen. Alle wollen zurück zur Natur, doch keiner zu Fuß. Die Kosten für Aufklärung und Konsensbeschaffung steigen ebenso wie der moralische Rechtfertigungsdruck, dem die Handlungsträger in Wirtschaft und Politik ausgesetzt sind. Der Effekt des Anspruchswandels und der Anspruchssteigerung ist offenkundig unvermeidbar. Er hat gerade in Zeiten hoher Entwicklungsdynamik den Charakter einer anthropologischen Konstanten. Dies wird insbesondere bei der Risikodiskussion deutlich, der wir uns nunmehr zuwenden wollen.

In reifen Gesellschaften kann man die zentrale Stellung der Risikoproblematik auf vier Faktoren zurückführen (Renn 1995). Zum Ersten können mit wachsendem Wissen um kausale Wirkungsketten negative Ereignisse vorausgesehen (antizipiert) werden. Dadurch steigt der moralische Druck zu Risikovorsorge. Zum Zweiten haben die Errungenschaften der Technik den Anteil der zivilisatorischen Risiken erhöht. Zum Dritten erhöht die Evolution der Großtechnik tendenziell das Katastrophenpotenzial bei gleichzeitiger Reduzierung der Eintrittswahrscheinlichkeit. Und zum Vierten ist der individuelle Grenznutzen ökonomischen Wohlstands gegenüber dem des allgemeinen Wohlbefindens gesunken. Umso schwieriger ist es deshalb, Risiken zu rechtfertigen, deren Nutzen weitgehend ökonomischer Natur ist. Alle diese Faktoren haben dazu beigetragen, dass Risiko als gesellschaftliches Problem erkannt wurde und politische Schlagkraft gewonnen hat.

Das entscheidende Problem der Risikokommunikation liegt darin, dass diese gruppenspezifisch (Experten auf der einen Seite, Laien auf der anderen Seite) verschieden ist. Die Experten, sowohl in der Wissenschaft als auch in der Wirtschaft, argumentieren auf der Basis „objektiver“ Risikokonzepte. Dabei geht es um Schaden-Nutzen-Kalküle, ausgedrückt durch das Produkt aus Eintrittswahrscheinlichkeit und Schadenshöhe je Zeiteinheit. Dieser analytische Risikobegriff mag bei alltäglichen Unfällen, etwa im Straßenverkehr und im Haus, kommunizierbar sein. Geht jedoch einer der beiden Faktoren gegen null (die Eintrittswahrscheinlichkeit) und der andere Faktor gegen unendlich (die Schadenshöhe), wie im Falle des GAUs in Tschernobyl, dann wird dieser analytische Risikobegriff (das „Restrisiko“) der Experten von der Öffentlichkeit nicht mehr angenommen. Die Aussage von Experten (in diesem Beispiel aus der Reaktorsicherheitskommission RSK), die Wahrscheinlichkeit eines GAUs in einem Kernkraftwerk sei kleiner als 10^{-6} je Block und Jahr, lässt sich nicht kommunizieren. Das liegt nicht nur an der ungewohnten Schreibweise negativer Zehnerpotenzen. Auch als Dezimalbruch ausgedrückt sind derart kleine Größenordnungen nicht vorstellbar. Auf die Frage, ob ein GAU morgen passieren könne, müsste die Antwort lauten: Im Prinzip ja, aber es ist eben ganz außerordentlich unwahrscheinlich. Die Öffentlichkeit orientiert sich an anderen, vorwiegend qualitativen Risikomerkmalen wie Höhe des Katastrophenpotenzials, der sozialen Verteilung von Schaden und Nutzen und der Einschätzung der Kontrollierbarkeit.

Somit wird in der Risikodiskussion zwischen den beiden Begriffen *Akzeptabilität* und *Akzeptanz* unterschieden. Akzeptabilität ist der Begriff der Experten. Diese gehen methodisch vor, analysieren und bewerten die Funktionen und betrachten die Gesellschaft als ein System. Sie kommen unter Abwägung aller Einflüsse zu dem Urteil, eine bestimmte Technologie (etwa die Kernenergie) sei unter gewissen Voraussetzungen akzeptabel (oder nicht). Ob die Expertenaussagen Akzeptanz in der Öffentlichkeit finden, ist eine ganz andere Frage. In der Öffentlichkeit überwiegen emotionale Komponenten, Laien urteilen vorwiegend intuitiv. Eine derartige Reaktion der Laien als irrational, teilweise gar als ideologisch zu bezeichnen, ist alles andere als hilfreich. Auch und gerade die Experten müssen akzeptieren, dass es unterschiedliche Rationalitäten gibt.

Das hat dazu geführt, dass die Enquete-Kommission „Zukünftige Kernenergiepolitik" des 8. Deutschen Bundestages in ihrem Bericht von 1980 formuliert hat, Energieversorgungssysteme sollten nach vier Kriterien bewertet werden: Wirtschaftlichkeit, internationale Verträglichkeit, Umweltverträglichkeit und Sozialverträglichkeit. Die beiden ersten Kriterien sind klassischer Natur. Die Kriterien Umwelt- und Sozialverträglichkeit waren quasi ein Vorgriff auf die erst später einsetzende Nachhaltigkeitsdebatte. Eines scheint klar zu sein: Das Akzeptanzkriterium wird an Bedeutung gewinnen. Es muss das Ziel jeder Risikokommunikation sein, die Diskrepanz zwischen Akzeptabilität und Akzeptanz zu verringern.

Betrachten wir die verschiedenen Arten der Risikokommunikation, so scheint bislang die Diskrepanz zwischen Akzeptabilität und Akzeptanz eher gewachsen zu sein. Wir können drei wesentliche Strategien der Risikokommunikation ausmachen, angelehnt an (Renn, Zwick 1997). Die Medien betreiben Schadenskommunikation. Sie berichten intensiv und ausführlich über Katastrophen und sie suchen den oder die „Schuldigen". Sie sind es, die die Themen bestimmen, über die in der Öffentlichkeit diskutiert wird. Sie machen „Agenda-Setting, -Surfing und –Cutting". Angstkommunikation wird betrieben von Technikgegnern, Umweltverbänden und alternativen Gruppierungen. Verantwortlich sind in ihren Augen *die* Wachstumspolitik, *die* Wirtschaft, *die* Industrie, kurz *die* Globalisierung. Vertreter der wachstumsorientierten Modernisierung, i. w. die Industrie, betreiben eine Restrisikokommunikation.

Es hat sich gezeigt, dass die drei Strategien der Risikokommunikation inkompatibel sind. Sie haben zu einer Spirale der Verhärtung und zu einer Selbstblockade der Gesellschaft geführt. Gibt es einen Weg aus dieser Selbstblockade? Die vorzugsweise (immer noch?) angewendete „etatistische" Strategie der Industrie, neue Technologien „schleichend" einzuführen und nachträglich durch PR-Maßnahmen zu rechtfertigen, ist bestenfalls kurzfristig erfolgreich. Der dafür gezahlte Preis ist (zu) hoch. Er führt zu einer Zerrüttung von Vertrauen und Glaubwürdigkeit der Akteure in Wirtschaft und Politik. Die sich daraus ergebende Vertrauens-, Legitimations- und Akzeptanzkrise stärkt letztlich das Lager der Modernisierungs- und Technikkritiker. Offenbar gibt es in einer offenen demokratischen Gesellschaft mündiger (und teilweise erstaunlich kundiger) Bürger keine Alternative zu einem fairen und ergebnisoffenen Dialogprozess, zu einer „partizipativen" Strategie.

Ist Vertrauen die Grundlage oder das Ziel einer jeden Risikokommunikation? Ich denke, beides trifft zu. Für moderne, hochgradig arbeitsteilige Gesellschaften ist Vertrauen als gesellschaftliche Konvention charakteristisch und absolut unverzichtbar. Vertrauen ist ein Mittel zur Reduktion von Komplexität, wie es der Soziologe Luhmann ausgedrückt hat. Wir müssen darauf vertrauen, dass die Lufthansa ihre Flugzeuge exzellent wartet und ihre Piloten hervorragend ausbildet, dass die Polizei unser Freund und Helfer ist, dass die Gerichte Recht sprechen und dass die öffentliche Verwaltung nicht korrupt ist. Vertrauen bezieht sich auf Akteure, deren Handlungen und Einstellungen, und auf Institutionen, deren Systeme und Verfahren. Vertrauen ist Sozialkapital. Es reduziert die Transaktionskosten in einer Gesellschaft. Sozialkapital in einer Gesellschaft zu bilden ist ein langer und schwieriger Prozess. Sozialkapital zu zerstören geht rasch, wenn die Eliten in Politik, Wirtschaft, Kultur und Wissenschaft von der Gesellschaft nicht mehr als Eliten mit Vorbildfunktion wahrgenommen werden.

Zum Abschluss möchte ich aus einer Broschüre „Risikokommunikation für Unternehmen" zitieren (VDI 2000). Diese ist von dem VDI-Ausschuss „Technik-Risiko-Kommunikation" unter dem Vorsitz von Wiedemann erarbeitet worden. In dem Vorwort dazu schreibt Hubig als Vorsitzender des VDI-Bereichs „Mensch und Technik": „Können wir eine „neutrale" Kalkulationsbasis abtrennen von „subjektiver" Risikowahrnehmung und „subjektiver" Einschätzung der Auswirkungen von Schadensfällen und – insbesondere – den Möglichkeiten, mit solchen Ereignissen umzugehen (sie aufzufangen, sie zu kompensieren etc.)? Die Einsicht gewinnt Raum, dass solche „subjektiven" Verhältnisse Bestandteil der Risikomodellierung und des Risikomanagements werden müssen, denn, so paradox es klingt: „Subjektive" Risiken werden „objektiv", sofern sie manifeste Auswirkungen haben im Marktverhalten und in der Akzeptanz von Unternehmensstrategien, Verfahren und Produkten."

9.5 Die „Zwei Kulturen"

In dem vorangegangenen Abschnitt war bereits von der „anderen" Kultur die Rede, der Kultur der Geistes- und Gesellschaftswissenschaften im Gegensatz zu der Kultur der Natur- und Ingenieurwissenschaften. Und es war die Rede davon, wie schwierig ein Dialog zwischen Experten und Laien zu führen ist. Wir alle sind zugleich Experten in einem mehr oder weniger schmalen Ausschnitt aus der realen Welt und Laien in den größeren Teilen der Wirklichkeit. Dieser Sachverhalt ist gerade für fortgeschrittene, reife Gesellschaften charakteristisch. Deshalb wollen wir die Ausführungen „über die Gesellschaft" in Abschnitt 9.4 an dieser Stelle noch ein wenig vertiefen.

Reife Gesellschaften sind durch eine ständig wachsende Ausdifferenzierung in unterschiedliche „Welten" gekennzeichnet. Dies hat einerseits zu enormen Effizienzsteigerungen in den Subsystemen Wirtschaft, Verwaltung, Politik und Wissenschaft geführt, wobei auch die jeweiligen Subsysteme sich ständig weiter ausdifferenziert haben. Der Preis dafür sind zunehmende Schnittstellen-, Dialog- und Kommunikationsprobleme zwischen den Subsystemen infolge ausdifferenzierter Fachsprachen, Verwaltungsroutinen, Entscheidungslogiken, Zeitvorstellungen, Verfahrensrationalitäten und disziplinärer Standards (VDI 1996). Die Kommunikationsprobleme führen zu wachsenden Zielkonflikten, die „vernünftige" Entscheidungen zunehmend erschweren, überlagert von einer Gemengelage aus

Sach-, Interessen- und Überzeugungskonflikten. Wir optimieren ständig Subsysteme innerhalb vorgegebener fiskalischer und rechtlicher Rahmenbedingungen, die durch Lobbyarbeit entweder verfestigt oder „verbessert“ werden. Nicht selten führen die Kommunikationsprobleme zu Blockadesituationen in wichtigen Zukunftsfragen wie etwa dem Energieszenario der Zukunft. Und sie führen zu einem Gestrüpp von Einzellösungen, die häufig Ökokosmetik, Alibiinnovationen oder Vernebelungsstrategien darstellen.

Als Folge davon benötigen reife Gesellschaften zunehmend Mediatoren sowie Konflikt- und Kommunikationsberater als Dialogmanager, um Entscheidungsprozesse im Spannungsfeld der Akteure aus den unterschiedlichen Subsystemen Wirtschaft, Politik, Verwaltung, unterschiedliche gesellschaftliche Gruppen (Kirchen und Verbände jeglicher Art), Technik, Wissenschaft und Medien zu managen. Wie schön wäre es, wenn es wenigstens in dem Subsystem Wissenschaft keine nennenswerten Dialogprobleme geben würde, denn „die Wissenschaft“ wird zunehmend in die Rolle eines Schiedsrichters gedrängt, um Unterstützungshilfe bei politischen Entscheidungen zu geben. Beispielhaft nenne ich die Themenfelder Gesundheits-, Arbeits-, Sozial-, Renten-, Umwelt-, Energie- und Klimapolitik. Nahezu kein Politikfeld scheint ohne einen begleitenden Sachverständigenrat auszukommen, wir leben in einer neuen Art von „Räterepublik“. Die Öffentlichkeit erlebt ständig, wie Experten aus der Wissenschaft zu völlig unterschiedlichen Empfehlungen kommen, wobei sie sich bei ihrer Begründung teilweise auf selektiv ausgewählte Fakten beziehen. Das Vertrauen in „die Wissenschaft“ ist dadurch nicht gewachsen.

Die Umsetzung des Leitbildes Nachhaltigkeit (Kapitel 8) in politisches und wirtschaftliches Handeln berührt fast alle wissenschaftlichen Disziplinen. Das Gleiche gilt für die Dynamik des wissenschaftlichen und technischen Wandels, der nahezu alle Bereiche der Gesellschaft erfasst. Die Wissenschaft ist in ihrer Gesamtheit gefordert, Antworten auf drängende Gegenwarts- und Zukunftsfragen zu geben. Aber die Wissenschaft ist, wie jedes Subsystem unserer Gesellschaft, ausdifferenziert. Grob lassen sich „Zwei Kulturen“ identifizieren.

Es gibt nicht viele Wortschöpfungen mit einer so erstaunlichen semantischen Karriere wie jene von den „Zwei Kulturen“, geprägt von Snow in einem Zeitungsartikel „*The Two Cultures*“ im New Statesman vom 6. Oktober 1956. Er ist seither zu einem festen Begriff geworden, er hat ein weltweites Echo gefunden und zahlreiche Diskussionen entfacht, von denen einige im Folgenden skizziert werden. Eine wachsende Diskussion mit zustimmenden und ablehnenden Äußerungen führte zu der Einladung, 1959 an der Universität Cambridge die traditionelle „*Rede-Lecture*“ zu halten. Dafür wählte Snow den Titel “*The Two Cultures and the Scientific Revolution*”; der Vortrag erschien in Cambridge University Press.

Die Diskussionen über Snows These nahmen zu und diese veranlassten ihn zu einer ergänzenden Kommentierung „*The Two Cultures and a Second Look*“, ebenfalls veröffentlicht in Cambridge University Press (1963). Beide Teile erschienen erstmalig 1967 in deutscher Sprache (Snow 1967). Aus dieser – leider vergriffenen – Ausgabe habe ich die folgenden Zitate entnommen, um Snows These zu verdeutlichen. In dem Klappentext lesen wir als Zusammenfassung:

„Seitdem C. P. Snow im Jahre 1959 zum ersten Mal von den »zwei Kulturen« sprach, ist dieses Wort zu einem festen Begriff geworden. Die »zwei Kulturen« – das sind die zwei Welten der Geisteswissenschaft und der Naturwissenschaft, zwischen denen sich eine Kluft gegenseitigen Nichtverstehens aufgetan hat. Ignoranz und Spezialisierung auf beiden Seiten haben sogar eine gewisse Feindseligkeit entstehen lassen, die sich immer unheilvoller auf das geistige Leben auswirkt. Mit Recht hält Snow diese Situation für politisch gefährlich, und zwar schon aus dem Grund, weil die Geisteswissenschaftler und Politiker nicht mehr darüber entscheiden können, ob Ratschläge der Naturwissenschaftler richtig oder falsch sind.

Die These von den zwei Kulturen fand ein weltweites Echo und entfachte eine Diskussion, in der das Problem sich immer mehr auf das Verhältnis der Literatur zur »naturwissenschaftlichen Revolution« zuspitzte. Obwohl nämlich Snow beiden Kulturen ihre Einseitigkeit vorwirft, macht er letztlich doch die literarische Intelligenz, die er fortschrittsfeindlich und im eigentlichen Sinn antiintellektuell nennt, für die Isolierung verantwortlich. Als die »moralisch gesündere Gruppe von Intellektuellen« bezeichnet er dagegen die Naturwissenschaftler, die sich sozial stärker engagieren und auf die Zukunft hin denken.

Nicht zufällig beschreibt Snow diesen Gegensatz, den er als sein eigenes Problem sehr lebendig darzustellen weiß, den er aber zugleich als *das* Problem des Westens erkennt; denn er selbst gehört als Physiker und Romancier von Rang beiden Welten an. Das macht seine Kritik an den zwei Kulturen auch so wirkungsvoll, seinen Ruf nach einer Bildungsreform so überzeugend, seinen Essay zu einer so vehementen Herausforderung, der zugestimmt oder widersprochen, nicht aber mit Gleichgültigkeit geantwortet werden darf."

Snow grenzt die Geisteswissenschaften von den Naturwissenschaften ab. In unserem Sprachgebrauch sollten wir zwischen Geistes- und Gesellschaftswissenschaften einerseits sowie Natur- und Ingenieurwissenschaften andererseits unterscheiden. Denn in der Argumentation von Snow schließen die Naturwissenschaften die Ingenieurwissenschaften ein.

Ergänzend möchte ich einige Passagen zitieren, die mir exemplarisch erscheinen (Snow 1967): „Ich hatte ständig das Gefühl, mich da in zwei Gruppen zu bewegen, die von gleicher Rasse und gleicher Intelligenz waren, aus nicht allzu verschiedenen sozialen Schichten kamen und etwa gleich viel verdienten, sich aber so gut wie gar nichts mehr zu sagen hatten. ... Die Wissenschaftler hätten ebenso gut Tibetanisch sprechen können" (Seite 10). „Ich glaube, das geistige Leben der gesamten westlichen Gesellschaft spaltet sich immer mehr in zwei diametrale Gruppen auf. ... Auf der einen Seite haben wir die literarisch Gebildeten, die ganz unversehens, als gerade niemand aufpaßte, die Gewohnheit annahmen, von sich selbst als von „den Intellektuellen" zu sprechen, als gäbe es sonst weiter keine. ... Auf der anderen die Naturwissenschaftler, als deren repräsentativste Gruppe die Physiker gelten. ... Zwischen beiden eine Kluft gegenseitigen Nichtverstehens" (Seite 11). „Diese Aufspaltung in zwei Pole ist ein reiner Verlust für uns alle. ... Es ist ein Verlust gleichzeitig in praktischer, in geistiger und in schöpferischer Hinsicht, und ich wiederhole, es ist falsch, sich einzubilden, diese drei Aspekte ließen sich sauber voneinander trennen" (Seite 18). „Es gibt nur einen Weg, hier Abhilfe zu schaffen: unser Bildungssystem muß neu durchdacht werden" (Seite

24). „Aus der Geschichte unseres Unterrichtswesens lernen wir immer nur das eine: daß wir die Spezialisierung zwar auszubauen, aber nicht abzubauen verstehen“ (Seite 25).

Snow kritisiert vehement das englische Bildungssystem. Es ist interessant, dass etliche Stellungsnahmen des Vereins Deutscher Ingenieure zu ähnlichen Aussagen kommen, ohne jedoch auf Snow zurückzugreifen. Exemplarisch sei die VDI-Empfehlung „Ingenieur-Qualifikation im Umbruch“ genannt (VDI 1995).

In seinem 1963 erstmalig publizierten Nachtrag geht Snow auf die immer rascher angewachsene Literatur zu seiner These ein. Darin schreibt er: „Mir macht ein Komplex von Theorien immer stärkeren Eindruck, der sich gegenwärtig ganz spontan, ohne jede Führung oder bewußte Zielsetzung, unter der Oberfläche dieser Debatte herausbildet. Das ist das neue Phänomen, von dem ich eben sprach. Dieser Theorienkomplex scheint sich von Intellektuellen der verschiedensten Gebiete herzuleiten: der Sozialgeschichte, Soziologie, Demographie, politischen Wissenschaften, Volkswirtschaft, Staatsführung (im amerikanischen akademischen Sinn), Psychologie, Medizin und der sozialen Techniken, etwa der Architektur. Das wirkt ziemlich kunterbunt, aber es besteht da ein innerer Zusammenhang. Alle befassen sich damit, wie der Mensch lebt oder gelebt hat – und zwar gehen sie dabei nicht von Legenden, sondern von Tatsachen aus“. Aus diesen Überlegungen heraus formulierte Snow den Begriff „Dritte Kultur“, den später Brockman aufgegriffen hat, wenn auch in etwas anderer Bedeutung (Brockman 1996). Darauf gehe ich weiter unten ein.

Die These von Snow ist in zahlreichen Veranstaltungen aufgegriffen und diskutiert worden, von denen ich zwei schildern möchte. Aus einem Vortrag von Kreuzer mit dem Titel „Zwei-Kulturen-Diskussion“, gehalten 1966 an der Technischen Hochschule (heute Universität) Stuttgart, ist ein Sammelband entstanden. Dieser wurde zuerst 1967 publiziert, in einer zweiten Auflage 1969 und 1987 als Taschenbuch. Hierauf beziehe ich mich an dieser Stelle und zitiere aus dem zweiten Vorwort (Kreuzer 1987): „ ... scheiden sich die „Zwei Kulturen“ heute – auch im Lager derer, die einen ökotechnologischen Wandel fordern und sich nicht mit einer Philosophie des „Weiter so“ begnügen. ... Die einen berufen sich darauf, dass nicht der Mensch der Schöpfer der Natur sei und dass er als ihr „Macher“ sich übernehme. Die Natur „räche sich“, wenn man nicht auf sie höre. Die anderen fordern dazu auf, die „Technologisierung der Natur“ durch die Anstrengung der Ingenieure zu vollenden. ... So könnte Odo Marquard recht haben, wenn er eine Folge der naturwissenschaftlich-technischen Dynamik darin sieht, dass die Geisteswissenschaften „unvermeidlich“ werden.“

Gleichfalls aus Vorträgen, gehalten 1988 und 1989 im Rahmen der Ladenburger Diskurse, ist ein von Zimmerli herausgegebener Band entstanden (Zimmerli 1990). In dem Buchrückentext heißt es zusammenfassend: „Den in diesem Band gesammelten Beiträgen geht es um konkrete Hinweise zur Überwindung der Kluft zwischen der naturwissenschaftlich-technischen und der geistig-sozialen Welt. Dabei wird an der universitären Ausbildung von Ingenieuren, Geistes- und Sozialwissenschaftlern angesetzt. Die theoretische Grundannahme, dass ein neues „technologisches“ Zeitalter heraufziehe, wird anhand einer fundamentalen Änderung in den Ausbildungsstrukturen von Hochschulen im deutschsprachigen Raum sichtbar gemacht. Dieses Buch zeichnet sich dadurch aus, dass es nicht kurzatmige Hochschulreformpläne vorstellt, sondern auf Erfahrungen beruhende Orientierung bietet."

Der erste Teil der Beiträge befasst sich mit nichttechnischen Studienanteilen in der Ingenieurausbildung. In dem zweiten Teil geht es um Fragen nach den technischen Studienanteilen in den Geistes- und Sozialwissenschaften. Der Herausgeber Zimmerli schreibt in seinem Vorwort: „Noch befinden wir uns in einer Übergangsstufe, die bei Gefahr den Rückzug auf klassisch-disziplinäre Auffangstellung erlaubt, aber *die Zukunft wird einen neuen technologisch-integrativen Wissenstyp zu ihrem Normalfall haben*. Da werden dann die Hochschulen vorn sein, die es schon heute gemerkt haben! Ohnehin gilt: *Die Universität des 18./19. Jahrhunderts war eine der Geistes-, die des 19./20. Jahrhunderts eine der Naturwissenschaften. Die des 20./21. Jahrhunderts ist (und wird sein) eine der Sozial- und Technikwissenschaften*. Da ist denn nur zu hoffen, dass in dieser Gegenwart und Zukunft sich die einzelnen Disziplinen besser verstehen – und das heißt in diesem Falle: selbst korrigieren und relativieren – lernen."

Zimmerli formuliert in seinem einführenden Grundsatzreferat einige Thesen. Seine grundlegende These lautet: „Gerade weil zutrifft, dass unsere Welt (einschließlich der Gesellschaft, der Politik und der Kultur) gleichsam technologisch „imprägniert" ist und gerade weil wir einsehen müssen, dass es sich hierbei um einen irreversiblen Prozess handelt, da Technologisierung die evolutionäre Nische ist, in der *Homo sapiens* – wenn überhaupt – überleben kann, ist es dringlicher denn je, dass über diesen Zusammenhang nicht nur ingenieurwissenschaftlich nachgedacht wird und dass die Vertreter der anderen Wissenschafts- und Kulturbereiche sich seiner deutlich bewusst werden". Am Ende lautet sein Fazit: „Dass es mit dieser Erweiterung der Ausbildungsgänge in den Ingenieurwissenschaften nicht getan ist, versteht sich nach dem allgemein Entwickelten von selbst; es bedarf zusätzlich der Integration ingenieur-, technik- und naturwissenschaftlicher Wissensbestände in die Ausbildungsgänge der Geistes- und Sozialwissenschaftler".

Der Literat Brockman hat Snows Begriff „Die dritte Kultur" in einem Buchtitel übernommen (Brockman 1996). Er beansprucht diesen Begriff jedoch ausschließlich für die moderne Naturwissenschaft, die unser Weltbild immer mehr verändert. Grundlage des Buches sind Gespräche, die Brockman mit Naturwissenschaftlern unterschiedlicher Prägung geführt hat. Darin legen diese auf anschauliche Weise ihre Forschung, ihre Erkenntnisse und Zukunftsvisionen dar und äußern sich wechselseitig zur Arbeit ihrer Kollegen. Brockman verwendet die Gespräche mit den Experten zur Untermauerung seiner Aussagen. Sein wesentliches Argument lautet, dass die Naturwissenschaften heute zu einer für die Gesellschaft außerordentlich wichtigen Sache geworden sind. Denn wir leben heute in einer Welt, in der das Tempo der Veränderung die größte Veränderung ist.

Am Ende dieses Kapitels möchte ich die Brücke zu Kapitel 8 schlagen, das dem Konzept Nachhaltigkeit gewidmet war. In Abschnitt 8.3 hatte ich dargelegt, dass Vertreter der „Zwei Kulturen" in der neuen Disziplin Technikbewertung in fast selbstverständlicher Weise ohne nennenswerte Dialogprobleme zusammenarbeiten. Die Beschäftigung mit dem entscheidenden Problem der Menschheit, wie wir morgen leben werden und leben wollen, kann die „Zwei Kulturen" wieder näher zusammenführen.

Literatur

Beck, U. (1986) *Risikogesellschaft*. Suhrkamp, Frankfurt am Main

Bell, D. (1989) *Die nachindustrielle Gesellschaft*. Campus, Frankfurt am Main

Böhme, G. (1993) *Am Ende des Baconschen Zeitalters*. Suhrkamp, Frankfurt am Main

Braun, C.-F. von (1994) *Der Innovationskrieg*. Hanser, München

Brockman, J. (1996) *Die dritte Kultur, Das Weltbild der modernen Naturwissenschaft*. 2. Aufl. btb Goldmann, München

Drucker, P. F. (1993) *Die postkapitalistische Gesellschaft*. ECON, Düsseldorf

Giddens, A. (1995) *Konsequenzen der Moderne*. Suhrkamp, Frankfurt am Main

Gleich, A. von (1998) *Was können und sollen wir von der Natur lernen?* In: Gleich, A. von (Hrsg.) *Bionik*. Teubner, Stuttgart, S 7-34

Gross, P. (1994) *Die Multioptionsgesellschaft*. Suhrkamp, Frankfurt am Main

Handy, C. (1995) *Die Fortschrittsfalle*. Gabler, Wiesbaden

Heilbroner, R. (1994) *Kapitalismus im 21. Jahrhundert*. Hanser, München

Jischa, M. F. (2004) *Ingenieurwissenschaften*. Springer, Berlin

Jonas, H. (1979) *Das Prinzip Verantwortung*. Suhrkamp, Frankfurt am Main

Jonas, H. (1987) *Warum die Technik ein Gegenstand für die Ethik ist: Fünf Gründe*. In: Lenk, H., Ropohl, G., S. 81–91

Jones, E. L. (1991) *Das Wunder Europa*. Mohr, Tübingen

Kafka, P. (1994) *Gegen den Untergang*. Hanser, München

Kreuzer, H. (Hrsg.) (1987) *Literarische und naturwissenschaftliche Intelligenz, C. P. Snows These in der Diskussion*. dtv/Klett-Cotta, Stuttgart

Lenk, H., Ropohl, G. (Hrsg.) (1987) *Technik und Ethik*. Reclam, Stuttgart

Lübbe, H. (1994) *Im Zug der Zeit*. 2. Aufl. Springer, Berlin

Lübbe, H. (1997) *Umwelt und Wertewandel – Über moralische Einflussgrößen ökologischer Politik*. GAIA 6 no.4, S. 265–268

Luhmann, N. (1986) *Ökologische Kommunikation*. Westdeutscher Verlag, Opladen

Maslow, A. H. (1981) *Motivation und Persönlichkeit*. Rowohlt, Reinbek

Meyer-Abich, K. M. (1988) *Wissenschaft für die Zukunft*. Beck, München

Mittelstraß, J. (1992) *Leonardo-Welt*. Suhrkamp, Frankfurt am Main

Modis, T. (1994) *Die Berechenbarkeit der Zukunft*. Birkhäuser, Basel

Perrow, C. (1987) *Normale Katastrophen*. Campus, Frankfurt am Main

Popper, K. (1987) *Das Elend des Historizismus*. Mohr, Tübingen

Rapp, F. (1994) *Die Dynamik der modernen Welt*. Junius, Hamburg

Reich, R. B. (1993) *Die neue Weltwirtschaft*. Ullstein, Frankfurt am Main

Renn, O. (1995) *Perzeption, Akzeptanz und Akzeptabilität der Kernenergie*. In: Michaelis, H. und Salander, C. (Hrsg.): *Handbuch der Kernenergie*. VWEV-Verlag, Frankfurt am Main, S. 752-776

Renn, O. (1997) *Abschied von der Risikogesellschaft? Risikopolitik zwischen Expertise und Moral*. GAIA 6 no. 4, S. 269–275

Renn, O., Zwick, M. M. (1997) *Risiko- und Technikakzeptanz*. Springer, Berlin

Schulze, G. (1992) *Die Erlebnisgesellschaft*. Campus, Frankfurt am Main

Snow, C. P. (1967) *Die zwei Kulturen, Literarische und naturwissenschaftliche Intelligenz.* Ernst Klett, Stuttgart

Thurow, L. C. (1996) *Die Zukunft des Kapitalismus.* Metropolitan, Düsseldorf

VDI (1995): *Ingenieurausbildung im Umbruch, Empfehlung des VDI für eine zukunftsorientierte Ingenieurqualifikation.* VDI, Düsseldorf

VDI (1996) *Entscheidungsprozesse im Spannungsfeld Technik-Gesellschaft-Politik.* VDI-Report 25, Düsseldorf

VDI (2000) *Risikokommunikation für Unternehmen.* VDI, Düsseldorf

Wagner, P. (1995) *Soziologie der Moderne.* Campus, Frankfurt am Main

WBGU (1998) *Welt im Wandel: Strategien zur Bewältigung globaler Umweltrisiken.* Springer, Berlin

Zimmerli, W. C. (Hrsg.) (1990) *Wider die „Zwei Kulturen", Fachübergreifende Inhalte in der Hochschulausbildung.* Springer, Berlin

Zur Einführung in die Themen dieses Kapitels nenne ich (in alphabetischer Reihenfolge) die Darstellungen von Böhme, Meyer-Abich, Mittelstraß sowie Rapp. Zu den Folgen für die Gesellschaft empfehle ich Bell und Drucker und zu „der Gesellschaft" selbst nenne ich Gross und Schulze. Zu Technik und Ethik empfehle ich Lenk und Ropohl sowie Jonas, auf den ich mich in Abschnitt 9.3 bezogen habe. Luhmann behandelt (anschaulicher als in seinen sonst schwer zu lesenden Büchern) Kommunikationsprobleme anhand ökologischer Fragestellungen. Zum Themenbereich Risiko(-Gesellschaft, -Technologien) nenne ich Beck, Perrow sowie das WBGU-Gutachten „Strategien zur Bewältigung globaler Umweltrisiken". In das Gutachten sind Arbeiten von Renn, auf den ich mehrfach verwiesen habe, eingeflossen. Zu den „Zwei Kulturen" empfehle ich Zimmerli, weil in dem aufgeführten Sammelband Handlungsempfehlungen für die Hochschulausbildung gegeben werden.

10. Von der Industrie- zur Informationsgesellschaft

oder Die digitale Revolution und ihre Folgen

„Analysieren kann man nur rückwärts; leben, handeln und entscheiden muss man jedoch vorwärts".
(anonym)

Wir erleben den Beginn einer neuen Epoche der Menschheitsgeschichte. Dafür lassen sich mehrere empirische Belege finden. Gemessen am Umsatz und an der Börsennotierung sind die Giganten des Industriezeitalters dabei, ihre führenden Plätze an neue Kolosse abzutreten. Bevor wir diesen Übergang diskutieren, gehen wir weit in die Geschichte zurück und knüpfen an Kapitel 1 an. Dort hatten wir dargestellt, dass die Zivilisationsdynamik bislang durch zwei fundamentale Revolutionen geprägt worden ist, die zu gewaltigen Steigerungen der Produktivität und zu massiven Veränderungen in der Gesellschaft geführt haben.

Die Welt der Jäger und Sammler war in Stämmen organisiert. Die einzige Existenzbasis dieser Stammesgesellschaften waren Pflanzen und Tiere, die sie in der Natur vorfanden. Die neolithische Revolution markiert den Übergang von der Welt der Jäger und Sammler in die Welt der Ackerbauern und Viehzüchter. Aus Stammesgesellschaften wurden Agrargesellschaften. Die Organisation in Stämmen wurde durch größere Einheiten ersetzt, es entstanden feudale Strukturen. Durch systematischen Ackerbau und gezielte Domestizierung von Tieren wurde die Nahrungsmittelbasis deutlich erweitert. Als Ergebnis davon stieg die Bevölkerung signifikant an.

Die industrielle Revolution, die untrennbar mit der wissenschaftlichen Revolution verbunden war, führte zum Übergang von der Agrargesellschaft in die Industriegesellschaft. Dieser Übergang war wiederum mit einer gewaltigen Steigerung der Produktivkräfte verbunden. Auch hier war ein deutliches Wachstum der Bevölkerung die Folge. Die gesellschaftlichen Strukturen änderten sich erneut, aus feudalen Organisationen entstanden Nationalstaaten.

In Bild 3.2 in Abschnitt 3.1 hatten wir die Entwicklung der Weltbevölkerung in einer Weise aufgetragen, in der wir die beiden skizzierten revolutionären Veränderungen eindeutig erkennen konnten. Wir werden dieses Bild aufgreifen, um es kreativ zu extrapolieren. Die Darstellung in Bild 10.1 lehnt sich an ein internes Papier von P. Johnston, Europäische Kommission, mit dem Titel „*Technology driving Change: Perspectives for a Global Information Society*" an.

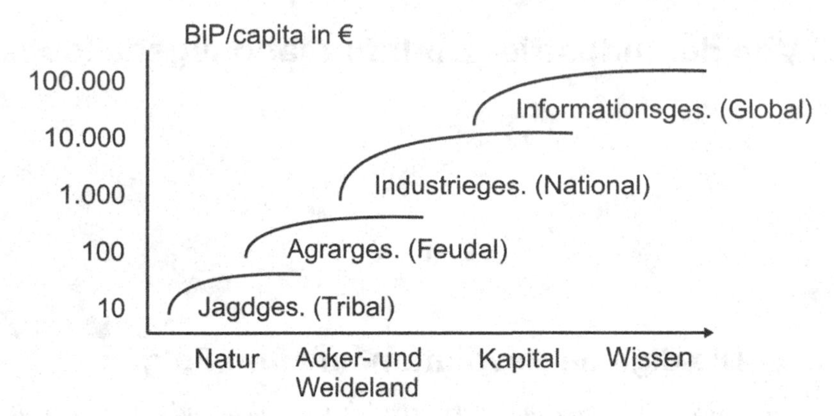

10.1 Technischer Wandel als Motor für gesellschaftliche Veränderungen, in Anlehnung an Johnston (Europäische Kommission)

Das Bild weist eine deutliche Ähnlichkeit mit Bild 3.2 auf. Dort hatten wir die Weltbevölkerung in doppelt logarithmischer Auftragung dargestellt, wobei die Zeit rückwärts gezählt wurde. Damit erreichten wir eine Dehnung der jüngeren Vergangenheit und eine Stauchung der Urzeit. Während Bild 3.2 eine quantitative Aussage beinhaltet, handelt es sich bei Bild 10.1 um eine rein qualitative Darstellung. Auf der horizontalen Achse ist die zentrale Quelle (die „Ressource") die vier Gesellschaftstypen aufgetragen. Wir können sie auch als eine Zeitachse interpretieren, denn die jeweiligen Übergänge erfolgten in zeitliche Abfolge. Auf der vertikalen Achse ist die Wertschöpfung aufgetragen, in heutiger Terminologie als Bruttoinlandsprodukt (BIP) in der Einheit € pro Kopf (*capita*) und Jahr.

Das Bild beschreibt den starken Anstieg der Wertschöpfung (der Produktivität) bei den drei revolutionären Übergängen, von der Jagd- zur Agrargesellschaft, von der Agrar- zur Industriegesellschaft und von der Industrie- zur Informationsgesellschaft. Die Begriffe in Klammern geben die vorherrschende gesellschaftliche Struktur wieder, wobei ich aus Gründen der Prägnanz und Übersichtlichkeit die englischen Begriffe verwendet habe. Sie sind bis auf das Wort Tribal (von *tribe* = Stamm) mit den deutschen Begriffen identisch. Die Bezeichnung Global bedeutet nicht, dass die Informationsgesellschaft aus den Nationalstaaten einen Globalstaat machen wird. Damit soll angedeutet werden, dass die Informationsgesellschaft globale Strukturen erzwingt. Die verschiedenen Facetten der Globalisierung werden uns im folgenden Kapitel beschäftigen.

Den Begriff Informationsgesellschaft habe ich gewählt, weil hierzu das häufig verwendete englische Pendant *Information Society* existiert. Es wird sich herausstellen, ob dieser Begriff Bestand haben wird. Alternative Bezeichnungen werden wir in Abschnitt 10.4. diskutieren.

10.1 Die vier Basisinnovationen der Informationstechnik

Anknüpfend an Abschnitt 1.1 wollen wir die vier „Informations-Revolutionen" vertiefen, die teilweise auch die vier „Gutenberg-Revolutionen" genannt werden. Das sind erstens die Entwicklung der Sprache vor rund 500.000 Jahren, zweitens die Entwicklung der Schrift vor etwa 5000 Jahren, drittens die des Buchdrucks vor 500 Jahren und viertens die der insbesondere digitalen Informationstechnologien seit wenigen Jahrzehnten. Durch diese vier Informations-Revolutionen hat der Mensch seine eigene Evolution ständig beschleunigen können. Informationstechnische Prozesse sind ungleich effizienter und schneller als die genetische Übermittlung von Erfahrungen. Insbesondere wird uns interessieren, zu welchen gesellschaftlichen Veränderungen die vier Basisinnovationen der Informationstechnik in der Geschichte geführt haben. Kurz formuliert, wie haben Technik plus Inhalt die Gesellschaft verändert?

Die Sprache war das erste Kommunikationsmedium der Gesellschaft. Sprache ist flüchtig und instabil, so waren orale Gesellschaften durch veränderliche und wenig zuverlässige Überlieferungen von Informationen gekennzeichnet. Eine erste Speicherung von zuvor vergänglichen Informationen finden wir als Felsbilder ab etwa 15.000 v. Chr., daraus entwickelte sich Schritt für Schritt unsere heutige Schrift.

Am Beginn dieser Entwicklung stand eine Bilderschrift, die wir in Form von Piktogrammen auch heute noch kennen. Parallel zu der Bilderschrift, der Piktographie, entwickelte sich eine phonologische Schreibweise. Etwa 3500 v. Chr. entwickelten die Sumerer die ersten Piktogramme. Daraus entstand durch zunehmende Abstraktion und Stilisierung der Zeichen die sumerische Keilschrift. Die weitere Entwicklung führte über die akkadische Silbenschrift um 2300–2000 v. Chr. und die phönizische Buchstabenschrift um 1700 v. Chr. hin zu einer konsequenten Kodierung der einzelnen Buchstaben. Um 1000–900 v. Chr. entstand in Griechenland das erste vollständige phonetische Alphabet, die Basis für die heutige lateinische Schrift mit 26 Buchstaben (in der deutschen Sprache).

Diese zweite informationstechnische Basisinnovation hatte entscheidende Konsequenzen für die Gesellschaft. Die Aufzeichnung von Informationen wurde objektiviert. Und sie wurde dauerhaft durch Speicherung auf Datenträgern wie Stein, Ton, Papyrus und Pergament (und spätere Datenträger wie Papier, Magnetband, Diskette, CD und DVD). Im Gegensatz zu den oralen Gesellschaften war damit eine Konstanz des Datensatzes gewährleistet, Wissen wurde standardisiert.

Die schriftlichen Aufzeichnungen erfolgten bis in das frühe Mittelalter von Hand. Es lag nahe, nach Mechanisierungen zu suchen. Um 750 entstanden in China und Korea die ersten Vervielfältigungen durch Holzschnitte. Das zentrale Element war dabei die Umkehrtechnik Patrize-Matrize bzw. Positiv-Negativ. Ab dem 14. Jh. wurde der Holzschnitt in Europa zur Bildreproduktion eingesetzt. Dieses Spiegelprinzip der optischen Information wurde in der ersten Blütezeit des Buchdrucks im 16. Jh. durch den Kupferstich ersetzt.

Entscheidend war die dritte Basisinnovation durch Gutenberg in der Mitte des 15. Jahrhunderts, der Druck mit beweglichen Lettern. In einem Setzkasten wurden

Buchstaben aus Blei zu einer Druckform zusammengesetzt. Die Bleilettern konnten durch einen wiederholten Abguss aus einer Matrize hergestellt werden. Damit konnte der Buchdruck mechanisiert werden, die Grundlage für eine industrielle Massenfertigung von Druckerzeugnissen war gelegt.

Die sozialen Umwälzungen durch diesen Technologieschub folgten unmittelbar. In der Antike und im Mittelalter war Wissen reines Herrschaftswissen, exklusives Wissen für Priester, Schamanen, Schriftgelehrte und Mönche. Schreiben war eine Kunst dieser Eliten. Die mittelalterlichen Zünfte und Gilden waren exklusive Zirkel zur Wahrung und Weitergabe von Wissen, das noch nicht kodifiziert war. Das Verhältnis vom Meister zum Schüler war davon geprägt. Durch den Buchdruck wurde das bislang exklusive Herrschaftswissen nach und nach zu einem öffentlichen Wissen der Gesellschaft. Die Popularisierung von Wissen war eine entscheidende Voraussetzung für die Aufklärung und die Säkularisierung, Abschnitt 1.4. Wissen jeglicher Art, so in Religion, Naturwissenschaft und Technik, wurde jedermann zugänglich, der lesen konnte (oder sich vorlesen lassen konnte). Es erschienen Ratgeber, Handbücher, Lexika und Enzyklopädien in einem fast atemberaubenden Tempo.

Der vermutlich älteste erhaltene Druck mit beweglichen Lettern stammt aus dem Jahr 1445, es ist das Gedicht vom jüngsten Gericht, gedruckt von Gutenberg. Die erste Gutenberg-Bibel entstand 1452–55 in lateinischer Sprache, sie umfasste 1282 Seiten. 1466 folgte durch Gutenberg die erste deutschsprachige Bibel. Venedig führte 1474 das Patentrecht ein, in Leipzig fand 1476 die erste Buchmesse statt. Luthers Flugschriften von 1518–25 waren die ersten Massenmedien in der Geschichte. Ohne die Technik des Buchdrucks hätte die Reformation nicht diesen raschen und durchschlagenden Erfolg gehabt, vielleicht hätte sie ohne den Buchdruck gar nicht stattgefunden. 1556 erschien mit „*De re metallica*“ von Georg Agricola das erste Lehrbuch über Bergbau und Hüttenwesen, siehe Abschnitt 1.6 und Bild 1.5 mit einem Holzschnitt der damaligen Zeit. Das Werk enthielt 273 Holzschnitte, es ist als Reprint verfügbar (Agricola 1994).

Anfang des 19. Jh. entstand die mechanische Typenhebelschreibmaschine, die noch bis vor etwa 40 Jahren in allen Büros anzutreffen war. Die erste elektrische Schreibmaschine entwickelte IBM 1933. Durch auswechselbare Kugelköpfe konnte später die Vielfalt der Zeichen im Vergleich zur Tastenschreibmaschine deutlich erhöht werden. Ebenfalls von IBM stammte 1964 die erste elektronische Schreibmaschine mit einem Textspeicher auf Magnetband. Ab etwa 1990 hat der Personal Computer (PC) die Schreibmaschine nahezu vollständig verdrängt. Diese vierte Basisinnovation wird vierte Gutenberg-Revolution oder digitale Revolution genannt.

Parallel dazu wurde das rasche und automatisierte Drucken vorangetrieben, über den Hochdruck (den Buchdruck), abgelöst vom Offsetdruck, den Tiefdruck (für Bilder und Illustrationen), den Siebdruck und den Flachdruck. Hinzu kamen zahlreiche Innovationen bei den optischen Medien: von der Camera obscura des 10. Jh. über die Laterna magica des 17. Jh. hin zur Speicherung auf einem lichtempfindlichen Film bis zur heutigen CCD-Kamera. Vergleichbare Innovationen gab es bei den akustischen Medien (von Rufposten über das Telefon und Radio bis zur heutigen DVD) und den Übertragungsmedien (von Rauchzeichen über die Morsetelegrafie bis hin zu digitalen Netzen und den Mobiltelefonen).

10.2 Gesellschaftliche Umwälzungen

In diesem Abschnitt wollen wir empirische Belege dafür anführen, dass die digitale Revolution zu einer neuen Epoche in der Zivilisationsgeschichte (zumindest in der Ersten Welt) geführt hat. Die Berufswelt ist ein typischer Indikator für die Einteilung in Epochen. Vor der neolithischen Revolution bestand die vorherrschende Tätigkeit im Sammeln und Jagen. In der Agrargesellschaft lag das Schwergewicht der Beschäftigung in der Landwirtschaft, im Ackerbau und in der Viehzucht. Daneben gab es eine relativ kleine Zahl von Kaufleuten und Handwerkern, von Priestern und Beamten. Beim Übergang von der Agrar- in die Industriegesellschaft verschob sich der Schwerpunkt der Tätigkeit von der landwirtschaftlichen Produktion hin zur industriellen Fertigung. Bild 10.2 zeigt die Veränderungen in der Berufswelt seit 1882, der Blütezeit der industriellen Revolution. Die Darstellung entstammt der Broschüre „Maßarbeit statt Massenware, Deutschland im globalen Strukturwandel" des Instituts der deutschen Wirtschaft (IW). Das Bild zeigt zum einen, wie sich der Anteil der Erwerbstätigen in den drei Bereichen Landwirtschaft, Industrie und Dienstleistungen in den letzten 120 Jahren verschoben hat, zum anderen, welcher Anteil der Wertschöpfung in diesen drei Bereichen erbracht wurde.

Vor der industriellen Revolution haben um 1750 mehr als 80 % der Erwerbstätigen in der Landwirtschaft gearbeitet. Ihr Anteil ist von 43,4 (1882) auf 2,5 % (2003) zurückgegangen. Durch einen massiven Einsatz von Material und insbesondere Energie ist die Nahrungsmittelproduktion in unserem Land so hoch, dass dieser geringe Anteil unserer Erwerbstätigen eine Eigenversorgung unseres Landes ermöglichen würde. Die Abnahme der landwirtschaftlichen Tätigkeit korrespondierte in der Blütezeit der Industriegesellschaft mit einer allerdings schwächeren Zunahme der industriellen Beschäftigung. Deren Anteil lag zwischen 1920 und 1970 bei knapp 50 %. Seit etwa 1970 nimmt letzterer Anteil deutlich ab. Dieser Abfall wurde seit jener Zeit durch eine steile Zunahme im Dienstleistungssektor aufgefangen. Dieser Bereich ist sehr heterogen. Darunter fallen einerseits traditionelle Tätigkeiten im Bildungsbereich sowie in den sozialen, pflegerischen und medizinischen Bereichen, die wegen der Überalterung unserer Gesellschaft angewachsen sind. Hinzugekommen ist ein deutlicher Anteil in den Bereichen Touristik und Sport, charakteristisch für unsere „Freizeitgesellschaft". Die entscheidende Zunahme rührt jedoch von dem Einstieg in die Informationsgesellschaft her, die zu neuen Tätigkeitsfeldern, den „symbolanalytischen Diensten" geführt hat, wie Reich sie nennt (Abschnitt 9.2).

Bild 10.2 enthält eine weitere bemerkenswerte Botschaft. In dem neuen „dritten" Sektor der Erwerbstätigkeit liegt der Anteil der Wertschöpfung deutlich über dem Anteil der Beschäftigten. In den traditionellen Bereichen Landwirtschaft und

Industrie liegt der Anteil der Wertschöpfung dagegen unter dem Anteil der Beschäftigten.

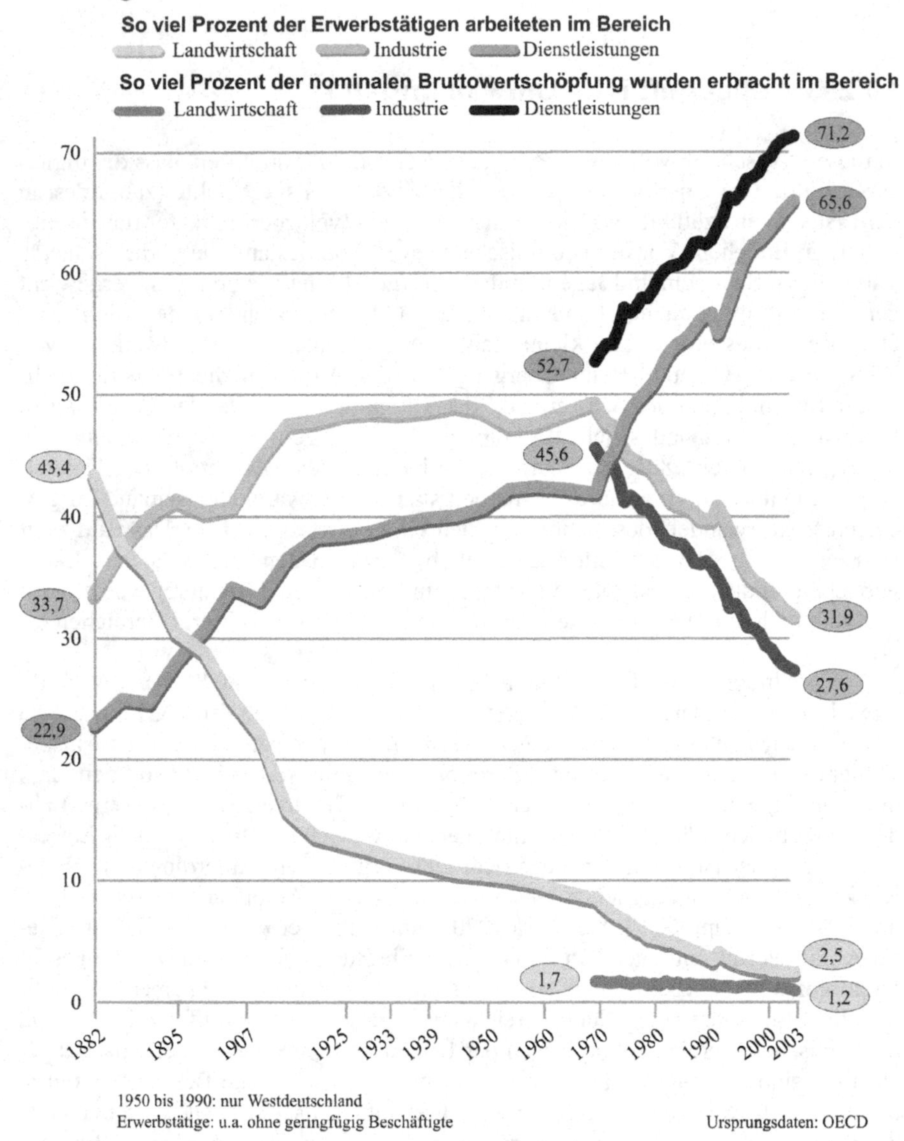

10.2 Veränderungen in der Berufswelt in Deutschland, Deutscher Instituts-Verlag (2004)

Trotz aller Definitions- und Abgrenzungsprobleme ist die zentrale Botschaft des Bildes 10.2 unstrittig und eindeutig. Unser (realer und durch Werbung erzeugter vermeintlicher) Bedarf an landwirtschaftlichen und industriell erzeugten Produkten kann von einem geringen Prozentsatz unserer Erwerbstätigen vollständig gedeckt werden. Ob der dritte Sektor, als Informations-, Dienstleistungs- oder Service-Sektor bezeichnet, den starken Rückgang in der landwirtschaftlichen und industriellen Produktionstätigkeit auch nur annähernd auffangen kann, erscheint mehr als fraglich.

Was folgt daraus, wenn der Einzelne nach wie vor seinen „Wert" innerhalb der Gesellschaft durch seine Tätigkeit definiert? Wir brauchen Berufsfelder neuer Art, die es zuvor in der Gesellschaft kaum gegeben hat. Ich möchte sie „dissipative" oder „parasitäre" Tätigkeiten nennen, deren Hauptzweck darin besteht, an dem (zu viel) erzeugten Wohlstand zu partizipieren. Das scheint der einzige Weg zu sein, um die Arbeitslosigkeit in unserem Land im Mittel bei „nur" 10 % zu stabilisieren, wenngleich einige Regionen sich notgedrungen schon an höhere Arbeitslosenzahlen „gewöhnt" haben.

Beispiele für „dissipative" Berufe sind Golf-, Reit-, Ski-, Segel- und Surflehrer; Animateure und Personal in Ferienclubs und Hotels einschließlich des Flugpersonals in der florierenden Tourismus- und Freizeitbranche; Stars und Sternchen in der Show-, Musik-, Kunst-, Sport-, Funk- und Fernsehszene; Sozialpädagogen und Psychologen (für derartige Probleme reichte früher ein Dorfpfarrer aus); staatliche oder halbstaatliche Umverteiler in den Feldern Arbeit, Soziales und Gesundheit und vieles mehr. Die „Erlebnisgesellschaft", siehe Abschnitt 9.4, schafft sich offenbar ihre eigenen spezifischen Tätigkeitsfelder. Ein Indikator dafür, dass wir in der „Freizeitgesellschaft" angekommen sind, ist der Individualverkehr. Mehr als die Hälfte aller mit dem Auto zurückgelegten Personenkilometer ist durch Freizeit und Ferien bedingt, hat also mit der beruflichen Tätigkeit nichts zu tun.

Auf diesen Wegen partizipieren die dissipativen Tätigkeiten nicht nur an dem Wohlstand, sie erzeugen durch neue Tätigkeitsfelder gleichzeitig neuen Wohlstand. Es ist offenbar ein Geheimnis des Kapitalismus, dass er nicht nur Wandel selbst erzeugt, sondern gleichzeitig Mechanismen zur Lösung der neu entstandenen Probleme findet, siehe Abschnitt 9.2. Ob diese Mechanismen im Sinne des Kapitels 8 etwas mit Nachhaltigkeit zu tun haben, ist eine andere Frage.

Als weiterer Beleg für die digitale Revolution sei die außerordentlich rasche Diffusion der Informationstechnologien in die Gesellschaft genannt. Bild 10.3 zeigt exemplarisch die Zahl der angeschlossenen Haushalte in den USA für verschiedene Informationstechnologien. Bis 50 Mio. Haushalte ein Radio hatten, vergingen mehr als 40 Jahre, beim Fernsehen dauerte es keine 20 Jahre und beim Internet nur noch etwa 5 Jahre.

Es ist eine historische Erfahrung, dass neue Technologien, von Ausnahmen abgesehen, ältere Technologien weniger ersetzt als vielmehr ergänzt haben. Das gilt auch für die Informationstechnologien, für die alten und die neuen Medien. Die Fotografie hat nicht die Malerei ersetzt. Weder Film noch Fernsehen haben das Theater, die Oper und die Operette (heute Musical genannt) verdrängt. Radio und Fernsehen haben die Zeitung nicht ersetzt und das Internet wird auch nicht das Buch ersetzen. Die neuen Medien erzwingen jedoch Veränderungen innerhalb der alten Medien. So sind Nachschlagewerke wie Fahrpläne, Telefonbücher und Lexika durch die digitalen neuen Medien (Internet, CD oder DVD einzeln oder parallel zu Lexika, Straßen- und Seekarten) ergänzt worden, die erstaunlich rasch in den Markt diffundiert sind.

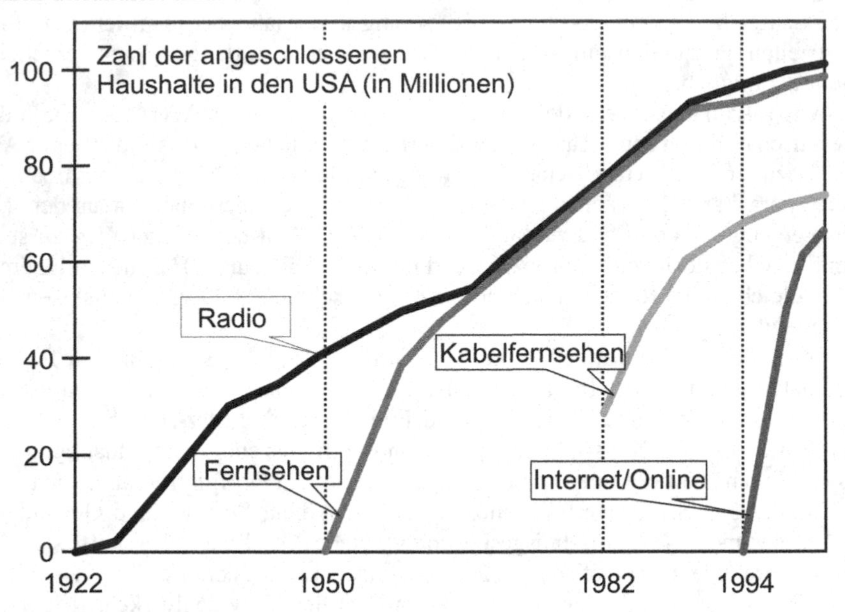

10.3 Diffusion von Informationstechnologien, in Anlehnung an FAZ vom 3.3.1999, Quelle: Bertelsmann

10.3 Medien in der Wissensgesellschaft

Wir wollen den Begriff Wissensgesellschaft hier schon verwenden, auch wenn wir inhaltlich darauf erst im folgenden Abschnitt eingehen werden. Wissen ist Macht, so lautet ein alter Spruch. Er gilt heute mehr denn je. Denn in den entwickelten Gesellschaften von heute sind nicht nur Güter und Dienstleistungen für den gesellschaftlichen Wohlstand ausschlaggebend, sondern die Erzeugung, Verbreitung und das Management von Wissen sind zu *der* entscheidenden Ressource geworden. Bislang haben wir den Globus in Reiche und Arme eingeteilt. Wir werden in Zukunft eine zweite Einteilung vornehmen, in jene mit Zugang zu Informationen (die Informationsreichen) und solche ohne einen entsprechenden oder unzureichenden Zugang (die Informationsarmen).

Wissen ist zu einem entscheidenden Produktionsfaktor geworden. Ein wesentliches Merkmal der Wissensgesellschaft besteht darin, dass Wissen nicht nur in gesellschaftlichen Subsystemen wie der Wirtschaft, der Politik, den Medien und der Wissenschaft produziert und genutzt wird, sondern dass Wissen in fast jedem Bereich der Gesellschaft entsteht und zu einem öffentlichen Gut geworden ist. Die Nutzung von Informationen steht jedem frei, der Zugang dazu hat. Zugang oder nicht, das ist die entscheidende Frage, die heute über die Entwicklung ganzer Gesellschaften und Weltregionen entscheidet.

„Access, Zugriff, Zugang – das ist die Formel des kommenden Zeitalters. Der rasche Zugriff auf Ideen, Güter und Dienstleistungen zählt heute bereits mehr als dauerhafter und schwerfälliger Besitz", so lesen wir in dem Klappentext des Buches mit dem bezeichnenden Titel „Access" (Rifkin 2000). Der alte Slogan „Wissen ist Macht", wobei Wissen Herrschaftswissen bedeutete, gilt nach wie vor. Er muss im Informationszeitalter jedoch durch einen zweiten Slogan ergänzt werden, denn auch „Wissen teilen ist Macht".

Sehen wir uns nun die alten und die neuen Medien an und fragen nach den Nutzungsmöglichkeiten in der Ersten und der Dritten Welt, angelehnt an (Globale Trends 2002). Daraus stammen auch die Daten, die ich im Folgenden nennen werde, um die Aussagen zu verdeutlichen. Aus verständlichen Gründen können die Daten nicht aktuell sein, sie geben den Stand von 1996 wieder. Die Tagespresse ist nach wie vor eine der wichtigsten Informationsquellen, wobei nur die Länder der Ersten Welt über entsprechende Voraussetzungen für einen funktionierenden Markt an Tageszeitungen verfügen. Pro 1000 Einwohner gab es 1996 in Asien und in Europa etwa 200 Tageszeitungen, in Afrika weniger als 20.

Für die meisten Menschen auf der Welt sind Radio und Fernsehen die wichtigsten Informationsmedien. Denn sie erreichen auch Analphabeten und sie sind leichter zugänglich als Tageszeitungen. Der Unterschied in der Versorgung mit Radio- und Fernsehgeräten zwischen der Ersten und der Dritten Welt ist nicht so auffällig wir im Druckbereich. So lag 1996 die Zahl der Radiogeräte jeweils pro 1000 Einwohner bei etwa 1000 in der Ersten Welt und bei knapp 200 in der Dritten Welt, für die Fernsehgeräte lagen die entsprechenden Zahlen bei gut 500 und knapp 150.

Dieser erfreuliche Trend zur Angleichung bei dem Zugang zu Informationen über Radio und Fernsehen ist durch die neuen Medien wieder in das Gegenteil verkehrt worden, ausgedrückt durch das Schlagwort von der „digitalen Spaltung". Das liegt an der komplexen Technologie und den damit verbundenen hohen Kosten für den Zugang, die sich nur die Informationseliten leisten können. Der Begriff neue Medien ist etwa drei Jahrzehnte alt, wenn sich auch seine Bedeutung gewandelt hat. In den 70er und 80er Jahren waren damit Kabel und Satellit gemeint, heute beschreibt er die Möglichkeiten des Internet.

Satelliten stellen zusammen mit Kabeln die globale Kommunikationstechnik schlechthin dar. Denn fast alle Programme werden aus dem Äther bezogen und in die Netze eingespeist. Das Satelliten-TV hat auch die Länder der Dritten Welt erreicht, wobei die hohen Kosten deren Verbreitung jedoch stark einschränken. Hinzu kommt das Problem, dass viele nationale Machthaber Kontrolle über die Informationsversorgung der Bevölkerung ausüben wollen.

Letzteres Problem stellt sich bei dem neuen Medium Internet in besonderer Weise. Der Zugang zum Internet erfolgt über den PC, dessen globale Verteilung extrem ungleichgewichtig ist. In den ärmsten Ländern wird der Zugang noch dadurch erschwert, dass meist schwerfällige staatliche Unternehmen die Verbindungen herstellen und kontrollieren. Das wird von politischen Führungen ausgenutzt, um den ungehinderten Netzzugang zu erschweren. So werden in China und Singapur Filterprogramme eingesetzt, um nicht genehme Informationen vom Endbenutzer fernzuhalten.

Nach Angaben der UNESCO sind nur 2 % der Weltbevölkerung an das Internet angeschlossen, davon 88 % in den Industriestaaten. In Nordamerika haben über 60 % Zugang zum Internet, im südlichen Afrika dagegen nur 0,2 %. Weltweit hat sich die Zahl der Nutzer des Internet innerhalb von nur 10 Jahren von 1991 bis 2001 von 4 auf etwa 450 Mio. erhöht, also um einen Faktor von mehr als 100. Eine Aufschlüsselung ergibt, dass sich 1998 fast 60 % aller Internetanschlüsse in Nordamerika befanden. In Deutschland verfügten über 7 Mio. über einen Anschluss, in Russland nur 0,6 Mio. Fast die Hälfte aller Anschlüsse in Asien befand sich in Japan mit gut 12 Mio. Beinahe 90 % aller Anschlüsse im Afrika südlich der Sahara werden in Südafrika genutzt. Die Warnung vor einer digitalen Spaltung der Welt wurde von dem UN-Generalsekretär Annan wie von den Regierungschefs auf dem G-8-Gipfel in Japan im Jahr 2000 vorgetragen.

Die Forderung nach einem weltweiten digitalen Zugang wird nicht zuletzt deshalb von den Ländern der Ersten Welt erhoben, weil mit der Nutzung der neuen Medien politische Strukturen transparenter werden. Die Bevölkerung wird politisch mündiger. Falls staatliche Institutionen die Bevölkerung von den neuen Medien abschotten, indem sie entweder Satellitenschüsseln verbieten (wie im Iran und in Saudi-Arabien) oder Internetzugänge kontrollieren (wie in China und in Singapur), so ist das eine zweischneidige Angelegenheit. Denn dadurch besteht die Gefahr, wirtschaftlich zurückzufallen.

10.4 Information und Wissen

Beginnen wir mit einer Klärung der Begriffe. Hierbei beziehe ich mich auf den Tagungsband „Unterwegs zur Wissensgesellschaft", entstanden aus Experten-Workshops im Rahmen der „Zukunftsdialoge" des VDI, Verein Deutscher Ingenieure (Hubig 2000). Bei der Nennung von Autoren ohne Jahreszahlen beziehe ich mich auf diesen Band. Wir fragen zunächst nach der Bedeutung von Information. Hierzu hat 1948 Norbert Wiener, von dem der Begriff Kybernetik stammt, den klassischen Satz geprägt: Information ist Information, weder Materie noch Energie. Wenn Information kein naturwissenschaftlicher Begriff wie Masse, Energie, Kraft und Impuls ist, so liegt die Frage nahe, ob Information überhaupt ein Gegenstand der Naturwissenschaften sein kann.

Demzufolge gibt es zwei grundsätzlich verschiedene Informationsbegriffe, einen naturalistischen und einen kulturalistischen. Durch konkurrierende Ansprüche auf Zuständigkeit für den Informationsbegriff ist ein Spannungsfeld zwischen mathematisch-naturwissenschaftlichen und kulturwissenschaftlichen Auffassungen entstanden. Beide bestreiten sich gegenseitig die Zuständigkeit für die Bestimmung von Information (Janich). Nach der naturalistischen Auffassung wird der Informationsbegriff so verstanden, dass seine Bestimmung und Anwendung ausschließlich Gegenstand der Naturwissenschaften ist und mit deren Mitteln erschöpfend erklärt werden kann. Nach kulturalistischer Auffassung verbleibt ein mit naturwissenschaftlichen Mitteln nicht erklärbarer Rest. Denn der Gebrauch von Informationsbegriffen ist mit menschlicher Kommunikation verknüpft, er ist somit ein kulturelles Phänomen.

Information beinhaltet mehr als Daten und Signale. Wissen bedeutet mehr als Information. Man kann Information als strukturierte Daten und Wissen als geronnene Information bezeichnen. Wissen ist so etwas wie Information auf einer höheren Reflexivitätsstufe; Information ist der „Unterschied, der einen Unterschied macht" (Zimmerli).

Der Begriff Wissen wird plastischer, wenn man darlegt, welche Art von Wissen gemeint ist. Was in den Natur- und Ingenieurwissenschaften gelehrt wird, bezeichnen wir als Verfügungswissen. Es ist das Wissen darüber, was ist und was sein kann. Das sagt noch nichts darüber aus, was sein soll. Letzteres Wissen wird Orientierungswissen genannt. Auf Grund der außerordentlichen Dynamik des technischen Wandels (Kapitel 9) und der Diskussionen über die Umsetzung des Leitbildes Nachhaltigkeit (Kapitel 8) kommt dem Orientierungswissen eine immer größere Bedeutung zu. In jüngerer Zeit wird häufig eine dritte Art von Wissen angemahnt, das Transformationswissen genannt wird. Angesichts der bislang unzureichenden Transformationsprozesse in den Ländern der Dritten Welt und in den ehemaligen Staatshandelsländern des Ostblocks ist die Frage immer wichtiger geworden, wie derartige Transformationsprozesse unter Beachtung kultureller, sozialer und wirtschaftlicher Randbedingungen eingeleitet und begleitet werden können.

Der Titel des oben erwähnten Tagungsbandes verwendete den Begriff Wissensgesellschaft. Nahezu unvermeidlich wurde auf dem Workshop auch darüber gesprochen, ob dieser oder ein anderer Begriff das „Neue" in der Gesellschaft prägnant beschreibt. Alternative Begriffe für das, was nach der Industriegesellschaft folgt, lauten: Nachindustrielle Gesellschaft, so Bell (Abschnitt 9.2), Postmoderne Gesellschaft sowie Service-, Dienstleistungs-, Wissenschafts- oder Informationsgesellschaft. Kreibich hat sein bereits 1986 erschienenes Buch „Die Wissenschaftsgesellschaft" genannt (Kreibich 1986). Zimmerli schlägt in dem Tagungsband zwei weitere Begriffe vor, die die Bezeichnung Technologie beinhalten. Denn nach seiner Auffassung unterscheidet sich unsere Gesellschaft von früheren nicht primär dadurch, dass sie auf Wissen begründet ist, sondern dadurch, dass dieses Wissen in einer technologischen Form verfügbar ist. Daher hält er die Begriffe Informationstechnologie- oder Wissenstechnologiegesellschaft für geeigneter. Des Weiteren hält er die Bezeichnung Nichtwissensgesellschaft für angemessen, da es in zunehmendem Maße darum geht, mit der „Information Nichtwissen" umzugehen.

Diese letzte Fragestellung wollen wir noch ein wenig vertiefen. Stellen wir uns das Unbekannte als einen riesigen Ozean vor und unser Wissen als kleine Inseln in diesem Ozean. Mit zunehmendem Wissen werden unsere Wissensinseln größer, aber gleichzeitig wachsen die Küstenlinien und damit die Grenzlinien zu dem Unbekannten. Es ist ein Paradoxon der Wissensgesellschaft, dass mit dem verfügbaren Wissen gleichzeitig auch das Nichtwissen zunimmt. Von daher ist die häufig verwendete Bezeichnung Wissensmanagement eigentlich irreführend. Denn bei Entscheidungsprozessen in Wirtschaft und Politik geht es nicht nur darum, das vorhandene Wissen zu managen, sondern mit Nichtwissen umzugehen und dieses Nichtwissen in Entscheidungsprozesse einzubauen. „Handeln trotz Nichtwissen" (Böschen u. a. 2004) lautet die Herausforderung, es geht um das „Management komplexer Systeme" (Ludwig 2001). In komplexen Systemen gibt es zwischen Wissen und Nichtwissen viele Schattierungen. Es gibt unscharfes und es gibt unsicheres Wissen, was nicht dasselbe ist. Nichtwissen kann bedeuten, dass wir es heute noch nicht wissen, oder dass wir es prinzipiell (?) niemals wissen werden.

Dennoch spielt das Wissensmanagement, also das Management des vorhandenen Wissens in einer Firma, eine zunehmend wichtige Rolle. Es gilt der Satz: Wenn die Firma X wirklich wüsste, was die Firma X weiß, dann wäre sie unschlagbar. Für X können wir jeden beliebigen Global Player einsetzen, etwa Bayer Leverkusen, Siemens oder Volkswagen. Das soll bedeuten, dass das Wissen der Mitarbeiter (die kostbarste Ressource eines Unternehmens) nicht automatisch für das Unternehmen nutzbar ist. Es handelt sich vielfach um verborgenes Wissen (*tacit knowledge*). Wie kann dieses Wissen für das Unternehmen nutzbar gemacht werden? Wie können Unternehmen und Organisationen lernen?

Lernende Organisationen sind „Organisationen, in denen die Menschen kontinuierlich die Fähigkeit entfalten, ihre wahren Ziele zu verwirklichen, in denen neue Denkformen gefördert und gemeinsame Hoffnungen freigesetzt werden und in denen Menschen lernen, miteinander zu lernen" (Senge 1997). Wissensmanagementsysteme leisten mehr als Informationssysteme, die funktional auf bestimmte spezifische Aufgaben zugeschnitten sind. Wissensmanagementsysteme generieren und suchen semantische Informationen; sie strukturieren, analysieren, verteilen, kommunizieren und lehren Wissen. Hier gibt es verschiedene Ansätze, die jeweils in Form einer Rückkopplungsschleife angelegt sind. Da englische Begriffe und englischsprachige Literatur hierbei dominieren, sei die „*Knowledge Supply Chain*" genannt, bestehend aus „*Create, Clarify, Classify, Communicate, Comprehend, Create*". Damit ist die Rückkopplungsschleife geschlossen.

Wir wollen diesen Abschnitt nicht abschließen, ohne den schillernden Begriffen Information und Wissen einen weiteren ähnlich unscharfen Begriff hinzuzufügen, die Bildung. Bildung ist mehr als Wissen, so wie Wissen mehr als Information ist. Bildung bedeutet die Fähigkeit, Wissen in komplexen Systemzusammenhängen zur Identifikation und Lösung von Problemen einsetzen zu können. Bildung ist eine wesentliche Voraussetzung dafür, das Internet selektiv und intelligent für die Beschaffung von Informationen und Daten nutzen zu können. Kurz formuliert ist Bildung das, was übrig bleibt, wenn man alles wieder vergessen hat.

„Alles, was man wissen muss" lautet der Untertitel des Buches „Bildung", verfasst von einem Literaturprofessor (Schwanitz 1999). Das Buch ist gleichermaßen lehrreich wie amüsant und unterhaltend, es stand aus meiner Sicht völlig zu Recht auf Bestsellerlisten. Auch wenn ich mit gewissen Formulierungen überhaupt nicht einverstanden bin. So schreibt Schwanitz in einem kurzen Abschnitt „Was man nicht wissen sollte" geradezu unglaubliche Sätze über die Bedeutung der Naturwissenschaften: „Die naturwissenschaftlichen Kenntnisse werden zwar in der Schule gelehrt; sie tragen auch einiges zum Verständnis der Natur, aber wenig zum Verständnis der Kultur bei … Naturwissenschaftliche Kenntnisse müssen zwar nicht versteckt werden, aber zur Bildung gehören sie nicht".

Diese Äußerungen sind ein klassischer Beleg dafür, dass die Kluft zwischen den „Zwei Kulturen“ (Abschnitt 9.5) nach wie vor besteht. Wenn wir Schwanitz glauben sollen, ist diese Kluft offenbar noch größer geworden. Geradezu unvermeidlich haben diese Äußerungen einen Vertreter der anderen Kultur auf den Plan gerufen. So entstand das Buch „Die andere Bildung“, verfasst von einem Professor für Wissenschaftsgeschichte, der zuvor Mathematik, Physik und Biologie studiert hatte (Fischer 2001). Fischer schreibt zu Beginn: „…reagiere ich etwas gereizt auf literarisch oder künstlerisch versierte Leute, die sich verächtlich über die Naturwissenschaften äußern. Ich ärgere mich vor allem dann, wenn sie erstens nichts von ihnen verstehen, wenn sie zweitens daran nichts ändern wollen, und wenn sie dies drittens auch noch mit leichtfertiger Koketterie zugeben“.

Meine Empfehlung ist eindeutig, lesen Sie beide Bücher. Und wenn Ihnen das noch nicht reicht, dann rate ich zu „Die dritte Kultur, das Weltbild der modernen Naturwissenschaft“ von Brockman, siehe Kapitel 9.

Bislang haben wir nur wenig über Inhalte gesprochen. Nun wollen wir uns kurz der Frage zuwenden, was tatsächlich über die neuen Medien kommuniziert wird. Die Resultate von Analysen über die Internetnutzung sind eindeutig. Die Informationen aus dem Internet werden überwiegend für Entertainment genutzt. Hierfür hat sich der Begriff Infotainment eingebürgert. Darunter fallen Sport, Spiele und Sex, die den Hauptanteil der Internetnutzung ausmachen. Nur ein geringer Anteil der über das Internet verbreiteten Informationen wird für wirtschaftliche, politische und wissenschaftliche Zwecke genutzt. Aber dieser kleine Anteil hat ausgereicht, das Phänomen Globalisierung anzustoßen, dem wir uns in Kapitel 11 zuwenden werden.

10.5 Vernetzung als Syndrom

Der Begriff Vernetzung ist ebenso wie der Begriff Netzwerk fast selbsterklärend. Es gibt hierzu eine umfangreiche Literatur aus dem Blickwinkel unterschiedlicher wissenschaftlicher Disziplinen. Beispielhaft und mit Bezug zu diesem Abschnitt seien die Darstellungen von Barabasi (2002), Berg (2005), Cebrian (1999), Faßler (2001) sowie Mattern (2003) genannt. Der Begriff Syndrom in der Überschrift bedarf einer Erklärung.

Bei dem Übergang von der Industrie- in die Informationsgesellschaft handelt es sich um ein Phänomen des „Globalen Wandels“. Derartige Probleme lassen sich nur beschreiben und behandeln, wenn der dazu gewählte Ansatz die Komplexität der Welt widerspiegelt, wenn er der Vernetzung unserer Welt Rechnung trägt. Der Wissenschaftliche Beirat der Bundesregierung „Globale Umweltveränderungen“ hat zur Behandlung von Fragestellungen des Globalen Wandels das Syndrom-Konzept vorgeschlagen (WBGU 1996). Der Syndromansatz geht über die bisherige naturwissenschaftliche Umweltforschung hinaus, indem er ökologische, ökonomische und sozio-kulturelle Aspekte des Globalen Wandels berücksichtigt.

Syndrome sind typische funktionale Muster der Verknüpfung von Entwicklungen, von Trends. Dabei bilden die Trends die Grundlage für die Beschreibung der

Entwicklung des Systems Erde, und nicht etwa einzelner Variablen. Der Globale Wandel wird über Trends (= Zustandsänderungen wie etwa Bevölkerungswachstum, medizinischer Fortschritt u. Ä.) und deren Verknüpfungen beschrieben. Damit ist jede Art von Wechselwirkung, von Synergie, von positiver oder negativer Rückkopplung gemeint.

Die Trends und ihre Wechselwirkungen lassen sich als ein qualitatives Netzwerk darstellen, dem globalen Beziehungsgeflecht. Dieses kann die vom WBGU vorgeschlagenen neun Sphären, von der Biosphäre, der Wirtschaft, der psychosozialen Sphäre, der gesellschaftlichen Organisation bis hin zur Sphäre Wissenschaft/Technik, in unterschiedlicher Weise berühren. Ziel ist es, die globalen Krankheitsbilder der Erde zu identifizieren (die Syndrome), um daraus insbesondere Prioritäten bei der Auswahl von Forschungsthemen vorzuschlagen nach den Kriterien globale Relevanz, Dringlichkeit, Wissensdefizit, Verantwortung, Betroffenheit, Forschungs- und Lösungskompetenz.

Das Syndrom-Konzept ist primär ökologisch ausgerichtet. Es hat sich an der modernen Ökosystemforschung orientiert. Diese lässt sich dadurch charakterisieren, dass die klassische Standarddefinition „Ökologie ist die Lehre von den Beziehungen der Organismen in ihrer Umwelt“ ersetzt wurde durch „Ökologie ist die Lehre von den Mustern des Gleichgewichts der Natur“. Die Betonung liegt dabei auf dem Begriff Muster statt Sammlung isolierter Fakten. Ebenso will das Syndrom-Konzept sich nicht an Einzelparametern, sondern an funktionalen Mustern orientieren.

Das Syndrom-Konzept bezieht seine Überzeugungskraft aus sich selbst heraus. Die 16 vom WBGU vorgeschlagenen Syndrome sind anschaulich und griffig, dies liegt nicht zuletzt an der Wahl der Bezeichnungen. Beispielhaft seien einige Syndrome genannt, die ihrerseits in drei Gruppen unterteilt werden. Zu der Syndromgruppe „Nutzung“ gehören das „Sahel-Syndrom“ (landwirtschaftliche Übernutzung marginaler Standorte, siehe hierzu auch Bild 2.14 in Abschnitt 2.4) sowie das „Dust-Bowl-Syndrom“ (nichtnachhaltige industrielle Bewirtschaftung von Böden und Gewässern). Die gesellschaftlichen Auswirkungen des Dust-Bowl-Syndroms hat John Steinbeck 1939 in seinem Roman „Früchte des Zorns“ beschrieben. Zu der Syndromgruppe „Entwicklung“ gehören das „Aral-See-Syndrom“ (Umweltschädigung durch zielgerichtete Naturraumgestaltung im Rahmen von Großprojekten) sowie das „Suburbia-Syndrom“ (Landschaftsschädigung durch geplante Expansion von Stadt- und Infrastrukturen). Zu der Syndromgruppe „Senken“ gehören das „Hoher-Schornstein-Syndrom“ (Umweltdegradation durch weiträumige diffuse Verteilung von meist langlebigen Wirkstoffen) sowie das „Altlasten-Syndrom“ (lokale Kontamination von Umweltschutzgütern an vorwiegend industriellen Produktionsstandorten).

Das Syndrom-Konzept finde ich deshalb so interessant, weil es nach unten und nach oben hin andockfähig ist. Es stellt ein Bindeglied zwischen lokalen Fallstudien (der Mikroebene) und der globalen Ökosphäre (der Makroebene) sowie den Weltmodellen dar. Berg verwendet und erweitert das Syndromkonzept in seiner Dissertation mit dem Titel „Vernetzung als Syndrom“ (Berg 2005). Hierauf werde ich mich im Folgenden beziehen.

Die Rede von Netzwerken und Vernetzung kann geradezu paradigmatisch auf zahlreiche andere Bereiche übertragen werden. Straßen-, Bahn- und Flugnetze dienen dem physischen Transport von Menschen und Gütern. Unternehmen sind ebenso vernetzt wie wissenschaftliche Einrichtungen. Das gilt in gleicher Weise für politische und gesellschaftliche Akteure jedweder Art. Das Netzwerk Katholische Kirche ist 2000 Jahre alt. Wenn wir heute Anlass haben, von einer neuen Qualität der Vernetzung zu sprechen, dann hat dies technische Gründe, die wir kurz nachzeichnen wollen.

Sehr häufig ist der Krieg der Vater aller Dinge. Hier war es die Angst vor einem Krieg. 1959 gab die RAND Corporation, die 1946 als Denkfabrik in den USA gegründet wurde, die Entwicklung eines Kommunikationssystems in Auftrag, das auch nach einem nuklearen Militärschlag der Sowjetunion noch funktionsfähig bleiben sollte. Die Vorarbeiten hierzu wurden von der ARPA (*Advanced Research Projects Agency*, gegründet vom US-Militär) aufgegriffen, die benachbarte Rechner miteinander vernetzen wollte, um teure Rechenzeiten zu vermeiden. Die ersten Knoten dieses neuen Netzes ARPAnet wurden 1969 in verschiedenen kalifornischen Forschungszentren eingerichtet. Das war die eigentliche Geburtsstunde des Internet. 1973 wurde an der Universität Stanford das Kommunikationsprotokoll TCP (*transmission control protocoll*) entwickelt, das mit der Erweiterung um das Internet-Protokoll (IP) bis heute als TCP/IP verwendet wird. 1974 wurde von den Bell-Laboratorien das Betriebssystem Unix entwickelt, das zur *lingua franca* der Informatik wurde. Wenig später wurde ein Programm entwickelt, mit deren Hilfe man zwischen verschiedenen Unix-Rechnern Dateien austauschen konnte. Daran waren sowohl Bell als auch Studenten beteiligt. Damit gab es neben ARPAnet ein zweites Netzwerk. Beide Netzwerke konnten 1980 mit Hilfe eines von Studenten aus Berkeley entwickelten Programms miteinander vernetzt werden. In der Folge verschmolzen beide Netze miteinander. Mit der Zeit wuchsen immer mehr lokale und regionale Netzwerke zusammen und bildeten schließlich das Internet.

Mit dem Begriff Internet wird umgangssprachlich alles gemeint, was die Online-Welt ausmacht. Das sind Computer, Router, Verbindungskabel und das WWW (*world wide web*). Genau genommen ist das Internet die physikalische Struktur der Verbindung zwischen Computern, und das WWW die Gesamtheit von Dokumenten, die über „Links“ miteinander verbunden sind. Das WWW hat seinen Ursprung in einer Entwicklung am CERN in Genf. Dort wurde nach einer Möglichkeit gesucht, Dokumente zwischen Computern auszutauschen. Das bis heute verwendete Ergebnis sind die URLs (*uniform resource locators*), mit Hilfe derer man zielgenau auf einzelne Seiten zugreifen kann. Der erste WWW-Browser wurde 1991 vom CERN ins Netz gestellt.

Das WWW hat sich innerhalb eines Jahrzehnts zu einem riesigen weltumspannenden Datennetz entwickelt. Ein wesentlicher Grund ist darin zu sehen, dass zu Beginn des WWW die PC-Dichte schon recht hoch war. Während das Internet und das WWW zu Beginn vorwiegend von Universitäten und Forschungseinrichtungen genutzt wurden, entstanden in den frühen 90er Jahren einer Reihe von Internet-Providern, die Zugang zum Internet auf kommerzieller Basis anboten.

Das Internet als ein Phänomen der Massengesellschaft ist erst gut 10 Jahre alt, so alt wie das WWW. Der Anteil der Internetnutzer lag 1990 in allen Ländern unter 1 % der Bevölkerung. Schon 2001 lag der Anteil in vielen Industrieländern bei 40 bis 60 %, der Durchschnitt lag in den OECD-Ländern bei 27 und in den Nicht-OECD-Ländern bei etwa 1 %. Die außerordentlich rasche Ausbreitung in den OECD-Ländern hatte mehrere Gründe. Leistungsfähige und kostengünstige PCs standen zur Verfügung, dadurch konnte ein nennenswerter Teil der Bevölkerung „ins Netz gehen". Zudem reichte das flächendeckend ausgebaute Telefonnetz (zunächst) vollkommen aus, um (über einen Provider) Zugang zum weltweiten Netz zu gewähren. Die Technologien der Online-Dienste konnten sich einfach auf das bestehende Telefonnetz draufsatteln.

Der wesentliche Teil der Arbeit von Berg liegt in dem Herausarbeiten der Risiken und Chancen von Vernetzungsprozessen für eine nachhaltige Entwicklung. Einige exemplarische Ergebnisse seien hier kurz wiedergegeben. Allgemeine Gefahren liegen darin, dass Vernetzungsprozesse ohne eine zentrale Regulierung stattfinden. Daher gibt es auch niemanden, der bei Problemen eingreifen kann. Wenn niemand verantwortlich ist, kann es auch keine Zuschreibung von Verantwortung geben. Berg zählt zahlreiche Gefahren auf, die sich insbesondere durch die Beschleunigung wirtschaftlicher Prozesse ergeben können. Darauf möchte ich hier nicht eingehen, sondern vielmehr auf die Chancen von Vernetzungsprozessen für mehr Nachhaltigkeit zu sprechen kommen.

Netzwerke können sich gut an lokale Bedingungen anpassen. Die Vernetzung des weltweiten Handels wird zu einer Angleichung der Standards führen, was sich positiv auf die Nachhaltigkeit von Produkten und Prozessen auswirken kann. In einer Netzwerkgesellschaft werden zivilgesellschaftliche Gruppen mehr Einfluss erlangen. Insbesondere sind viele NGOs um Nachhaltigkeitsziele bemüht. Ihr verstärkter Einfluss kann das allgemeine Bewusstsein verändern, Druck auf Unternehmen und Politik ausüben und damit die Zivilgesellschaft stärken. Ein wesentlicher Punkt liegt darin, dass das Funktionieren von Netzwerken wie auch das Bemühen um Nachhaltigkeit an eine Reihe ähnlicher Bedingungen geknüpft ist. Vertrauen, Offenheit und Transparenz sind Merkmale, die Netzwerke benötigen, um operieren zu können. Flache Hierarchien und Wechselseitigkeit sind Eigenschaften vieler Netzwerke, sie können aber auch Innovationsfähigkeit, Teamgeist und Zufriedenheit fördern. Netzwerke haben dezentrale Strukturen. In vielen Ländern ist die Dezentralisierung politischer Macht ein Mittel, auf lokale Gegebenheiten und Krisen besser reagieren zu können, Korruption zu bekämpfen, mehr Transparenz und Bürgernähe und verbesserte Partizipationsmöglichkeiten zu erreichen. Spezielle Chancen bietet die Informations- und Kommunikationstechnik (IK-Technik) im Hinblick auf eine Dematerialisierung der Prozesse in Wirtschaft und Verwaltung. Durch Telearbeit und ähnliche Anwendungen können Arbeitsprozesse neu organisiert, Fahrten vermeidbar gemacht, Behinderte integriert und eine bessere Vereinbarkeit von Familie und Beruf erreicht werden. Hinzu kommen Chancen, die mit E-Learning, E-Health, E-Government und E-Democracy beschrieben werden können. Vernetzung ist in gewisser Weise ein Meta-Syndrom, da es für viele andere Syndrome eine entscheidende Voraussetzung ist.

10.6 Allgegenwärtige Computer

Dieser letzte Abschnitt soll ein weiterer Beleg dafür sein, dass sich die Informationsgesellschaft radikal von der Industriegesellschaft unterscheiden wird. Hier beziehe ich mich auf den Tagungsband „Total vernetzt – Szenarien einer informatisierten Welt" (Mattern 2003). Keine andere Technologie hat in der Geschichte derart weitreichende und gravierende Auswirkungen auf die Gesellschaft gehabt wie die IK-Technik. Und keine andere Technologie ist so rasch in die Gesellschaft diffundiert. Faxgeräte, PCs, Mobiltelefone und das Internet haben nicht nur die Arbeits-, sondern auch die Lebenswelt grundlegend verändert.

Am Beginn der Entwicklung war die Informationstechnik auf speziell dafür vorgesehene Computer beschränkt. Schätzungen von Experten bezüglich der Frage, wie viele Computer vermutlich weltweit benötigt würden, waren rückblickend in geradezu lächerlicher Weise falsch. Denn Computer hielten Einzug in immer mehr technische Geräte, in Radios, Waschmaschinen, Fotoapparate, Camcorder, GPS- und Navigationsgeräte sowie Mobiltelefone, von den vielen Prozessoren in modernen Automobilen ganz zu schweigen. Dieser Trend setzt sich ungebrochen fort, dadurch werden immer mehr Alltagsgegenstände „intelligent" oder „smart", wie der gängige Ausdruck lautet. Kommunikation lief zu Beginn stets von Mensch zu Mensch, etwa per Telefon. Heute läuft sie zwischen Mensch und Maschine per Internet. Der nächste Schritt wird die Kommunikation von Maschinen mit anderen Maschinen sein, ohne dass ein Mensch eingreift.

Beide Entwicklungen führten zu dem, was heute mit dem Begriff des „*Ubiquitous Computing*" bezeichnet wird, den allgegenwärtigen miteinander vernetzen Rechnern in unserer Welt. Sei es in Alltagsgegenständen, in Gebäuden, auf Straßen oder in Zukunft gar in uns selbst. Der Fantasie in Bezug auf die Anwendung sind fast keine Grenzen gesetzt. Häufig zitierte Beispiele sind der Kühlschrank, der selbst den Nachschub ordert, oder Autos, die einander selbsttätig ausweichen, um einen Unfall zu vermeiden. Der Begriff „*Ubiqutous Computing*" wurde Anfang der 1990er Jahre von Mark Weiser geprägt, der bis zu seinem frühen Tod 1999 am Forschungszentrum von Xerox in Palo Alto tätig war. Weiser formulierte: „*In the 21st century the technology revolution will move into the everyday, the small and the invisible*".

Die treibende Kraft hinter dem stetigen technischen Fortschritt im Bereich der allgegenwärtigen Computer ist die Mikroelektronik. Bei ihr scheint der ständige Fortschritt fast zu einer Selbstverständlichkeit geworden zu sein. Nach wie vor gilt offenbar das bereits Mitte der 1960er Jahre von Gordon Moore, einem der Gründer der Firma Intel, formulierte und nach ihm benannte „Moore'sche Gesetz". Es besagt, dass sich die Leistungsfähigkeit von Computern etwa alle 18 Monate verdoppelt. Eine ähnlich hohe Steigerung der Effizienz ist auch bei der Speicherkapazität und der Kommunikationsbandbreite zu beobachten. Umgekehrt fällt der Preis für mikroelektronisch realisierte Funktionalität bei gleicher Leistungsfähigkeit mit der Zeit radikal. Der Trend, dass Prozessoren und Speicherkomponenten stets wesentlich leistungsfähiger, kleiner und billiger werden, hält nach wie vor an. Darauf basieren viele mit dem Begriff „*Ubiquitous Computing*" verbundene Zukunftserwartungen.

Neben der Mikroelektronik gibt es eine zweite treibende Kraft, die zur Allgegenwart und zum gleichzeitigen „Verschwinden" des Computers beiträgt. Mit Verschwinden ist der Prozess der Einbettung des Computers in technische Systeme gemeint, der sie unsichtbar werden lässt. Hierzu tragen die Erfolge der Mikrosystemtechnik und vermehrt der Nanotechnik bei, die zu außerordentlich kleinen und integrationsfähigen Sensoren führen, die unterschiedliche Parameter der Umwelt aufnehmen können. Neue Sensoren reagieren nicht nur auf die klassischen Größen Temperatur, Beschleunigung oder Licht, sondern sie können auch Gase und Flüssigkeiten analysieren oder generell den sensorischen Input vorverarbeiten. Dadurch sind sie in der Lage, Muster wie Fingerabdrücke oder Gesichtsformen zu erkennen.

Mögliche Einsätze von Systemen mit allgegenwärtigen und unsichtbaren Computern sind vielfältig, sie können wie stets bei der Technik Segen oder Fluch bedeuten. Positive Auswirkungen sind zu erwarten, wenn sich durch in die Umwelt eingebrachte Miniatursensoren ökologische Effekte wesentlich besser und flächendeckender als bisher ermitteln und kontrollieren lassen. Statt vieler Experimente in einem Labor kann es dann, quasi umgekehrt, möglich sein, extrem miniaturisierte Beobachtungsinstrumente beim Experiment in der Natur selbst anzubringen. Dadurch können Ökosysteme sehr viel leichter und umfassender beobachtet werden. Ähnliches gilt auch für gesundheitlich relevante Parameter, die direkt am menschlichen Körper gemessen (und weitergeleitet) werden können.

Andererseits sind durch diese Technologien umfassende Überwachungsmöglichkeiten im weitesten Sinne möglich. Das ist nicht nur negativ zu sehen, wenn man an die „Kontrolle" orientierungsloser und verwirrter Personen denkt. Aber der Missbrauch liegt auf der Hand. Man stelle sich einmal vor, Diktatoren wie Hitler oder Stalin hätten über derartige Kontrollmöglichkeiten verfügt.

Aus diesem Grund ist einer der meist genannten Kritikpunkte an der Vision der allgegenwärtigen und unsichtbaren Computer der drohende Verlust der Privatsphäre. Damit sind eine ganze Reihe gesellschaftlicher, ethischer und rechtlicher Fragen verbunden. Das Problem des Datenschutzes und der Sicherung der Privatsphäre stellt sich zwangsläufig bei zahllosen in die Umwelt eingebrachte Mikrosensoren, die über das Internet ihre Daten beliebig weiter melden können. Navigationssysteme, die den Verkehrsfluss auf einer gefahrenen Route melden und anderen Autofahrern Informationen geben, sind eine gute Einrichtung. Aber sie erlauben im Missbrauchsfall auch, gefahrene Routen zu verfolgen.

Die Gesellschaft wird sich damit auseinander setzen müssen, dass sich in einer von der Informationstechnik geprägten Welt der allgegenwärtigen und unsichtbaren Computer die Maßstäbe verschieben. Während Kommunikation früher Zeit brauchte, wird diese heute in Echtzeit erledigt. Kopieren war früher langwierig und schwierig, heute sind alle Informationen leicht zu vervielfachen. Was früher vergessen wurde, bleibt heute für immer gespeichert. Was früher privat war, ist heute öffentlich geworden.

„*Ubiquitous Computing*" ermöglicht in völlig neuer Weise die Überschreitung von herkömmlichen Grenzen sowie die Realisierung neuer Vernetzungen und neuen Funktionstransfers. Die Grenzüberschreitungen betreffen räumliche und zeitliche ebenso wie soziale Grenzen. Auch schon früher wurden durch Fortschritte in den Kommunikationstechniken stets Grenzen überschritten. Die heutigen Grenzüberschreitungen haben eine ganz andere Qualität. Das wird bei der zweiten Überschreitung besonders deutlich, einer neuen Art des Funktionstransfers. Dieser hat stets eine Entlastungsfunktion, er soll unser Leben einfacher und sicherer machen. Heutige Assistenzsysteme in den Autos wie ABS, ESP oder gar Abstandsregeltempomaten führen zu einer weitgehenden Entlastung der Fahrer, aber der Fahrer ist nach wie vor Herr des Geschehens. Heute ist es technisch ohne weiteres möglich, dass ein Auto selbsttätig beschleunigt, verzögert, ausweicht oder Kurven fährt, ohne dass der Fahrer eingreifen können muss. Flugzeuge werden schon heute weitgehend automatisch geflogen, man nennt das „*fly by wire*". Nicht wenige Zusammenstöße auf See werden darauf zurückzuführen sein, dass Schiffe GPS-gesteuert automatisch ihren Kurs halten.

Wir müssen uns bewusst machen, zu welcher Abhängigkeit von der Technik die Übertragung von immer mehr Kontrollfunktionen des täglichen Lebens auf automatisch agierende Systeme führen soll und führen darf. Wenn eine Vielzahl von Entscheidungen ohne unser Zutun im Hintergrund abläuft, wie können wir dann sicher sein, dass alles ordnungsgemäß funktioniert? Wie kann gewährleistet werden, dass bei Fehlfunktionen rechtzeitig (von einem allgegenwärtigen und unsichtbaren Computer natürlich) eingegriffen wird? Wer hätte wirklich Vertrauen in den Straßenverkehr, wenn die Autos automatisch gelenkt würden? Zahlreiche Rückrufaktionen der Automobilhersteller, die hohe Garantie- und Kulanzkosten für die Beseitigung von Elektronikproblemen aufzuwenden haben, wirken nicht beruhigend.

Eine Technikanalyse kann nur die Frage beantworten, was in Zukunft technisch möglich sein wird oder sein kann. Die Frage, was die Zukunft an technischen Realisierungen bringen darf, muss durch gesellschaftliche Prozesse beantwortet werden. Hier bietet sich das Instrument Technikbewertung an, dass verschiedene Möglichkeiten der Partizipation bietet, siehe Abschnitt 8.3.

Literatur

Agricola, G. (1994) *De re metallica.* Dtv-Reprint der vollständigen Ausgabe nach dem lateinischen Original von 1556, dtv, München

Barabasi, A.-L. (2002) *Linked.* Perseus, Cambridge Mass.

Berg, C. (2005) *Vernetzung als Syndrom – Risiken und Chancen von Vernetzungsprozessen für eine nachhaltige Entwicklung.* Campus, Frankfurt am Main; Dissertation TU Clausthal (2004)

Castells, M. (2001) *Das Informationszeitalter I, Die Netzwerkgesellschaft.*

Castells, M. (2002) *Das Informationszeitalter II, Die Macht der Identität.*

Castells, M. (2003) *Das Informationszeitalter III, Jahrtausendwende.* Leske und Budrich, Opladen

Cebrian, J. L. (1999) *Im Netz – die hypnotisierte Gesellschaft.* DVA, Stuttgart

Faßler, M. (2001) *Netzwerke.* UTB W. Fink, München

Fischer, E. P. (2001) *Die andere Bildung.* Ullstein, München
Globale Trends 2002 (2001) Fischer, Frankfurt am Main
Hubig, C. (Hrsg.) (2000) *Unterwegs zur Wissensgesellschaft.* Edition Sigma, Berlin
Kelly, K. (1997) *Das Ende der Kontrolle.* Bollmann, Mannheim
Kelly, K. (1999) *NetEconomy. Zehn radikale Strategien für die Wirtschaft der Zukunft.* Econ, Düsseldorf
Kreibich, R. (1986) *Die Wissenschaftsgesellschaft.* Suhrkamp, Frankfurt am Main
Ludwig, B. (2001) *Management komplexer Systeme.* Edition Sigma, Berlin; Habilitationsschrift TU Clausthal (2000)
Mattern, F. (Hrsg.) (2003) *Total vernetzt.* Springer, Berlin
Negroponte, N. (1995) *being digital.* A. A. Knopf, New York
Rifkin, J. (2000) *Access.* Campus, Frankfurt am Main
Schwanitz, D. (1999) *Bildung.* Eichborn, Frankfurt am Main
Senge, P. (1996) *Die fünfte Disziplin. Kunst und Praxis der lernenden Organisation.* Klett-Cotta, Stuttgart
WBGU (1996) *Welt im Wandel: Herausforderung für die deutsche Wissenschaft.* Springer, Berlin

Die Bücher von Kelly sowie Negroponte gelten schon heute als Klassiker, Barabasi wird zu den „neuen" Klassikern gezählt. Daneben empfehle ich Cebrian (ein Bericht an den Club of Rome), Faßler und Berg sowie die Sammelbände von Hubig und Mattern. Das dreibändige Werk von Castells ist eine Fundgrube, aber mit seinen insgesamt 1500 Seiten für eine Empfehlung nur bedingt geeignet.

11. Globalisierung: Lösung oder Problem?

oder Gewinner und Verlierer

An den Scheidewegen des Lebens stehen leider keine Wegweiser.
(C. Chaplin)

„Politik als Ritual" lautet der Titel eines Buches, dessen englischer Originaltext erstmalig 1964 veröffentlicht wurde (Edelman 1990). Es trägt den Untertitel „Die symbolische Funktion staatlicher Institutionen und politischen Handelns". Darin erläutert der Autor, wie Politiker und politische Institutionen durch geschickte Selbstdarstellung die wahren Zustände verschleiern. Der scheinbar mündige Bürger hat, so Edelman, in Wirklichkeit auf die Politik kaum Einfluss. Es geht darum, auf welche Weise Politik beim Bürger akzeptabel gemacht wird.

Politik als Ritual arbeitet mit Symbolen, wobei zwei Arten von Symbolen unterschieden werden können. *Verweisungssymbole* markieren einen klar erkennbaren Tatbestand. So werden politische Maßnahmen etwa mit dem Hinweis auf die Inflationsrate, die Arbeitslosenquote, die Pisa-Studie oder den ansteigenden Kohlendioxidgehalt in der Atmosphäre begründet.

Subtiler sind dagegen *Verdichtungssymbole*. Sie wecken Emotionen, die mit bestimmten Situationen verknüpft sind: Patriotismus, das Gedenken an vergangenen Glanz oder einstige Schmach, die Aussicht auf künftige Größe. Verdichtungssymbole bündeln keine Fakten, sondern Emotionen (Ängste, Hoffnungen, Erwartungen, Befürchtungen oder Sehnsüchte) zu einem einzigen Zeichen. Wo Verdichtungssymbole verwendet werden, findet eine Überprüfung an der Realität kaum statt. Die „Gelbe Gefahr" war ein Verdichtungssymbol früherer Jahre. Der Kalte Krieg hat in nahezu idealer Weise die Verdichtungssymbole Klassenfeind, Imperialismus oder Kommunismus als Teufelswerk am Leben gehalten. Die Bezeichnungen hingen davon ab, auf welcher Seite des Eisernen Vorhangs (auch ein Verdichtungssymbol) der Betrachter sich befand. Verdichtungssymbole jüngerer Zeit, geprägt in den USA, lauten Schurkenstaaten, Achse des Bösen oder Allianz der Gutwilligen. Entwicklungsländer verwenden in politischen Diskussionen gerne die Verdichtungssymbole Neokolonialismus oder Neoimperialismus.

In dem Vorwort zur Neuausgabe bezeichnet Edelman die klassische Unterscheidung von Verweisungs- und Verdichtungssymbolen als anfechtbar. Er bezweifelt, ob es überhaupt Verweisungssymbole gibt. Denn jedes Symbol muss zwangsläufig, für verschiedene Menschen in unterschiedlicher Weise, ein ganzes Spektrum von Gefühlen und Ansichten vermitteln. Denn nicht die Fakten zählen, sondern nur die Meinung, die wir von den Fakten haben!

Globalisierung ist *das* Verdichtungssymbol der heutigen Zeit schlechthin. Globalisierung ist ebenso unscharf wie der Begriff Nachhaltigkeit, aber weitaus emotionsgeladener. Kaum ein anderes Verdichtungssymbol wird mit derart unterschiedlichen Deutungsmustern belegt wie die Globalisierung. Bedeutet Globalisierung ein besseres Leben für alle, ein besseres Leben für wenige, den „Terror der Ökonomie" (Forrester 1997), den Abschied vom sozialen Konsens, den endgültigen Triumph oder die Selbstzerstörung des Kapitalismus oder gar den Untergang des Abendlandes? Laufen wir mit unseren politischen und sozialen Systemen in eine „Globalisierungsfalle" (Martin, Schumann 1996), in eine weitere Zivilisationsfalle? Ist Globalisierung Chance oder Bedrohung, schicksalhaft und unvermeidbar oder gestaltbar, nur ein ökonomisches Phänomen, nur eine Neuauflage der Standortdebatte oder letztlich ein Synonym für die *eigentliche* Frage: Wie werden und wie wollen wir morgen leben?

Für alle Äußerungen lassen sich Belege in der stark angewachsenen Literatur zum Thema Globalisierung finden. Angesichts des Megathemas Globalisierung, das in vielfältiger Weise unsere Arbeits- und Lebenswelt verändern wird oder schon verändert hat, ist es nicht verwunderlich, dass sich hierzu neben Ökonomen auch Vertreter anderer Disziplinen wie der Soziologie, Politologie, Philosophie und Theologie sowie verschiedene gesellschaftliche Gruppierungen aus dem Kreis der NGOs (z.B. *attac*) äußern. Am Ende dieses Kapitels werde ich aus der Vielzahl der Bücher zu diesem Thema einige aufführen und charakterisieren, welchem Lager (der Befürworter oder Gegner der Globalisierung) sie zuzuordnen sind.

Aufgrund der divergierenden Auslegungen und unterschiedlichen Deutungsmuster verlangt die Behandlung dieses Themas eine besondere Sensibilität. Bei der Formulierung der folgenden Abschnitte habe ich mich jeweils an mir charakteristisch erscheinenden Darstellungen orientiert. Ich beginne mit der „Geschichte der Globalisierung" (Osterhammel, Petersson 2003), einer abgewogenen und neutralen Beschreibung aus historischer Sicht. Bei der Fragestellung „Was ist Globalisierung?" (Beck 1997) lehne ich mich an eine sozialwissenschaftliche Analyse an. Sozialwissenschaftler haben die Globalisierung vor den Historikern thematisiert, und sie neigen (wie in ihrer Zunft üblich) zu kraftvollen Formulierungen. Danach folgt eine philosophische Betrachtung zu dem Problem „Demokratie im Zeitalter der Globalisierung" (Höffe 1999). Bei der Behandlung der „Facetten der Globalisierung" (Steger 1999 a) und der Frage „Globalisierung gestalten" (Steger 1999 b) steht die ökonomische Sichtweise im Vordergrund. Stellvertretend für die Gegner der Globalisierung werde ich alsdann die kritische Analyse „Die Globalisierungsfalle" (Martin, Schumann 1996) behandeln und weitere (kritische und weniger kritische) Literatur anführen. Bei einer derartigen Vorgehensweise sind Wiederholungen unvermeidlich. Ich möchte damit deutlich machen, worin die Autoren übereinstimmen (in den Fakten), worin ihre Ansichten mehr oder weniger stark auseinander gehen (in den Folgen), und dass die Antworten auf die Frage nach der Gestaltung von Globalisierung in extremer Weise auseinander klaffen.

11.1 Geschichte der Globalisierung

Der Begriff Globalisierung ist zunächst ein Begriff der Gegenwartsdiagnose. Er hat seit den 1990er Jahren eine erstaunliche Karriere erlebt. Wenn man den Zeitgeist der letzten Jahrhundertwende auf den Punkt bringen will, dann gibt es zu dem Begriff Globalisierung keine Alternative. Er gibt unserer Epoche einen Namen. Die Veränderungen der Welt, insbesondere seit der industriellen Revolution, deuten Historiker schon seit längerer Zeit mit weit gefassten Prozessbegriffen. Analog zu den bekannten „Ismen" Liberalismus und Sozialismus sowie Feudalismus, Nationalismus, Kolonialismus und Imperialismus werden die Prozessbegriffe als „Ierungen" bezeichnet: Industrialisierung, Rationalisierung, Demokratisierung, Säkularisierung, Urbanisierung, Bürokratisierung, Individualisierung sowie Modernisierung. Modernisierung ist ein Metabegriff zur Bündelung der genannten Einzelprozesse.

Es scheint so zu sein, dass Globalisierung sich für einen Platz unter den Makroprozessen der modernen Welt qualifiziert hat. Damit wäre das Deutungsrepertoire der Geschichtswissenschaft durch einen plastischen Begriff bereichert worden. Es wäre dann eine breite Lücke gefüllt, sofern Globalisierung sich als belastbare Wortschöpfung unter den großen Entwicklungsbegriffen erweisen würde. Dass aber überhaupt eine solche Lücke existiert, ist der Ausgangspunkt der Analysen von Osterhammel und Petersson (2004), auf die ich mich in diesem Abschnitt beziehe. Dabei versuchen die Autoren, aus der Perspektive von Globalisierung einen neuen Blick auf die Vergangenheit zu werfen.

Bei den meisten Analysen zur Globalisierung, sowohl aus Sicht ihrer Befürworter und ihrer Gegner, spielen die Ausweitung, Verdichtung und Beschleunigung weltweiter (Wirtschafts-)Beziehungen eine zentrale Rolle. Ein allgemeines Einverständnis unter den Autoren der verschiedenen Richtungen liegt in der Annahme, dass Globalisierung die Bedeutung und damit die Handlungsfähigkeit des Nationalstaates schwächt. Das Machtverhältnis zwischen Staat und Markt verschiebt sich zu Gunsten des Letzteren. Die Nutznießer dieser Entwicklung seien multinationale Konzerne (die Global Player), die sich für ihre Aktivitäten (in Forschung, Entwicklung und Produktion) ohne Rücksicht auf ihr jeweiliges Ursprungsland weltweit die „günstigsten" Standorte aussuchen könnten. Dies betrifft nicht nur die Kosten, sondern auch Sozial- und Umweltstandards sowie Rechtsvorschriften bei brisanten Forschungsfeldern wie etwa der Gentechnik. Dadurch würde der Handlungsspielraum nationalstaatlicher Regierungen eingeschränkt. Dies betrifft einerseits wirtschaftspolitische Einflussmöglichkeiten und andererseits den Zugang zu Ressourcen, den Steuern. Dadurch würde die sozialstaatliche Daseinsvorsorge abgebaut und gleichzeitig die Legitimität des Staates gemindert. Dies bedeutet aus Sicht neoliberaler Globalisierungsbefürworter einen Gewinn an persönlicher Freiheit und Selbstverantwortung, für Globalisierungsgegner bedeutet das den Einstieg in die Anarchie, von dem nur die Starken profitieren. Die Untergrabung der äußeren Souveränität des Nationalstaates und seines inneren Gewaltmonopols und Steuerungsvermögens ist eines der zentralen Themen der Sozialwissenschaften, siehe Abschnitt 11.2.

Des Weiteren herrscht Einigkeit über ein zweites Merkmal von Globalisierung, ihr Einfluss auf die „Kultur". Angetrieben durch die IK-Technologien, siehe Kapitel 10, und die weltweit operierende Kulturindustrie des Westens findet eine kulturelle Globalisierung statt. Das führte bislang jedoch nicht unbedingt, wie vielfach zunächst angenommen wurde, zu einer Homogenisierung in Richtung amerikanischer Massenkultur („McDonaldisierung") auf Kosten tradierter Vielfalt, denn gleichzeitig wurden gegenläufige Tendenzen sichtbar. Aus dem Protest gegen die Globalisierung erhielten die Verteidiger lokaler Kulturen und Identitäten neuen Auftrieb. Die Globalisierung hat somit eine Regionalisierung und Lokalisierung von „Kultur" verstärkt, wofür der Begriff „Glokalisierung" geprägt wurde.

Ein drittes Grundmerkmal der Globalisierung betrifft die Verdichtung von Raum und Zeit. Waren und Menschen können heute rasch und preiswert große Distanzen zurücklegen. Das gilt in besonderem Maße für Informationen. Schon das Telefon ermöglichte eine Verdichtung des Raumes, die Kommunikation war jedoch noch an Gleichzeitigkeit gebunden. Die Kommunikation per E-Mail über das Internet hat sowohl zu einer räumlichen wie auch zeitlichen Verdichtung („*space-time-compression*") geführt und damit eine gemeinsame Gegenwart und ein virtuelles Miteinander geschaffen. Damit waren die Voraussetzungen für weltweite Netze, Systeme und soziale Beziehungen geschaffen, innerhalb derer die effektive Distanz wesentlich geringer ist als die räumliche und zeitliche. Die entscheidende Ursache hierfür ist die digitale Revolution, die wir in Kapitel 10 behandelt haben.

Charakteristisch für die Globalisierung ist laut Castells die Entstehung einer „Netzwerkgesellschaft", siehe Literatur zu Kapitel 10. Damit ist eine historisch beispiellose Gesellschaftsform entstanden, die erstmals flexible soziale Beziehungen unabhängig von Territorien zu organisieren ermöglicht. Nicht mehr hierarchische und bürokratische große Organisationen, sondern locker gefügte horizontale Netzwerke seien die geeignete Organisationsform von Wirtschaft und Politik im „Informationszeitalter". Damit haben sich die Grundlagen für die Ausübung von Macht und die Verteilung von Ressourcen verändert. Macht zeige sich nicht mehr in Befehl und Gehorsam, sondern sei in der Existenz einer zweckgerichteten Netzwerkorganisation verankert. An die Stelle von sozialem „Oben" und „Unten", von Zentren und Peripherien, tritt in der Netzwerkgesellschaft das Prinzip von Zugehörigkeit zum oder Ausschluss aus dem Verbund. Die große Kluft im Castells' neuer Netzwerkgesellschaft verläuft zwischen den Vernetzten und den Unvernetzten. Sie hat zu einer neuen, einer digitalen Spaltung der Gesellschaft geführt.

Erst der Übergang von der Industrie- in die Informationsgesellschaft, angetrieben durch den rasanten Fortschritt der (digitalen) Informationstechnologien, hat das ermöglicht, was wir heute Globalisierung nennen. Einen weltweiten Austausch von Waren, Geld, Ideen und Menschen gab es bereits vor 2000 Jahren, als das römische Imperium zur ersten Weltmacht der damals bekannten Welt wurde. Venezianische Handelshäuser haben ebenso wie die Handelskompanien der früheren westeuropäischen Kolonialmächte weltweiten Handel betrieben. Die Hanse war eine faszinierende und geradezu einmalige Wirtschaftsmacht des frühen Mittelalters. Sie war eine Wirtschaftsmacht ohne Staatsvolk und ohne Staatsmacht, flexibel gesteuert von dem Zentrum Lübeck. Ausländische Stützpunkte (die Kontore) in Bergen, Brügge, London und Novgorod standen unter dem Schutz der lokalen Herrscher. Nur gestützt auf gleichgerichtete wirtschaftliche Interessen war die Hanse ein reines wirtschaftliches Zweckbündnis, sie war quasi ein frühes und sehr effizientes Netzwerk.

Einen funktionierenden Weltmarkt, freien Welthandel, ungehinderten Kapitalverkehr, Wanderungsbewegungen, multinationale Konzerne, internationale Arbeitsteilung und ein Weltwährungssystem finden wir schon in der zweiten Hälfte des 19. Jahrhunderts. Von Globalisierung wird jedoch erst nach der weltweiten Totalvernetzung „in Echtzeit" gesprochen.

11.2 Was ist Globalisierung?

In diesem Abschnitt folgt eine zweite Einführung, diesmal aus sozialwissenschaftlicher Sicht in Anlehnung an die Darstellung „Was ist Globalisierung?" (Beck 1997). Im Zentrum des Buches steht die Doppelfrage: Was meint Globalisierung und wie wird es möglich, Globalisierung politisch zu gestalten? Aus dem einführenden Text sind zwei Diskussionsbände mit den Titeln „Politik der Globalisierung" (Beck 1998 a) sowie „Perspektiven der Weltgesellschaft" (Beck 1998 b) entstanden.

Was für die Arbeiterbewegung im 19. Jahrhundert die Klassenfrage war, ist nach Beck für die transnational agierenden Unternehmen zu Beginn dieses Jahrhunderts die Globalisierungsfrage. Mit einem wesentlichen Unterschied: Die Arbeiterbewegung agierte als Gegenmacht zum Kapital, während die globalen Unternehmen ohne (transnationale) Gegenmacht handeln. Unternehmen haben immer eine Schlüsselrolle in der Gestaltung der Wirtschaft gespielt. Global agierende Unternehmen werden darüber hinaus eine Schlüsselrolle in der Gestaltung der Gesellschaft innehaben, weil sie die Grundlagen der Nationalökonomie und des Nationalstaates untergraben. Ihre neue Macht haben sie ohne Revolution, ohne Gesetzes- oder gar Verfassungsänderungen allein im Fortgang des „*business as usual*" erringen können. Sie können Arbeitsplätze aus Kostengründen exportieren, Produkte und Dienstleistungen zerlegen und arbeitsteilig an verschiedenen Orten der Welt erzeugen und dadurch Nationalstaaten und Produktionsstandorte in Konkurrenz treten lassen. Sie können schließlich (völlig legal) zwischen Investitionsort, Produktionsort, Steuerort und Wohnort selbsttätig unterscheiden und diese gegeneinander ausspielen.

Die meisten transnationalen Firmen zahlen im Inland keine Steuern mehr. Der Anteil der Körperschaftsteuer am Steueraufkommen ist ständig gesunken, während jener aus der Lohn- und Einkommenssteuer ständig angestiegen ist. Es ist für Beck ein Treppenwitz der Geschichte, dass die Globalisierungsverlierer (kleine und mittelständische Unternehmen sowie Arbeitnehmer) in Zukunft alles, Sozialstaat wie funktionierende Demokratie, bezahlen sollen, während die Globalisierungsgewinner hohe Gewinne erzielen und sich aus ihrer Verantwortung für die Demokratie der Zukunft stehlen. Daraus kann nur folgen, dass die große Frage nach der sozialen Gerechtigkeit im Zeitalter der Globalisierung neu verhandelt werden muss.

Die neue Zauberformel lautet: Kapitalismus ohne Arbeit plus Kapitalismus ohne Steuern. In allen westlichen Industrieländern hat das Volumen der Erwerbsarbeit ständig abgenommen. Der Kapitalismus schafft die Arbeit ab, er macht arbeitslos. Damit untergräbt der globale Kapitalismus seine eigene Legitimität. Es geht längst nicht mehr um die Umverteilung von Arbeit, sondern um die Umverteilung von Arbeitslosigkeit. Die Vorstellung, dass die Dienstleistungsgesellschaft (bei uns) die Arbeitsplätze schafft, die in der industriellen Produktion verloren gehen, könnte trügerisch sein. Denn auch die Dienstleistungsgesellschaft reduziert Arbeitsplätze, wenn etwa Bankfilialen durch Telebanking ersetzt werden. Auch können Arbeitsplätze im Informationszeitalter problemlos überallhin verlagert werden. Viele Firmen siedeln ganze Verwaltungsabteilungen in Billiglohnländern an.

Das Produktivitätsgesetz des globalen Kapitalismus im Informationszeitalter lautet, dass immer weniger gut ausgebildete, gut bezahlte und austauschbare Menschen immer mehr Leistungen und Dienste erbringen. Auch Wirtschaftswachstum wird dann nicht zu einem Abbau von Arbeitslosigkeit führen, sondern genau umgekehrt zu einem Abbau von Arbeitsplätzen (*„jobless growth“*). Während die Gewinnspannen der Unternehmen wachsen, entziehen diese den Nationalstaaten gleichzeitig Arbeitsplätze und Steuerleistungen. Die wachsenden Kosten der Arbeitslosigkeit müssen zunehmend von den noch Beschäftigten getragen werden. Damit zerbricht ein historisches Bündnis zwischen Kapitalismus, Sozialstaat und Demokratie.

Beck listet nach seinen Analysen charakteristische Irrtümer in der Diskussion über Globalisierung auf und zieht daraus die Konsequenz, dass endlich die Debatte über die politische Gestaltung von Globalisierung eröffnet werden muss. Die Irrtümer haben zu Denkfallen geführt, denen er 10 „Antworten auf Globalisierung“ gegenüberstellt. Auf diese gehe ich kurz ein:

1. Internationale Zusammenarbeit: Globalisierung darf nicht heißen, dass den Marktkräften alles überlassen werden kann. Mit der Globalisierung steigt der Bedarf an verbindlichen internationalen Regelungen, an internationalen Konventionen und an Institutionen für grenzüberschreitende Transaktionen. Analog zu nationalen Rahmenbedingungen brauchen auch internationale Wirtschaftsbeziehungen einen globalen Ordnungsrahmen. Internationale Vereinbarungen müssten von supranationalen Einrichtungen wie der Europäischen Union, der OECD, dem Internationalen Währungsfonds und der Welthandelsorganisation erarbeitet werden.

2. Transnationalstaat oder „inklusive“ Souveränität: Da Nationalstaaten durch die Globalisierung nicht stärker geworden sind, handeln sie heute oft im Kollektiv. Die Frage, warum Staaten sich zusammenschließen, wird mit staatlichem Egoismus beantwortet. Denn nur so können sie ihre Souveränität im Gefüge der Weltgesellschaft und des Weltmarktes ständig erneuern. So erlauben beispielsweise europäische Initiativen, das Steuer-Dumping zu beenden und die virtuellen Steuerzahler zur Kasse zu bitten. Es entsteht ein transnationaler Föderalis-

mus durch eine Politik der aktiven Selbstintegration einzelner Staaten in einen größeren Verbund wie der EU. Mit dem Begriff inklusive Souveränität ist gemeint, dass die Abgabe von Souveränitätsrechten mit einer Zunahme an politischer Gestaltungsmacht auf Grund transnationaler Kooperation einhergeht.

3. Beteiligung am Kapital: Wenn Arbeit zunehmend durch Wissen und Kapital ersetzt wird, dann sollte sich eine neue Sozialpolitik von der Steuer- und Lohnpolitik auf die Verteilung von Kapitalvermögen umorientieren. Das Prinzip Mitbestimmung würde durch das Prinzip Miteigentum ergänzt werden. Die Arbeitnehmer würden dann ein Volk von Aktionären. Ein derartiger Zielwechsel von der Lohn- zur Kapitaleinkommenspolitik sichert nur diejenigen, welche in den Arbeitsprozess integriert sind, nicht jedoch die Arbeitslosen.

4. Neuorientierung der Bildungspolitik: Wenn Arbeit durch Wissen und Kapital ersetzt wird, dann sollte eine zweite politische Schlussfolgerung darin bestehen, dass Arbeit durch Wissen aufgewertet werden muss. Das würde bedeuten, in Bildung, Lehre und Forschung zu investieren. In den meisten Ländern geschieht jedoch das genaue Gegenteil. Hier sei an die Ausführungen von Reich (1993) in Abschnitt 9.2 erinnert, der betont, dass die wahren Aktiva eines Landes in der Fähigkeit seiner Bürger liegen, komplexe Probleme zu lösen. Aufgabe der Politik sollte sein, das zu fördern, was innerhalb der nationalen Grenzen bleibt. Das sind die Menschen mit ihrer Arbeitskraft, ihren Kenntnissen und Fähigkeiten. Nicht Verkürzung der Ausbildung ist angesagt, sondern Auf- und Ausbau der Bildungs- und Wissensgesellschaft.

5. Sind transnationale Unternehmer a-demokratisch, anti-demokratisch? Ein transnationaler Kapitalismus, der keine Steuern zahlt und die Erwerbsarbeit abschafft, verliert seine Legitimität. Wie stellen sich die „virtuellen Steuerzahler" der Zukunft die Demokratie vor? Welches ist ihr Beitrag zu einer kosmopolitischen Erweiterung der Demokratie? Die Globalisierungsgewinner müssen an ihre Verpflichtung für demokratische (und teure) Institutionen erinnert werden, die virtuellen Steuerzahler müssen zur Kasse gebeten werden. Das ist weder ein deutsches noch ein europäisches Problem, es ist ein weltgesellschaftliches Problem, das sich nur durch internationale Regelungen lösen lässt. Auch flüchtiges Kapital muss „sesshaft" werden, es muss sich in lokale Kulturen und Rahmenbedingungen einfügen und sich in ihnen rechtfertigen. Zurechenbarkeit bedeutet immer eine Frage der Herstellung von Verantwortung. Über eine Politisierung des Konsums könnten transnationale Unternehmen zur Einhaltung von Standards angehalten werden. Möglichkeiten hierzu wären eine Kennzeichnungspflicht, eine Produkthaftung sowie Sozial-, Demokratie- und Umwelt-Labels.

6. Bündnis für Bürgerarbeit: Unsere Arbeit ist so produktiv geworden, dass wir mit immer weniger Arbeit immer mehr Güter und Dienstleistungen produzieren. Lohnabhängige Erwerbsarbeit wird nach wie vor bedeutend sein, aber daneben wird ein zweiter Tätigkeitssektor aufgewertet werden müssen: Ehrenamtliche Tätigkeiten und selbst organisierte Arbeit der Bürger. Durch die Verbindung von Freiwilligkeit und Selbstorganisation in Verbindung mit einer öf-

fentlichen Finanzierung der Bürgerarbeit (in Form eines Bürgergeldes) kann dieser zweite Sektor attraktiv gemacht werden.

7. Was kommt nach der VW-Export-Nation? Neue kulturell-politisch-ökonomische Zielbestimmungen: Massengüter haben unter dem Markenartikel „made in Germany" die Märkte der Welt erobert, sie waren der Reichtumsmotor unseres Wirtschaftswunders. Das Erfolgsrezept lag in dem (scheinbar) ewigen „Mehr". Mehr Produktion erzeugte in gleichem Maße mehr Wohlstand und Massenkonsum, was wiederum die Finanzierung der sozialen Sicherheit ermöglichte. Diese Kausalkette trägt nicht mehr, die bisherigen Quellen des Wohlstands haben sich geändert. Die Massengütermärkte haben sich in andere Erdteile (China, Osteuropa u. a.) verlagert und können durch Produktionsstätten (auch deutscher Unternehmen) am Ort besser, d. h. billiger und effizienter bedient werden. Die Produktion findet zunehmend dort statt, wo heute schon die Kunden sind oder in Zukunft erwartet werden. Was kann an die Stelle einer VW-Export-Nation treten? Beck nennt hier, wobei die Begriffe für sich selbst sprechen und in Klammern exemplarisch erläutert werden: ökologische Produkte; Individualisierung (neue Angebotsformen durch Kombination von Dienstleistungen und Produkten); Risikomärkte (wie können riskante Produkte und Dienstleistungen, z.B. gentechnisch veränderte Lebensmittel, konsensfähig gemacht werden?); Re-Regionalisierung von Märkten (regionale Märkte der kleinen Wege begünstigen ökologische Arbeits- und Lebensformen); Überwindung der kulturellen Homogenitäts-Blockade (wer hier auf Dauer lebt, arbeitet und Steuern zahlt, der muss dazugehören, weil sonst Demokratie nicht funktioniert).

8. Experimentelle Kulturen, Nischenmärkte und gesellschaftliche Selbsterneuerung: Experimentelle Kulturen sind das Ergebnis von Individualisierungsprozessen in der Gesellschaft. Das hat weniger mit der häufig beklagten Auflösung von Werten zu tun, denn aus Individualisierung entstehen gleichzeitig neue kulturelle Quellen für Risikofreudigkeit und Kreativität. Zivilisatorische Laboratorien sind nicht selten erfinderische Biotope, aus denen Designer der Weltmarktprodukte ihre Anregungen schöpfen. Regional verwurzelte Nischenmärkte sind eine wesentliche Antwort auf die zwei großen „Enden" der Industriegesellschaft, das Ende der Massenproduktion und das Ende der Vollbeschäftigung. Im Übrigen wirkt das Motiv zur Selbstentfaltung als Selbstausbeutungsmotiv, ein hoher Selbstverwirklichungswert einer Tätigkeit ersetzt geringen Verdienst.

9. Öffentliche Unternehmer, Selbst-Arbeiter: In der Industriegesellschaft war der Arbeitnehmer der klassischen Gegenspieler des Arbeitgebers, des Kapitalisten. An deren Stelle tritt als neues Leitbild der Selbst-Arbeiter (Ich-AG), auf der anderen Seite das des öffentlichen Unternehmers. Die Metamorphose von Arbeitnehmern zu Unternehmern ist bereits in vollem Gange. Während der frühe Kapitalismus auf Ausbeutung von Arbeit ausgelegt war, so beutet der heutige die Verantwortung aus. Früher musste der Arbeitsgegenstand, das Produkt, mitgestaltet werden. Diese Mitgestaltung hat sich auf das Betriebsergebnis ausgeweitet. Modelle wie „Outsourcing" und „Franchising" gehen in dieselbe

Richtung. Beim ersten Modell werden Arbeitsschritte abgetrennt und auf Auftrags- oder Subunternehmer verlagert. Beim zweiten Modell (Beispiel McDonald's) wird der Arbeitgeber zum Lizenzgeber und der Arbeitnehmer zum Lizenznehmer. Den höheren Gewinn aus dieser Kombination von Einheit und Atomisierung haben beide Seiten, der Geber und der Nehmer, der große und der kleine Unternehmer.

10. Gesellschaftsvertrag gegen die Exklusion? Es gibt zahlreiche Belege dafür, dass sich die Einkommensschere weiter öffnet. Dies markiert den Beginn einer Phase, in der die Produktivität des Kapitals ohne Arbeit wächst. Im Zeitalter der Globalisierung gilt, dass Arbeit immer billiger, Kapital hingegen immer knapper und teurer wird. Die abnehmende Rendite der Arbeit und die zunehmende Rendite des Kapitals führen zu einer sich verschärfenden Spaltung der Welt in eine Welt der Armen und eine Welt der Reichen. In Deutschland leben bereits mehr als 7 Mio. Menschen im Schatten des Wohlstands. Die Sozialpolitik befindet sich im Zeitalter der Globalisierung in einer Zwickmühle. Die wirtschaftliche Entwicklung entzieht sich der nationalstaatlichen Politik, während ihre sozialen Folgeprobleme sich in den Auffangnetzen des Nationalstaates sammeln. Daran schließen sich zwei Fragen an: Wie viel Armut verträgt die Demokratie? Wie ist soziale Gerechtigkeit im globalen Zeitalter möglich? Auf beide Fragen hat bislang niemand eine Antwort.

Wir brauchen einen „New Deal". Aus der Globalisierungsfalle gibt es keinen nationalen Ausweg. Viele haben die Hoffnung, dass Europa eine Antwort auf die Globalisierung finden kann. Vorschläge hierzu werden wir im letzten Kapitel diskutieren. Wenn dieser New Deal ausbleibt, dann könnte eine Horrorvision Wirklichkeit werden, die Beck „Brasilianisierung Europas" nennt. Die Neoliberalen haben gesiegt, auch gegen sich selbst. Der Nationalstaat ist abgeräumt worden und der Sozialstaat ist eine Trümmerstätte. Die Reichen wohnen dann in eng verschachtelten Hochhäusern nach dem alten Schlossprinzip der Trutzburgen, die von transnationalen Konzernen bestückt und regiert werden. Der Reststaat erhebt zwar noch Steuern, so gut es geht. Aber faktisch sind Steuerzahlungen längst in freiwillige Leistungen überführt worden, hinzu kommen Schutzzahlungen für Sicherheitsleistungen. Ob und welche Wege aus der Krise vorstellbar sind, werden wir im abschließenden Kapitel 12 diskutieren.

11.3 Demokratie im Zeitalter der Globalisierung

So lautet der Titel einer Analyse aus philosophischer Sicht (Höffe 1999). Nach Höffe heißt das neueste Stichwort für die politische Philosophie Globalisierung. Er verwendet diesen Begriff zumeist im Plural und spricht von Globalisierungsphänomenen, die sich nicht allein auf die Wirtschaft beschränken. Da die Globalisierung staatliche Grenzen überschreitet, gewinnen neue Akteure Macht und Einfluss. Das sind international tätige Unternehmen, inter- und transnationale Institutionen sowie Nichtregierungsorganisationen.

Für alle großen Rechts- und Staatstheoretiker, von Platon, Aristoteles und Cicero bis hin zum Mittelalter und erneut bei Neubegründungen in der Moderne, liegt die entscheidende Bezugsgröße der Rechts- und Staatsphilosophie im partikularen Gemeinwesen. Dieses Gemeinwesen hat erst spät die Gestalt eines Nationalstaates angenommen. Im Vergleich zu anderen europäischen Ländern ist der Nationalstaat Deutschland besonders spät entstanden, 1871 mit der Reichsgründung in Versailles. Höffe glaubt nicht, dass mit der Globalisierung „alles anders geworden sei". Für ihn bleibt der Nationalstaat weiterhin eine entscheidende Bezugsgröße. Angesichts der Herausforderungen durch den Prozess Globalisierung denkt Höffe über eine neue Gestalt des Politischen nach, die den Einzelstaat nicht ersetzt, aber ergänzt. Er entwickelt das Grundmodell einer legitimen politischen Ordnung, die sich auf Gerechtigkeitsprinzipien stützt und in der Subsidiarität und Föderalismus eine zentrale Rolle spielen.

Als Philosoph weist er zunächst darauf hin, dass die Philosophie sich generell mit einer Bedingung befasst, die die Globalisierung erst möglich macht: mit der allen Menschen gemeinsamen Sprach- und Vernunftfähigkeit. Und weil sich die Philosophie auf nichts anderes beruft, gelingt ihr eine frühe und rasche Globalisierung. Ausgehend von Athen breitet sich philosophisches Gedankengut zunächst über den Mittelmeerraum und dann über den gesamten Globus aus. Infolgedessen werden die Klassiker der Philosophie, werden Platon und Aristoteles, Hobbes und Descartes, Kant und Hegel schon zu einer Zeit weltweit studiert, als Globalisierung noch kein Thema war. Höffe betont insbesondere Themenfelder der Globalisierung außerhalb rein wirtschaftlicher Ursachen.

Erstens besteht die menschliche Schicksalsgemeinschaft in einer facettenreichen *Gewaltgemeinschaft.* Der verheerendste Faktor war bislang der Krieg, er ist menschheitsgeschichtlich sehr alt. Die Gemeinwesen lassen untereinander zu, was sie im Inneren verbieten: Willkür und Gewalt, Macht geht vor Recht. Früher waren Kriege regional begrenzt, im Zeitalter des Imperialismus wurden sie global. Durch technische Innovationen wurde die Zerstörungskraft von Waffen in einem Maße erhöht, dass der Menschheit ein kollektiver (Selbst-)Mord droht. Es ist eine zweite Art von staatenübergreifender Gewalt in jüngerer Zeit hinzugekommen, von der offenbar eine zunehmende Bedrohung ausgeht. Das sind der internationale Terrorismus und die organisierte Kriminalität, etwa der Drogen-, Waffen- und Menschenhandel. Ihr massives Auftreten fällt nicht zufällig mit dem Beginn der Globalisierung zusammen, denn beide Phänomene beziehen ihre Schlagkraft und Effizienz aus der Benutzung der gleichen Technologien. Das sind die IK-Technologien, die eine weltweite Vernetzung und damit die Auflösung von Raum und Zeit ermöglichen. Zu jeder Zeit kann an jedem Ort in konzertierter Aktion „gehandelt" werden.

Zweitens ist die Menschheit eine *Kooperationsgemeinschaft.* Denn es gibt ein zweites Bündel von Phänomenen, die dem individuellen und zugleich kollektiven Leben und Wohlergehen dienen. Aus der Gewaltgemeinschaft erwächst angesichts der vielen Gefahren und Bedrohungen ein „kritisches Weltgedächtnis", das die weltweite Kooperationsgemeinschaft stärkt. Ein Beispiel dafür ist die Bewusstseinswende der sechziger Jahre, Abschnitt 8.1. Auf diese Weise wächst eine gemeinsame Öffentlichkeit, eine Weltöffentlichkeit, heran. Diese wird durch die Erweiterung und Verdichtung des internationalen Rechts und des Völkerrechts verstärkt, wobei es für gewisse Bereiche schon global zuständige Gerichtshöfe gibt. Hinzu kommt die große Zahl von Nichtregierungsorganisationen ebenso wie etliche Abkommen im internationalen Maßstab. Darauf werden wir in Kapitel 12 eingehen. Eine starke Stütze für die weltweite Kooperationsgemeinschaft ist die kulturelle Globalität. Weltweit hört man Bach, Beethoven oder Jazz, und überall wird an den Universitäten die Relativitäts- und die Quantentheorie studiert, wird Homer, Shakespeare und Goethe gelesen und sich mit Platon, Aristoteles und Kant auseinander gesetzt.

Drittens ist die Menschheit eine *Schicksalsgemeinschaft*, eine Gemeinschaft von Not und Leid. Die Missachtung von Menschenrechten, ferner Bürgerkriege, die häufig (Spät-)Folgen der Kolonialisierung und Entkolonialisierung, aber auch gewaltsame Antworten auf Korruption und Misswirtschaft sind, haben globale Bedeutung. Denn sie setzen Migrationen in Gang und sie bilden den Nährboden für Terrorismus. Auf diese Weise wirken sie auf Europa und Nordamerika zurück. Das Gleiche gilt für Naturkatastrophen, für Hunger und Armut sowie für jede Art von wirtschaftlicher, kultureller und politischer Unterentwicklung.

Höffe macht drei Aufgabenfelder aus, in denen er globalen Handlungsbedarf sieht. Zum Ersten erscheint eine globale Rechts- und Friedensordnung zur Überwindung der globalen Gewaltgemeinschaft als geboten. Zum Zweiten bedarf die globale Kooperationsgemeinschaft eines fairen Handlungsrahmens, der von Maßnahmen gegen Wettbewerbsverzerrungen seitens der Staaten bis zur Sicherung ihrer sozialen und ökologischen Mindestkriterien reicht. Zum Dritten werfen Hunger und Armut Fragen globaler Gerechtigkeit, auch globaler Solidarität und globaler Menschenliebe auf. Die fundamentale Frage, wie eine Weltgesellschaft aussehen kann, die sich selbst organisiert und ihre Selbstorganisation sittlich-politischen Ansprüchen unterwirft, beantwortet Höffe mit einer „realistischen Vision".

11.4 Globalisierung verstehen und gestalten

Die Überschrift dieses Abschnitts ist der Titel eines Ladenburger Kollegs, das 1995 im Rahmen eines Förderschwerpunktes der Gottlieb Daimler- und Karl Benz-Stiftung stattfand. Daraus sind zwei Tagungsbände entstanden, „Facetten der Globalisierung" (Steger 1999 a) sowie „Globalisierung gestalten" (Steger 1999 b). Der erste Band behandelt in drei Teilen zunächst ökonomische Herausforderungen der Globalisierung, danach soziale Auswirkungen der Globalisierung und er formuliert schließlich politische Antworten auf die Globalisierung. In diesem Abschnitt beziehe ich mich auf den zweiten Band.

Die Fakten zur Globalisierung sind bekannt und unstrittig. Der internationale Handel und Auslandsdirektinvestitionen wachsen wesentlich rascher als das Welt-Bruttosozialprodukt (Welt-BSP). Die weltweite Streuung von Produktionsaktivitäten durch sinkende Transportkosten und Ausbreitung von Technologien nimmt zu. Wir haben eine wachsende Abkopplung der Kapitalmärkte von der Realwirtschaft bei erhöhten Renditeerwartungen der institutionellen Investoren (*shareholder-*

value) und eine (zumindest teilweise) Angleichung der Lebenskultur. Hierzu gibt es deutlich schwächere Gegenbewegungen wie etwa protektionistische Tendenzen, die persönliche Orientierung am überschaubaren Umfeld, statt „*shareholder-value*" Besinnung auf die Mitarbeiter als wichtigste Ressource sowie Abgrenzungsbestrebungen mit nationalistischen oder gar fundamentalistischen Zügen.

Um die Fakten zur Globalisierung mit einigen Zahlen zu unterlegen, sei auf den *World Investment Report* 2000 der UNCTAD in Genf hingewiesen (FAZ 4. Oktober 2000). Danach wuchsen die weltweiten Direktinvestitionen zweistellig: Von 1989 bis 1999 haben die weltweiten Direktinvestitionen um das Vierfache auf 865 Mrd. US-$ zugenommen, für 2000 wurden ca. 1000 Mrd. US-$ erwartet. Die 100 größten transnationalen Unternehmen erreichten (ohne Finanzkonzerne) zusammen einen Auslandsumsatz von 2000 Mrd. US-$, das entsprach etwa 1/3 des Welthandelsvolumens. Ausländische Direktinvestitionen flossen 1999 zu 75 % in die Industriestaaten. Die größten Kapitalexporteure waren mit 510 Mrd. US-$ Konzerne aus der EU, i. w. aus Großbritannien, Frankreich und Deutschland.

Was ist neben diesen quantitativen Effekten das spezifisch Neue an der Globalisierung? Globalisierung ist eine neue Art des Wandels, eine „veränderte Veränderung", bei der mehrere Charakteristika auszumachen sind. Globalisierung ist durch wesentlich mehr Faktoren geprägt als frühere Entwicklungsstadien. Wenn auch die Wirtschaft die Veränderungen antreibt, so werden nicht nur ökonomische Strukturen von der Globalisierung betroffen, sondern das gesamte soziale und institutionelle Gefüge unserer Gesellschaft. Es werden die folgenden sechs Elemente genannt, die einen Umschlag von Quantität in eine neue Qualität ausmachen (Steger 1999 b):

1. Entgrenzung: Zentrales Kennzeichen der Globalisierung ist das Verschwimmen bisheriger Grenzen. Viele Probleme entstehen dadurch, dass diese Entgrenzung in den verschiedenen Sphären mit unterschiedlicher Geschwindigkeit abläuft. Die Auflösung bisheriger Grenzen ist in der Politik am wenigsten fortgeschritten. Nationalstaaten versuchen nach wie vor, sich gegen zu große Einwanderungen zu schützen, um ihre kulturelle oder ethnische Homogenität zu bewahren. In stärkerem Maße lösen sich Grenzen in Gesellschaft und Kultur auf. Hierfür wurde der Begriff „Individualisierung" geprägt. Der technische Fortschritt trägt in hohem Maße zur Entgrenzung bei, denn heutige Technologien besetzen eine enorme Wirkmächtigkeit und Eindringtiefe in Raum und Zeit, siehe Bild 9.3 in Abschnitt 9.3. Besonders ausgeprägt ist die Entgrenzung in der Wirtschaft durch Ausweitung der Kapitalmärkte, des Welthandels und der Liberalisierung. Die stark unterschiedlichen Globalisierungsgeschwindigkeiten der einzelnen Bereiche sind eine Ursache für die vielen Konflikte und Probleme, die mit der Globalisierung auftauchen und von den Menschen erlebt werden. Sie sind Ursache für die oft beklagte neue Unübersichtlichkeit.

2. Heterarchie: Wesentlich für das Verständnis der Globalisierung ist die Tatsache, dass es bei diesem Prozess kein „*Grand Design*" gibt. Das bedeutet nicht, dass Globalisierung eine Naturgewalt ist, die unabhängig von menschlichem Handeln und menschlichen Entscheidungen abläuft. Es gibt jedoch keine zentrale Instanz, die sie steuert, und keinen zentralen Plan, nach dem sie abläuft.

Die Konsequenz daraus ist, dass kaum einer der beteiligten Akteure ohne Unterstützung anderer seine Ziele erreichen kann. Das führt dazu, dass hierarchische Organisationen (Parteien, Gewerkschaften, Verbände, Kirchen) immer weniger in der Lage sind, die ihnen gestellten Probleme zu lösen. Sie verlieren an Einfluss und der Einzelne kann sich immer weniger auf die Stabilität von Hierarchien verlassen. Hinzu kommt, dass sich hierarchische Organisationen angesichts der neuen Unübersichtlichkeit in vielen Fällen als kontraproduktiv erweisen.

3. Faktormobilität: Folge wie Kennzeichen der Entgrenzung ist nicht nur ein verstärkter internationaler Handel mit Gütern und Dienstleistungen, sondern auch eine größere internationale Mobilität der Produktionsfaktoren. Die größte Mobilität zeigt sich beim Produktionsfaktor Kapital. Auch Wissen und Information sind durch die IK-Technologien, Kapitel 10, zu einem global verfügbaren Produktionsfaktor geworden. Kapital und Wissen gehören ebenso wie die hoch qualifizierte Arbeit zu den Globalisierungsgewinnern, weniger qualifizierte Arbeitskräfte gehören zu den Globalisierungsverlierern. Angesichts der hohen Mobilität des Faktors Kapital ist es für die Nationalstaaten immer problematischer geworden, dem Kapital nennenswerte Lasten zur Erhaltung der sozialen Sicherungssysteme aufzuerlegen.

4. Legitimitätserosion: Eine zentrale Bedingung für den Zusammenhalt einer Gesellschaft ist die allgemeine Akzeptanz der Verteilung von Macht und Entscheidungsgewalt sowie deren Ergebnisse. Diese Anerkennung basiert darauf, dass den Entscheidungsträgern klare Verantwortlichkeiten zugeordnet werden. Um die Verantwortlichen für Fehler zur Rechenschaft ziehen zu können, müssen klare und durchschaubare Ursache-Wirkungs-Beziehungen bestehen. Genau dies ist im Zuge der Globalisierung nicht mehr gewährleistet. Verantwortlichkeiten lassen sich immer schwerer zuschreiben. Die vornehmsten Aufgaben der Nationalstaaten bestehen darin, für die innere und äußere Sicherheit ihrer Bürger zu sorgen, eine ausgeglichene Wirtschaftsentwicklung zu gewährleisten sowie ein gewisses Maß an sozialem Ausgleich herzustellen. In zunehmendem Maße beeinflussen viele andere Faktoren die Erfüllung dieser Aufgaben, das sind die zunehmende Mobilität des Kapitals und weltwirtschaftliche Entwicklungen. Dadurch sind die Nationalstaaten immer weniger in der Lage, eine autonome Wirtschaftspolitik durchzusetzen. Sie büßen in vielen Bereichen ihre Steuerungsfähigkeit ein, ihre Legitimität erodiert.

5. Vergangenheits-Zukunfts-Asymmetrie: Der insbesondere durch Technik induzierte Wandel beschleunigt sich ständig. Das war unser Thema in Kapitel 9. Die Berechenbarkeit von Trends nimmt ab, unvorhersehbare Brüche treten auf. Individuelle Entwicklungen können nicht mehr über einen längeren Zeitraum geplant werden. Damit steht der nächste Punkt in einem engen Zusammenhang.

6. Vielfalt der Optionen: Mit den Optionen erhöhen sich für die Individuen die Chancen *und* die Risiken. Biographien werden sprunghaft, sie werden diskontinuierlich. Von den Unternehmen wird „der flexible Mensch“ (Sennett 1998) gefordert, der sich vielfach überfordert fühlt. Hochqualifizierte haben größere

Chancen, die Optionen zu nutzen. Es wächst die Gefahr einer Spaltung der Gesellschaft in neue Klassen.

Die Globalisierung ist eng mit zentralen Problemen der Gesellschaft rückgekoppelt. Zur Illustration werden drei wesentliche Herausforderungen der westlichen Gesellschaften im Allgemeinen und Deutschlands im Besonderen betrachtet. Dabei geht es um die Frage, wie sich die Globalisierung auf die Problemkreise Arbeitslosigkeit, Alterssicherung und Umweltschutz auswirkt.

Arbeitslosigkeit: Auslandsdirektinvestitionen führen nicht zwingend, wie häufig angenommen wird, zu negativen Beschäftigungseffekten. Die Schaffung von Arbeitsplätzen im Ausland trägt vielmehr dazu bei, dass Arbeitsplätze im Inland sicherer werden. Dagegen verschärfen indirekte Wirkmechanismen das Problem. Das ist zum Ersten der ständig steigende Rationalisierungsdruck durch höhere Renditeforderungen der insbesondere institutionellen Kapitalanleger (*shareholder-value*). Zum Zweiten erodieren Normalarbeitsverhältnisse mehr und mehr. Und zum Dritten ändern sich Berufsbilder durch den ständig beschleunigten Strukturwandel immer schneller. Der Idealvorstellung eines lebenslangen Lernens fühlen sich viele nicht gewachsen.

Alterssicherung: Das System der umlagefinanzierten Rentenversicherung ist in dreifacher Weise bedroht – durch die hohe und vermutlich weiter steigende (Sockel-)Arbeitslosigkeit, durch (zu) frühes Ausscheiden aus dem Berufsleben und durch veränderte demografische Strukturen. In den meisten Industrieländern (wie in Deutschland und in Japan) wird die Bevölkerung immer älter, siehe Abschnitt 3.2. Eine Reform unseres Alterssicherungssystems ist überfällig. Hierfür sind mehrere Varianten denkbar. Eine Reform des herkömmlichen Umlageverfahrens würde vermutlich zu kurz greifen. Aussichtsreicher wäre eine volle Umstellung des Umlageverfahrens auf ein privates Kapitaldeckungsverfahren. Das wäre der Übergang von einem intergenerationellen Umverteilungsverfahren auf ein Ansparverfahren, sodass jede Generation für die Sicherung ihrer eigenen Rente durch Kapitalbildung und entsprechende Veranlagung verantwortlich ist. Das dritte Modell wäre eine Kombination der beiden ersten: Ein staatliches Umlageverfahren wird durch ein privatwirtschaftliches Kapitaldeckungsverfahren ergänzt. Schließlich wäre als viertes Modell eine steuerfinanzierte Grundrente auf niedrigem Niveau denkbar.

Umweltschutz: Die entscheidenden Umweltprobleme sind globaler Natur, der Treibhauseffekt, das Ozonloch, die Bedrohung der Artenvielfalt, die Überfischung der Weltmeere sowie die Klimaveränderungen. Hier wird die Entgrenzung in Form grenzüberschreitender Wirkungsketten besonders deutlich. Nicht alle Umweltprobleme sind der Globalisierung zuzuschreiben. Die Globalisierung wirkt jedoch als zusätzlicher Katalysator, zumeist verstärkend, jedoch sind auch abschwächende Tendenzen möglich: Durch Erhöhung der weltweiten Produktion (negativ), durch Erhöhung der Ressourceneffizienz aufgrund des verstärkten Wettbewerbsdrucks (positiv), durch Erschweren einer vorsorgenden Umweltpolitik (negativ), durch Strukturwandel zur Dienstleistungsgesellschaft (positiv). Der Anreiz zum Trittbrettfahrerverhalten wird verstärkt, solange es keine verbindliche internationale Instanz gibt, die Umweltanstrengungen der Staaten überwacht und ggf. mit Sanktionen belegen kann.

Die aufgezeigten Wirkmuster weisen nicht in eine eindeutige Richtung, sie lassen verschiedene Gestaltungsoptionen offen. Denkbar sind drei Szenarien, in denen die Transaktionen in Wirtschaft und Gesellschaft nach jeweils anderen dominanten Regelmechanismen ablaufen: marktradikales Szenario, etatistisches Szenario oder zivilgesellschaftliches Szenario, sozusagen als „Dritter Weg“ zwischen Ökonomismus und Etatismus, Bild 11.1.

Szenario / Akteure	Marktradikal	Etatistisch	Zivilgesellschaftlich
Unternehmen	Kampf um Märkte	Lobbyismus und politische Mitgestaltung	Problemlösung und Kooperation an runden Tischen
Staat	Nachtwächter	Intelligente Technokratie	Moderator und ordnende Einheit
Zivilgesellschaftl. Gruppen	Sozialer Reparaturbetrieb	Transmissionsriemen für Veränderungen	Mitformulierung des Gemeinwohls

11.1 Szenarien und Akteure, nach (Steger 1999 b)

Das *marktradikale* Szenario ist dadurch gekennzeichnet, dass Markt- und Preismechanismen nahezu alle gesellschaftlichen Vorgänge regeln. Freie Bahn dem Tüchtigen, so lautet sein Motto. Die Rolle des Staates bleibt auf die Setzung der Rahmenbedingungen und die Sicherung der marktwirtschaftlichen Koordination beschränkt. Der Staat wird zu einem „Nachtwächterstaat“. Das entspricht der (neo-)liberalen Position und der Logik der Globalisierung. Diese ist gekennzeichnet durch Öffnung der Märkte, Deregulierung, Liberalisierung, Privatisierung, internationale Verteilung der Wertschöpfungskette sowie uneingeschränkte Mobilität der Produktionsfaktoren.

Das *etatistische* Szenario setzt sehr viel stärker auf die Wirksamkeit der Politik. Während im marktradikalen Szenario staatliche Regulierungen weitgehend abgebaut werden, zieht man im etatistischen Szenario die entgegengesetzte Schlussfolgerung. Seine zentrale Annahme liegt darin, dass wohlfahrtssteigernde Leistungen und Güter nicht über den Markt erstellt werden können. Allein dem Staat wird eine wesentliche Rolle bei der Gewährleistung einer gemeinwohlorientierten Entwicklung zugemessen. Soziale Sicherung und Ausgleich bleiben ebenso bedeutsam wie wirtschaftliche Stabilisierung durch staatliche Geld- und Finanzpolitik. Reformen sind angesichts der Globalisierung erforderlich, aber an dem Wohlfahrtsstaat soll nicht gerüttelt werden.

Das *zivilgesellschaftliche* Szenario ist ein „Dritter Weg“ zwischen marktwirtschaftlicher und etatistischer Steuerung. Hier werden aus den Triebkräften der Globalisierung andere Konsequenzen als in den beiden vorherigen Szenarien gezogen. Die Akteure dieses Szenarios haben die Überzeugung, dass sowohl eine dominant marktgesteuerte wie auch eine dominant staatlich gelenkte Gesellschaft gravierende Defizite aufweisen. Staat und Markt verlieren ihre alleinige Steuerungsmacht, dafür gewinnt die Zivilgesellschaft in Form freiwilliger Vereinigungen, Non-Profit-Organisationen, Runder Tische und anderer Foren öffentlicher Verständigung eine zentrale Bedeutung.

Zivilgesellschaftliche Initiativen haben durch die Bewusstseinswende der sechziger Jahre, Abschnitt 8.1, deutlich an Einfluss gewonnen. Hierzu gehören Greenpeace und WWF ebenso wie Amnesty International und Ärzte ohne Grenzen. Diese und andere Nichtregierungsorganisationen haben zunehmend Einfluss auf Unternehmensentscheidungen durch Boykottaufrufe und durch Mobilisierung der Konsumentenmacht mittels Aufklärungskampagnen. Ihre Stimme hat bei UN-Konferenzen und Wirtschaftsgipfeln immer mehr Gewicht bekommen. Insbesondere als Gegenbewegung zur Globalisierung haben sich neue Gruppierungen wie *attac* gebildet, worauf wir u. a. im nächsten Abschnitt eingehen werden.

Als Fazit können wir festhalten, dass die Globalisierung verschiedene „Zukünfte“ offen lässt. Die Zukunft der globalen Welt wird ganz wesentlich davon abhängen, wie sich die Kooperation der Industrieländer entwickelt. Geht der Trend in der Unternehmensentwicklung hin zu stärkerer Internationalisierung und Ausdifferenzierung der Wertschöpfungskette oder kommt es wieder zu einer stärkeren Konzentration auf den heimischen Markt? Nehmen die zivilgesellschaftlichen Akteure eine noch aktivere Rolle wahr als bisher? Somit lässt sich die Frage, ob Globalisierung eher Chance oder doch mehr Bedrohung ist, nicht eindeutig beantworten. Die Antwort wird davon abhängen, welche der denkbaren Zukünfte sich als zukünftige Gegenwarten herauskristallisieren werden.

Positive Wirkungen sind durch eine verstärkte Kooperation der Industrieländer in der Finanz-, Wirtschafts-, Sozial-, Entwicklungs- und Umweltpolitik zu erwarten. Hierauf werden wir im letzten Kapitel eingehen. Negative Wirkungen sind durch den „Institutionen-Weichmacher“ Globalisierung (Beck 1998 a) zu befürchten, wenn weiterhin und zunehmend die Globalisierungsgewinner hohe Gewinne erzielen und sich aus ihrer Verantwortung für die Demokratie stehlen und gleichzeitig die Globalisierungsverlierer alles (Sozialstaat, Infrastruktur ...) bezahlen.

Letztlich läuft die Diskussion auf die alte und stets neue Frage hinaus: Wie viel Staat brauchen wir, um Marktversagen zu kompensieren? Und wie viel Markt brauchen wir, um Staatsversagen zu kompensieren? Hierauf kann es keine allgemein gültige Antwort geben. Es hängt stets von der „Situation“ ab und diese hat viele Facetten.

11.5 Die Globalisierungsfalle

Stellvertretend für die Globalisierungskritiker (und Globalisierungsgegner), deren Analysen zahlreicher und zugleich aggressiver sind als die der Globalisierungsbefürworter, möchte ich auf die Darstellung „Die Globalisierungsfalle" mit dem bezeichnenden Untertitel „Der Angriff auf Demokratie und Wohlstand" zweier Spiegel-Redakteure eingehen (Martin, Schumann 1996). Das Buch stand lange Zeit auf den Bestsellerlisten (nicht nur des Spiegels), es ist eher im Stil eines Pamphlets als einer sachlichen Analyse geschrieben. Damit weicht es von den weitgehend neutralen Darstellungen ab, auf die ich mich in den vorangegangenen Abschnitten gestützt habe. Der Zusatz weitgehend soll bedeuten, dass eine analytische, eher diagnostisch geprägte Beschreibung des Phänomens Globalisierung stets neutraler gehalten werden kann als der Versuch einer Therapie. In diesem Sinne ist die Darstellung von Beck subjektiver gehalten, er bekennt sich eindeutig zu dem zivilgesellschaftlichen Szenario, einem der drei von Steger in Abschnitt 11.4 vorgestellten Szenarien.

Die Zusammenzufassung eines Pamphlets ist immer schwieriger als die einer sachlichen Analyse. Deshalb beschränke ich mich hier auf eine Auswahl pointierter Aussagen, die die Autoren gleichwohl belegen. Am Beginn steht die (Horror-) Vision einer 20:80-Gesellschaft, diskutiert von der „Machtelite der Welt" im Herbst 1995 in San Francisco. Die Einschätzung lautet, dass im 21. Jahrhundert 20 % der arbeitsfähigen Bevölkerung ausreichen würden, um die Weltwirtschaft in Schwung zu halten. Mehr Arbeitskraft wird nicht gebraucht. Die „restlichen" 80 % werden in Zukunft nicht mehr benötigt. Das Problem besteht darin, sie bei Laune zu halten, mit einer Mischung aus Entertainment und Ernährung (am Busen, englisch *tits*), kurz *„tittytainment*" genannt. Das gab es schon im alten Rom und hieß seinerzeit „Brot und Spiele". Die Medien-Mogule von Bertelsmann bis Berlusconi und von Ted Turner bis Rupert Murdoch haben das schon begriffen. Die Industriegesellschaft wird das gleiche Schicksal erleiden wie die Agrargesellschaft. Nur ein sehr geringer Anteil der Beschäftigten wird ausreichen, alle erforderlichen Produkte (bei einem hohen Einsatz an Energie, Material und somit Kapital) herzustellen.

Die pessimistische Prognose lautet, dass die Informationsgesellschaft (Kapitel 10) auch nicht annähernd so viele neue Jobs bereitstellen wird, um den Stellenabbau im industriellen Bereich zu kompensieren. Das Ergebnis wird eine neue Gesellschaftsordnung sein, reiche Länder ohne einen nennenswerten Mittelstand. Die Börsenkurse und die Konzerngewinne steigen, während Löhne und Gehälter sinken. Parallel damit wachsen die Defizite der öffentlichen Haushalte. Das Industriezeitalter mit seinem Massenwohlstand wird in der Menschheitsgeschichte nicht von Dauer sein. Der „Turbo-Kapitalismus" (Luttwak 1994) scheint sich unaufhaltsam durchzusetzen. Er zerstört die Grundlagen seiner eigenen Existenz, den funktionsfähigen Staat und demokratische Stabilität. Die bisherigen Wohlstandsländer verzehren die soziale Substanz ihres Zusammenhalts noch schneller als ihre ökologische Substanz.

Die Folgen sind in den USA, dem Mutterland des Turbo-Kapitalismus, schon zu besichtigen. Der Bundesstaat Kalifornien ist für sich genommen die siebtgrößte Wirtschaftsmacht der Erde, seine Ausgaben für die Gefängnisse übersteigen den gesamten Bildungsetat. Für private bewaffnete Wächter geben die US-Bürger doppelt so viel Geld aus wie ihr Staat für die Polizei. Das wird politisch nicht ohne Folgen bleiben, dem sozialen Erdbeben wird das politische folgen. Dann wird die Stunde der Demagogen schlagen, der großen Vereinfacher. Am rechten Rand des politischen Spektrums erleben (bzw. erlebten) wir zahlreiche Strömungen, etwa getragen durch Ross Perot in den USA, Marie le Pen in Frankreich, Umberto Bossi in Italien und Jörg Haider in Österreich. Auch wird Karl Marx eine Renaissance erfahren mit seiner (vereinfacht ausgedrückten) Diagnose, der Kapitalismus würde sich sein eigenes Grab schaufeln.

Martin und Schumann beschränken sich nicht auf eine düstere Analyse, sie schließen ihr Buch mit zehn Ideen gegen die 20:80-Gesellschaft ab: (1) eine demokratisierte und handlungsfähige Europäische Union; (2) Stärkung und Europäisierung der Bürgergesellschaft; (3) die europäische Wirtschaftsunion (die wir seit 2000 haben); (4) Ausdehnung der EU-Gesetzgebung auf die Besteuerung; (5) Erhebung einer Umsatzsteuer auf den Devisenhandel (Tobin-Tax) und auf Euro-Kredite an nichteuropäische Banken; (6) soziale und ökologische Mindeststandards für den Welthandel; (7) eine europaweite ökologische Steuerreform; (8) Einführung einer europäischen Luxussteuer; (9) europäische Gewerkschaften; (10) Stopp der Deregulierung ohne sozialen Flankenschutz.

Abschließend gehe ich zunächst kurz auf mir charakteristisch erscheinende Darstellungen von Globalisierungsgegnern ein, um am Ende einige wenige Befürworter (oder Leugner) des Phänomens Globalisierung zu Wort kommen zu lassen. Dabei beginne ich mit der faktenreichen und gehaltvollen Darstellung aus politikwissenschaftlicher Sicht „Grenzen der Globalisierung“ (Altvater, Mahnkopf 1997). Die Autoren beschreiben Globalisierung als eine „Durchkapitalisierung der Welt“. Vermeintliche Sachzwänge sehen sie als Momente eines ökonomisch-politischen Prozesses, der gravierende Auswirkungen auf nationale Souveränität und Demokratie in sich birgt. Im Sinne des Abschnitts 11.4 sind sie Anhänger einer etatistischen Lösung des Problems. Sie schlagen verschiedene Elemente einer ökologisch-sozialen Entwicklungsbahn vor, gegliedert in Ansatzpunkte, Maßnahmen, Instrumente, erwünschte Effekte sowie Absichten. Dabei setzen sie bei den Produktionsfaktoren Kapital, Arbeit und Energie (als charakteristischer Ressource) an. Der Kern ihrer Maßnahmen besteht in einer fiskalischen Belastung der Produktionsfaktoren Kapital und Energie und einer entsprechenden Entlastung des Produktionsfaktors Arbeit bei gleichzeitiger Verkürzung der Arbeitszeit. Ihre Instrumente sind die Tobin-Tax für das Kapital und eine Energiesteuer bei gleichzeitiger steuerfinanzierter Grundsicherung der Bürger. Als erwünschte Effekte versprechen sie sich eine Verteuerung der Transporte, Verstärkung regionaler Kreisläufe, weniger globale Konkurrenz und eine geringere Arbeitsproduktivität. Zu ihren Absichten gehören arbeitsunabhängige Einkommen, mehr Arbeitsplätze und ökologische Nachhaltigkeit.

Der ehemalige Chefökonomen der Weltbank und Nobelpreisträger nennt seine kritische Analyse „Die Schatten der Globalisierung“ (Stiglitz 2002). Nach seiner

Auffassung übersehen die Globalisierungsgegner allzu oft die positiven Effekte der Globalisierung. Jedoch würden die Verfechter der Globalisierung noch einseitiger argumentieren. Für sie sei die Globalisierung, die sie in der Regel mit dem triumphierenden Kapitalismus US-amerikanischer Prägung gleichsetzen, gleichbedeutend mit Fortschritt. Er kritisiert, dass (nicht zuletzt durch die Politik der Weltbank) die Globalisierung bislang weder die Armut verringert noch Stabilität gewährleistet hat, dass die Globalisierung und die Einführung der Marktwirtschaft weder in Russland noch in den meisten anderen Transformationsländern die versprochenen Erfolge erzielt hat. Statt eines von westlichen Ökonomen prophezeiten Wohlstandes bescherte es den Ländern eine nie da gewesene Armut. Die Kritiker der Globalisierung werfen den westlichen Ländern Heuchelei vor und Stiglitz gibt den Kritikern Recht.

Der Ungar Soros hat 1992 mit seinen Spekulationen das britische Pfund aus dem europäischen Währungssystem gedrängt und dabei etwa eine Milliarde US-$ verdient. Er hat viel zu sagen, denn er weiß, was auf den Aktien- und Währungsmärkten der Welt passiert. Aus dem „Superkapitalisten" ist ein scharfer Kritiker kapitalistischer Exzesse geworden, der seine Erfahrungen und Vorschläge in dem Buch „Die Krise des globalen Kapitalismus; offene Gesellschaft in Gefahr" niedergelegt hat (Soros 1998). Dabei folgt Soros dem Gros der Kapitalismuskritiker, wenn er beklagt, dass die Menschen in ihrem Glauben an den Markt alle Solidarität fahren ließen. Er kommt zu der Überzeugung, dass dem Kapitalismus die Sicherungen durchbrennen werden, wenn die Nationen ihn wie bisher gewähren lassen. Er befürchtet den Siegeszug eines neuen Raubkapitalismus, der zu tiefen sozialen Gräben führen werde. Wenn wir weiterhin untätig bleiben, dann steht uns nach seiner Auffassung ein Kollaps des Weltfinanzsystems bevor.

1998 hat sich in Frankreich eine „Vereinigung zur Besteuerung der Finanztransaktionen zum Nutzen der Bürger" gegründet. Sie ist unter der Bezeichnung „*attac*" (*Association pour une Taxation des Transaction Financières pour l'Aide aux Citoyens*) bekannt geworden. Zwischenzeitlich sind in mehr als 40 Ländern Attac-Organisationen gegründet worden. Eine Darstellung der kurzen Geschichte und der Ziele von *attac*, einer maßgeblichen und zwischenzeitlich einflussreichen Organisation von Globalisierungskritikern, liegt inzwischen vor (Grefe u. a. 2002).

Die vielen kritischen Analysen, von denen hier nur einige genannt wurden, haben unweigerlich zu Gegendarstellungen geführt. „Die 10 Irrtümer der Globalisierungsgegner – wie man Ideologie mit Fakten widerlegt" beschreiben zwei Wirtschaftsredakteure der Süddeutschen Zeitung (Balser, Bauchmüller 2003). Sie argumentieren vornehmlich utilitaristisch. Die Globalisierung sei besser, weil effizienter und nützlicher für alle, als ihr Gegenteil. Doch dafür müsse die Globalisierung gesteuert werden, etwa durch Öffnung der Märkte in Nordamerika und Europa. Für die Autoren stellt sich nicht mehr die Frage, ob die Globalisierung der Welt nützt, sondern wie sie es am besten kann.

Literatur

Altvater, E., Mahnkopf, B. (1997) *Grenzen der Globalisierung.* 2. Aufl. Westfälisches Dampfboot, Münster

Balser, M., Bauchmüller, M. (2003) *Die 10 Irrtümer der Globalisierungsgegner.* Eichborn, Frankfurt am Main

Beck, U. (1997) *Was ist Globalisierung?* Suhrkamp, Frankfurt am Main

Beck, U. (Hrsg.) (1998 a) *Politik der Globalisierung.* Suhrkamp, Frankfurt am Main

Beck, U. (Hrsg.) (1998 b) *Perspektiven der Weltgesellschaft.* Suhrkamp, Frankfurt am Main

Biskup, R. (Hrsg.) (1996) *Globalisierung im Wettbewerb.* 2. Aufl. Haupt, Bern

Brose, H.-G., Voelzkow, H. (Hrsg.) (1999) *Institutioneller Kontext wirtschaftlichen Handelns und Globalisierung.* Metropolis, Marburg

Bülow, W. von u. a. (Hrsg.) (1999) *Globalisierung und Wirtschaftspolitik.* Metropolis, Marburg

Cohen, D. (1998) *Fehldiagnose Globalisierung.* Campus, Frankfurt am Main

Edelman, M. (1990) *Politik als Ritual.* Campus, Frankfurt am Main

Enquete-Kommission des 14. Deutschen Bundestages (2001) *Globalisierung der Weltwirtschaft - Herausforderungen und Antworten.* Zwischenbericht, Drucksache 14/6910, Berlin

Forrester, V. (1997) *Der Terror der Ökonomie.* Paul Zsolnay, Wien

Friedman, T. L. (1999) *Globalisierung verstehen. Zwischen Marktplatz und Weltmarkt.* Ullstein, Berlin

Fuchs, G., Kraus, G., Wolf, H.-G. (Hrsg.) (1999) *Die Bindungen der Globalisierung.* Metropolis, Marburg

Grefe, C., Greffrath, M., Schumann, H. (2002) *attac – Was wollen die Globalisierungskritiker?* 3. Aufl. Rowohlt, Berlin

Hey, C., Schleicher-Tappeser, R. (1998) *Nachhaltigkeit trotz Globalisierung.* Springer, Berlin

Höffe, O. (1999) *Demokratie im Zeitalter der Globalisierung.* Beck, München

Krugman, P. (1999) *Der Mythos vom globalen Wirtschaftskrieg.* Campus, Frankfurt am Main

Kuschel, K.-J., Pinzani, A., Zillinger, M. (Hrsg.) (1999) *Ein Ethos für eine Welt? Globalisierung als ethische Herausforderung.* Campus, Frankfurt am Main

Luttwak, E. (1994) *Weltwirtschaftskrieg.* Rowohlt, Reinbek

Martin, H.-P., Schumann, H. (1996) *Die Globalisierungsfalle.* Rowohlt, Reinbek

Misik, R. (1997) *Mythos Weltmarkt.* Aufbau TB Verlag, Berlin

Müller, M. (2002) *Globalisierung.* Campus, Frankfurt am Main

Osterhammel, L., Petersson, N. P. (2004) *Geschichte der Globalisierung.* 2. Aufl. Beck, München

Ohmae, K. (1996) *Der neue Weltmarkt.* Hoffmann und Campe, Hamburg

Petschow, U., Hübner, K., Dröge, S., Meyerhoff, J. (1998) *Nachhaltigkeit und Globalisierung.* Springer, Berlin

Sennet, R. (1998) *Der flexible Mensch.* Siedler, Berlin

Soros, G. (1998) *Die Krise des globalen Kapitalismus.* Alexander Fest, Berlin

Steger, U. (Hrsg.) (1999 a) *Facetten der Globalisierung.* Springer, Berlin

Steger, U. (Hrsg.) (1999 b) *Globalisierung gestalten.* Springer, Berlin

Stiglitz, J. (2002) *Die Schatten der Globalisierung.* Siedler, Berlin

Thurow, L. C. (1996) *Die Zukunft des Kapitalismus*. Metropolitan. Düsseldorf

Weizsäcker, C. C. von (1999) *Logik der Globalisierung*. Vandenhoeck & Ruprecht, Göttingen

Yergin, D., Stanislaw, J. (1999) *Staat oder Markt. Die Schlüsselfrage unseres Jahrhunderts*. Campus, Frankfurt am Main

Empfehlungen habe ich indirekt im Text bereits dadurch angegeben, dass ich mich in den Abschnitten jeweils auf einzelne Darstellungen gestützt habe. Das waren jene von Osterhammel und Petersson, von Beck (1997), von Höffe, von Steger (1999 b) sowie von Martin und Schumann. Es sind eine Reihe weiterer Bücher zu dem Thema aufgeführt, die ich nicht im Einzelnen kommentiere. Weil entweder ihre Titel einen deutlichen Hinweis auf den Inhalt geben, wie „Der Terror der Ökonomie" (Forrester 1997) oder „Der Mythos vom globalen Wirtschaftskrieg" (Krugman 1999), oder weil sie von wohltuender Sachlichkeit gekennzeichnet sind wie die „Logik der Globalisierung" (Weizsäcker 1999). Eine Empfehlung gilt Sennet, der in anschaulicher Weise die Anforderungen an den neuen „flexiblen Menschen" schildert, und der damit zugleich auf den unvermeidlichen Verlust an Sozialkapital in der modernen Gesellschaft hinweist. Erwähnen möchte ich abschließend den umfangreichen Zwischenbericht der Enquete-Kommission des 14. Deutschen Bundestages „Globalisierung der Weltwirtschaft – Herausforderungen und Antworten" (2001).

12. Herausforderungen im 21. Jahrhundert

oder **Zwischen Anarchie und *Global Governance***

Wer schon der Wahrheit milde Herrschaft scheut, wie trägt er die Notwendigkeit?
(F. Schiller)

Mit diesem abschließenden Kapitel bezwecke ich zweierlei. Zum einen gebe ich eine Zusammenfassung der geschilderten Weltprobleme und zum anderen werde ich Lösungsvorschläge diskutieren. In der Ausdrucksweise des Club of Rome spreche ich von den „*World Problematiques*" und der Suche nach den „*World Resolutiques*" (A 8.1). Da ich häufig auf vorangegangene Abschnitte und Bilder verweisen werde, kürze ich diese mit A und B ab.

Beginnen möchte ich mit einer Auflistung von offenkundigen weltweiten Trends, wie sie aus den vorangegangenen Darstellungen folgen:

1. Die knapp 20 % Reichen werden immer reicher (zumindest relativ), immer älter und immer weniger und sie verbrauchen im Mittel 80 % aller Ressourcen. Die gut 80 % Armen werden dagegen immer ärmer, immer jünger und immer mehr. Wer kann glauben, dass eine solche Welt politisch stabil sein kann?
2. Die „traditionellen" Probleme der „Herausforderung Zukunft", die Bevölkerungs-, die Versorgungs- und die Entsorgungsfalle (B 1.6), sind gravierender denn je. Sie werden durch den Prozess der Globalisierung von neuen Problemen überlagert.
3. Angesichts der ständig beschleunigten Dynamik des technischen Wandels wird die Kluft zwischen dem Erkennen (bezüglich der Folgen unseres Tuns) und dem Handeln (um Nebenfolgen entgegenzuwirken) immer größer. Mit der Zunahme des Wissens steigt gleichzeitig die Menge des Nichtwissens. Wir werden einerseits immer klüger, aber andererseits in Bezug auf die nahe Zukunft, die ständig näher an die Gegenwart heranrückt, immer blinder.
4. Die Nationalstaaten sind für die Lösung der globalen Probleme zu klein und für die Lösung der lokalen Probleme sind sie zu groß. Durch den Prozess der Globalisierung büßen sie weitgehend ihre Steuerungsfähigkeit (in wirtschafts- und außenpolitischen Belangen) ein; sie verlieren dadurch in den Augen der Bürger an Legitimation.
5. Die Aussage: „(1) So geht es nicht weiter. (2) Was stattdessen geschehen müsste, ist im Wesentlichen bekannt. (3) Trotzdem geschieht es – im Wesentlichen – nicht" (Meyer-Abich 1990) ist gültiger denn je. Was müssen wir tun, damit das, was geschehen müsste, auch tatsächlich geschieht? Warum führt Erkennen so selten (und meist zu spät) zum Handeln? Das bringt uns einleitend zu einem letzten Punkt von „universeller" Gültigkeit.

6. Große Systeme (welcher Art auch immer) sind sehr stabil. Man braucht nur wenig Macht, um Veränderungen eines existierenden Systems zu verhindern. Um ein großes System zu verändern, braucht es dagegen sehr viel Macht, außer es fällt von selbst zusammen (wie im Fall der planwirtschaftlichen Systeme).

Die Einleitungen sollen mit einigen Bemerkungen zum Nationalstaat (Punkt 4) abgeschlossen werden. Wir sollten uns von der Vorstellung lösen, der Nationalstaat sei ein natürliches und geradezu urwüchsiges Gemeinwesen. Tatsächlich ist die Idee des Nationalstaats eine relativ junge „Innovation" der Gesellschaft, über dessen Beginn es unterschiedliche Auffassungen gibt. Ein erstes Datum wäre die Entdeckung Amerikas 1492 durch Kolumbus, die den Prozess der Kolonialisierung, vorangetrieben von „Nationalstaaten", einleitete. Weitere Daten wären der Augsburger Religionsfrieden 1555 mit der Regelung „*cuius regio, eius religio*" oder der Westfälische Frieden 1648, der ein System unabhängiger Nationalstaaten schuf. Das wohl überzeugendste Datum ist das Ende des 18. Jahrhunderts mit der Gründung der USA und der Französischen Revolution.

Vor dem Nationalismus waren Kriege räuberische Konflikte, es ging um Macht und Reichtum. Seit es Nationalstaaten gibt, gibt es Kriege auch um Ideologien und Ideale. Die Napoleonischen Kriege, der Erste und der Zweite Weltkrieg sowie der Kalte Krieg waren durch „Ismen" geprägt, durch Chauvinismus und Imperialismus, durch Faschismus und Nationalsozialismus sowie durch Kommunismus. Nationalstaaten sind stets imaginäre Kollektive, die sich durch emotionale Bindungen auszeichnen. Kennzeichen von Nationalstaaten sind Gemeinsamkeiten der ethnischen Herkunft, der Geschichte, der Sprache und der Kultur. Seit der Säkularisierung, der Trennung von Kirche und Staat, gehört die Religion nicht mehr zu den Charakteristiken westlicher Nationalstaaten. Das ist in den so genannten fundamentalistischen Staaten anders, dort ist Religion nach wie vor (wie bei uns im Mittelalter) das entscheidende Bindeglied.

In dem Untertitel dieses Kapitels habe ich den Begriff *Governance* verwendet. Er hat sich seit einiger Zeit eingebürgert und ist zum ersten Mal im Zusammenhang mit Ländern der Dritten Welt verwendet worden. In ihnen müssten die Voraussetzungen für eine „gute Regierungsweise" (*good governance*) geschaffen werden, so heißt es. Auch in der deutschen Literatur wird der Ausdruck *Global Governance* an Stelle von „globaler Regierungsweise" verwendet. Dabei darf der Begriff *Governance* nicht mit *Government* (= Regierung) verwechselt werden. Eine „globale Regierungsweise" meint etwas völlig anderes als eine globale Regierung (Weltregierung).

12.1 Weltprobleme

In Bild 1.6 hatten wir die zentralen Faktoren der Herausforderung Zukunft dargestellt (A 1.8), die wir als traditionelle Probleme bezeichnen können: die Bevölkerungs-, die Versorgungs- und die Entsorgungsfalle. In Bild 1.1 hatten wir die Handlungsräume einer Gesellschaft dargestellt (A 1.1), die sich aus Möglichkeitsräumen (Ressourcen), Leitbildern (Werten und Normen) und Institutionen (einschließlich Rahmenbedingungen im weitesten Sinne) ergeben. Auch die Weltpolitik spielt sich in einem Dreieck ab, aufgespannt von der (nationalen und internationalen) Politik, der Wirtschaft (den Global Playern) und der Weltgesellschaft, Bild 12.2 am Ende dieses Abschnitts. Zusammen mit einem weiteren Dreieck, dem Konzept Nachhaltigkeit, ruhend auf der ökologischen, der ökonomischen und der sozialen (oder soziokulturellen) Säule, zeichnen wir in Bild 12.1 eine Übersicht der Weltprobleme (WP).

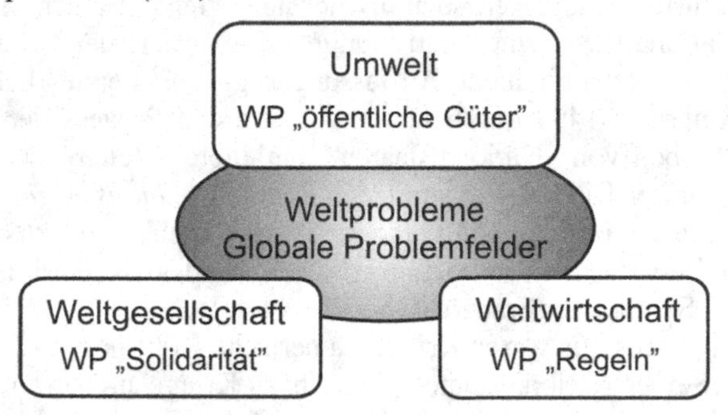

12.1 Weltprobleme

Das erste globale Problem betrifft die „Umwelt", sie ist in weiten Teilen ein öffentliches Gut. Dazu gehören die Ozeane mit ihrem Fischbestand und das Wasser im Allgemeinen, die Luft, die Wälder und der Boden. Bei öffentlichen Gütern gilt die „Tragödie der Allmende" (*The Tragedy of the Commons*), wie Hardin es 1968 in einem Artikel in Science genannt hat. Die Allmende war im Mittelalter ein gemeinsames Weideland für die Bewohner eines Dorfes. Dieses durfte nicht übernutzt werden, also wurde jedem Bewohner gestattet, eine begrenzte Anzahl von Schafen darauf zu weiden. Wenn ein Bauer ein Schaf mehr als die anderen auf die Weide bringt, so verschafft er sich dadurch einen Vorteil, aber den Nachteil tragen alle gemeinsam. Denn jedes zusätzliche Tier trägt zur Überweidung bei.

Darin liegt die Tragödie der Allmende. Jeder Nutzer hat den Anreiz, ein zusätzliches Schaf nach dem anderen auf die Weide zu bringen. Das geht so lange gut, bis das Land überweidet ist, sodass sich die Schafhaltung nicht mehr lohnt. Die Dorfgemeinschaft hat nicht erkannt, dass das individuelle Interesse des Einzelnen zum Konflikt mit den Interessen der Gemeinschaft führt. Die Dorfgemeinschaft hat versäumt, die Allmende im Sinne eines übergeordneten Interesses zu verwalten. Die entscheidenden globalen Umweltprobleme hängen mit eben diesem Versagen zusammen. Dazu gehören

- der anthropogene Treibhauseffekt und damit die Erwärmung der Atmosphäre und das Ansteigen des Meeresspiegels,
- die Verschmutzung der Umwelt,
- die Überfischung der Weltmeere,
- das Abholzen der Wälder und die Brandrodung,
- die zunehmende Wasserknappheit sowie
- das Artensterben und der Verlust der Biodiversität.

Das zweite globale Problem betrifft die „Weltgesellschaft", die Frage nach der „Solidarität" Fremden und Fernen gegenüber. Bereits 1784 hatte Kant den Begriff „Weltbürgergesellschaft" geprägt, der im Zeitalter der Globalisierung Realität geworden ist. Zu dem Problemfeld „Solidarität" gehören

- der Kampf gegen die Armut,
- der Kampf gegen mangelnde Bildung,
- der Kampf gegen Infektionskrankheiten,
- die Friedenssicherung und der Kampf gegen Terrorismus,
- der Kampf gegen die ökonomische und die digitale Spaltung der Welt sowie
- der Kampf gegen Natur- und (technische) Umweltkatastrophen.

Das dritte globale Problem betrifft die „Weltwirtschaft", genauer die Frage nach den „Regeln" für wirtschaftliches Handeln. Zu den Regeln gehören Rahmenbedingungen und Rechtssetzung ebenso wie Infrastrukturen und informelle Strukturen. Regeln betreffen

- das Welthandelsrecht,
- internationale Finanzarchitekturen (z.B. *Tobin Tax*),
- die Vermeidung von Öko- und Sozialdumping,
- den internationalen Wettbewerb sowie
- vergleichbare Steuersysteme.

Die drei Faktoren der Weltprobleme betreffen die ökologische, die soziale (bzw. soziokulturelle) und die ökonomische Säule des Leitbildes Nachhaltigkeit. Im Hinblick auf später zu skizzierende Maßnahmen sollen hier gleich generelle Schwierigkeiten angesprochen werden, die mit den drei Weltproblemen in Bild 12.1 zusammenhängen. Das Problemfeld „Umwelt" lädt stets zum Trittbrettfahren ein. Es entspricht wirtschaftlicher Logik, die Gewinne eines Unternehmens zu privatisieren (zu internalisieren) und die Verluste bzw. Kosten zu sozialisieren (zu externalisieren). Dabei müsste es genau umgekehrt sein. Die externen (ökologischen und sozialen) Kosten müssten internalisiert werden, die Preise müssten die ökologische und soziale Wahrheit sagen.

Das Problemfeld „Solidarität" bedeutet, dass zu der uns geläufigen Nächstenliebe eine „Fernstenliebe" (räumlich und zeitlich) hinzukommen muss. Bislang galten Identität und Loyalität allein in dem Nationalstaat, der durch die Globalisierung einem Erosionsprozess ausgesetzt ist. Wie soll diese Loyalität auf die Weltgesellschaft übertragen werden? Wenn wir an das Schachern und Gezerre um Subventionen in der Europäischen Union denken, dann wird daran das Problem deutlich. Wie können wir demokratische Verantwortlichkeit und international durchsetzbare Standards auf weltweiter Ebene herstellen? Unmittelbar nach Naturkatastrophen ist die internationale Solidarität stets hoch. Das haben weltweite Spenden und Hilfeleistungen für die Opfer der Flutkatastrophe in Südostasien Ende Dezember 2004 eindrucksvoll gezeigt. Entscheidend wird jedoch sein, wie eine auf weltweiter Solidarität beruhende internationale Partnerschaft dauerhaft gestaltet werden kann.

Bei dem Problemfeld „Regeln“ sind die Schwierigkeiten mindestens genauso groß. Denn die global agierenden Unternehmen ziehen Vorteile daraus, die Rahmenbedingungen in den einzelnen Ländern bezüglich Rechtsvorschriften, Genehmigungsverfahren und Steuern zu ihrem Vorteil zu nutzen und gegeneinander auszuspielen. Wie sollten sie an einheitlichen Rahmenbedingungen interessiert sein?

Vor der Diskussion von Lösungsvorschlägen müssen wir die Frage nach den entscheidenden Akteuren auf der globalen Bühne diskutieren. Sie können drei Bereichen zugeordnet werden, Bild 12.2. Dabei sind die klassischen Bereiche Wirtschaft und Politik weitgehend selbsterklärend, auch wenn sie stark ausdifferenziert sind und auf den ersten Blick unübersichtlich erscheinen. Dies betrifft den dritten Bereich in weit größerem Maße, den wir in Anlehnung an Abschnitt 11.2 mit Weltgesellschaft bezeichnen wollen.

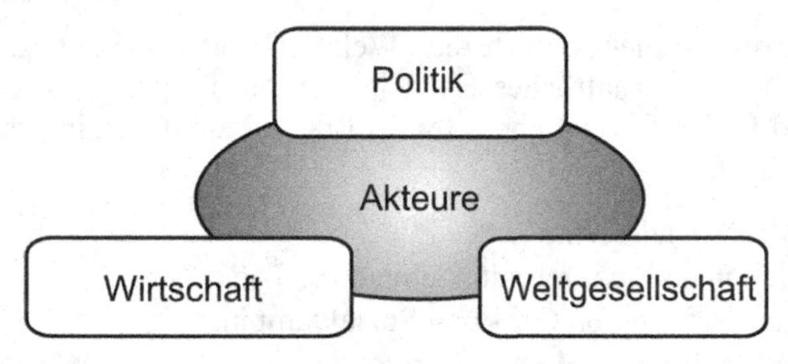

12.2 Akteure auf der Weltbühne

Die folgenden Abschnitte sind den globalen Akteuren unterschiedlicher Prägung gewidmet. Die Schilderungen werden einerseits ausführlich und andererseits exemplarisch sein. Erst wenn wir eine Vorstellung von der Vielfalt der Akteure haben, dann können wir anschließend in Abschnitt 12.6 Muster und Strukturen einer Global-Governance-Architektur entwerfen. Das wird uns zu Bild 12.3 führen, das eine Ausdifferenzierung von Bild 12.2 darstellt.

12.2 Internationale und supranationale Organisationen

Schon vor den Diskussionen über Globalisierung haben Staatsmänner über die Einrichtung von „Regierungs-Organisationen“ zur Lösung globaler Probleme nachgedacht. Aus der zwischenzeitlich großen Fülle derartiger Einrichtungen ragen zwei Organisationen heraus, die die Weltpolitik nach dem Zweiten Weltkrieg stark geprägt haben. Das sind die *Vereinten Nationen* (UN = *United Nations*) und die *Europäische Union* (EU = *European Union*). Beide Einrichtungen verdanken ihre Gründung den Schrecken des Zweiten Weltkrieges. Es gilt auch hier der Spruch vom Krieg als Vater aller Dinge, jedoch an dieser Stelle mit einer ausgesprochen positiven Betonung.

Wir beginnen mit der Schilderung der Geschichte der *Vereinten Nationen*, wobei wir zunächst auf dessen Vorgeschichte eingehen. Diese begann in der Endphase des Ersten Weltkriegs. Die Politik der USA war zu Beginn des Ersten Weltkriegs durch eine strikte Neutralität geprägt. Auch die Öffentlichkeit war eindeutig gegen eine Kriegsbeteiligung. Die politische Stimmung schlug jedoch um, als Anfang 1917 deutsche U-Boote Handelsschiffe der USA im Atlantik versenkten. Der Krieg bedrohte die amerikanische Wirtschaft, deren transatlantischer Handel nahezu zum Erliegen gekommen war. Präsident Wilson musste die Neutralität aufgeben, der US-Kongress erklärte am 6. April 1917 Deutschland den Krieg.

Als sich der Sieg der Alliierten abzeichnete, entwarf Wilson in der Endphase des Ersten Weltkriegs eine neue Nachkriegsordnung, die einen dauerhaften Frieden garantieren sollte. Er schlug einen Völkerbund als eine Art Weltversammlung vor, die sowohl ein Forum für diplomatische Konfliktlösungen als auch für kollektive Maßnahmen gegen Gewalt sein sollte. Dazu formulierte er „Vierzehn Punkte", darunter die Abschaffung von Handelsbarrieren, das Prinzip kollektiver Sicherheit, der Wille zur Abwehr von Aggressionen, das Selbstbestimmungsrecht als Ersatz für das Machtprinzip in den Kolonien und eine teilweise Abrüstung in den mächtigsten Ländern. Besonders wichtig war Wilson der Artikel 10, der die Unterzeichner zu gemeinsamem Kampf gegen Aggressoren verpflichtete.

Damit erhielt die schon im 19. Jahrhundert in den USA vehement diskutierte Frage „Isolationismus oder Internationalismus" einen neuen Auftrieb. Sie wurde seinerzeit von den Präsidenten Monroe und T. Roosevelt geprägt. Letzterer erweiterte den Geltungsbereich der Monroe-Doktrin. Er gab den USA das Recht, in anderen Ländern zu intervenieren, um Einmischungen von außen abzuwehren. Die von Wilson angestoßene Diskussion über den Völkerbund ließ die Spannungen zwischen beiden Lagern wieder aufbrechen. Aus Furcht darüber, die USA könnten in ungewollte Konflikte und in „Jahrhunderte des Blutvergießens" hineingezogen werden, lehnte der Kongress die Einrichtung des von Wilson vorgeschlagenen Völkerbundes ab.

Die Einstellung der USA änderte sich im Verlauf des Zweiten Weltkriegs. Die Alliierten im Kampf gegen Deutschland, Italien und Japan, allen voran die USA, begannen während des Zweiten Weltkriegs mit dem Entwurf einer (zweiten) Nachkriegsordnung. Unter dem Präsidenten F. D. Roosevelt war man in den USA zu der Auffassung gelangt, dass der Frieden eine neue internationale Organisation erfordere, und dass darin die USA eine führende Rolle spielen sollten. So knüpfte der US-Präsident Truman nach Erarbeitung der UN-Charta 1945 an die Vorgeschichte an, als er auf den (damals gescheiterten) Völkerbund des seinerzeitigen Präsidenten Wilson hinwies. Die UN-Charta trat 1945 in Kraft, diesmal mit überwältigender Zustimmung der USA.

Das primäre Ziel der UN-Charta ist die Wahrung des Weltfriedens und die internationale Sicherheit. Nach Art. 1 der Charta sind weitere Ziele die Achtung der Menschenrechte; die internationale Zusammenarbeit auf wirtschaftlichem, kulturellem, sozialem und humanitärem Gebiet (wozu später der Umweltschutz hinzukam) und die Entwicklung freundschaftlicher Beziehungen zwischen den Mitgliedsstaaten. Nach der Charta soll die UN selbst ein Mittelpunkt sein, „in dem die Bemühungen der Nationen zur Verwirklichung dieser gemeinsamen Ziele aufeinander abgestimmt werden". Nach Art. 2 der Charta verpflichten sich die Mitgliedsstaaten bei der Verwirklichung dieser Ziele zu einem allgemeinen Gewaltverbot sowie auf die friedliche Beilegung von Streitigkeiten. Hiervon ausgenommen sind das Recht auf Selbstverteidigung sowie vom Sicherheitsrat beschlossene legitime Zwangsmaßnahmen. Die Charta schreibt den Grundsatz der souveränen Gleichheit aller Mitgliedsstaaten und das Verbot des Eingreifens der UN in die inneren Angelegenheiten der Mitglieder fest.

Die UN haben derzeit (2004) 191 Mitglieder. Das sind alle Staaten der Welt mit Ausnahme von Taiwan, dem Vatikanstaat und der Demokratischen Arabischen Republik Sahara (DARS). Die UN bestehen aus Hauptorganen sowie zahlreichen Neben-, Hilfs-, Unter- und Spezialorganen sowie Arbeitsgruppen. Im Laufe der Zeit ist ein vielschichtiges System entstanden, zu dem auch autonome Sonderorganisationen sowie weitere internationale Einrichtungen (als Teil der „UN-Familie") gehören. Die wichtigsten und einige der bekanntesten Organe seien kurz erwähnt. Dabei verwende ich die Abkürzungen jeweils in der englischen Version, um Missverständnisse zu vermeiden. So wird beispielsweise die Welthandelsorganisation auf Deutsch mit WHO abgekürzt, sie lautet auf Englisch WTO (*World Trade Organization*). Dagegen ist WHO die englische Kurzform von *World Health Oranization*, auf Deutsch Weltgesundheitsorganisation WGO.

Zu den Hauptorganen gehören die Generalversammlung und der Sicherheitsrat. Letzterer ist das bedeutendste Organ der UN. Er hat weit reichende Kompetenzen in der Konfliktverhütung und -lösung und er kann als einziges Gremium für alle UN-Mitglieder verbindliche Beschlüsse treffen. Der Sicherheitsrat hat fünf ständige Mitglieder, das sind die USA, Russland (seit 1991 in Nachfolge der UdSSR), VR China, Frankreich und Großbritannien. Hinzu kommen zehn nichtständige Mitglieder, die nach einem kontinentalen Proporz von der Generalversammlung für jeweils zwei Jahre gewählt werden. Deutschland und Japan streben offiziell einen ständigen Sitz im Sicherheitsrat an, zusammen mit (so ihr Vorschlag) je einem Vertreter aus Lateinamerika, Afrika und Asien.

Zu den Nebenorganen gehören die UN-Friedenstruppen („Blauhelme"). Sie sind in der UN-Charta nicht vorgesehen, haben sich jedoch zu einem wichtigen Instrument des Sicherheitsrats in Wahrnehmung seiner Verantwortung für den Weltfrieden entwickelt. Zu den Spezialorganen und Programmen gehören die Handels- und Entwicklungskonferenz UNCTAD, das Entwicklungsprogramm UNDP, das Umweltprogramm UNEP (mit dem ehemaligen deutschen Umweltminister Töpfer als Exekutivdirektor), der Weltbevölkerungsfonds UNFPA und das Weltkinderhilfswerk UNICEF. Zu den Sonderorganisationen gehören die Ernährungs- und Landwirtschaftsorganisation FAO, die Internationale Zivilluftorganisation ICAO, die Internationale Seeschifffahrtsorganisation IMO, der Internationale Währungsfonds IMF, die Organisation für Erziehung, Wissenschaft und Kultur UNESCO, die Weltgesundheitsorganisation WHO sowie die Weltbank WB.

Einige der genannten Organisationen sind unabhängig von den UN und teilweise früher gegründet worden. Die 1944 in Chicago gegründete ICAO ist seit 1947 Sonderorganisation der UN und die 1948 in Genf gegründete IMO wurde 1959 eine UN-Sonderorganisation. Auch IMF und Weltbank sind unabhängig von den UN 1944 auf der Internationalen Währungs- und Finanzkonferenz in Bretton Woods, USA, gegründet worden. Regierungsvertreter aus 44 Ländern erkannten vor dem Ende des Zweiten Weltkriegs, wie notwendig die internationale Stabilisierung, eine neue Weltordnung und wirtschaftliche Erholung seien. Der IMF als auch die Weltbank sollten Instrumente zur Bewältigung vorhersehbarer Probleme sein. Statt Weltbank ist der Begriff Weltbankgruppe präziser, denn die WB umfasst fünf miteinander verbundene Institutionen. Heute gehören IMF und WB zu den Sonderorganisationen der UN. Vereinbarungsgemäß ist der Leiter der WB stets ein US-Amerikaner (derzeit Wolfensohn) und der Leiter des IMF stets ein Europäer (derzeit der Spanier de Rato, zuvor unser derzeitiger Bundespräsident Köhler).

Wir haben die internationale Organisation der Vereinten Nationen auch deshalb so ausführlich besprochen, weil ohne die Existenz der UN die zahlreichen Weltkonferenzen undenkbar gewesen wären, auf die wir in Abschnitt 12.5 eingehen werden. Wir wollen nun mit der *Europäischen Union* die schrittweise Entwicklung einer supranationalen Organisation skizzieren, die bislang in der Geschichte ohne Beispiel gewesen ist. Souveräne Nationalstaaten gaben ohne äußeren Zwang einen Teil ihrer Souveränität an eine supranationale Einrichtung ab. Seit dem Untergang des Römischen Reiches befanden sich die Völker Europas bis zum Ende des Zweiten Weltkrieges nahezu ständig im Kriegszustand. Nun wollte Europa seine Geschichte selbst in die Hand nehmen, um Kriege zwischen den europäischen Nationalstaaten für immer unmöglich zu machen. Der britische Premierminister Churchill schlug im September 1946 in einer Rede in Zürich die Gründung der Vereinigten Staaten von Europa vor. Eine zentrale Rolle sollte dabei die deutsch-französische Aussöhnung spielen.

Der Prozess der europäischen Integration ist eines der wichtigsten geopolitischen Ereignisse der jüngeren Geschichte. Am Anfang stand 1951 die Gründung der Europäischen Gemeinschaft für Kohle und Stahl (EGKS/Montanunion) durch Frankreich, Italien, BR Deutschland sowie die Benelux-Staaten Belgien, Niederlande und Luxemburg, die 1952 in Kraft trat. Ziel war ein gemeinsamer Markt für Kohle und Stahl. 1955 beschlossen die Außenminister der EGKS-Staaten, die Integration auf alle Wirtschaftsbereiche auszudehnen. Die sechs Staaten unterzeichneten 1957 die Römischen Verträge zur Gründung der Europäischen Wirtschaftsgemeinschaft EWG und der Europäischen Atomgemeinschaft EAG/EURATOM mit dem Ziel der friedlichen Nutzung der Kernenergie. 1967 wuchsen die bisher getrennten Organe der drei Gemeinschaften EGKS, EWG und EAG zu einer einzigen Gemeinschaft (EG) zusammen. 1973 traten Großbritannien, Irland und Dänemark der EG bei, 1981 Griechenland, 1986 Portugal und Spanien und 1995 Österreich, Schweden und Finnland. Damit hatte die EG 15 Mitglieder. Der Vertrag über die Europäische Union von 1993 bildete die Grundlage für die Vollendung der europäischen Wirtschafts- und Währungsunion sowie für weitere politische Integrationsschritte. Zum 1.1.2002 wurde der Euro als neue gemeinsame eigenständige Währung in 12 der 15 EU-Staaten (vorerst ohne Großbritannien, Dänemark und Schweden) eingeführt.

Die EU hat Europas Westen demokratisiert und befriedet, ein analoger Prozess hat soeben für Europas Osten begonnen. 2004 ist die EU auf einen Schlag um zehn Länder auf nunmehr 25 EU-Staaten angewachsen. Die drei baltischen Staaten Estland, Lettland und Litauen sowie Polen, die Tschechische Republik, die Slowakei, Ungarn, Slowenien, Malta und Zypern sind hinzugekommen. Beitrittsverhandlungen sind mit Rumänien und Bulgarien aufgenommen und der Türkei in Aussicht gestellt worden.

Die EU ist bislang im Wesentlichen eine Wirtschafts- und Währungsunion. Das Bruttosozialprodukt der EU ist vergleichbar mit dem der USA. Die wirtschaftlichen Erfolge der EU sind beachtlich. Noch vor wenigen Jahrzehnten wäre es undenkbar gewesen, dass Airbus (ein Verbund aus deutschen, französischen, britischen und spanischen Firmen) die Firma Boeing bei der Produktion von zivilen Flugzeugen überholen würde.

Die Zukunft wird zeigen, ob es der EU gelingt, die noch fehlenden demokratischen und politischen Strukturen zu schaffen, oder ob es nicht zuletzt angesichts der letzten und der ausstehenden Erweiterungen (nur) bei einer Wirtschaftsunion (und Währungsunion) bleiben wird. Visionen gibt es schon, wie den Übergang vom Staatenverbund der Union hin zur vollen Parlamentarisierung in einer Europäischen Föderation. Denkbar ist auch, dass die Osterweiterung der EU zu einer breiteren Differenzierung führen wird. So kann es ein Kerneuropa geben, das die Integration rasch vorantreibt, während andere Staaten längere Übergangsphasen wählen. Weiterhin ist offen, ob die EU den Willen und die Kraft zu einer gemeinsamen Außen- und Sicherheitspolitik aufbringen wird.

Trotz aller noch vorhandenen Defizite ist die europäische Integration eine Erfolgsgeschichte. Andere wirtschaftliche Verbünde in Form von Freihandelszonen wie etwa NAFTA (in Nordamerika), Mercosur (in Lateinamerika) oder AFTA (in Südostasien) sind bislang nicht annähernd so erfolgreich gewesen wie die EU.

Angesichts der Globalisierung (Kapitel 11) spielen die Fragen von Regelungen und Rahmenbedingungen innerhalb des Welthandels eine außerordentlich wichtige Rolle. Deshalb behandeln wir abschließend die *Welthandelsorganisation* (WTO = *World Trade Organization*). Die WTO wurde 1994 in Marrakesch/Marokko als Dachorganisation für die internationalen Handelsbeziehungen gegründet. Sie ist einerseits die Nachfolgeorganisation des Allgemeinen Zoll- und Handelsabkommens GATT (*General Agreement on Tariffs and Trade*) von 1947. Andererseits umfassen die WTO-Verträge zusätzlich das Allgemeine Abkommen über den Handel mit Dienstleistungen GATS (*General Agreement on Trade in Services*), das Abkommen über handelsrelevante Urheberrechte TRIPS (*Agreement on Trade-Related Aspects of Intellectual Property Rights*) sowie weitere Abkommen über Streitschlichtungsverfahren.

Die WTO soll die internationalen Handelsbeziehungen durch bindende Regelungen auf Basis des Freihandels organisieren. Sie ist primär ein Forum für internationale Verhandlungen, stellt jedoch auch Streitschlichtungsmechanismen bereit. Darüber hinaus soll sie die Entwicklungsländer in Handelsfragen unterstützen und Handelspraktiken ihrer Mitgliedsstaaten überprüfen. Dabei stützt sich die WTO auf die GATT-Prinzipien, die mit Gründung der WTO über den Handel mit Gütern hinaus auf weitere Bereiche wie den Handel mit Dienstleistungen ausgedehnt wurden. Die WTO hat derzeit 147 Mitglieder, bestehend aus 146 Vertragsstaaten und der EU.

Die WTO-Ministerkonferenzen der letzten Jahre haben deutlich gezeigt, wie schwierig konkrete Handelsvereinbarungen insbesondere zwischen den Industrieländern und den Entwicklungsländern angesichts unterschiedlicher Interessenlagen sind. Auf der Konferenz in Doha/Katar 2001 war die Aufnahme einer neuen Verhandlungsrunde („Doha-Runde") über Maßnahmen zur Liberalisierung des internationalen Handels beschlossen worden. Sie sollte als „Entwicklungsrunde" durch weltweites Wachstum die Chancen für eine erfolgreiche Bekämpfung der Armut in den Entwicklungsländern verbessern. Das Ziel, die Doha-Runde bis 1.1.2005 abzuschließen, ist gescheitert. Auch auf der Konferenz in Cancun/Mexiko 2003 kam es in den entscheidenden Fragen einer Verringerung der Agrarsubventionen und einer Liberalisierung der Dienstleistungsmärkte zu keinem Einvernehmen.

Nach übereinstimmender Meinung entwicklungspolitischer Experten und Institutionen müssten die Agrarsubventionen der Industriestaaten, die derzeit bei jährlich etwa 300 Mrd. US-$ liegen, drastisch abgebaut werden. Denn nur so kann den Entwicklungsländern der Absatz ihrer meist konkurrenzfähigen Agrarprodukte ermöglicht werden. Bislang waren die EU und die USA im Bereich des Agrarhandels nur zu einem sehr geringen Abbau der Subventionen bereit. Die Vorschläge hierzu wurden von den Entwicklungsländern grundsätzlich abgelehnt. Diese sind weiterhin der Meinung, dass die Industrieländer die ärmeren Staaten bei ihrer Integration in die Weltwirtschaft stärker unterstützen müssten.

12.3 *Club-Governance* und *Private Governance*

Mit dem Begriff *Club-Governance* sind Regierungs-Organisationen mit einem exklusiven Charakter gemeint. Man ist entweder (privilegiertes) Mitglied eines „Clubs", oder man steht außen vor. Beispielhaft schildern wir die G-7/G-8-Staaten, die OECD sowie die OPEC. Mit *Private Governance* sind Strukturen privatwirtschaftlicher Akteure gemeint, beispielhaft behandeln wir die Welthandelskammer ICC sowie die Internationale Organisation für Normung ISO.

Auf französische Initiative trafen 1975 in Rambouillet die Staats- und Regierungschefs der sechs führenden Industrienationen Deutschland, Frankreich, Großbritannien, Italien, Japan und USA zu einem ersten *Weltwirtschaftsgipfel* zusammen. 1976 kam Kanada zu diesem Kreis hinzu, seitdem spricht man von den *G 7*. Seit 1994 gehört Russland informell und seit 1998 formell dazu, daher die Bezeichnung *G 8*. Seit 1977 nimmt zudem die EG (seit 1993 die EU), vertreten durch deren Präsidenten, an den Treffen teil.

Die G 8 ist zu einem wichtigen Forum für regelmäßige Konsultationen nicht nur zu Fragen der Weltwirtschaft, sondern für alle relevanten Fragen der internationalen Politik geworden. Dazu gehören Terrorismus, Drogen- und Waffenhandel, organisierte Kriminalität, bewaffnete Konflikte, Kampf gegen die Armut in den Entwicklungsländern, Arbeitslosigkeit, Verbreitung von Massenvernichtungswaffen sowie Transformationsprozesse im Mittel- und Osteuropa.

Es gibt keine feste Organisationsstruktur, den Vorsitz übernehmen die Mitglieder im Wechsel für jeweils ein Jahr. Sie haben damit die Möglichkeit, Themen für die Treffen vorzuschlagen und Gäste aus anderen (betroffenen) Staaten dazu einzuladen. Beim Gipfeltreffen im Juni 2003 in Evian/Frankreich trafen die Staats-

und Regierungschefs der G 8 mit ihren Amtskollegen aus den afrikanischen Staaten Algerien, Ghana, Nigeria, Senegal, Südafrika und Uganda zusammen. Sie erörterten mit ihnen Fragen der Konfliktbewältigung, der Eindämmung von HIV/Aids sowie Polio, der Entschuldung, der Wirtschaftsförderung und der nachhaltigen Entwicklungszusammenarbeit. Der 30. Weltwirtschaftsgipfel fand unter der US-Präsidentschaft im Juni 2004 in Sea Island/USA statt. Hierzu waren die Staats und Regierungschefs aus Afghanistan, Algerien, Bahrain, dem Irak, dem Jemen, Jordanien und der Türkei eingeladen. Die G-8-Staaten verpflichteten sich zu einer „historischen Partnerschaft" mit der Nahostregion. Es soll ein Zukunftsforum geschaffen werden, um im Dialog Reformanstrengungen in der Nahostregion zu begleiten und zu unterstützen. Damit soll ein neuerlicher Versuch zur Wiederbelebung des Nahost-Friedensprozesses gemacht werden. Andere betroffene Staaten wie Ägypten und Saudi-Arabien hatten die Einladung abgelehnt, da sie die Forderung nach Reformen als Einmischung in innere Angelegenheiten ansehen.

Es ist stets ein Balanceakt, bei Diskussionen über weltpolitische Themen einerseits die Exklusivität eines „Clubs" wie den der G-8-Staaten zu wahren, und andererseits betroffenen Staaten punktuell die Möglichkeit zur Mitwirkung zu geben. Das hat die USA 1999 veranlasst, neben dem G-8-Club einen erweiterten G-20-Club anzuregen, dem neben den G-8-Staaten die Länder Argentinien, Australien, Brasilien, China, Indien, Indonesien, Mexiko, Saudi-Arabien, Südafrika, Südkorea und die Türkei sowie der jeweilige EU-Präsident angehören. Das Problem der Exklusivität besteht nach wie vor. Warum sind Länder wie Ägypten, Nigeria, Pakistan oder andere nicht dabei? Welches sind die Kriterien? Wenn die wirtschaftliche Potenz eines Landes, ausgedrückt durch dessen Bruttosozialprodukt, das Kriterium wäre, dann müssten die Niederlande und die Schweiz zu einem engeren Zirkel gehören. Die Zukunft wird zeigen, ob der G-20-Club Bestand haben wird oder nicht.

Die G 8 ist ein Club der Reichen. Die „Gruppe der 77" (der heute 133 Entwicklungsländer angehören) ist ein Club der Armen, er hat sich zu einem Sprachrohr der Entwicklungsländer innerhalb der UN entwickelt (A 7.3). Ein weiterer Club der Reichen ist die *OECD* (*Organization for Economic Co-operation and Development*), gegründet 1961 mit Sitz in Paris. Vorläuferin war die 1948 in Paris eingerichtete Organisation für europäische wirtschaftliche Zusammenarbeit (OEEC). Sie hatte die Aufgabe, den Wiederaufbau der europäischen Wirtschaft im Rahmen des Marschallplans sowie die Ausweitung und Liberalisierung des europäischen Handels- und Zahlungsverkehrs zu begleiten.

Der OECD gehören derzeit 30 Industrieländer an. Eine Bedingung für die Aufnahme in die OECD ist die Verpflichtung zu den Prinzipien der Marktwirtschaft und der pluralistischen Demokratie sowie die Beachtung der Menschenrechte. Die OECD stellt eine Plattform zur Diskussion, Entwicklung und Optimierung ihrer Politikfelder dar. Sie hat keine supranationale Rechtsetzungsbefugnis (wie die EU), jedoch können im gegenseitigen Einvernehmen auch bindende Beschlüsse gefasst werden.

Ein Schwerpunkt in der Arbeit der OECD war und ist die Entwicklungszusammenarbeit. Den Entwicklungshilfeausschuss DAC hatten wir bereits erwähnt (A 7.3). Als weiteres Schwerpunktthema ist die Unterstützung der Transformationsländer hinzugekommen mit dem Ziel, den Übergang von der Planwirtschaft in die Marktwirtschaft konstruktiv zu begleiten. Auch der politische Dialog mit den schnell wachsenden Wirtschaften Asiens und Lateinamerikas hat an Bedeutung gewonnen. Eine wesentliche Aufgabe der OECD besteht darin, mit etwa 700 Experten (Ökonomen, Juristen, Naturwissenschaftler und Ingenieure) Analysen zu erarbeiten und Informationen bereitzustellen. Aufgrund dieser Analysen werden Prognosen über die wirtschaftliche Entwicklung formuliert. Untersuchungsfelder sind der soziale Wandel (Alterung der Bevölkerung und Reform der Sozialsysteme), Arbeitsmarktprobleme und die Herausbildung neuer Beschäftigungsstrukturen. Die Studien (z.B. Länderberichte, Konjunkturausblicke und umfangreiches statistisches Material) werden in enger Zusammenarbeit mit den jeweiligen Ministerien der Mitgliedsstaaten erstellt und stehen der Öffentlichkeit zur Verfügung (www.oecd.org).

Ein weiterer exklusiver Club der „Reichen" ist die *OPEC* (*Organization of Petroleum Exporting Countries*). Deren Länder sind (von Ausnahmen abgesehen) nicht im ökonomischen Sinne reich, sondern reich an Erdöl. Die OPEC wurde 1960 gegründet, sie hat ihren Sitz in Wien. Mitglieder sind Algerien, Indonesien, Irak, Iran, Katar, Kuwait, Libyen, Nigeria, Saudi-Arabien, Venezuela und die Vereinigten Arabischen Emirate; Ecuador und Gabun sind vor einigen Jahren ausgeschieden. Ziele der OPEC sind die Koordinierung der Erdölförderpolitik und die Stabilisierung des Weltmarktpreises für Erdöl durch die Regulierung der Fördermengen.

Zunächst war die OPEC eine Schutzorganisation gegen die Ölkonzerne, mit denen Fördermengen und feste Rohölpreise ausgehandelt wurden. Als die Ölkonzerne 1973 die Forderung nach einem höheren Inflationsausgleich und eine Anhebung der Rohölpreise nicht akzeptierten, begann die OPEC die Preise autonom festzusetzen. Das Erdöl wurde als politisches Druckmittel eingesetzt. So kam es 1973 zum ersten „Ölpreisschock", der bis Anfang 1974 zu einer Vervierfachung des Rohölpreises führte. Der Ersten Welt wurden die „Grenzen des Wachstums" vorgeführt (A 8.1). Ein weiterer Preisschub folgte 1979, weil die OPEC-Länder zur Streckung ihrer Ölreserven die Fördermengen einschränkten.

Eine Ausweitung der Erdölproduktion in Ländern wie Großbritannien, Mexiko und Norwegen, die nicht zur OPEC gehören, führte zusammen mit Energiesparmaßnahmen dazu, dass der OPEC-Anteil an der weltweiten Erdölförderung in den achtziger Jahren deutlich sank. Er fiel von 50 % (1970) auf 34 % (1988). Dadurch gingen der Erdölpreis und die Einnahmen der OPEC-Länder zurück. Seit Beginn der neunziger Jahre ist der OPEC-Anteil wieder deutlich angestiegen. Das liegt einerseits an der deutlichen Zunahme des weltweiten Erdölverbrauchs (A 4.4) und andererseits an dem Rückgang der Förderung in den Nachfolgestaaten der Sowjetunion. Die OPEC bezieht ihr politisches Gewicht nicht zuletzt aus der Tatsache, dass ihre Mitgliedsländer etwa 79 % der sicheren Reserven an Erdöl auf sich vereinigen. Sieben Mitgliedsländer sind gleichzeitig Mitglied der 1968 gegründeten Untergruppe OAPEC, der Organisation der arabischen Erdöl exportierenden Staaten.

Wir kommen nun zu dem zweiten Teil dieses Abschnitts, dem Bereich des „*Private Governance*". Diese Bezeichnung ist nicht besonders glücklich gewählt;

gemeint sind damit Einrichtungen der Wirtschaft. Wir beginnen mit der *Internationalen Handelskammer ICC* (*International Chamber of Commerce*). Diese wurde 1919 in Atlantic City/USA gegründet. Sie ist die einzige weltumspannende Organisation des privaten Unternehmertums aller Wirtschaftszweige. Zu ihren Zielen gehören die Förderung der liberalen Weltwirtschaftsordnung durch freien und fairen Wettbewerb, das Erarbeiten von Richtlinien zur Harmonisierung der Handelspraktiken, die Schlichtung internationaler Streitigkeiten und die Vertretung gegenüber internationalen Organisationen (wie der UN). Ihre Mitglieder sind nationale Komitees aus allen westlichen Industrie- und zahlreichen Entwicklungsländern sowie Unternehmen, Kammern, Verbände und Einzelpersonen aus mehr als 110 Staaten.

Der Sitz des Internationalen Sekretariats ist Paris, die deutsche ICC-Gruppe sitzt in Köln. Der ICC veranstaltet alle drei Jahre Weltkongresse, ferner Jahreskonferenzen zu aktuellen Wirtschaftsproblemen. Auf seiner zweiten Weltkonferenz für Umweltmanagement, die 1991 ein Jahr vor der Rio-Konferenz (A 8.1) stattfand, verkündete der ICC eine „*Business Charta for Sustainable Development*". Diese Charta ist maßgeblich von dem Brundtland-Bericht „Unsere gemeinsame Zukunft" (1987) geprägt worden. Die Agenda 21, das Abschlussdokument der Rio-Konferenz für Umwelt und Entwicklung 1992, nimmt direkten Bezug auf die Charta (A 5.7).

Die ICC hat einige Sondergremien eingerichtet. Ein Schiedsgerichthof, der 1923 gegründet wurde, ist für internationale Wirtschaftsstreitigkeiten zuständig. Daneben gibt es eine Seeschiedsgerichtsorganisation, ein Seeschifffahrtsbüro, ein Institut für Recht und Praxis der internationalen Wirtschaft, ein Büro zur Bekämpfung der Markenpiraterie, ein Internationales Büro der Handelskammern, ein Internationales Umweltbüro sowie ein ICC-UN/GATT-Konsultativkomitee.

Ein zweiter wichtiger Bereich des „*Private Governance*" ist die (nationale und internationale) Normung. Auf globaler Ebene wird die Normung von der *Internationalen Organisation für Normung ISO* (*International Organization for Standardization*) betrieben. Sie wurde 1947 als Nachfolgeorganisation der 1926 gegründeten Internationalen Vereinigung der Standardisierungsgesellschaften (ISA) eingerichtet. Auf elektrotechnischem Gebiet hatte die Normung schon früher begonnen, die Internationale Elektrotechnische Kommission (IEC) ist 1908 eingerichtet worden.

Aufgabe der ISO ist die weltweite Entwicklung und Angleichung von Normen, um den internationalen Austausch von Gütern und Dienstleistungen sowie die Zusammenarbeit auf wissenschaftlichen, technischen und wirtschaftlichen Gebieten zu erleichtern. Etwa 500 Organisationen aus über 130 Ländern sind an die ISO angeschlossen, deren Koordination über die Genfer Zentrale erfolgt. In Deutschland ist das 1917 gegründete Deutsche Institut für Normung e. V. (DIN) mit Sitz in Berlin für die Normung zuständig. Analoge Einrichtungen gibt es seit ähnlich langer Zeit in allen Industrieländern. Beispielhaft seien BSI (*British Standards Institute*) und AFNOR (*Association Francaise de Normalisation*) genannt. Daneben gibt es eine dritte, die europäische Ebene, auf der Normung stattfindet. Das führt zu etwas verwirrenden Bezeichnungen wie etwa DIN EN ISO 9000, damit sind die deutsche, die europäische und die internationale Norm für Qualitätsmanagement gemeint (A 8.4).

Früher waren ausschließlich einfache Normierungen wichtig, solche für Papierformate, metrische Einheiten, Filmformate, Schraubengewinde, Formate von Steckdosen, Containergrößen und Kartenformate (Telefon-, Kredit- und andere Karten). In zunehmendem Maße spielen komplexere Normierungen von Abläufen auch jenseits der technischen Bereiche eine immer wichtigere Rolle. Beispiele hierfür sind die oben erwähnte ISO 9000 für das Qualitätsmanagement sowie die ISO 14.000 für das Umweltmanagement (A 8.4). Dabei geht es weniger um die Normung von Produkten, sondern zunehmend um die Normung (Zertifizierung, Bewertung) von Produzenten, Händlern und Dienstleistern.

In der Informationsgesellschaft (Kapitel 10) wird die Festlegung von Standards in den IK-Technologien, sowohl bezüglich der Hardware als auch der Software, von überragender Bedeutung sein. Wir haben derzeit (noch) einen Wildwuchs von unterschiedlichen Schnittstellen und unterschiedlichen Formaten von Speichermedien einschließlich der Lesegeräte. Der Autor dieses Buches ist in der Rechenschieberzeit aufgewachsen und hat während seiner Studienzeit in Karlsruhe an dem legendären Zuse-Rechner zunächst die Lochstreifen kennen gelernt, später an IBM-Großrechnern die Lochkarten, zum Beginn der PC-Zeit die Disketten (in verschiedenen Formaten), danach CD und DVD. All dies ist ein Beleg für die unglaubliche Dynamik des technischen Wandels (Kapitel 9).

Wir leben derzeit in einer PC- und in einer Mac-Welt, in einer Windows- und in einer Linux-Welt und wir brauchen Universallesegeräte für die verschiedenen Speichermedien. Das Nebeneinander verschiedener Standards hat es bei allen technischen Neuerungen gegeben. Denn es gilt der Spruch: Wer die Norm setzt, der beherrscht den Markt. Ein anschauliches Beispiel der jüngeren Zeit war der Kampf bei den Formaten der Videobänder. Nach Auffassung der Experten war das System Betacam dem VHS-System deutlich überlegen. Wegen der marktbeherrschenden Position von Sony hat sich jedoch VHS durchgesetzt. Das Problem liegt heute darin, dass sich die Neuentwicklungen (etwa bei den Speichermedien) förmlich überschlagen, sodass es bislang (noch?) nicht zu einer faktischen Normung durch Marktmacht gekommen ist, und möglicherweise gar nicht kommen wird.

Abschließend möchte ich einen weiteren Bereich erwähnen, der schon vor knapp 140 Jahren in Deutschland zu Selbstverwaltungseinrichtungen der Industrie geführt hat. In der Blütezeit der Industrialisierung wurde die Stromerzeugung mit Dampfkraftwerken, die die Generatoren antrieben, realisiert. Um nicht eigene (und teure) Prüfanlagen für Dampfkessel, die hohen Drücken und hohen Temperaturen ausgesetzt waren, vorhalten zu müssen, haben die Hersteller von Dampfkesseln 1866 einen Dampfkessel-Überwachungs-Verein gegründet. Das war der erste deutsche Technische Überwachungs-Verein (TÜV). Es folgten weitere Sachverständigenorganisationen mit der Aufgabe der Prüfung, Begutachtung, Beratung und Überwachung auf den unterschiedlichen Gebieten der Sicherheitstechnik. Dazu gehören Geräte- und Anlagensicherheit (für den klassischen Dampfkessel sowie für Druckgas- und elektrische Anlagen), Verkehrssicherheit, Fördertechnik, Kerntechnik, Strahlenschutz, Umweltschutz, Energietechnik, Werkstoffprüfung und Arbeitssicherheit sowie als neues Gebiet die Zertifizierung (amtliche Beglaubigung). Die deutschen TÜVs sind seit einiger Zeit auch international tätig. Daneben gibt es Unternehmen (wie etwa Det Norske Veritas), die in den Bereichen Begutachtung, Prüfung und Überwachung schon lange weltweit tätig sind.

12.4 Zivilgesellschaftliche Akteure

In diesem Abschnitt wollen wir zivilgesellschaftliche Organisationen vorstellen, die in den letzten Jahren enorm an Einfluss gewonnen haben. Exemplarisch schildern wir zunächst die Geschichte von Greenpeace sowie die des WWF. Beide „Umweltorganisationen" haben ihre Wurzeln in der Bewusstseinswende der sechziger Jahre (A 8.1).

Die Gründung von *Greenpeace* erfolgte 1971 durch Umweltschützer in Vancouver/Kanada. Greenpeace International gibt es seit 1979. Eine treibende Kraft war damals der Kanadier David McTaggart, der 1979 erster „Chairman" des Weltrates wurde. Der Weltrat ist das zentrale Entscheidungsgremium von Greenpeace, er tagt einmal jährlich in Amsterdam. Die Gründung von Greenpeace ist eng mit (teilweise spektakulären) Protestaktionen verknüpft. Diese begannen 1971 mit Protesten gegen US-Atombombenversuche bei den Aleuten. Ab 1972 folgten mehrjährige Protestaktionen gegen französische Kernwaffenversuche im Pazifik. Französische Geheimagenten haben 1985 das Greenpeace-Flaggschiff „*Rainbow Warrior*" in Auckland/Neuseeland versenkt. Seit 1975 führt Greenpeace Protestaktionen gegen die Ausrottung der Wale, Robben und Meeresschildkröten, gegen die Versenkung chemischer und radioaktiver Abfälle im Meer, gegen Kernwaffenversuche und die Herstellung von Bomben sowie gegen den sauren Regen und das Waldsterben durch. Seit 1985 spürt das Fluss-Aktionsschiff „Beluga", das mit einem Labor ausgestattet ist, verbotene Einleitungen auf europäischen Flüssen auf. Seit 1987 betreibt Greenpeace ein Basislager in der Antarktis zur Untersuchung der Fischpopulationen und Krebsarten mit dem Ziel, die Verschmutzung der Antarktis zu stoppen.

Greenpeace wird durch Spenden, Beiträge und umfangreiche testamentarische Hinterlassenschaften finanziert. Es unterhält nationale Büros in 40 Staaten, die deutsche Sektion hat ihren Sitz in Hamburg. Greenpeace Deutschland ist ein eingetragener Verein, er hat etwa 530.000 Fördermitglieder und zahlreiche ehrenamtliche Mitarbeiter. Unter den nationalen Sektionen hat Greenpeace Deutschland die höchsten Einnahmen und trägt etwa 30 % zum Haushalt von Greenpeace International bei, der 2003 bei 38 Mio. € lag. Geschäftsführer von Greenpeace International ist Thilo Bode, er war zuvor langjähriger Geschäftsführer von Greenpeace Deutschland.

Greenpeace hat sich zum Ziel gesetzt, das weltweite Umweltbewusstsein durch gewaltfreie, direkte und oft unkonventionelle Aktionen zu fördern. Das drückte Bode so aus: „Nicht eine Verpflichtung der Industrie, ein neues Umweltgesetz oder ein internationales Abkommen ist das wichtigste Indiz für den Erfolg unserer Kampagnen. Der Wandel in den Köpfen der Menschen ist es."

Die Gründung des *WWF* erfolgte 1961 in Zürich/Schweiz durch Umweltschützer und Naturfreunde auf Initiative von Victor Stolan. Der WWF (*World Wildlife Fund*) ist heute die größte private Umwelt- und Naturschutzorganisation der Welt und hat weltweit über zwei Millionen Förderer. Ziel des WWF ist die weltweite Erhaltung der natürlichen Umwelt gemäß der UN-Charta. Darin wird Umweltschutz als wirtschaftliche, soziale, wissenschaftliche und kulturelle Aufgabe und Verantwortung aller Völker bezeichnet. Der Verwaltungsrat hat seinen Sitz in Gland/Schweiz. Zentrales Organ des WWF ist der Internationale Rat, der jährlich zusammen mit den nationalen Organisationen tagt. Es gibt 24 nationale Organisationen, Sitz von WWF-Deutschland ist Frankfurt am Main.

Die wesentlichen Aktivitäten des WWF bestehen in der Durchführung von Naturschutzprojekten. Die dem WWF angeschlossene Artenschutz-Zentrale TRAFFIC (*Trade Records Analysis of Flora and Fauna in Commerce*) sammelt und analysiert Daten und Fakten über den Umgang des internationalen Handels mit wild lebenden Tieren und Pflanzen sowie Erzeugnissen daraus. WWF kooperiert mit zahlreichen internationalen Organisationen, so auch mit der FAO und mit UNESCO.

Umfragen haben wiederholt gezeigt, dass Umweltorganisationen wie Greenpeace, WWF und andere in der Bevölkerung eine deutlich höhere Reputation in Umweltfragen haben als politische Einrichtungen. Das Vertrauen der Menschen in Nichtregierungsorganisationen ist offenkundig generell größer als das in Regierungsorganisationen. Das gilt auch für andere Themenfelder, denen wir uns nunmehr zuwenden wollen. Stellvertretend beschreiben wir das Rote Kreuz und Amnesty International.

Das Internationale Komitee vom *Roten Kreuz* (*IKRK*) wurde 1863 in Genf/Schweiz durch Henry Dunant und vier weitere Schweizer Bürger zur Unterstützung verwundeter Soldaten gegründet. Dunant hatte 1859 an der Schlacht von Solferino teilgenommen und dabei den Entschluss dazu gefasst. Das IKRK ist ein privater Verein des schweizerischen Zivilrechts. Das Rote Kreuz ist in politischen, religiösen und ideologischen Bereichen neutral. Sein internationaler Charakter beruht auf seinem in den Genfer Abkommen zum Schutz der Kriegsgefangenen von 1949 verankerten, durch die Staaten formulierten Auftrag. So gehören zu den Zielen und Aufgaben des Roten Kreuzes die Förderung und Weiterentwicklung des humanitären Völkerrechts; die Überwachung der Einhaltung der Genfer Abkommen durch die Staaten und die Konfliktparteien (etwa durch Delegiertenbesuche in Gefangenenlagern); Schutz und Hilfe für Kriegsopfer sowie Eintreten für die Haftbedingungen politischer Häftlinge. Dabei sind Neutralität, stille Diplomatie und Vertraulichkeit die Handlungsmaximen des Roten Kreuzes. Nur unter diesen Voraussetzungen ist es in vielen Fällen überhaupt möglich, Zugang zu Gefangenen zu erhalten (wie in dem US-Gefangenenlager Guantanamo Bay auf Kuba und im Irak). Über die Ergebnisse derartige Besuche werden zunächst nur die betroffenen staatlichen Stellen informiert und gegebenenfalls um Abhilfe gebeten. Erst wenn genannte Missstände weiter bestehen, behält sich das IKRK die Möglichkeit vor, die Öffentlichkeit zu informieren.

Das IKRK unterhält ständige Vertretungen in 79 Staaten. 1919 haben die internationalen Bewegungen vom Roten Kreuz und vom Roten Halbmond die Internationale Föderation der Rotkreuz- und Rothalbmondgesellschaften gegründet. Das IKRK finanziert sich durch freiwillige Beiträge der Vertragsstaaten der Genfer Abkommen, der nationalen Gesellschaften sowie durch private Beiträge, Spenden und Vermächtnisse. Dunant, der Gründer des Roten Kreuzes, war 1901 der erste Friedensnobelpreisträger. Das Rote Kreuz wurde dreimal mit dem Friedensnobelpreis ausgezeichnet.

Der englische Rechtsanwalt Peter Benenson veröffentlichte 1961 im „Observer" einen Aufruf mit dem Titel „Die vergessenen Gefangenen" und gründete gleichzeitig in London die Menschenrechtsorganisationen *Amnesty International (ai)*. Noch im gleichen Jahr fand in Luxemburg ein erstes internationales Treffen statt, an dem auch die BR Deutschland teilnahm.

Ziele von ai sind der weltweite Einsatz für die Freilassung und Unterstützung von Personen, die unter Missachtung der allgemeinen Erklärung der Menschenrechte der UN wegen ihrer Überzeugung, ethnischen Herkunft, Sprache, wegen ihres Glaubens oder ihres Geschlechts inhaftiert sind und Gewalt weder angewendet noch befürwortet haben. Darüber hinaus wendet sich ai bedingungslos gegen Folter und Todesstrafe, das „Verschwindenlassen" von Menschen und Hinrichtungen. 1977 erhielt ai den Friedensnobelpreis und 1978 den UN-Menschenrechtspreis. Sie ist weltweit die größte Menschenrechtsorganisation, sie hat 1,5 Mio. Mitglieder und Förderer in über 150 Staaten. Auch sie finanziert sich durch Spenden und Beiträge, Gelder von Regierungen werden satzungsgemäß weder beantragt noch entgegengenommen. Der Hauptsitz von ai befindet sich in London, die deutsche Sektion hat ihren Sitz in Bonn.

In dem Jahresbericht 2004 hat ai für den Berichtszeitraum 2003 Menschenrechtsverletzungen in 155 Ländern dokumentiert. In 132 Staaten wurden Menschen gefoltert und misshandelt. In 63 Staaten wurden Menschen zum Tode verurteilt, in 28 Ländern wurden insgesamt 1146 Todesurteile vollstreckt. In mindestens 47 Ländern wurden Menschen Opfer staatlicher Morde, in 28 Ländern verschwanden Personen, politische Gefangene gibt es in 44 Ländern.

Damit haben wir exemplarisch vier so genannte Nichtregierungsorganisationen (NGOs) vorgestellt. Das Rote Kreuz wurde vor etwa 140 Jahren gegründet, sowohl Greenpeace als auch WWF und ai sind Gründungen der Nachkriegszeit. Das ist typisch für die meisten NGOs. In jüngerer Zeit sind weitere NGOs hinzugekommen. So ist aus dem Kreis der Globalisierungskritiker die Organisation *attac* 1998 in Paris gegründet worden (A 11.5). Allen NGOs ist gemeinsam, dass sie sich aus Mitgliedsbeiträgen, Spenden und Nachlässen finanzieren. Außerdem verfügen sie über einen großen Anteil an ehrenamtlichen Mitarbeitern. Letzteres trifft zum Teil auch auf internationale Regierungsorganisationen zu, so z.B. auf UNICEF. Zahlreiche NGOs haben einen Status als offizielle Beobachter (und auch Berater) bei den UN, bei den UN-Weltkonferenzen sowie bei anderen internationalen Akteuren und Konferenzen. Dieser Tatbestand ist eine Folge der Bewusstseinswende der sechziger Jahre (A 8.1). Seit jener Zeit hat der Einfluss von NGOs auf internationaler und auch nationaler Bühne ständig zugenommen.

Zu dem Kreis der NGOs zählen auch zahlreiche internationale Verbände, wie beispielsweise Sportverbände. Deren Gründung liegt mitunter 100 oder mehr Jahre zurück. Auch wenn sie im Rahmen dieses Buches keine Rolle spielen, werden einige von ihnen aufgeführt, um die Bandbreite derartiger Einrichtungen deutlich zu machen. In Klammern sind jeweils die Abkürzungen, die auf englische oder französische Bezeichnungen zurückgehen, und das Gründungsjahr angegeben. Wir erwähnen das Internationale Olympische Komitee (IOC 1894), den Internationalen Automobilverband (FIA 1904), den Internationalen Fußballverband (FIFA 1904), den Internationalen Turnerbund (FIG 1881, den ältesten internationalen Sportverband), den Internationalen Tennisverband (ITF 1913) und den Internationalen Seglerverband (IYRU 1907).

12.5 Internationale Konferenzen und Weltkonferenzen

1972 fand in Stockholm die erste UN-Umweltkonferenz statt. Die damals schon geplante zweite Umweltkonferenz sollte 1992 in Rio de Janiero stattfinden. Dazu kam es auch, jedoch unter dem erweiterten Titel UN-Konferenz für Umwelt *und* Entwicklung. Die Gründe dafür hatten wir zuvor dargelegt (A 8.1). Beginnend mit der Rio-Konferenz 1992 haben einige weitere (UN-)Konferenzen stattgefunden, die sich in unterschiedlicher Weise durchgehend mit dem Thema Nachhaltigkeit befasst haben. Hier wollen wir maßgebliche Konferenzen skizzieren, insbesondere jene, die zu (mehr oder weniger verbindlichen) Vereinbarungen geführt haben wie das Montreal-Protokoll und das Kyoto-Protokoll.

Unter dem Eindruck des Ozonlochs, das britische Forscher 1985 aufgrund von 1977 begonnenen Messungen des Ozongehalts über ihrer Antarktisstation der Fachwelt und der Öffentlichkeit mitgeteilt haben (A 5.3), fand 1987 in Montreal eine internationale Konferenz statt. Auf dieser Konferenz haben die Unterzeichnerstaaten eine erste Verständigung zur Begrenzung der FCKWs erreicht, festgehalten in dem *Montreal-Protokoll*. Darin war eine Halbierung der FCKWs bis 2000 vorgesehen. Überarbeitungen dieses Protokolls haben in Folgekonferenzen dazu geführt, dass die Unterzeichnerstaaten die wichtigsten FCKWs nach 1995 nicht mehr produzierten. Die Staaten der EU hatten sich noch stärkere Restriktionen auferlegt. Experten äußerten die Ansicht, dass innerhalb von 50 Jahren nach 2000 die getroffenen Maßnahmen zu einer Erholung der Ozonschicht führen würden. Das Montreal-Protokoll ist ein schönes Beispiel für eine internationale Konferenz mit ganz konkreten Folgen. Was waren die Gründe für diesen Erfolg?

Zunächst einmal gab es keinen wesentlichen Konfliktstoff. Denn kein Land versprach sich einen Vorteil davon, die Ozonschicht zu schädigen. Und da nur wenige Länder zu den Produzenten der FCKWs gehörten, war der Kreis derjenigen, die sich einigen mussten, klein. Das Ozonproblem war gut erforscht und die Staaten konnten bei ihren Bemühungen auf neue wissenschaftliche Erkenntnisse zurückgreifen. Außerdem wurden rasch technische Alternativen zu den FCKWs entwickelt. Die Industrie verpflichtete sich weltweit, diese FCKW-freien Alternativen (insbesondere für Kühl- und Klimaanlagen) anzuwenden. Maßgeschneiderte Programme für finanzielle Hilfen sollte es den Entwicklungsländern erleichtern, die Umstellungskosten zu tragen.

Bei der Umsetzung des *Kyoto-Protokolls* liegen die Dinge völlig anders. Denn dieses Thema betrifft den Ausstoß von Kohlendioxid und ist somit untrennbar mit der Frage der Energieversorgung verknüpft. Hier ist der internationale Verständigungsprozess bislang sehr zögerlich und schleppend verlaufen. Ausgangspunkt des späteren Kyoto-Protokolls war die UN-Konferenz für Umwelt und Entwicklung 1992 (der Rio-Gipfel). Auf dieser Konferenz wurden von Vertretern aus über 170 Staaten zu Fragen der Umwelt und Entwicklung im 21. Jahrhundert drei Dokumente angenommen. Das war erstens die Deklaration von Rio, die Leitlinien für den Umgang mit dem Planeten Erde formulierte. Das zweite Dokument bestand in der Agenda 21, einem Aktionsprogramm zu Umwelt- und Entwicklungsvorhaben der UN. Darin sind in 40 Kapiteln Regeln für die nachhaltige Nutzung der natürlichen Ressourcen formuliert. Drittens wurden zwei völkerrechtlich bindende Konventionen zum Schutz des Klimas und zum Schutz der Artenvielfalt unterzeichnet.

Im Anschluss an den Rio-Gipfel fanden weitere „Vertragsstaatenkonferenzen der Klimarahmenkonvention" statt: Über Berlin 1995, Genf 1996, Kyoto 1997, Buenos Aires 1998, Bonn 1999, Den Haag 2000 bis zu Buenos Aires 2004. Dabei ging es um die Stabilisierung und Reduzierung der Emissionen von Treibhausgasen wie Kohlendioxid und anderen (A 5.3). Hier waren die Industrieländer angesprochen, die bei einem Anteil von knapp 20 % der Weltbevölkerung etwa 80 % der (überwiegend fossilen) globalen Primärenergie verbrauchen.

Im Abschlussprotokoll der Konferenz von Kyoto, dem Kyoto-Protokoll, verpflichteten sich die Industrieländer, die Emissionen in der Zeit von 2008 bis 2012 um 5,2 % gegenüber 1990 zu senken. Die einzelnen Industriestaaten bekamen dabei unterschiedliche Vorgaben, die Entwicklungsländer wurden nicht einbezogen. Deutschland hat seine Verpflichtungen freiwillig auf 21 % für diesen Zeitraum erhöht, wovon ein großer Anteil bereits erbracht werden konnte (nicht zuletzt wegen des Zusammenbruchs der Industrie im Osten Deutschlands). Die Verpflichtung tritt jedoch erst in Kraft, wenn das Protokoll von 55 Staaten, die wenigstens 55 % des Ausstoßes an Kohlendioxid der entwickelten Welt auf sich vereinen, ratifiziert worden ist. Das ist mit der Ratifizierung von Russland 2004 erfolgt; das Kyoto-Protokoll ist am 16. Februar 2005 in Kraft getreten.

Die in dem Kyoto-Protokoll enthaltenen Minderungsziele gelten zwar erst für die Jahre 2008 bis 2012. Es eröffnet den Staaten aber heute schon neue Wege, ihre Verpflichtungen zu erfüllen. Von 2005 an können sie Klimaschutzinvestitionen in Entwicklungsländern und von 2008 an auch in anderen Industriestaaten erbringen und sich die dadurch erzielten Kohlendioxideinsparungen gutschreiben lassen. Hinzu wird der Handel mit Emissionsrechten kommen: Wer mehr Kohlendioxid emittiert als geplant, kann Zertifikate zukaufen. Wer seine Einsparziele übererfüllt und Zertifikate übrig hat, kann sie verkaufen. Der Marktmechanismus soll sicherstellen, dass Emissionen dort vermieden werden, wo dies am kostengünstigsten möglich ist.

Die USA haben das Kyoto-Protokoll bislang nicht ratifiziert. Sie haben weltweit sowohl absolut als auch relativ den mit Abstand größten Ausstoß an Treibhausgasen. Er ist pro Kopf doppelt so hoch wie in Deutschland und in vergleichbaren Industrieländern und fünfmal so hoch wie im weltweiten Mittel. Die USA sind nicht prinzipiell gegen das Kyoto-Protokoll. So haben sie ebenso wie andere

Industrieländer stets den Handel mit Emissionsrechten oder „Verschmutzungszertifikaten" gefordert. Der wesentliche Streitpunkt zwischen den USA und der EU liegt in der Frage, in welcher Weise die Wald- und Landbewirtschaftung mit der Minderung des Kohlendioxidausstoßes verrechnet werden kann. Gerade die Wälder sind Kohlendioxidsenken; strittig ist die Frage, in welchem Ausmaß den USA die Bewirtschaftung von Wäldern und Feldern positiv auf die Reduktion ihrer Kohlendioxidemissionen angerechnet werden sollen.

Die Diskussionen über die Ausfüllung des Kyoto-Protokolls sind ein anschauliches und geradezu typisches Beispiel für die Allmende-Klemme, das Weltproblem der „Öffentlichen Güter", Bild 12.1. Eine Nation verspricht sich einen (Wettbewerbs-)Vorteil dadurch, wenn sie „mehr" Kohlendioxid emittiert als andere Nationen. Denn preiswerte Energie ist ein Wettbewerbsvorteil für die heimische Industrie. Unser Energieszenario beruht derzeit im weltweiten Mittel zu fast 90 % auf den fossilen Primärenergieträgern Kohle, Erdöl und Erdgas (Kapitel 4). Der Verbrauch fossiler Primärenergie ist eindeutig mit dem Ausstoß von Kohlendioxid gekoppelt. Deshalb ist die Frage, wie viel Kohlendioxid eine Nation emittieren „darf", so schwierig zu beantworten. Mindestens so schwierig ist die Frage zu beantworten, wie viel Kohlendioxid einzelne Industriezweige (Stahl-, Zement-, Energiewirtschaft u. a.) emittieren „dürfen".

In dem Kyoto-Protokoll sind die Kohlendioxidemissionen von 1990 als Ausgangspunkt gewählt worden. Klimaexperten etwa des IPCC (A 5.3) sind sich darüber einig, dass der Ausstoß von Kohlendioxid noch weitaus deutlicher reduziert werden muss, wenn die Erwärmung der Erdatmosphäre in „erträglichen" Grenzen gehalten werden soll. Die in dem Kyoto-Protokoll vereinbarte Reduzierung von 5,2 % gegenüber 1990 stellt nach Meinung der Experten somit nur einen ersten Schritt dar. Wenn die globale Erwärmung nicht mehr als 2 Grad gegenüber dem vorindustriellen Wert betragen soll, dann müsste der Ausstoß an Kohlendioxid bis 2050 um bis zu 50 % gegenüber 1990 reduziert werden.

Die politischen Anstrengungen der EU sind demzufolge darauf gerichtet, den Ausstoß von Treibhausgasen noch weiter zu reduzieren, um die globale Erwärmung in „erträglichen" Grenzen zu halten. Deutschland spielt dabei unter der rotgrünen Regierung eine treibende Rolle. Die EU wird 2005 mit dem Emissionshandel beginnen. Er wird sich in der Probephase bis 2007 zunächst nur auf die Energiewirtschaft und die Industrie erstrecken. Über weitere Minderungsschritte und eine mögliche Ausweitung des Emissionshandels auf den Flug- und Schiffsverkehr soll 2005 mehrfach diskutiert werden, so auf dem G-8-Gipfel (unter britischer Präsidentschaft) im März, auf der Klimakonferenz im Mai in Bonn und im November auf dem ersten offiziellen Klimagipfel nach dem Inkrafttreten des Kyoto-Protokolls.

12.6 Strukturen von *Global Governance*

Nunmehr können wir daran gehen, die Vielfalt der Akteure auf der Weltbühne präziser zu fassen als in Bild 12.2. Das führt uns zu Strukturen und Mustern, die wir als Global-Governance-Architektur bezeichnen können, Bild 12.3.

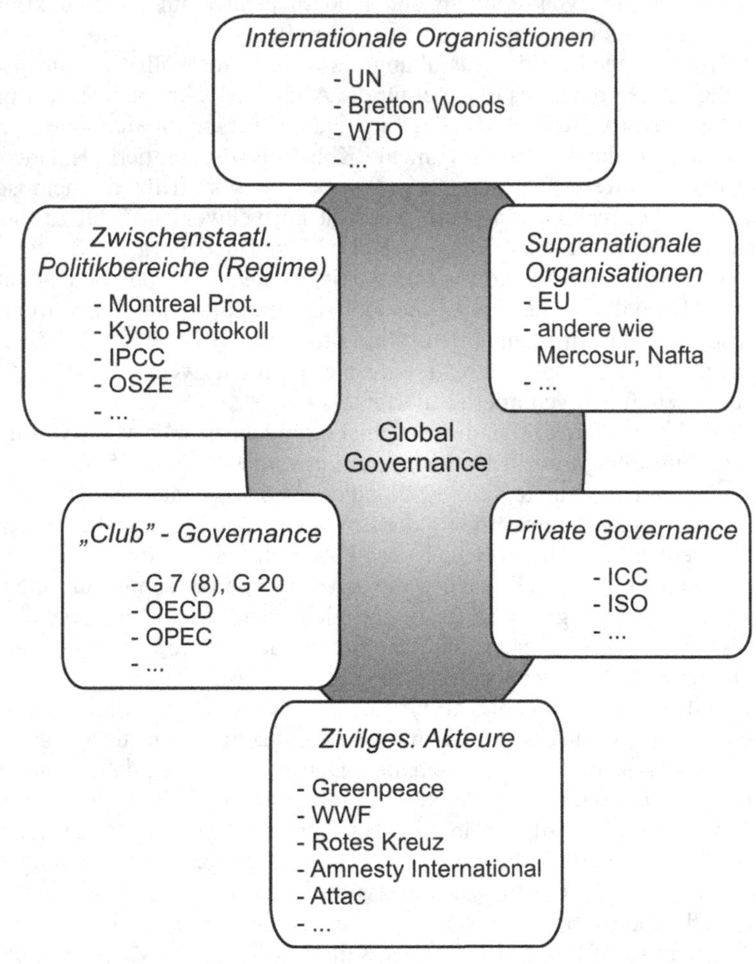

12.3 Akteursvielfalt in einer Global-Governance-Architektur, in Anlehnung an Globale Trends 2004/2005 (2003)

Das Bild lehnt an eine Darstellung in Globale Trends 2004/2005 (2003) an, in der neun Akteursgruppen aufgeführt sind. Zur besseren Übersichtlichkeit haben wir diese in Bild 12.3 zu sechs Akteursgruppen zusammengefasst. In den vorangegangenen Abschnitten wurden wesentliche Akteure der einzelnen Gruppen vorgestellt. Ich möchte die sechs dargestellten Gruppen nunmehr kurz zusammenfassen, um deren Einfluss und Handlungsspielräume deutlich zu machen.

Entscheidende *internationale Organisationen* (IGOs = *International Governmental Organizations*) sind erst nach dem Zweiten Weltkrieg entstanden, und sie haben ständig an Einfluss gewonnen. Das gilt in besonderer Weise für die UN, aber auch für die Weltbank, den Internationalen Währungsfonds IMF und die Welthandelsorganisation WTO. Auch entscheidende und heute besonders machtvolle internationale *Nichtregierungsorganisationen* (INGOs = *International Non-Governmental Organizations*) sind nach dem Zweiten Weltkrieg und insbesondere durch die Bewusstseinswende der sechziger Jahre (A 8.1) entstanden. In ihnen artikuliert und organisiert sich die Zivilgesellschaft, die Weltgesellschaft. Von den NGO-Akteuren sind in jüngerer Zeit die mit Abstand stärksten Impulse für eine „bessere Welt" ausgegangen. Es wird spannend sein zu erleben, welche Gruppierungen sich noch bilden werden und welchen Einfluss sie auf weltpolitischer Ebene noch erlangen werden. Demokratietheoretische und kritische Bemerkungen zu ihrer mangelnden demokratischen Legitimation sind wenig überzeugend, wenn die NGOs in den Augen der Öffentlichkeit eine sehr viel höhere Glaubwürdigkeit (und damit faktische Legitimation) genießen als Regierungsorganisationen.

Die Europäische Union ist gleichfalls ein Kind des Zweiten Weltkriegs. Sie ist das Paradebeispiel für eine erfolgreiche *supranationale Organisation.* Die Zukunft wird zeigen, ob dieses Modell auch auf andere relativ lockere und rein wirtschaftliche Verbünde übertragbar sein wird oder nicht. Es ist ein historisch einmaliger Vorgang, dass Nationalstaaten freiwillig Kompetenzen bezüglich Gesetzgebungen und bestimmter Politikfelder nach und nach an die supranationale Instanz EU abgegeben haben und möglicherweise weiter abgeben werden. Der Sog, den die EU in der Vergangenheit auf (noch Nicht-)Mitglieder ausgeübt hat, scheint ungebrochen zu sein. Das spricht für das Erfolgsmodell, birgt jedoch auch die Gefahr einer wirtschaftlichen, sozialpolitischen und kulturellen Überdehnung. Dies belegen die Diskussionen über einen möglichen Beitritt der Türkei.

Zwischenstaatliche Politikbereiche (Regime) sind solche, die sich weder internationalen noch supranationalen Organisationen direkt zuordnen lassen. Sie sind jedoch gleichwohl in verschiedener Weise mit ihnen verzahnt. So ist das Kyoto-Protokoll ein Resultat von UN-Konferenzen. Ebenso wurde von den UN gemeinsam mit der Weltorganisation für Meteorologie die „Zwischenstaatliche Kommission für Klimaveränderungen" IPCC ins Leben gerufen, die sich regelmäßig zu Fragen des Klimawandels äußert (A 5.3). In Bild 12.3 haben wir weiter die Organisation für Sicherheit und Zusammenarbeit in Europa (OSZE = *Organization for Security and Co-operation in Europe*) aufgeführt, die 1975 mit der Schlussakte der Konferenz für Sicherheit und Zusammenarbeit in Europa (KSZE) in Helsinki/Finnland gegründet wurde, wobei ihre Umbenennung jedoch erst auf Folgekonferenzen vorgenommen wurde. Ziel der OSZE ist die Stabilität und Sicherheit im gesamten Europa sowie eine engere Zusammenarbeit in den Bereichen Wirtschaft, Wissenschaft, Kultur und Umweltschutz. Ihr gehören alle 45 europäischen Staaten, acht zentralasiatische Staaten sowie die USA und Kanada an. Die OSZE ist eine typische Einrichtung zwischenstaatlicher Politikbereiche.

Ergänzt wird die Akteursvielfalt durch zwei weitere Partner. Mit *Private Governance* werden privatwirtschaftliche Aktivitäten bezeichnet, die häufig unterschätzt werden. Ich möchte dies am Beispiel der Normung verdeutlichen, die schon weit vor der Globalisierung den weltweiten Handel enorm erleichtert und weltweite Technik nicht nur sicherer, sondern überhaupt erst möglich gemacht hat. Russland hatte bei der Einführung seiner Eisenbahn eine andere Spurweite als die Länder des europäischen Kontinents gewählt, um sich damit besser vor einer europäischen Invasion schützen zu können. Eine solche Strategie wäre angesichts der weltumspannenden Informations- und Kommunikationstechniken vollends ruinös. Weltweite Systeme bedingen eine weltweit gültige Normung. Alle halten sich daran, weil es für alle von Vorteil ist.

Der letzte Bereich kann mit *Club-Governance* bezeichnet werden. Damit sind Zusammenschlüsse einzelner Staaten gemeint, die ein ganz spezifisches gemeinsames Interesse verbindet. Sie bilden entweder einen Club der Reichen wie die G 8 oder der Armen wie die „Gruppe der 77“ (A 7.3), einen Club der Industrieländer wie die OECD oder einen der Erdöl fördernden Länder wie die OPEC. Wir haben sowohl zu den Letzteren wie auch zu allen anderen Akteursgruppen in Bild 12.3 nur einige wenige Akteure aufgeführt und beschrieben. Für detaillierte Informationen bieten sich regelmäßig erscheinende Lexika und Handbücher wie der Fischer Weltalmanach oder Globale Trends an. Wir haben die Akteure unter dem Aspekt der Lösungsmacht und der Lösungskompetenz im Hinblick auf die Weltprobleme (A 12.1) ausgewählt.

Folgende Frage drängt sich bei der Betrachtung des Bildes 12.3 auf. Wo bleiben die Nationalstaaten, insbesondere die derzeit einzige Supermacht USA? Handeln die Nationalstaaten etwa nur im Rahmen einer oder mehrerer Akteursgruppen? Hier ist ein kurzer historischer Rückblick angebracht. In der Weltgeschichte hat es stets einen Wechsel zwischen einer unipolaren, einer bipolaren oder einer multipolaren Machtstruktur gegeben. Vor 2000 Jahren war das Römische Reich für mehrere Jahrhunderte die einzige Weltmacht, es galt die „*Pax Romana*“. Diese Unipolarität wurde im frühen Mittelalter durch die Bipolarität Rom und Byzanz abgelöst, das späte Mittelalter war durch die Bipolarität Kaiser und Papst gekennzeichnet.

Die Anfangsphase der Industrialisierung wurde von Großbritannien geprägt. Die „*Pax Britannica*“ beschreibt im 19. Jahrhundert die Dominanz Großbritanniens, das die Weltmeere beherrschte („*Britannica rules the waves*“). Diese unipolare geopolitische Situation war von Technik getragen und wurde durch Technik verändert. Die Eisenbahn begann das Machtgleichgewicht von der See- hin zur Landmacht zu verschieben. Das 20. Jahrhundert war zu Beginn durch die „*Pax Americana*“ charakterisiert. Diese unipolare Konstellation wurde durch den Zweiten Weltkrieg und die Zeit danach für einige Jahrzehnte von der Bipolarität USA/Sowjetunion abgelöst. Zur Zeit des Kalten Krieges standen sich zwei Weltmächte gegenüber, es herrschte ein Gleichgewicht der Abschreckung.

Seit dem Zusammenbruch der Sowjetunion wird sich eine neue geopolitische Situation einpendeln. In wirtschaftlichen Kategorien gibt es heute drei etwa gleichstarke Blöcke, die „Triade“ gebildet aus den USA, Europa und Japan. In militärischen Kategorien ist jedoch nach wie vor die USA die einzige Supermacht. Nahezu alle Kommentatoren neigen zu der Auffassung, dass die derzeit unipolare Situation in Kürze der Vergangenheit angehören wird. China wird nicht nur als wirtschaftlicher, sondern auch als militärischer Faktor die geopolitische Situation verändern. Auch wird ein stärkeres weltpolitisches (und militärisches) Gewicht und Engagement Europas erwartet.

Die entscheidende Frage wird sein, worauf die Ordnung in dem von Globalisierung geprägten internationalen System beruhen wird. Wird es wie im feudalen System des Mittelalters weniger das Recht, sondern allein die militärische Macht sein, die ihrerseits auf wirtschaftlicher Macht ruht? Hat Stalin bezüglich des Einflusses und der Macht der Kirche Recht mit der Frage: Wie viele Divisionen hat der Papst? Es sind die Divisionen der zivilgesellschaftlichen Akteure, die Hoffnung auf eine bessere Zukunft machen. Die Hoffnung darauf, dass nicht nur wirtschaftliche und militärische Macht den Ausschlag geben werden, sondern dass in internationale Strukturen eingebundene rechtliche und moralische Prinzipien zunehmend an Bedeutung gewinnen werden.

12.7 Lösungsvorschläge: Global denken, lokal handeln

Die Weltprobleme sind beschrieben, die Fakten liegen auf dem Tisch. Was zu tun wäre, ist hinreichend klar. Wir haben ohnehin keinen Mangel an Analysen und Erkenntnissen. Wir haben keinen Erkenntnisstau, sondern einen Umsetzungsstau. Damit hat unser ehemaliger Bundespräsident Herzog die Situation treffend beschrieben. Er meinte seinerzeit unser Land, aber seine Aussage gilt in gleicher Weise für die globale Ebene. Die Vielzahl und die Vielschichtigkeit der Akteursgruppen auf globaler Ebene sind gleichfalls beschrieben. Seit dem Ende des Zweiten Weltkriegs und insbesondere seit der Bewusstseinswende der sechziger Jahre existiert ein dicht gewebtes Netz von Akteuren. Auch haben wir bereits eine Reihe beeindruckender und hoffnungsvoller Vereinbarungen internationaler oder zwischenstaatlicher Art. Gleichwohl besteht der Eindruck, es sei noch zu wenig und vieles käme zu spät.

Bevor ich auf eine Reihe von Lösungsvorschlägen eingehe, möchte ich unser derzeitiges Handeln auf nationaler und globaler Ebene mit einer plakativen Behauptung beschreiben. Erstens handeln wir nach falschen Modellen. Politik und Wirtschaft werden von einseitig ökonomisch orientierten Signalen gesteuert. Und zweitens denken und handeln wir stets in Teilsystemen. Wir optimieren Teile von Untersystemen an Stelle von Gesamtsystemen. Zusammengefasst: Wir ziehen die falschen Systemgrenzen *und* wir bilanzieren falsch.

Ich möchte diese Behauptung mit täglich zu beobachtenden Transporten verdeutlichen. Wir befördern Schweine von den Niederlanden nach Italien und diese kommen dann als Parmaschinken nach Deutschland. Nordseekrabben werden oder wurden zum Entschalen nach Polen oder gar nach Marokko verschickt und anschließend bei uns verzehrt. Derartige Transportvorgänge sind offenkundig betriebswirtschaftlich sinnvoll (denn sonst würden sie ja nicht erfolgen), sie sind jedoch volkswirtschaftlich unsinnig und ein ökologisches Desaster. Das hat Peccei, einer der beiden Gründer des Club of Rome, so ausgedrückt: „Die moderne Ökonomie hat uns betrogen. Sie läuft in Theorie und Praxis den fundamentalen Interessen der Menschheit entgegen. Wir müssen die ökonomischen Grundbegriffe neu bestimmen, denn sie stehen nicht mehr im Einklang mit der zeitgemäßen Realität".

Der wachsende Konkurrenzdruck hat mehr und mehr dazu geführt, dass die Unternehmen ihre betriebswirtschaftlichen Probleme auf Kosten der Volkswirtschaft und der Umwelt lösen. Sie versuchen ständig, ihre internen Kosten zu externalisieren. Ein Beispiel dafür ist die staatlich subventionierte Frühverrentung. Das ist im Hinblick auf Nachhaltigkeit ein falsches Modell. Denn es muss umgekehrt darum gehen, dass die externen (ökologischen und sozialen) Kosten internalisiert werden. Sie müssen sich in den Preisen widerspiegeln. Auf einer Vorbereitungskonferenz vor dem Rio-Gipfel 1992 hatte der damalige Umweltminister Töpfer von den drei Lebenslügen der Industriegesellschaft gesprochen: Wir subventionieren unseren Wohlstand auf Kosten der Umwelt, der Mitwelt und der Nachwelt.

Wir müssen unser Handeln an dem Leitbild Nachhaltigkeit ausrichten. Dazu müssen Rahmenbedingungen rechtlicher und fiskalischer Art verändert werden. Damit sind die Bereiche Politik und Wirtschaft angesprochen. Als Erstes nenne ich die ökologische Steuerreform mit einer Entlastung des Produktionsfaktors Arbeit und einer Belastung des Ressourcenverbrauchs. Wir brauchen eine Internalisierung externer Kosten und eine Umsteuerung von Subventionen auf zukunftsfähige Technologien. Es ist ein Gebot der Gerechtigkeit den Entwicklungsländern gegenüber, die skandalösen EU-Subventionen auf Agrarprodukte drastisch zu reduzieren. Und es ist ein Gebot der Vernunft, weil es der Bekämpfung der Armut in den Ländern der Dritten Welt dient.

Und wir brauchen mehr marktwirtschaftliche statt ordnungsrechtliche Instrumente. Handelbare Zertifikate und Lizenzen sind intelligenter als starre Grenzwerte und Gesetze. Die enorme Regelungstiefe und Detailschärfe hat ein Übermaß an Gesetzen und Verordnungen hervorgebracht. Dies führt zwangsläufig zu Intransparenz, zu wachsender Bürokratisierung und damit zu wachsenden Kosten und zu Vollzugsdefiziten bei Genehmigungsverfahren. Jede Regelungsflut lässt Lücken und reizt dazu, diese aufzuspüren und auszunutzen. Wie soll so etwas korruptionsfrei funktionieren? Hinzu kommt, dass Grenzwerte keine Anreize für neue technische Lösungen schaffen. Sie führen zur Konservierung bestehender Techniken und wirken innovationshemmend.

Als Nächstes spreche ich die Gesellschaft an. Wir brauchen mehr Wissen um systemische Zusammenhänge in den Bereichen Ökonomie, Ökologie, Gesellschaft und Technik. Das nenne ich Umweltbildung im weitesten Sinne. Erst aus der Erkenntnis kann eine Einsicht in die Notwendigkeit erfolgen, kann Handeln angeregt werden. Aus dem Erkennen können sich ein Wertewandel, neue Lebensstile und ein verändertes (Konsum-)Verhalten ergeben.

Alsdann komme ich zu dem Bereich Wissenschaft. Ich bin davon überzeugt, dass die ökologischen und sozialen Probleme von einer solchen Dimension, Tragweite und Komplexität sind, dass alle wissenschaftlichen Disziplinen einen Beitrag zu ihrer Lösung leisten müssen. Für Naturwissenschaftler und Ingenieure lässt sich aus dem Leitbild Nachhaltigkeit folgende interdisziplinär zu behandelnde Aufgabe formulieren: Wie kann Technik human-, sozial-, umwelt- und zukunftsverträglich gestaltet werden? Wenn man in dieser Formulierung das Wort

„Technik" durch Begriffe wie die „Wirtschaft", die „Gesetze" oder die „Rahmenbedingungen" ersetzt, dann sind die Bereiche Politik und Wirtschaft angesprochen.

Wir stehen vor einem „Trilemma". Wie können wir Wirtschaftswachstum (das einerseits Probleme erzeugt und das andererseits zur Lösung der Probleme gebraucht wird) und eine nachhaltige Versorgung der wachsenden Menschheit mit Rohstoffen (Energie, mineralische Rohstoffe, Nahrung und Wasser) und den Schutz der Umwelt miteinander verbinden? Zum Leitbild Nachhaltigkeit gibt es auf globaler Ebene nur *eine* Alternative. Das wäre eine Vertiefung der Gräben zwischen Erster und Dritter Welt mit wachsender Ungleichheit und einer Zunahme von Verteilungskämpfen, von Terrorismus und von Kriegen.

Damit das, was geschehen müsste, auch tatsächlich geschieht, möchte ich zwei Visionen skizzieren. Zunächst wende ich mich an einen Bereich der Wissenschaften, in dem ich mich ein wenig auskenne. Was wäre, wenn die Natur- und Ingenieurwissenschaftler ihre Forschungs- und Lehrinhalte an dem zentralen Thema Nachhaltigkeit ausrichten würden? Damit meine ich im Einzelnen beispielsweise Ressourcen- und Energieeffizienz, nachhaltige und angepasste Technologien sowie ökonomische, ökologische, soziokulturelle und ethische Relevanz von Technik. Wir sollten neben dem unverzichtbaren Verfügungswissen auch Orientierungswissen vermitteln. Wir sollten nicht nur über Mittel, sondern auch über Ziele und Leitbilder diskutieren und Interdisziplinarität fördern statt behindern. Denn die Probleme der realen Welt lassen sich nicht in den klassischen akademischen Disziplinen abbilden.

Mit einer zweiten Vision möchte ich mich an die politischen Eliten wenden. Was wäre, wenn wir politische Begriffe neu definieren? Konservativ sein heißt, Bewahrung und Erhalt der Natur für die Nachwelt und danach zu handeln. Sozial sein heißt, Solidarität mit der Umwelt, der Mitwelt und der Nachwelt zu üben und danach zu handeln. Liberal sein heißt, in eigener und freier Entscheidung Verzicht zu üben und sich für neue Lebensziele zu entscheiden. Falls meine letzten Äußerungen zu emotional erscheinen mögen, so möchte ich daran erinnern, dass das Wort Professor von Bekenner kommt. Ich wünsche mir mehr Bekenner. Auch erinnere ich daran, dass das Wort Minister von Diener kommt. Ich wünsche mir mehr Diener.

Nunmehr möchte ich abschließend eine Reihe von Autoren zu Wort kommen lassen, die sich im Sinne dieses letzten Kapitels geäußert haben. Dabei werde ich nicht auf alle in der Literaturliste genannten Bücher eingehen, sondern mir charakteristisch erscheinende und anregende Darstellungen (in alphabetischer Reihenfolge) kurz skizzieren.

„Globale Wende" nennt Bossel sein Buch mit dem Untertitel „Wege zu einem gesellschaftlichen und ökologischen Strukturwandel". Dabei handelt es sich im Sinne früherer Arbeiten des Autors um eine systemanalytische Darstellung, in der die Leser viel über komplexe Systeme lernen können. Der Autor untersucht die Folgen zweier Szenarien, zweier denkbarer Zukunftspfade. Er nennt den Pfad A „Konkurrenz" und meint damit die Fortführung bisheriger Entwicklungen. Den Pfad B bezeichnet er mit „Partnerschaft" und meint damit die Orientierung am Leitbild Nachhaltigkeit. Diese „zwei Visionen der Zukunft" werden in Szenarien abgebildet und bezüglich ihrer Wirkungen auf die Teilsysteme Infrastruktur, Wirtschaft, Soziales, persönliche Entwicklung, Staat und Verwaltung sowie Umwelt und Ressourcen untersucht und bewertet. Er zeigt, dass Pfad A in eine Sackgasse führt und dass Pfad B in eine lebenswerte Zukunft führen kann.

„Vision 20/21" nennt Emmott sein Buch mit dem Untertitel „Die Weltordnung des 21. Jahrhunderts". Für ihn liegt der eigentliche Konflikt im Wesen des Kapitalismus selbst. In seinem ständigen Auf und Ab, seiner Beunruhigung, dem ständigen Wechsel und der dadurch erzeugten Unsicherheit. Denn der Kapitalismus bezieht seinen Antrieb aus dem Drang, Ungleichheit zu schaffen. Der Prozess der Globalisierung ist für den Autor ein Musterbeispiel für „kreative Zerstörung", wie Schumpeter seinerzeit den Kapitalismus charakterisiert hatte. Emmott will nicht den Kapitalismus abschaffen, denn er ist in seinen Augen das einzige Wirtschaftssystem, das funktioniert. Er stellt jedoch die Frage, wie der Kapitalismus seine immanenten Schwächen bekämpfen kann, damit er überleben, gedeihen und weiterhin weltweite Anerkennung finden wird. Denn nur wenn den Bürgern und den Regierungen die Stärken des Kapitalismus überzeugender erscheinen als dessen Schwächen, werden sie weiterhin Vertrauen zu ihm haben. Hierfür stehen nach seiner Auffassung die Chancen gut, denn materiell ginge es der Menschheit besser als je zuvor (womit er jedoch nicht die Entwicklungsländer einbezieht). Zwei weitere Fragen hält er für entscheidend. Können die USA weiterhin den Weltfrieden und damit die Ausweitung des Kapitalismus sichern? Gelingt es Afrika, das asiatische Erfolgsmodell nachzuahmen?

„Der große Aufbruch" heißt ein Buch von Fukuyama mit dem Untertitel „Wie unsere Gesellschaft eine neue Ordnung erfindet". Darin wendet er sich entschieden gegen einen allgemeinen Pessimismus, der sich angesichts wachsender Politik- und Politikerverdrossenheit, zunehmender sozialer Kälte und steigender Kriminalität abzeichnet. Er sieht darin nur die Symptome des Übergangs von der Industrie- in die Informationsgesellschaft. Denn technischer Fortschritt hat immer zu Brüchen der sozialen Ordnung geführt. Er betont die positiven Folgen, die sich durch die digitale Revolution ergeben werden. Nach seiner Auffassung wird sich die Gesellschaft wieder stabilisieren, weil die neuen Arbeitsstile der Informationsgesellschaft gerade soziales und solidarisches Verhalten fördern. Denn sie beruhen auf Vertrauen und auf Selbstständigkeit.

Für den Autor spricht vieles dafür, dass Werte und Normen dadurch eine neue Renaissance erfahren werden. Denn die Menschen haben stets versucht, in stabilen sozialen Verbindungen vertrauensvoll zusammenzuleben. Nach seiner Meinung standen die Chancen für eine Gesellschaft noch nie so gut, die Harmonie des Lebens wiederherzustellen, welche durch die Industrialisierung verloren gegangen ist. Denn die Trennung von Wohnung und Arbeitsplatz war eine Schöpfung des industriellen Zeitalters. In der Agrargesellschaft und im Handwerk gab es zwar eine Arbeitsteilung innerhalb der Familie, aber die Haushaltsarbeit und die Produktion von Gütern fanden im gleichen Haus statt. Die digitale Revolution eröffnet der Gesellschaft die Möglichkeit, immer mehr Arbeit von zu Hause aus zu erledigen.

„Projekt Erde" heißt ein Buch von Hammond mit dem Untertitel „Szenarien für die Zukunft". Darin beschreibt der Autor zunächst Szenarien als ein machtvolles

Instrument zur Analyse von langfristigen Trends, um darauf aufbauend drei Szenarien zu untersuchen. Er nennt sie Marktwelt, Festungswelt und Reformwelt. In einer möglichen „Marktwelt“ expandieren Wohlstand, Konsumverhalten, Produktionsverfahren und Technologien. Zwar gibt es noch ökologische Probleme, aber die Märkte blühen. In der „Festungswelt“ werden die wenigen Reichen immer reicher, die vielen Armen hingegen immer ärmer. Der Autor wirbt für das Szenario „Reformwelt“ als Alternative zu dem unbeirrbaren Streben nach Reichtum (wie in der Marktwelt) oder dem Abstieg in Chaos und Gewalt (wie in der Festungswelt). Dazu stellt er sich eine Gesellschaft vor, die nicht nur nach Reichtum, sondern auch nach Wohlfahrt, nicht nur nach Sicherheit, sondern auch nach Gerechtigkeit strebt. Das wird für ihn eine Gesellschaft sein, die Verwalter und nicht Ausbeuter der Erde ist. In der Reformwelt werden statt genereller Steuererhöhungen Abgaben auf Ressourcen erhoben, was wiederum die Technologien revolutioniert.

Die drei Szenarien haben eine gewisse Ähnlichkeit mit den Szenarien, die wir bei der Gestaltung der Globalisierung behandelt haben (A 11.4). Die Festungswelt bedeutet mit den Worten von Beck eine „Brasilianisierung“ der Welt (A 11.2). Die Vorstellung, die Menschen sollten Verwalter (und Bewahrer) der Erde (und damit der Schöpfung) sein, entspricht der Forderung von Jonas nach der Gattungsverantwortung der Menschheit für die Biosphäre (A 9.3). Das Buch von Hammond hat ähnlich wie jenes von Fukuyama einen optimistischen Unterton. Es betont die Werte Eigenverantwortung und Wille zum Handeln, gestützt auf den Glauben an die Wissenschaft.

Das Buch „Empire“ von Hardt und Negri mit dem Untertitel „Die neue Weltordnung“ hat einen ganz anderen Zuschnitt. Es stellt eine Fortführung und Weiterentwicklung der Weltsicht von Marx dar, es ist eine Art „Kommunistisches Manifest“ für unsere Zeit. Darin wird in der Tradition von Marx dargelegt, wie der globale Kapitalismus Widersprüche erzeugt, die schließlich zu seinem Ende führen werden. Angesichts der vielfältigen Kritik an dem Prozess der Globalisierung lag eine Renaissance von Marx förmlich in der Luft. Kern des Buches ist die Feststellung, dass die Phase des Imperialismus zu Ende gegangen ist. Sie wurde von dem „Empire“ abgelöst, einem Weltreich ohne Zentrum und mit einem umfassenden Herrschaftsanspruch, das in seinem Ausdehnungsdrang jeden nationalstaatlichen Rahmen sprengt. Das „Empire“ ist ein totales Weltreich, in dem es keinen moralischen oder kritischen Standpunkt von außen mehr gibt.

„*Culture Matters*“ heißt ein von Harrison und Huntington herausgegebener Sammelband mit dem Untertitel „*How Values shape Human Progress*“. Ich nenne hier bewusst die englische Originalversion, weil die deutsche Übersetzung bedauerlicherweise einige besonders interessante Beiträge nicht enthält. Auch den deutschen Titel „Streit um Werte“ halte ich für eine unglückliche Übersetzung. Das Buch enthält Beiträge eines Symposiums „Kulturelle Werte und menschlicher Fortschritt“, das 1999 mit Beteiligung von Ökonomen, Soziologen, Politologen, Anthropologen, Juristen und Publizisten in USA stattfand.

Ausgangspunkt für die Tagung war der empirische Befund, dass der Optimismus in der Aufbauphase nach dem Zweiten Weltkrieg sowohl in den Industrieländern als auch in den Entwicklungsländern (nach dem diese das Joch der Kolonisation abgeschüttelt hatten) außerordentlich groß war (A 7.4). Doch mit dem Eintritt in das neue Jahrhundert haben Enttäuschung und Pessimismus diesen Optimismus verdrängt. Zwar haben einige wenige ehemalige Kolonien einen erfolgreichen Weg einschlagen können, doch die übergroße Mehrheit der Länder liegt immer noch weit zurück. Die ungerechteste Einkommensverteilung findet sich in den besonders armen Ländern Afrikas und Lateinamerikas. Zusammenfassend stellen die Herausgeber fest, dass die Welt am Ende des 20. Jahrhunderts weit ärmer, weit ungerechter und weit autoritärer ist, als die meisten Menschen um die Jahrhundertmitte erwartet hätten. Auch in den entwickelten Ländern besteht die Armut fort. In den USA haben die Hispanics, von denen 30 % unter der Armutsgrenze leben, die Schwarzen als ärmste große Minderheit verdrängt. Der Optimismus derer, die den Krieg gegen die Armut im Inland und im Ausland geführt haben, ist der Resignation und dem Pessimismus gewichen.

Die zentrale Frage der Tagung lautete, inwieweit kulturelle Faktoren die wirtschaftliche und politische Entwicklung eines Landes prägen. Und wenn sie es tun, wie können kulturelle Hindernisse für die wirtschaftliche und politische Entwicklung beseitigt oder verändert werden, um den Fortschritt zu erleichtern? Das Ergebnis der Tagung lautete eindeutig, dass „Kultur zählt". Das Buch ist außerordentlich interessant und anregend, weil es die zentrale Fragestellung aus der Sicht unterschiedlicher Disziplinen behandelt.

Das Buch „In Vorbereitung auf das 21. Jahrhundert" von Kennedy stellt in gewisser Weise eine Fortsetzung seines früheren Buches „Aufstieg und Fall der großen Mächte" dar. Darin geht es nicht mehr um die Vergangenheit, sondern um die Zukunft. Nach Meinung des Autors gibt es einen fundamentalen Unterschied zu jeder anderen Epoche in der Geschichte der Menschheit: Die Lösung der Probleme von morgen (und schon von heute) ist zu einer Überlebensfrage für die Menschheit geworden. Für Kennedy gibt es drei Schlüsselelemente in der Vorbereitung der Weltgesellschaft auf das 21. Jahrhundert: die Rolle der Erziehung, die Lage der Frauen und die Notwendigkeit politischer Führung. Denn die Kräfte des Wandels, denen sich die Welt gegenübersieht, seien derart weitreichend und komplex und ineinander greifend, dass sie nichts Geringeres als eine Neu-Erziehung der Menschheit erforderten. Dabei knüpft er an soziale Theoretiker von Wells bis Toynbee an, für die sich die Weltgesellschaft stets in einem Wettlauf zwischen Erziehung und Katastrophe befindet. Im Gegensatz zu früheren Zeiten hat sich das, was auf dem Spiel steht, gegen Ende des vergangenen Jahrhunderts in enormer Weise verstärkt. Dazu zählen für Kennedy der Druck durch das Bevölkerungswachstum, die Umweltgefahren und die Fähigkeit der Menschheit, massive Schäden anzurichten.

Die Darstellung „Stämme der Macht" von Kotkin mit dem Untertitel „Der Erfolg weltweiter Clans in Wirtschaft und Politik" befasst sich mit der interessanten Fragestellung, wer in der globalisierten Welt an Stelle der traditionellen, erodierenden Nationalstaaten die „Träger" der ökonomischen und politischen Macht sein werden. Das werden für den Autor diejenigen „Stämme" sein, die im Laufe ihrer Geschichte eine starke ethnische, kulturelle und religiöse Identität bewahrt haben. Dadurch wurde ein Wir-Gefühl entwickelt, das zu einer starken Solidarität innerhalb des Clans und innerhalb der Familie geführt hat. Traditionelle Werte wie zäher Fleiß, die Wertschätzung von sorgfältiger Erziehung und gründlicher Bildung in Wissenschaft, Kultur und Kunst sind dabei Voraussetzungen für Leistung und Können. Für Kotkin gibt es fünf „Stämme der Macht“, die zusätzlich zu diesen Eigenschaften bereits über ein globales Netzwerk verfügen. Das sind die Angelsachsen, die Chinesen, die Inder, die Japaner und die Juden.

Für den Autor haben diese „Weltstämme“ keinen völkischen Chauvinismus oder gar Rassismus hervorgebracht. Denn jeder Stamm operiert in einer Welt, in der es weitere starke Stämme gibt. Das schafft zwangsläufig Raum für kulturelle Offenheit und Toleranz. Denn laut Kotkin werden nur diejenigen Staaten oder Regionen in einer globalen Wirtschaft Erfolg haben, die die Konkurrenz ehrgeiziger Eliten (aus welchem Stamm auch immer) ausdrücklich nutzen und nicht nur dulden. Der Autor begründet überzeugend, warum nur die fünf genannten „Stämme“ einerseits über ein ausgeprägtes Wir-Gefühl und andererseits über ein existierendes globales Netzwerk (als Folge des Wir-Gefühls) verfügen.

„Zukunftsstreit“ nennt der Herausgeber Krull, Generalsekretär der Volkswagen-Stiftung, den aus einer Serie von Streitgesprächen zu wichtigen Zukunftsfragen entstandenen Band. Darin kommt auch Meadows zu Wort, der 2004 ein *„30-Year-Update“* von *„Limits to Growth“* verfasst hat. In dem Band von Krull schreibt Meadows: „Die Mehrzahl derer, die Gebrauch von der Brundtland-Definition machen, um ihre Arbeit zu rechtfertigen, sind an einem doppelten Betrug beteiligt. Erstens sind nämlich heutzutage keineswegs die Bedürfnisse aller befriedigt. Zweitens vermindern die wirtschaftlichen Aktivitäten, die wir unternehmen, um gegenwärtige Bedürfnisse zu befriedigen, definitiv und in vielerlei wesentlichen Hinsichten die Zahl der Optionen, über die zukünftige Generationen verfügen werden“.

Der Ausdruck *Sustainable Development* ist nach Meadows in Wirklichkeit ein Oxymoron, eine Formulierung, deren beide Wörter sich gegenseitig widersprechen. Es kann nach seiner Auffassung nunmehr nur noch darum gehen, eine Entwicklung anzustreben, die das Überleben ermöglicht. Dafür schlägt er den Begriff *„Survivable“ Development* vor und schreibt: „Es ist an der Zeit, sich ehrlich einzugestehen, dass es aufgrund der ökologischen, politischen und ökonomischen Realitäten unmöglich ist, die Bedürfnisse der gegenwärtigen oder künftigen Generationen zu befriedigen, es sei denn, die Weltbevölkerung sinkt deutlich unter ihren heutigen Stand von sechs Milliarden Menschen“.

„Die europäische Herausforderung“ nennt Kupchan, einer der außenpolitischen Berater des früheren US-Präsidenten Clinton, sein Buch mit dem Untertitel „Vom Ende der Vorherrschaft Amerikas“. Seine Kernthese lautet: So wie sich seinerzeit die USA von der Herrschaft Großbritanniens emanzipiert haben, so wird sich Europa nach und nach von den USA lösen. Noch sind die Gegensätze nur schwach, aber das Konfliktpotenzial nimmt zu. Der Euro bedroht die Vorherrschaft des Dollars und die Wirtschaft Europas fordert jene der USA heraus. Gleichzeitig werden gegensätzliche Werte und Interessen immer deutlicher. Sie äußern sich im Streit um das Völkerrecht, im Konflikt um das Verständnis von Demokratie und Bürgerfreiheiten, um unterschiedliche Auffassungen zum Umweltschutz (Beispiel Kyoto-Protokoll, A 12.5) und zu „gerechten“ Kriegen. Nach Meinung des Autors haben die USA mit dem Krieg im Irak ihr kostbarstes Gut verspielt, die internationale Legitimität. Damit hätten die USA einen Kurs eingeschlagen, der zum Ende des amerikanischen Zeitalters führen wird. Allein Europa sei in der Lage, ein wirksames Gegengewicht zu bilden.

Dieser Prozess wird nach seiner Auffassung noch dadurch verstärkt, dass die Globalisierungsverlierer ihren Zorn gegen die USA richten, da sie Globalisierung mit den USA gleichsetzen. Die Terroranschläge vom 11. September 2001 hätten gezeigt, welch brutale Form der Kampf gegen die Globalisierung annehmen kann. Die zentrale Kritik Bin Ladens und vieler Muslime entspringt der Auffassung, die islamische Gesellschaft sei durch die Globalisierung von der Geschichte abgehängt worden. Nicht nur deshalb betrachtet der Autor die Globalisierung kritisch, wenn er von den falschen Versprechungen der Globalisierung und Demokratie spricht.

Interessant ist das Buch nicht zuletzt auch deshalb, weil sich Kupchan mit „alternativen Weltkarten“ von Intellektuellen der USA auseinander setzt. Dazu gehört die These vom „Ende der Geschichte“, aufgestellt von Fukuyama, für den die Welt in einer Endphase angekommen ist. Gleich gesinnte und zivilisierte demokratische Staaten seien dabei, gemeinsam eine stabile und friedliche Weltordnung aufzubauen. Die wichtigste Konfliktlinie würde zwischen den demokratischen und den nichtdemokratischen Staaten verlaufen. Weiter setzt er sich mit Huntingtons These vom „Kampf der Kulturen“ (*Clash of Civilisations*) auseinander. Danach hätten unterschiedliche Kulturen konkurrierende Vorstellungen von der inneren und äußeren Ordnung der Welt. Sie müssen unweigerlich aufeinander prallen. Folgt man dieser Weltkarte, so werden vier Blöcke um die Vorherrschaft ringen: der jüdisch-christliche, der ost-orthodoxe, der islamische und der konfuzianische Block. Es sei für Amerika und Europa an der Zeit, sich für den Kampf zwischen den Kulturen zu wappnen. In einer weiteren Weltkarte von Kennedy und Kaplan wird sich die Welt entlang sozioökonomischer Konfliktlinien aufteilen. Die reichen und industrialisierten Länder bilden einen Block, die armen Entwicklungsländer den anderen. Die reichen Länder des Nordens werden es nach Auffassung der Autoren nicht schaffen, sich der Probleme des Südens zu entziehen. Flüchtlingsströme, Umweltkatastrophen, Krankheiten, Drogen, Kriminalität und Korruption sowie Staaten in Auflösung werden auch die fortschrittlichen Nationen bedrohen. Die reichen Länder müssten versuchen, diesen Albtraum von Anfang an zu verhindern, oder sie würden im Chaos versinken.

„Balance oder Zerstörung“ nennt Radermacher sein Buch mit dem Untertitel „Ökosoziale Marktwirtschaft als Schlüssel zu einer nachhaltigen Entwicklung“. Für ihn ist die Menschheit dabei, das soziale, kulturelle und ökologische Kapital im Rahmen einer entfesselten globalisierten Ökonomie massiv anzugreifen. Verantwortlich dafür sind vor allem Defizite eines globalen Ordnungsrahmens. Auch die aktuellen Probleme der Weltkapitalmärkte beruhen auf diesen Defiziten. Um einer weiteren Polarisierung zwischen Nord und Süd entgegenzuwirken, ist eine Änderung der weltweiten Ordnungssysteme hin zu einer globalen ökosozialen Marktwirtschaft erforderlich. Die Verwirklichung eines solchen Systems auf globaler Ebene setzt die Implementierung eines leistungsfähigen Global Governance Systems (A 12.6) voraus. In einer vom Autor vorgestellten „Zukunftsformel“ wird eine Verzehnfachung des Weltwirtschaftsprodukts in den nächsten 50 Jahren bei Erhöhung der Ökoeffizienz um den gleichen Faktor zu Grunde gelegt und eine gerechtere Aufteilung des Wirtschaftswachstums zwischen Nord und Süd vorgeschlagen. Dazu entwickelt der Autor einen „Equity-Faktor", mit dem die soziale Spaltung quantitativ erfasst werden kann. Er zeigt, dass sich stabile und erfolgreiche Wirtschaftsräume bei der Verteilung des Gesamteinkommens durch ein relativ enges Spektrum des Equity-Faktors auszeichnen. Betrachtet man die Welt als *einen* Wirtschaftsraum, so weicht deren Equity-Faktor signifikant von dem stabiler Regionen ab. Durch den Zustand globaler Apartheid wird ein Großteil der Welt von einer Partizipation und den Chancen der Globalisierung ausgeschlossen.

Für den Autor drohen gefährliche Konstellationen, die sich schon abzeichnen, wenn der Weg hin zu einer ökosozialen Lösung nicht gelingt. Für ihn stellen die USA heute ein Haupthindernis auf dem Weg zu einer zukunftsfähigen Weltordnung dar. Europa muss daher in sehr viel stärkerer Weise als bisher weltweite Verantwortung übernehmen. Um der Verwirklichung der geschilderten Ziele näher zukommen, ist auf Anregung Radermachers und unter Beteiligung namhafter Experten 2004 eine „*Global Marschall Plan*"-Initiative ins Leben gerufen worden (www.globalmarshallplan.org).

„Countdown für eine bessere Welt" nennt Richard sein Buch mit dem anspruchsvollen Untertitel „Lösungen für 20 globale Probleme". Plakativ, aber prägnant schildert er zunächst die bekannten Fakten, um daran anschließend 20 globale Probleme zu benennen. Auch er hält den gegenwärtigen Umgang mit globalen Problemen für unzulänglich und fordert neue Ansätze zur globalen Problemlösung. Lösungsperspektiven sieht er in einem vernetzten Regieren, bei dem Regierungen, Nichtregierungsorganisationen und Unternehmen eng zusammenarbeiten.

Vom „Wettlauf ins 21. Jahrhundert" spricht Seitz in seinem Buch mit dem Untertitel „Die Zukunft Europas zwischen Amerika und Asien". Der Autor ist seinerzeit mit dem Buch „Die japanisch-amerikanische Herausforderung" (1990) bekannt geworden. Für Seitz stehen heute fünf „Kapitalismen" miteinander im Wettbewerb: das angelsächsische Modell der Laisser-faire-Wirtschaft, das japanische Modell der kooperativen Staatswirtschaft, die Modelle der Tigerstaaten (die das japanische Modell noch übersteigen), das europäische Modell der sozialen Marktwirtschaft und das Transformationsmodell der „sozialistischen Marktwirtschaft" Chinas. Er macht deutlich, dass keines dieser Modelle an tief greifenden Reformen vorbeikommen wird. Nach seiner Auffassung werden nur die Regionen den Epochenwechsel überstehen, die im Technologiewettlauf mithalten, Wirtschaft und Unternehmen flexibel an die neuen Bedingungen anpassen und den sozialen Zusammenhalt bewahren können.

Auch wenn ich nicht alle in der Literaturliste genannten Büchern erwähnt habe, so sind die jeweils kurzen Schilderungen in der Summe recht ausführlich ausgefallen. Das ist der Bedeutung des Themas angemessen. In der Analyse der Situation unterscheiden sich die Bücher nicht wesentlich voneinander. Bestenfalls sind Nuancierungen in der relativen Bedeutung der einzelnen Weltprobleme auszumachen. Auch bei den Lösungsvorschlägen gibt es etliche Gemeinsamkeiten. So gehen nahezu alle Kommentatoren davon aus, dass die Zivilgesellschaft (in Form der Nichtregierungsorganisationen) einen noch stärkeren Einfluss bei der Lösung der Weltprobleme haben wird, soll und muss. Es kann nicht mehr allein um die klassische Frage gehen, wie viel Staat wir brauchen, um Marktversagen zu kompensieren, und wie viel Markt wir brauchen, um Staatsversagen zu kompensieren. Denn diesen beiden Akteuren wird die Lösung der Weltprobleme nicht (mehr) zugetraut.

Das Buch hat sein Ziel erreicht, wenn die Leser am Ende der Formulierung von A. Comte (1798–1857) zustimmen: „Wissen um vorherzusehen, vorherzusehen um vorzubeugen“. Wir sollten uns sehr für die Zukunft interessieren, denn in der Zukunft werden wir den Rest unseres Lebens verbringen. Wir sollten Antworten parat haben, „wenn unsere Kinder uns morgen fragen werden“.

Literatur

Barber, B. R. (1996) *Jihad vs. McWorld.* Ballantine, New York
Bossel, H. (1998) *Globale Wende.* Droemer Knaur, München
Brockman, J. (Hrsg.) (2002) *Die nächsten fünfzig Jahre.* Ullstein, München
Czempiel, E.-O. (1991) *Weltpolitik im Umbruch.* Beck, München
Czempiel, E.-O. (1999) *Kluge Macht.* Beck, München
Der Fischer Weltalmanach 2005 (2004). Fischer, Frankfurt am Main
Emmott, B. (2003) *Vision 20/21.* Fischer, Frankfurt am Main
Fukuyama, F. (1993) *The End of History and the Last Man.* Avon Books, New York
Fukuyama, F. (2000) *Der große Aufbruch.* Paul Zsolnay, Wien
Globale Trends 2004/2005 (2003). Fischer, Frankfurt am Main
Gibson, R. (Hrsg.) (1997) *Rethinking the Future.* Moderne Industrie, Landsberg/Lech
Hammond, A. (1999) *Projekt Erde, Szenarien für die Zukunft.* Gerling, München
Hardt, M., Negri, A. (2002) *Empire.* Campus, Frankfurt am Main
Harrison, L. E., Huntington, S. P. (2000) *Culture Matters.* Basic Books, New York; deutsch: *Streit um Werte.* Europa Verlag, Hamburg (2002)
Herberg-Rothe, A. (2003) *Der Krieg; Geschichte und Gegenwart.* Campus, Frankfurt am Main
Horgan, J. (1997) *An den Grenzen des Wissens.* Luchterhand, München
Huntington, S. P. (1998) *The Clash of Civilisations.* Touchstone Book, London
Kennedy, P. (1989) *Aufstieg und Fall der großen Mächte.* Fischer, Frankfurt am Main
Kennedy, P. (1993) *In Vorbereitung auf das 21. Jahrhundert.* Fischer, Frankfurt am Main
Kotkin, J. (1996) *Stämme der Macht.* Rowohlt, Reinbek
Krull, W. (Hrsg.) (2000) *Zukunftsstreit.* Velbrück Wissenschaft, Weilerswist
Küng, H. (1998) *Weltethos für Weltpolitik und Weltwirtschaft.* 3. Aufl. Piper, München
Kupchan, C. (2003) *Die europäische Herausforderung.* Rowohlt, Berlin
Link, W. (1998) *Die Neuordnung der Weltpolitik.* Beck, München
Maddox, J. (2000) *Was zu entdecken bleibt.* Suhrkamp, Frankfurt am Main
Meyer-Abich, K. M. (1990) *Aufstand für die Natur.* Hanser, München
Meadows, D., Randers, J., Meadows, D. (2004) *Limits to Growth, The 30-Year Update.* Chelsea Green Publ., Vermont
Münch, R. (1998) *Globale Dynamik, lokale Lebenswelten.* Suhrkamp, Frankfurt am Main
Münkler, H. (2002) *Die neuen Kriege.* Rowohlt, Reinbek
Radermacher, F. J. (2002) *Balance oder Zerstörung.* Ökosoziales Forum Europa, Wien
Richard, J. F. (2003) *Countdown für eine bessere Welt.* Hanser, München

Seitz, K. (1998) *Wettlauf ins 21. Jahrhundert.* Siedler, Berlin
Sieferle, R. P. (1994) *Epochenwechsel.* Propyläen, Berlin

Im letzten Abschnitt 12.7 bin ich auf diejenigen der genannten Bücher eingegangen, die einen unmittelbaren Bezug zu diesem Kapitel haben. An dieser Stelle möchte ich zusätzlich auf einige weitere Bücher mit einem mittelbaren Bezug hinweisen, die mir als Ergänzung zu den Ausführungen interessant erscheinen. Die Darstellungen von Brockman, Horgan und Maddox beschäftigen sich mit der Frage, was wir über zukünftige Entwicklungen wissen werden, wissen können oder auch nicht wissen werden. Darüber sind sich die Autoren nicht unbedingt einig, was aber den Reiz der Lektüre erhöht. Die Thematik dieses letzten Kapitels wird durch die Darstellungen von Czempiel, Link sowie Münch aus politischer Sicht und von Sieferle aus historischer Sicht vertieft. Zu der Frage der „neuen Kriege" äußern sich Herberg-Rothe sowie Münkler. Hierfür sind auch Begriffe wie „wilde Kriege" oder „*low-intensity-conflicts*" gebräuchlich. Diese stellen in gewisser Hinsicht eine Rückkehr hinter die Anfänge der staatlichen Kriegsführung dar und weisen Parallelen zu früheren kriegerischen Auseinandersetzungen (etwa denen des Dreißigjährigen Krieges) auf. Dabei sind drei Faktoren bedeutsam, die Entstaatlichung (die Privatisierung kriegerischer Gewalt), die Asymmetrie (es gibt keine Fronten mehr) sowie die Autonomisierung (reguläre Armeen haben die Kontrolle über das Kriegsgeschehen verloren). Während zwischenstaatliche Kriege offenbar zu Ende gegangen sind, sind „neue Kriege" entstanden. Erscheinungsform und Akteure haben sich geändert. Die Frage wird sein, wie die Weltgesellschaft damit umgehen wird. Für die Herausforderungen in der Weltpolitik und der Weltwirtschaft wird ein neues (Welt-)Ethos notwendig sein, hierzu sei auf Küng verwiesen.

Index